### 内 容 简 介

MATLAB R2020a 软件为基础，详细介绍各种智能算法的原理及 MATLAB 在智能算法中的应用，是一本
能算法设计的综合性参考书。

智能算法原理及 MATLAB 应用为主线，结合各种应用案例，详细讲解智能算法在 MATLAB 中的实现方法。
3 部分：第一部分为基础知识；第二部分介绍经典的智能算法及其在 MATLAB 中的实现方法，包括遗传算
算法、蚁群算法、粒子群算法、小波分析、神经网络算法和模糊逻辑控制等内容；第三部分详细介绍智能算
中的应用，包括模糊神经网络在工程中的应用、遗传算法在图像处理中的应用、神经网络在参数估计中的应
智能算法的 PID 控制器设计等内容。

以工程应用为目标，内容讲解深入浅出、循序渐进，既可作为高等院校理工科相关专业研究生、本科生的教
作为广大科研工程技术人员的参考用书。

书在版编目（CIP）数据

MATLAB智能算法/温正编著. —2版. —北京：清华大学出版社，2023.5
科学与工程计算技术丛书）
SBN 978-7-302-60836-3

Ⅰ. ①M… Ⅱ. ①温… Ⅲ. ①Matlab软件 Ⅳ. ①TP317

中国版本图书馆CIP数据核字（2022）第080334号

任编辑：盛东亮　吴彤云
面设计：李召霞
任校对：时翠兰
任印制：曹婉颖

版发行：清华大学出版社
网　　　　址：http://www.tup.com.cn, http://www.wqbook.com
地　　　　址：北京清华大学学研大厦A座　　　　邮　　编：100084
社　总　　机：010-83470000　　　　　　　　　　邮　　购：010-62786544
投稿与读者服务：010-62776969, c-service@tup.tsinghua.edu.cn
质　量　反　馈：010-62772015, zhiliang@tup.tsinghua.edu.cn
课　件　下　载：http://www.tup.com.cn, 010-83470236
印　装　者：三河市天利华印刷装订有限公司
经　　　销：全国新华书店
开　　　本：203mm×260mm　　　印　　张：32.5　　　字　　数：931千字
版　　　次：2017年9月第1版　　2023年6月第2版　　　印　　次：2023年6月第1次印刷
印　　　数：1～2500
定　　　价：128.00元

产品编号：095119-01

科学与工程
计算技术丛书

# MATLAB
# 智能算法

（第2版）

温正◎编著

清华大学出版社
北京

# 序言
## FOREWORD

**致力于加快工程技术和科学研究的步伐**——这句话总结了 MathWorks 坚持超过 30 年的使命。

在这期间，MathWorks 有幸见证了工程师和科学家使用 MATLAB 和 Simulink 在多个应用领域中的无数变革和突破：汽车行业的电气化和不断提高的自动化；日益精确的气象建模和预测；航空航天领域持续提高的性能和安全指标；由神经学家破解的大脑和身体奥秘；无线通信技术的普及；电力网络的可靠性；等等。

与此同时，MATLAB 和 Simulink 也帮助无数大学生在工程技术和科学研究课程里学习关键的技术理念并应用于实际问题，培养他们成为栋梁之材，更好地投入科研、教学以及工业应用中，指引他们致力于学习、探索先进的技术，融合并应用于创新实践。

如今，工程技术和科研创新的步伐令人惊叹。创新进程以大量的数据为驱动，结合相应的计算硬件和用于提取信息的机器学习算法。软件和算法几乎无处不在——从孩子的玩具到家用设备，从机器人和制造体系到每种运输方式——让这些系统更具功能性、灵活性、自主性。最重要的是，工程师和科学家推动了这些进程，他们洞悉问题，创造技术，设计革新系统。

为了支持创新的步伐，MATLAB 发展成为一个广泛而统一的计算技术平台，将成熟的技术方法（如控制设计和信号处理）融入令人激动的新兴领域，如深度学习、机器人、物联网开发等。对于现在的智能连接系统，Simulink 平台可以让你实现模拟系统，优化设计，并自动生成嵌入式代码。

"科学与工程计算技术丛书"系列主题反映了 MATLAB 和 Simulink 汇集的领域——大规模编程、机器学习、科学计算、机器人等。我们高兴地看到"科学与工程计算技术丛书"支持 MathWorks 一直以来追求的目标——助你加速工程技术和科学研究。

期待着你的创新！

Jim Tung
MathWorks Fellow

# 序 言
FOREWORD

**To Accelerate the Pace of Engineering and Science.** These eight words have summarized the MathWorks mission for over 30 years.

In that time, it has been an honor and a humbling experience to see engineers and scientists using MATLAB and Simulink to create transformational breakthroughs in an amazingly diverse range of applications: the electrification and increasing autonomy of automobiles; the dramatically more accurate models and forecasts of our weather and climates; the increased performance and safety of aircraft; the insights from neuroscientists about how our brains and bodies work; the pervasiveness of wireless communications; the reliability of power grids; and much more.

At the same time, MATLAB and Simulink have helped countless students in engineering and science courses to learn key technical concepts and apply them to real-world problems, preparing them better for roles in research, teaching, and industry. They are also equipped to become lifelong learners, exploring for new techniques, combining them, and applying them in novel ways.

Today, the pace of innovation in engineering and science is astonishing. That pace is fueled by huge volumes of data, matched with computing hardware and machine-learning algorithms for extracting information from it. It is embodied by software and algorithms in almost every type of system — from children's toys to household appliances to robots and manufacturing systems to almost every form of transportation — making those systems more functional, flexible, and autonomous. Most important, that pace is driven by the engineers and scientists who gain the insights, create the technologies, and design the innovative systems.

To support today's pace of innovation, MATLAB has evolved into a broad and unifying technical computing platform, spanning well-established methods, such as control design and signal processing, with exciting newer areas, such as deep learning, robotics, and IoT development. For today's smart connected systems, Simulink is the platform that enables you to simulate those systems, optimize the design, and automatically generate the embedded code.

The topics in this book series reflect the broad set of areas that MATLAB and Simulink bring together: large-scale programming, machine learning, scientific computing, robotics, and more. We are delighted to collaborate on this series, in support of our ongoing goal: to enable you to accelerate the pace of your engineering and scientific work.

I look forward to the innovations that you will create!

Jim Tung
MathWorks Fellow

# 前 言
## PREFACE

美国 MathWorks 公司的 MATLAB 软件是一款用于算法开发、数据可视化、数据分析及数值计算的高级计算语言和交互环境，主要包括 MATLAB 和 Simulink 两大部分。MATLAB 在数值计算方面的功能首屈一指。MATLAB 的基本数据单位是矩阵，它的指令表达式与数学、工程中常用的形式十分相似，故用 MATLAB 实现智能算法设计比用 C、FORTRAN 等语言更为方便。

在人工智能研究领域，智能算法是其重要的一个分支。虽然智能算法研究水平暂时还很难使"智能机器"真正具备人类的智能，但是人工脑是人脑与生物脑的结合，这种结合将使人工智能的研究向着更广和更深的方向发展。

智能计算不断地在探索智能的新概念、新理论、新方法和新技术，这些研究成果将给人类世界带来巨大的改变。本书将详细介绍 MATLAB 智能算法的设计及应用方法。

### 1. 本书特点

（1）由浅入深，循序渐进。本书以初、中级读者为对象，首先从人工智能概述的基础讲起，再以各种智能算法原理及其在 MATLAB 中的应用案例帮助读者尽快掌握智能算法实现的技能。

（2）步骤详尽，内容新颖。本书结合编者多年的 MATLAB 智能算法使用经验与实际工程应用案例，详细讲解智能算法的原理及其在 MATLAB 中的实现方法与技巧。本书在讲解过程中步骤详尽、内容新颖，讲解过程辅以相应的图片，使读者在阅读时一目了然，从而快速把握书中所讲内容。

（3）实例典型，轻松易学。学习实际工程应用案例的具体操作是掌握智能算法实现最好的方式。本书通过综合应用案例，透彻详尽地讲解智能算法在各方面的应用。

### 2. 本书内容

本书重点讲解智能算法在 MATLAB 中的实现，全书共分为 3 部分：基础知识、算法专题、综合应用。

第一部分为基础知识，对人工智能进行介绍，同时讲解 MATLAB 的基础知识，为智能算法的学习奠定基础。

第 1 章　人工智能概述　　　　　　　　第 2 章　初识 MATLAB

第 3 章　MATLAB 基础　　　　　　　　第 4 章　程序设计

第二部分为算法专题，主要介绍多种经典算法的理论及其在 MATLAB 中的实现方法。智能算法有很多种，该部分选取几种经典的算法进行讲解。

第 5 章　遗传算法　　　　　　　　　　第 6 章　免疫算法

第 7 章　蚁群算法　　　　　　　　　　第 8 章　粒子群算法

第 9 章　小波分析　　　　　　　　　　第 10 章　神经网络算法

第 11 章　模糊逻辑控制

第三部分为综合应用，主要介绍几种智能算法的应用实践，帮助读者尽快将学到的算法应用到实际学习与工作中。

第 12 章　模糊神经网络在工程中的应用　　第 13 章　遗传算法在图像处理中的应用

**注：** 本书基于 MATLAB R2020a 中文版进行编写，由于软件内部函数运行后图形显示的依然为英文标注，为保证与软件操作一致，书中图形采用软件的直接输出结果，即保留英文注释。

为兼顾 MATLAB R2020a 以前版本，方便使用低版本的读者学习使用，MATLAB 程序段中保留了部分旧版本的函数。

### 3．读者对象

本书适用于 MATLAB 智能算法设计初学者和期望提高智能算法工程应用能力的读者，具体说明如下。

★ 人工智能从业人员　　　　　　　★ 初学 MATLAB 智能算法的技术人员

★ 大中专院校的教师和在校生　　　★ 相关培训机构的教师和学员

★ MATLAB 爱好者　　　　　　　　★ 广大科研工作人员

### 4．读者服务

为了方便解决本书疑难问题，读者在学习过程中遇到与本书有关的技术问题，可以访问"算法仿真"公众号，在相关栏目下留言获取帮助。

本书介绍的智能算法是智能算法领域非常经典的算法，公众号未来会定期分享不同的智能算法及其 MATLAB 算例，包括但不限于差分进化算法、模拟退火算法、支持向量机算法、禁忌搜索算法、天牛须搜索算法等。

### 5．本书作者

本书由温正编著，虽然编者在编写过程中力求叙述准确、完善，但由于水平有限，书中疏漏之处在所难免，希望读者和同仁能够及时指出，共同促进本书质量的提高。最后再次希望本书能为读者的学习和工作提供帮助！

编者

2023 年 1 月

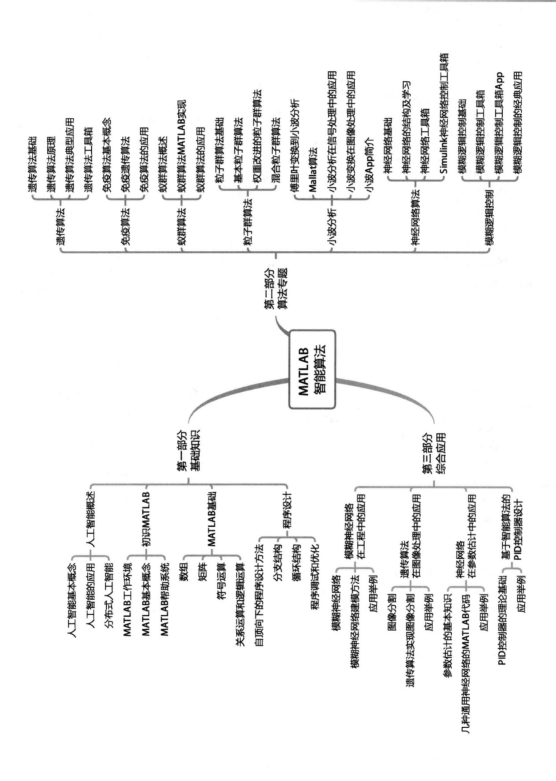

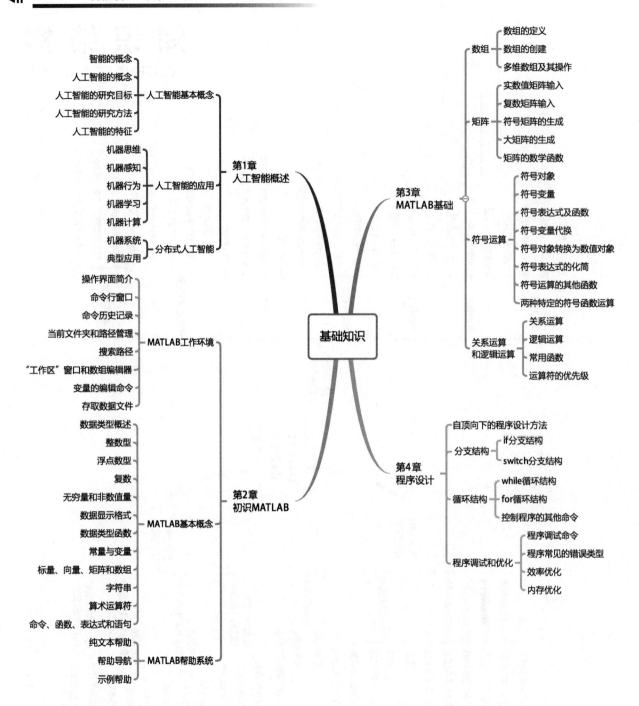

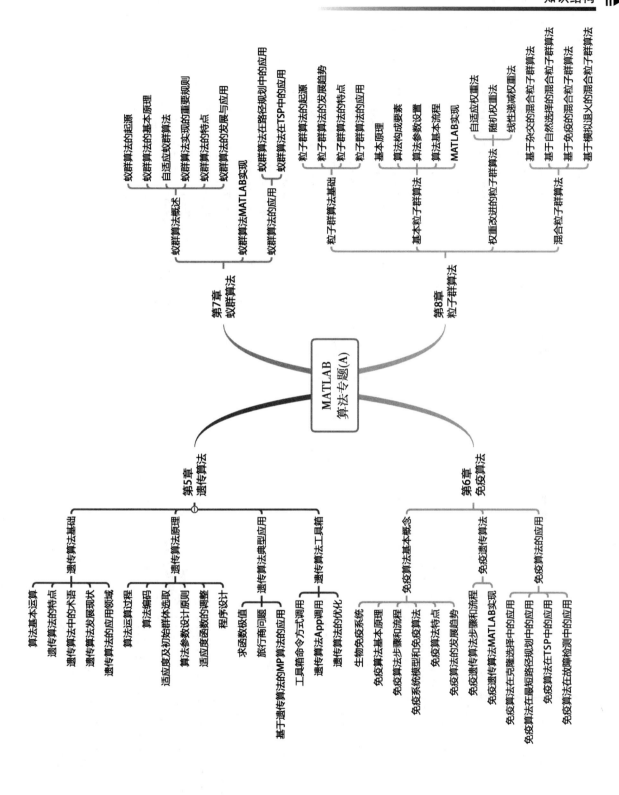

MATLAB
算法专题(A)

**第7章 蚁群算法**

蚁群算法概述
- 蚁群算法的起源
- 蚁群算法的基本原理
- 自适应蚁群算法
- 蚁群算法实现的重要规则
- 蚁群算法的特点
- 蚁群算法的发展与应用

蚁群算法MATLAB实现

蚁群算法的应用
- 蚁群算法在路径规划中的应用
- 蚁群算法在TSP中的应用

**第8章 粒子群算法**

粒子群算法基础
- 粒子群算法的起源
- 粒子群算法的发展趋势
- 粒子群算法的特点
- 粒子群算法的应用

基本粒子群算法
- 基本原理
- 算法构成要素
- 算法参数设置
- 算法基本流程
- MATLAB实现

权重改进的粒子群算法
- 自适应权重法
- 随机权重法
- 线性递减权重法

混合粒子群算法
- 基于杂交的混合粒子群算法
- 基于自然选择的混合粒子群算法
- 基于免疫的混合粒子群算法
- 基于模拟退火的混合粒子群算法

**第5章 遗传算法**

遗传算法基础
- 算法基本运算
- 遗传算法的特点
- 遗传算法中的术语
- 遗传算法发展现状
- 遗传算法的应用领域

遗传算法原理
- 算法运算过程
- 算法编码
- 适应度及初始群体选取
- 算法参数设计原则
- 适应度函数的调整
- 程序设计

遗传算法典型应用
- 求函数极值
- 旅行商问题
- 基于遗传算法的MP算法的应用

遗传算法工具箱
- 工具箱命令方式调用
- 遗传算法App调用
- 遗传算法的优化

**第6章 免疫算法**

免疫算法基本概念
- 生物免疫系统
- 免疫算法基本原理
- 免疫算法步骤和流程
- 免疫系统模型和免疫算法
- 免疫算法特点
- 免疫算法的发展趋势

免疫遗传算法
- 免疫遗传算法步骤和流程
- 免疫遗传算法MATLAB实现

免疫算法的应用
- 免疫算法在克隆选择中的应用
- 免疫算法在TSP中的应用
- 免疫算法在最短路径规划中的应用
- 免疫算法在故障检测中的应用

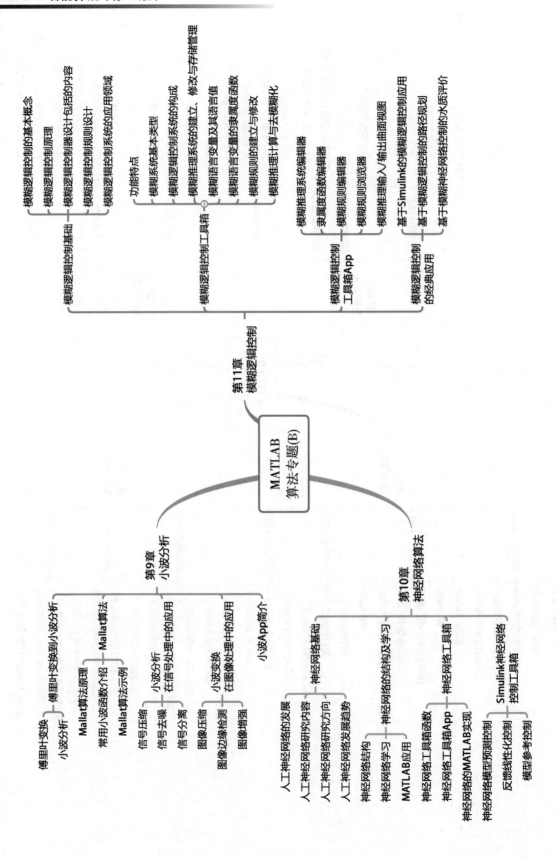

MATLAB
算法专题(B)

第11章
模糊逻辑控制

模糊逻辑控制基础
- 模糊逻辑控制的基本概念
- 模糊逻辑控制原理
- 模糊逻辑控制器设计包括的内容
- 模糊逻辑控制规则设计
- 模糊逻辑控制系统的应用领域

模糊逻辑控制工具箱
- 功能特点
- 模糊系统基本类型
- 模糊逻辑控制系统的构成
- 模糊推理系统的建立、修改与存储管理
- 模糊语言变量及其语言值
- 模糊语言变量的隶属度函数
- 模糊规则的建立与修改
- 模糊推理计算与去模糊化

模糊逻辑控制
工具箱App
- 模糊推理系统编辑器
- 隶属度函数编辑器
- 模糊规则编辑器
- 模糊规则浏览器
- 模糊推理输入/输出曲面视图

模糊逻辑控制
的经典应用
- 基于Simulink的模糊逻辑控制应用
- 基于模糊逻辑控制的路径规划
- 基于模糊神经网络控制的水质评价

第9章
小波分析

小波分析
- 傅里叶变换
- 傅里叶变换到小波分析

Mallat算法
- Mallat算法原理
- 常用小波函数介绍
- Mallat算法示例

小波分析
在信号处理中的应用
- 信号压缩
- 信号去噪
- 信号分离

小波变换
在图像处理中的应用
- 图像压缩
- 图像边缘检测
- 图像增强

小波App简介

第10章
神经网络算法

神经网络基础
- 人工神经网络的发展
- 人工神经网络研究内容
- 人工神经网络研究方向
- 人工神经网络发展趋势

神经网络的结构及学习
- 神经网络结构
- 神经网络学习

MATLAB应用
- 神经网络工具箱

神经网络工具箱App
- 神经网络工具箱函数

神经网络的MATLAB实现
- 神经网络模型预测控制
- 反馈线性化控制
- 模型参考控制

Simulink神经网络
控制工具箱

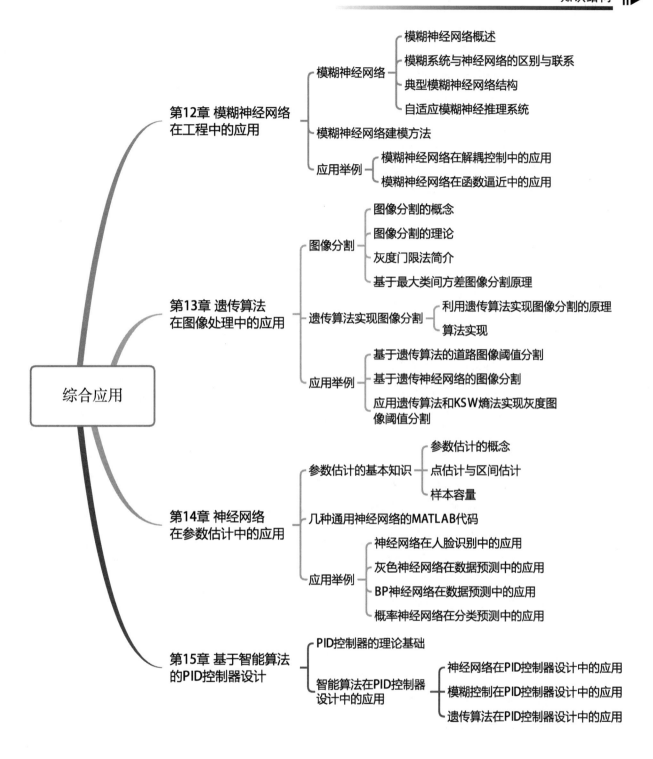

综合应用

**第12章 模糊神经网络在工程中的应用**
- 模糊神经网络
  - 模糊神经网络概述
  - 模糊系统与神经网络的区别与联系
  - 典型模糊神经网络结构
  - 自适应模糊神经推理系统
- 模糊神经网络建模方法
- 应用举例
  - 模糊神经网络在解耦控制中的应用
  - 模糊神经网络在函数逼近中的应用

**第13章 遗传算法在图像处理中的应用**
- 图像分割
  - 图像分割的概念
  - 图像分割的理论
  - 灰度门限法简介
  - 基于最大类间方差图像分割原理
- 遗传算法实现图像分割
  - 利用遗传算法实现图像分割的原理
  - 算法实现
- 应用举例
  - 基于遗传算法的道路图像阈值分割
  - 基于遗传神经网络的图像分割
  - 应用遗传算法和KSW熵法实现灰度图像阈值分割

**第14章 神经网络在参数估计中的应用**
- 参数估计的基本知识
  - 参数估计的概念
  - 点估计与区间估计
  - 样本容量
- 几种通用神经网络的MATLAB代码
- 应用举例
  - 神经网络在人脸识别中的应用
  - 灰色神经网络在数据预测中的应用
  - BP神经网络在数据预测中的应用
  - 概率神经网络在分类预测中的应用

**第15章 基于智能算法的PID控制器设计**
- PID控制器的理论基础
- 智能算法在PID控制器设计中的应用
  - 神经网络在PID控制器设计中的应用
  - 模糊控制在PID控制器设计中的应用
  - 遗传算法在PID控制器设计中的应用

# 目 录
CONTENTS

## 第一部分 基 础 知 识

# 第二部分 算法专题

# 第一部分

# 基础知识

# 人工智能概述

人工智能学科诞生于 20 世纪 50 年代中期,当时由于计算机的产生与发展,人们开始了具有真正意义的人工智能的研究,在自动推理、认知建模、机器学习、神经元网络、自然语言处理、专家系统、智能机器人等方面的理论和应用上都取得了称得上具有"智能"的成果。本章主要介绍人工智能的基本概念及其特征,并对人工智能的应用进行简要介绍。

**学习目标**

(1)了解人工智能的基本概念。

(2)了解人工智能的特征。

(3)熟悉人工智能的应用。

## 1.1  人工智能基本概念

人工智能就是认识智能机理,建造智能实体,用人工的方法模拟和实现人类智能。从这个意义上来说,人工智能的定义应该依赖于对智能的定义。本节将讨论人工智能的一些基本概念。

### 1.1.1  智能的概念

智能及智能的本质是古今中外许多哲学家、脑科学家一直在努力探索和研究的问题,但至今仍然没有完全了解,以致智能的发生与物质的本质、宇宙的起源、生命的本质一起被列为自然界四大奥秘。

近些年来,随着脑科学、神经心理学等研究的进展,人们对人脑的结构和功能有了初步认识,但对整个神经系统的内部结构和作用机制,特别是脑的功能原理,还没有认识清楚,有待进一步探索。因此,很难为智能给出确切的定义。而智能在仿生和模拟、超级计算机方面也有其特定含义。

**1. 智能的分类**

根据霍华德·加德纳的多元智能理论,人类的智能可以分成 8 个范畴。

1)语言智能

语言智能(Linguistic Intelligence)是指有效地运用口头语言或文字表达自己的思想并理解他人,灵活掌握语音、语义、语法,具备用语言思维、用语言表达和欣赏语言深层内涵的能力,将这些能力结合在一起并运用自如的能力。需要这类智能的职业有政治活动家、主持人、律师、演说家、编辑、作家、记者、教师等。

2)逻辑数学智能

逻辑数学智能(Logical-Mathematical Intelligence)是指有效地计算、测量、推理、归纳、分类,并进行复杂数学运算的能力。这类智能包括对逻辑的方式和关系、陈述和主张、功能及其他相关的抽象概念的敏感性。需要这类智能的职业有科学家、会计师、统计学家、工程师、软件开发人员等。

3）空间智能

空间智能（Spatial Intelligence）是指准确感知视觉空间及周围一切事物，并且能把所感觉到的形象以图画的形式表现出来的能力。这类智能包括对色彩、线条、形状、形式、空间关系的敏感性。需要这类智能的职业有室内设计师、建筑师、摄影师、画家、飞行员等。

4）身体运动智能

身体运动智能（Bodily-Kinesthetic Intelligence）是指善于运用整个身体表达思想和情感、灵巧地运用双手制作或操作物体的能力。这类智能包括特殊的身体技巧，如平衡、协调、敏捷、力量、弹性和速度以及由触觉所引起的能力。需要这类智能的职业有运动员、演员、舞蹈家、外科医生、宝石匠、机械师等。

5）音乐智能

音乐智能（Musical Intelligence）是指能够敏锐地感知音调、旋律、节奏、音色等的能力。这类智能对节奏、音调、旋律或音色的敏感性强，有人与生俱来就拥有音乐的天赋，具有较高的表演、创作及思考音乐的能力。需要这类智能的职业有歌唱家、作曲家、指挥家、音乐评论家、调琴师等。

6）人际智能

人际智能（Interpersonal Intelligence）是指能很好地理解别人和与人交往的能力。这类智能善于察觉他人的情绪、情感，体会他人的感觉感受，辨别不同人际关系的暗示以及对这些暗示作出适当反应。需要这类智能的职业有政治家、外交家、领导者、心理咨询师、公关人员、推销人员等。

7）自我认知智能

自我认知智能（Intrapersonal Intelligence）是指善于自我认识并据此作出适当行为的能力。这类智能能够认识自己的长处和短处，意识到自己的内在爱好、情绪、意向、脾气和自尊，具有独立思考的能力。需要这类智能的职业有哲学家、政治家、思想家、心理学家等。

8）自然认知智能

自然认知智能（Naturalist Intelligence）是指善于观察自然界中的各种事物，对物体进行辨识和分类的能力。这类智能具有强烈的好奇心和求知欲，具有敏锐的观察能力，能了解各种事物的细微差别。需要这类智能的职业有天文学家、生物学家、地质学家、考古学家、环境设计师等。

**2. 认识智能的不同观点**

根据对人脑已有的认识，结合智能的外在表现，可以从不同的角度、不同的侧面，用不同的方法对智能进行研究。学者们提出了几种不同的观点，其中影响较大的观点有思维理论、知识阈值理论和进化理论等。

1）思维理论

思维理论认为智能的核心是思维，人的一切智能都来自大脑的思维活动，人类的一切知识都是人类思维的产物，因而通过对思维规律和方法的研究有望揭示智能的本质。

2）知识阈值理论

知识阈值理论认为智能行为取决于知识的数量及其一般化的程度。一个系统之所以具有智能，是因为它具有可运用的知识。因此，知识阈值理论把智能定义为：智能就是在巨大的搜索空间中迅速找到一个满意解的能力。这一理论在人工智能的发展史中有着重要的影响，知识工程、专家系统等都是在这一理论的影响下发展起来的。

3）进化理论

进化理论认为人的本质能力是在动态环境中的行走能力、对外界事物的感知能力、维持生命和繁衍生息的能力。核心是用控制取代表示，从而取消概念、模型和显示表示的知识，否定抽象对智能和智能模型的必要性，强调分层结构对智能进化的可能性和必要性。

该智能一般是后天形成的，其原因为对外界刺激作出反应。例如，将一个婴儿置于黑屋子中，一段时间以后，他的智力仍接近 0，这说明智能的产生与本身无关，而取决于自身对外界刺激的反应。再如新闻报道的"猪孩"，因其接受的刺激远少于正常儿童而无法发展到正常智力。思维的产生是基于对复杂刺激所生成的复杂反应。智能的体现为感知自身的存在。

综上，可以认为智能是知识和智力的总和。其中，知识是一切智能行为的基础；而智力是获取知识并运用知识求解问题的能力，是头脑中思维活动的具体体现。

### 3. 智能的层次结构

根据脑科学研究，人类智能总体上可以分为高、中、低 3 个层次。不同层次智能的活动由不同的神经系统完成。

（1）高层智能以大脑皮层为主，大脑皮层又称为抑制中枢，主要完成记忆、思维等活动。

（2）中层智能以丘脑为主，也称为感觉中枢，主要完成感知活动。

（3）低层智能以小脑脊髓为主，主要完成动作反应活动。

可见，把智能的不同观点和智能的层次结构联系起来，思维理论和知识阈值理论对应于高层智能，进化理论对应于中层智能和低层智能。

## 1.1.2 人工智能的概念

人工智能（Artificial Intelligence，AI）是研究、开发用于模拟、延伸和扩展人的智能的理论、方法、技术和应用系统的一门新的技术科学。"人工智能"一词最初是在 1956 年的 Dartmouth 学会上提出的，从那以后，研究者们发展了众多理论和原理，人工智能的概念也随之扩展。60 多年来，人工智能已经取得长足的发展，成为一门广泛的交叉和前沿科学。

总的来说，人工智能的目的就是让计算机能够像人一样思考。如果希望做出一台能够思考的机器，那就必须知道什么是思考，更进一步讲，就是什么是智慧。

科学家已经发明了汽车、火车、飞机、收音机等，它们模仿我们身体器官的功能。针对模仿人类大脑的功能，人类也仅仅知道大脑是由数十亿个神经细胞组成的器官，我们对它知之甚少，模仿它或许是天下最难的事。

当计算机出现后，人类开始真正有了一个可以模拟人类思维的工具，在以后的岁月中，无数科学家为这个目标努力着。

现在人工智能已经不再是几个科学家的专利了，全世界几乎所有大学的计算机系都有人在研究这门学科，学习计算机的大学生也必须学习这样一门课程。在科学家的不懈努力下，现在计算机已经变得十分聪明。例如，1997 年 5 月，IBM 公司研制的深蓝（Deep Blue）计算机战胜了国际象棋大师卡斯帕洛夫（Kasparov）。在某些领域，计算机帮助人类完成原来只属于人类的工作，计算机以它的高速和准确发挥着它的作用。

人工智能始终是计算机科学的前沿学科，计算机编程语言和其他计算机软件都因为有了人工智能的进展而得以存在。

### 1.1.3　人工智能的研究目标

关于人工智能的研究目标，目前还没有统一的答案。斯洛曼于 1978 年规划了 3 个主要目标：①对智能行为有效解释的理论分析；②解释人类智能；③构造智能的人工制品。

要实现斯洛曼的这些目标，需要同时开展对智能机理和智能构造技术的研究。图灵在描述智能机器时，尽管没有提到思维过程，但是想要真正实现这种智能机器，同样离不开对智能机理的研究。

因此，揭示人类智能的根本机理，用智能机器模拟、延伸和扩展人类智能应该是人工智能的根本目标或远期目标。

人工智能的远期目标涉及认知科学、计算机科学、系统科学、微电子和控制方法论等多种科学，并有赖于这些学科的共同发展。但从目前这些学科的发展情况来看，实现人工智能的远期目标还需要很长的时间。

在这种情况下，人工智能的近期目标是研究如何使现有计算机更加"聪明"，也就是使计算机可以运用知识处理问题、模拟人类的智能行为（如学习、分析、思考等）。

为了实现这个目标，需要大家根据现有计算机的特点，研究实现智能的有关方法和技术，建立对应的智能系统。

实际上，人工智能的远期目标和近期目标是相辅相成的。远期目标为近期目标指明了方向；近期目标为远期目标奠定了理论和技术基础。同时，近期目标和远期目标并没有严格的界限。近期目标会随着人工智能研究的发展而变化，并最终达到远期目标。

### 1.1.4　人工智能的研究方法

没有统一的原理或范式指导人工智能研究。在许多问题上，研究者都存在争论。其中几个长久以来仍没有结论的问题是：是否应从心理或神经方面模拟人工智能？或者，像鸟类生物学对于航空工程一样，人类生物学对于人工智能研究是没有关系的，智能行为能否用简单的原则（如逻辑或优化）来描述，还是必须解决大量完全无关的问题？

智能是否可以使用高级符号表达，如词和想法，还是需要"子符号"的处理？John Haugeland 提出了"出色的老式人工智能"（Good Old-Fashioned Artificial Intelligence，GOFAI）的概念，也提议人工智能应归类为合成智能（Synthetic Intelligence），这个概念后来被某些非 GOFAI 研究者采纳。

#### 1. 控制论与大脑模拟

20 世纪 40—50 年代，许多研究者探索神经病学、信息理论及控制论之间的联系，还制造出一些使用电子网络构造的初步智能，如 W. Grey Walter 的 Turtles 和 Johns Hopkins Beast。这些研究者还经常在普林斯顿大学和英国的 Ratio Club 举行技术协会会议。直到 1960 年，大部分人已经放弃这个方法，尽管在 20 世纪 80 年代这些原理再次被提出。

#### 2. 符号处理

20 世纪 50 年代，数字计算机研制成功，研究者开始探索人类智能是否能简化为符号处理。研究主要集中在卡内基梅隆大学、斯坦福大学和麻省理工学院，它们各自有独立的研究风格。John Haugeland 称这些方法为 GOFAI（出色的老式人工智能）。

20 世纪 60 年代，符号方法在小型证明程序上模拟高级思考取得了很大的成就。基于控制论或神经网络的方法则次之。20 世纪 60—70 年代，研究者确信符号方法最终可以成功创造强人工智能的机器，同时这也是他们的目标。

认知模拟经济学家赫伯特·西蒙和艾伦·纽厄尔研究人类问题解决能力并尝试将其形式化,同时他们为人工智能的基本原理打下基础,如认知科学、运筹学和经营科学。他们的研究团队使用心理学实验的结果开发模拟人类解决问题方法的程序。

这个方法一直在卡内基梅隆大学沿袭下来,并在 20 世纪 80 年代于 SOAR(State,Operator and Result)发展到高峰。基于逻辑,不像赫伯特·西蒙和艾伦·纽厄尔,John McCarthy 认为机器不需要模拟人类的思想,而应尝试找到抽象推理和解决问题的本质,不管人们是否使用同样的算法。

John McCarthy 在斯坦福大学的实验室致力于使用形式化逻辑解决多种问题,包括知识表示、智能规划和机器学习。致力于逻辑方法的还有爱丁堡大学,进而促成欧洲的其他地方开发编程语言 Prolog 和逻辑编程科学。

斯坦福大学的"反逻辑"研究者(如马文·闵斯基和西摩尔·派普特)发现要解决计算机视觉和自然语言处理的困难问题,需要专门的方案。他们主张不存在简单和通用原理(如逻辑)能够达到所有智能行为。

Roger Schank 描述他们的"反逻辑"方法为 scruffy。常识知识库(如 Doug Lenat 的 Cyc)就是 scruffy 的例子,因为他们必须一次编写一个复杂的概念。

随着大容量内存计算机的出现,研究者分别以 3 个方法开始将知识构造成应用软件。这场"知识革命"促成专家系统的开发与计划,这是第 1 个成功的人工智能软件形式。"知识革命"同时让人们意识到许多简单的人工智能软件可能需要大量的知识。

### 3. 子符号方法

20 世纪 80 年代,符号人工智能停滞不前,很多人认为符号系统永远不可能模仿人类的所有认知过程,特别是感知、机器人、机器学习和模式识别。很多研究者开始关注子符号方法解决特定的人工智能问题。

自下而上、接口智能、嵌入环境(机器人)、行为主义、新式机器人领域相关的研究者,如 Rodney Brooks,否定符号人工智能而专注于机器人移动和求生等基本的工程问题。他们的工作再次关注早期控制论研究者的观点,同时提出了在人工智能中使用控制理论。这与认知科学领域中的表征感知论点是一致的——更高的智能需要个体的表征,如移动、感知和形象。

20 世纪 80 年代中期,David Rumelhart 等再次提出神经网络和联结主义,这与其他的子符号方法(如模糊控制和进化计算)都属于计算智能学科研究范畴。

### 4. 统计学方法

20 世纪 90 年代,人工智能研究发展出复杂的数学工具以解决特定的分支问题。这些工具是真正的科学方法,即这些方法的结果是可测量的和可验证的,同时也是人工智能成功的原因。共用的数学语言也允许已有学科的合作(如数学、经济或运筹学)。

Stuart J. Russell 和 Peter Norvig 指出这些进步不亚于"革命"和"NEATS 的成功"。有人批评这些技术太专注于特定的问题,而没有考虑长远的强人工智能目标。

### 5. 集成方法

Agent 是一个会感知环境并作出行动以达目标的系统。最简单的 Agent 是那些可以解决特定问题的程序。更复杂的 Agent 包括人类和人类组织(如公司)。

这些范式可以让研究者研究单独的问题和找出有用且可验证的方案,而不需要考虑单一的方法。一个解决特定问题的 Agent 可以使用任何可行的方法。一些 Agent 使用符号方法和逻辑方法,一些则使用子符号神经网络或其他新的方法。

Agent 同时也为研究者提供一个与其他领域沟通的共同语言，如决策论和经济学( 也使用 Abstract Agents
的概念 )。20 世纪 90 年代，智能 Agent 被广泛接受。Agent 体系结构和认知体系结构研究者设计出一些系统
处理多 Agent 系统中 Agent 之间的相互作用。

一个包含符号和子符号部分的系统称为混合智能系统，而对这种系统的研究则是人工智能系统集成。
分级控制系统则为反应级别的子符号 AI 和最高级别的传统符号 AI 提供桥梁，同时放宽了规划和建模的
时间。

总之，不论从什么角度研究人工智能，都是通过计算机来实现，因此可以说人工智能的中心目标是要
搞清楚实现人工智能的有关原理，使计算机有智慧、更聪明、更有用。

## 1.1.5　人工智能的特征

作为一门科学，人工智能有其独特的技术特征，主要表现为以下方面。

### 1. 利用搜索

从求解问题的角度看，环境给智能系统（人或机器系统）提供的信息有 3 种可能。

（1）完全知识：用现成的方法可以求解，这不是人工智能的范围，如用消除法求解线性方程组。

（2）部分知识：无现成的方法可用。

（3）完全无知：无现成的方法可用。

后两种知识，如下棋、法官判案、医生诊病等，有些问题有规律，但往往需要边试探边求解。

### 2. 利用知识

从西蒙和纽厄尔等提出的通用问题求解系统到专家系统，都认识到利用问题领域知识求解问题的重要
性。但知识有以下几大难以处理的属性。

（1）现在的知识非常庞大，我们处在“知识爆炸”的时代。

（2）诸如足球大师的经验、老医师的经验，这些知识都难以精确表达。

（3）如今科学在快速发展，知识也经常变化，所以要经常进行知识更新，因此有人认为人工智能技术
就是一种开发知识的方法。

除此之外，知识还具有模糊性、不完全性等属性。有些问题（如下象棋）只在理论上可计算，但在现
实中无法实现。对于知识的处理，必须做到以下几点。

（1）需要能被提供和接受知识的人所理解，如此他们才能顺利使用知识。

（2）因为知识不断变化，所以知识的处理要易于修改。

（3）能抓住一般性，避免浪费时间、空间去寻找存储知识。

（4）尽量通过缩小考虑可能性范围减少知识的巨大容量。

### 3. 利用抽象

抽象用以区分重要和非重要的特征，借助抽象可将处理问题中的重要特征和变式与大量非重要特征和
变式区分开，使处理变得更有效、更灵活。

AI 技术利用抽象还表现为在 AI 程序中采用叙述性的知识表示方法，这种方法把知识当作一种特殊的
数据来处理，在程序中只是把知识和知识之间的联系表达出来，而把知识的处理截然分开。这样，知识将
十分清晰、明确、易于理解。对于用户，往往只需要考虑“是什么问题”“要做什么”，而把“怎么做”留
给 AI 程序来完成。

#### 4．利用推理

基于知识表示的 AI 程序主要利用推理在形式上的有效性，即在问题求解过程中，智能程序使用知识的方法和策略应较少地依赖知识的具体内容。

通常的 AI 程序系统中都采用推理机制与知识相分离的典型体系结构。这种结构从模拟人类思维的一般规律出发以使用知识。

例如，人类处理问题的一般推理法则为已知"甲为真"和"如果甲为真，那么乙就为真"，可以推出"乙为真"。这条推理法则并不依赖于甲和乙的具体内容。在 AI 系统中采用形式推理技术使用知识，它对具体应用领域的依赖性很低，从而具有非常强的实用性。

实际上，形式推理只是 AI 的早期研究成果。目前 AI 工作者已经研究出逻辑推理、似然推理、定性推理、模糊推理等各种有效的推理技术和控制策略，为人工智能的运用开辟了广阔前景。

## 1.2　人工智能的应用

智能在社会发展和科技进步中扮演着重要角色，已经成为一个极具价值的学术标签和商业标签。面对人工智能这样一个高度交叉的新兴学科，其研究和应用领域的划分可以有多种不同的方法。

为了给读者一个更清晰的人工智能的概念，这里采用了基于智能本质和作用的划分方法，从感知、思维、行为、学习、计算智能、分布式智能、智能机器、智能系统、智能应用等方面进行讨论。

### 1.2.1　机器思维

机器思维主要模拟人类的思维功能。在人工智能中，与机器思维有关的研究主要包括搜索、推理、规划等。

#### 1．搜索

搜索是指为了达到某个目标，不断寻找线索，以引导和控制推理，最终解决问题的过程。它是人工智能中最基本的问题之一。

根据问题的表述方式，可以将搜索分为状态空间搜索和与或树搜索两大类型。其中，状态空间搜索是一种利用状态空间法求解问题的搜索方法；与或树搜索是一种用问题归约法求解问题的方法。

人工智能最关心的搜索问题是如何利用搜索得到有用的信息再引导搜索过程，即启发式搜索方法。启发式搜索方法包括状态空间启发式搜索和与或树启发式搜索方法等。

博弈是一个典型的搜索问题。目前人们对博弈的研究主要以人机对战下棋为主。研究机器博弈的目的不全是让计算机与人下棋，最主要的还是给人工智能提供一个试验场地，同时也为了证明计算机具有智能。试想，连象棋大师都被计算机战成平局，可见计算机已经具备了较高的智能水平。

#### 2．推理

推理是人工智能最基本的问题之一。所谓推理，是按照某种策略，从已知事实出发，利用知识推出所需结论的过程。

对于机器推理，可以根据所用知识的确定性，将其分为不确定性推理和确定性推理两大类型。其中，不确定性推理是表示推理所使用的知识和推出的结论可以是不确定的，它是对非精确性、模糊性和非完备性的统称；确定性推理是指推理所使用的知识和推出的结论都是可以精确表示的，其值不为真就为假。

推理的理论基础是数理逻辑。常用的确定性推理方法包括自然演绎推理、产生式推理、归结演绎推理等。由于现实世界中的大多数问题是不能精确描述的，因此确定性推理能解决的问题很有限，更多的问题应该采用不确定性推理方法。

不确定性推理的理论基础是非经典逻辑和概率等。非经典逻辑是泛指除一阶经典逻辑以外的其他各种逻辑，如模糊逻辑、默认逻辑、多值逻辑等。最常用的不确定性推理方法有基于可信度的确定性理论、基于改进的 Bayes 公式的主观 Bayes 方法、基于概率的证据理论和基于模糊逻辑的可能性理论等。

### 3. 规划

规划是从某个特定问题状态出发，寻找并建立一个操作序列，最终求得目标状态的行动过程描述，它是一种重要的问题求解技术。与一般问题求解技术相比，规划更侧重于问题的求解过程，并且要解决的问题一般是真实世界的实际问题，而不是抽象的数学模型问题。

比较完整的规划系统是斯坦福研究所的问题求解系统。它是一种基于 F 规则和状态空间的规划系统。所谓 F 规则，是指以正向推理使用规则。整个斯坦福研究所的问题求解系统由以下 3 部分组成。

（1）世界模型：用一阶谓词公式表示的问题初始状态和目标状态。

（2）F 规则：包含先决条件、添加表和删除表。其中，先决条件是规则执行的前提；添加表和删除表是对规则的执行动作。

（3）操作方法：采用状态空间表示和中间结局分析的方法。其中，状态空间包括初始状态、中间状态和目标状态；中间结局分析是一个迭代过程，它每次都能够缩小当前状态与目标状态之间的差距，最终达到目标。

## 1.2.2  机器感知

机器感知作为机器获取外界信息的主要途径，是机器智能的重要组成部分。下面介绍 3 种重要的机器感知方式。

### 1. 机器视觉

顾名思义，机器视觉是研究利用计算机模拟或实现人类视觉功能，其主要目标是让计算机具有通过二维图像认知三维环境信息的能力。这种能力包括对三维物体形状、位置、姿态等几何信息的感知。

视觉功能是人类各种感知能力中最重要的部分之一。在人类感知世界中，大部分都是通过视觉感知得到的。人类对视觉信息的获取、处理与理解的大致过程是：在可见光照射下，通过视网膜形成图像，再由感光细胞转换成神经脉冲信号并传入大脑皮层，最终由大脑皮层对收到的信息进行处理。

目前计算机视觉已经在人类社会的许多领域得到了成功的应用，如图像识别、计算机断层扫描（Computer Tomography，CT）成像、生产过程监控等。

### 2. 模式识别

模式原指供模仿用的完美无缺的一些样本，如日常生活中客观存在的事物。模式识别是人工智能最早的研究领域之一。在模式识别理论中，通常把对某个事物所做的定量或结构性描述的集合称为模式。

所谓模式识别，就是让计算机对给定的事物进行鉴别，并把它归入与其相同或相似的模式中。被鉴别的事物可以是物理的、化学的或生理的。为了能使计算机进行模式识别，通常需要给它配上各种感知器官，使其能够直接感知外界信息。

模式识别的过程是先采集被识别事物的模式信息，然后对此信息进行各种处理，并从中提取特定的特征，获取被识别事物的模式，然后再与系统中原有的各种标准模式比较，完成对被识别事物的分类，最终输出识别结果。

根据给出的不同标准模式，模式识别技术可以有多种不同的识别方法。其中，经常采用的方法有模板匹配法、神经网络法等。

模板匹配法是把机器中原有的被识别事物的模式看作一个典型模板，并把被识别事物的模式与典型模板比较，从而完成识别。

神经网络法是目前应用非常广泛的一种方法，它是把神经网络与模式识别相结合的一种新方法。这种方法在识别之前，需要用大量的数据对神经网络进行训练，以便获取神经网络的结构和配置参数，然后才能运用神经网络识别被识别事物。

### 3. 自然语言处理

自然语言处理是研究如何在人类与计算机之间进行有效交流的理论和方法，包括自然语言理解、机器翻译和语音处理。

自然语言是人类进行信息交流的主要媒介，也是极其智能的一个重要标志。但是，由于它的多义性和不确定性，人类与计算机系统之间的交流还主要依靠受到严格限制的非自然语言。

自然语言理解主要研究如何使计算机能够理解和生成自然语言。它可以分为声音语言理解和书面语言理解两大类。其中，书面语言的理解过程包括语法分析、句法分析、语义分析和语用分析 4 个阶段。

机器翻译是用计算机把一种语言翻译成另外一种语言。

语音处理就是让计算机能够听懂人类的语言，包括声波分析、特征提取、单词匹配 3 部分。

到目前为止，尽管自然语言理解、机器翻译和语音处理取得了很多进展，但是计算机还不能十分有效地理解人类的自然语言。自然语言的理解研究不仅对智能人机接口有着重要的实际意义，而且对不确定人工智能的研究也具有重大的理论价值。

## 1.2.3　机器行为

机器行为既是智能机器作用于外界环境的主要途径，也是机器智能的重要组成部分。下面主要介绍智能控制和智能制造。

### 1. 智能控制

智能控制是指在极少或没有人工干预的情况下，独立驱动智能机器实现目标的控制过程。它是一种把人工智能技术和传统自动控制技术相结合，研制智能控制系统的方法和技术。

智能控制系统是具有自学习、自适应和自组织功能的智能系统。它由传感器、信息处理模块、认知模块、控制模块、执行器、通信接口等主要部件组成。

目前常用的智能控制方法包括模块控制、神经网络控制和专家控制等，主要应用领域包括智能机器人系统、计算机集成制造系统等。

### 2. 智能制造

智能制造是指以计算机为核心，集成有关技术，以取代、延伸与强化有关专门人才在制造中的相关智能活动所形成、发展乃至创新了的制造。

智能制造中所采用的技术称为智能制造技术，它是指在制造系统和制造过程中的各环节，通过计算机模拟人类专家的制造智能活动，并与制造环境中人的智能进行柔性集成与交互的各种制造技术的总称。

智能制造技术主要包括机器智能的实现技术、多智能源的集成技术、人工智能与机器智能的融合技术等。在实际智能制造模式下，智能制造系统一般为分布式协同求解系统，其本质特征表现为智能单元的"自主性"和系统整体的"自组织能力"。

### 1.2.4　机器学习

机器学习是机器获取知识的根本途径，同时也是机器具有智能的重要标志。有人认为，一个计算机系统如果不具备学习功能，就不能称为智能系统。

机器学习有多种分类方法。本节按照对人类学习的模式和方式，将机器学习分为符号学习和神经学习。

#### 1.　符号学习

符号学习是一种基于符号主义学派的机器学习观点，它是从功能上模拟人类学习能力的机器学习方法。按照此观点，知识可以用符号表示。机器学习过程实际上是一种符号运算过程。

根据学习策略，可以将符号学习分为演绎学习、记忆学习和归纳学习等。

演绎学习是以演绎推理为基础的学习方法；记忆学习是一种最基本的学习方法，它也被称为死记硬背学习；归纳学习是以归纳推理为基础的学习，它是机器学习中研究较多的一种学习类型。

#### 2.　神经学习

神经学习是一种基于人工神经网络的学习方法。脑科学研究表明，人脑的学习和记忆过程都是通过神经系统完成的。在神经系统中，神经元既是学习的基本单位，也是记忆的基本单位。

神经学习可以有多种不同的分类方法。一般按照神经网络模型的类型可以将神经学习分为感知器学习、BP（Back Propagation）神经网络学习、径向基神经网络学习等。

感知器学习是一种基于纠错学习规则，采用迭代思想对连接权值和阈值进行不断调整，直到满足结束条件为止的学习算法。BP 神经网络学习是一种误差反向传播学习算法，这种学习算法的学习过程由输出模式的正向传播过程和误差的反向传播过程组成。径向基神经网络学习是一种前馈型神经网络，采用 Cover 定理将非线性的问题转化为线性问题。

#### 3.　知识发现和数据挖掘

知识发现和数据挖掘是在数据库的基础上实现的一种知识发现系统。它通过综合运用统计学、模糊数学、机器学习和专家系统等多种学习手段和方法，从数据库中提炼和抽取知识，从而可以揭示出蕴含在这些数据背后的客观世界的内在联系和本质原理，实现知识的自动获取。

传统的数据库技术仅限于对数据库的查询和检索，不能从数据库中提取知识，使数据库中所蕴含的丰富知识白白浪费。知识发现和数据挖掘以数据库作为知识源获取知识，不仅可以提高数据库中数据的利用价值，同时也为各种智能系统的知识获取开辟了一条新的途径。

### 1.2.5　机器计算

机器计算是基于人们对生物体智能机理的认识，采用数值计算的方法模拟和实现人类的智能。机器计算的主要研究领域包括模糊计算、神经计算、进化计算和人工生命等。

#### 1.　模糊计算

模糊计算是通过对人类处理模糊现象能力的认识，用模糊集合和模糊逻辑模拟人类的智能行为。模糊集合和模糊逻辑是一种处理因模糊而引起的不确定性的有效方法。

在模糊系统中，模糊的概念通常是用模糊集合表示的，而模糊集合又是用隶属函数刻画的。一个隶属函数描述一个模糊概念，其函数值为[0,1]区间内的实数，用来描述函数自变量所代表的模糊事件隶属于该模糊概念的程度。目前模糊计算已经在控制、推理、决策等方面得到广泛应用。

## 2. 神经计算

神经计算也称为神经网络，它是通过对大量人工神经元的广泛并行互联所形成的一种人工网络系统，用于模拟生物神经系统的结构和功能。

神经计算是一种对人类智能的结构模拟方法，主要研究内容包括人工神经元的结构和模型、人工神经网络的互联结构和系统模型、基于神经网络的联结学习机制等。

人工神经元是指用人工方法构造的单个神经元，它有抑制和兴奋两种工作状态，可以接受外界刺激，也可以向外界输出自身的状态，用于模拟生物神经元的结构和功能，是人工神经网络的基本处理单元。

人工神经网络的互联结构是指单个神经元之间的联结模式，它是构造神经网络的基础。从互联结构的角度，神经网络可以分为前馈网络和反馈网络两种类型。在现有网络中，最常用的神经网络有传统感知器模型、具有误差反向传播功能的 BP 神经网络模型。

神经网络具有自学习、自组织、自适应、联想等能力，在模拟生物神经计算方面有一定的优势。

## 3. 进化计算

进化计算是一种模拟自然生物界生物的进化过程，进行问题求解的自组织、自适应的随机搜索技术。它基于进化论的法则，结合遗传变异理论，将生物进化过程中的繁殖、变异、竞争和选择引入算法中，是一种对人类智能演化过程的模拟。

进化计算主要包括遗传算法、进化策略、进化规划和遗传规划四大分支。其中，遗传算法是进化计算中最初形成的一种具有普遍影响的模拟进化优化算法。

遗传算法的基本思想是使用模拟生物和人类进化的方法求解复杂问题。它从初始种群出发，采用优胜劣汰、适者生存的自然法则选择个体，并通过杂交、变异产生新一代种群，如此逐代进化，直到最终满足目标。

## 4. 人工生命

生命现象应该是世界上最复杂的现象之一。人工生命是要研究能够展示人类生命特征的人工系统，即研究以非碳水化合物为基础的具有人类生命特征的人造生命系统。

人工生命研究并不特别关心已知的以碳水化合物为基础的生命的特殊形式，即"生命之所知"，而最关心的是生命的存在形式，即"生命之所能"。

人工生命研究主要采用自底向上的综合方法，即只有从"生命之所能"的广泛内容中去考查"生命之所知"，才能真正理解生命的本质。人工生命的研究目标就是要创造出具有人类生命特征的人工生命。

# 1.3　分布式人工智能

分布式人工智能是随着计算机网络、计算机通信和并发程序设计技术而发展起来的一个新的人工智能研究领域。它主要研究在逻辑上或物理上分布的智能系统之间如何相互协调各自的智能行为，实现问题的并行求解。

分布式人工智能的研究目前有两个主要方向，一个是分布式问题求解，另一个是多 Agent 系统（Multi-Agent System，MAS）。其中，分布式问题求解主要研究如何在多个合作者之间进行任务划分和问题求解；多 Agent 系统主要研究如何在一群自主的 Agent 之间进行智能行为的协调。

多 Agent 系统是由多个自主 Agent 所组成的一个分布式系统。在这种系统中，每个 Agent 都可以自主运行和自主交互，即当一个 Agent 需要与别的 Agent 合作时，就通过相应的通信机制寻找可以合作并愿意合作的 Agent，以共同解决问题。

### 1.3.1　机器系统

机器系统泛指各种具有智能特征和功能的软硬件系统。本节主要介绍两种机器系统：专家系统和智能决策支持系统。

**1. 专家系统**

专家系统由知识库、推理机、解释模拟器、综合数据库、知识获取模块和人机接口 6 个结构构成，它是一种基于知识的智能系统。6 个构成部分的功能如下。

（1）知识库：专家系统的知识存储器，用来存放求解问题的领域知识。

（2）推理机：一组用来控制、协调整个专家系统的程序。

（3）解释模拟器：以用户便于接受的方式向用户解释系统的推理过程。

（4）综合数据库：用来存储领域问题的事实、数据、初始状态和推理过程中得到的中间状态等。

（5）知识获取模块：修改知识库中的原有知识和扩充新知识提供相应手段。

（6）人机接口：主要用于专家系统与外界之间的通信和信息交换。

**2. 智能决策支持系统**

智能决策支持系统是指在传统决策支持系统中增加了相应的智能部件的决策支持系统（Decision Support System，DSS）。它把 AI 技术与 DSS 相结合，综合运用 DSS 在定量模型求解与分析方面的优势，以及 AI 在定性分析与不确定推理方面的优势，利用人类在问题求解中的知识，通过人机对话的方式，为解决半结构化和非结构化问题提供决策支持。

该系统通常由数据库、模型库、方法库、知识库和人机接口等部件组成。目前，实现系统部件的综合集成和基于知识的智能决策是智能决策支持系统（Intelligence Decision Supporting System，IDSS）发展的一种必然趋势，结合数据仓库和联机分析处理（Online Analytical Processing，OLAP）技术构造企业级决策支持系统是 IDSS 走向实际应用的一个重要方向。

### 1.3.2　典型应用

人工智能的应用领域已经非常广泛，这些应用从理论到技术，从产品到工程，从家庭到社会，如智能家居、智能网络、智能交通、智能楼宇和智能控制等。下面简单介绍几种典型的应用。

**1. 智能机器人**

机器人是一种具有人类的某些智能行为的机器。它是在电子学、人工智能、控制论、系统工程和心理学等多种学科或技术发展的基础上形成的一种综合性技术学科。

机器人可以分为很多类型，如工业机器人、水下机器人、家用机器人等。其研究的主要目的：从应用方面考虑，可以让机器人帮助或代替人完成一些工作；从科学方面考虑，可以为人工智能的研究提供一个综合试验场地。

机器人既是人工智能的研究对象，也是人工智能的试验场。绝大多数人工智能技术都可以在机器人中得到应用。

智能机器人是一种具有感知能力、思维能力和行为能力的新一代机器人。这种机器人都能够主动适应外界环境变化，并能够通过学习丰富自己的知识，提高自己的工作能力。目前研究的智能机器人已经可以根据命令完成许多复杂的操作。

### 2．智能网络

因特网的产生和发展为人类提供了方便快捷的学习交换手段，极大地改变了人们的生活和工作方式，已成为当今人类社会信息化的一个重要标志。但是，基于因特网的万维网却是一个杂乱无章、真假不分的信息海洋，大量的信息冗余给人们带来很多烦恼。因此，实现智能网络具有极大的理论意义和实际价值。

智能网络有两个重要的研究内容：智能搜索引擎和智能网络。智能搜索引擎是一种可以为用户提供内容识别、信息过滤等人性化服务的搜索引擎。智能网络是一种物理结构和物理分布无关的网络环境，它能够实现各种资源的充分分享，能为不同的用户提供个性化的网络服务。

### 3．智能检索

智能检索是指利用人工智能的方法从大量信息中尽快找到所需要的信息或知识。随着科学技术的迅速发展和学习手段的快速提升，在各种数据库尤其是因特网上存放着大量信息。面对这些数据，需要相应的智能检索技术帮助人们快速、准确地完成检索工作。完成智能检索系统的设计需要具备以下能力。

（1）能理解用自然语言提出的各种问题。

（2）具有一定的推理能力。

（3）拥有一定的常识性知识。

### 4．智能游戏

智能游戏是游戏技术与智能技术的一种结合，它是具有一定智能行为的游戏。智能游戏不仅是人工智能的一个研究方向和应用对象，同时也是人工智能研究的一个很好的试验平台。在智能游戏中用到的智能技术主要有以下几种。

（1）感知：实现对玩家角色的感知。

（2）行为：负责根据选择的行为对游戏状态进行更新。

（3）推理和决策：负责对当前信息的认知和决策。

（4）记忆：用于记忆感知到的游戏状态。

（5）搜索：尝试和发现合适的游戏动作。

（6）学习：非玩家角色在游戏过程中学到一定的知识。

## 1.4　本章小结

尽管人工智能的发展经历了曲折的过程，但是许多行业将知识和智能思想引入自己的领域，使一些问题得以较好地解决。通过本章的内容，读者能够对人工智能有一个直观的印象，可以更容易理解后面讲解的各种算法。

# 第 2 章

# 初识 MATLAB

MATLAB 是目前国际上被广泛接受和使用的科学与工程计算软件。随着不断的发展，MATLAB 已经成为一种集数值运算、符号运算、数据可视化、图形界面设计、程序设计、仿真等多种功能于一体的集成软件。本章主要讲解 MATLAB 的工作环境、基本概念和帮助系统，让读者尽快熟悉 MATLAB 软件。

**学习目标**

（1）掌握 MATLAB 的工作环境。

（2）熟练掌握 MATLAB 图形窗口的用途。

（3）掌握 MATLAB 的数据类型。

（4）了解 MATLAB 的帮助系统。

## 2.1 MATLAB 工作环境

使用 MATLAB 前，需要将安装文件夹（默认路径为 C:\Program Files\Polyspace\R2020a\bin）中的 MATLAB.exe 应用程序添加为桌面快捷方式，双击快捷方式图标可以直接打开 MATLAB 操作界面。

### 2.1.1 操作界面简介

启动 MATLAB 后，操作界面如图 2-1 所示。在默认情况下，MATLAB 的操作界面包含选项卡、当前文件夹、命令行窗口和工作区 4 个区域。

图 2-1　MATLAB 操作界面

选项卡在组成方式和内容上与一般应用软件基本相同，这里不再赘述。下面重点介绍命令行窗口、命令历史记录窗口、当前文件夹窗口等内容。其中，命令历史记录窗口并不显示在默认窗口中。

### 2.1.2　命令行窗口

MATLAB 默认主界面的中间部分是命令行窗口。命令行窗口就是接收命令输入的窗口，可输入的对象除 MATLAB 命令外，还包括函数、表达式、语句、M 文件名和 MEX 文件名等，为叙述方便，这些可输入的对象以下统称为语句。

MATLAB 的工作方式之一是在命令行窗口中输入语句，然后由 MATLAB 逐句解释执行并在命令行窗口中给出结果。命令行窗口可显示除图形外的所有运算结果。

用户可以将命令行窗口从 MATLAB 主界面中分离出来，以便单独显示和操作。当然，命令行窗口也可重新回到主界面中，其他窗口也有相同的功能。

分离命令行窗口的方法是单击窗口右侧 ⊙ 按钮，在弹出的下拉菜单中选择"取消停靠"命令，也可以直接用鼠标将命令行窗口拖离主界面，结果如图 2-2 所示。若要将命令行窗口停靠在主界面中，则可选择下拉菜单中的"停靠"命令。

图 2-2　分离的命令行窗口

#### 1. 命令提示符和语句颜色

在分离的命令行窗口中，每行语句前都有一个>>符号，即命令提示符。在此符号后（也只能在此符号后）输入各种语句并按 Enter 键，方可被 MATLAB 接收和执行。执行的结果通常会直接显示在语句下方。

不同类型的语句用不同的颜色区分。在默认情况下，输入的命令、函数、表达式和计算结果等采用黑色，字符串采用红色，if、for 等关键词采用蓝色，注释语句采用绿色。

#### 2. 语句的重复调用、编辑和运行

在命令行窗口中，不但能编辑和运行当前输入的语句，而且对曾经输入的语句也有快捷的方法进行重复调用、编辑和运行。重复调用和编辑的快捷方法是利用表 2-1 中所列的键盘按键进行操作。

表 2-1　语句行用到的键盘按键

| 键盘按键 | 用　　途 | 键盘按键 | 用　　途 |
| --- | --- | --- | --- |
| ↑ | 向上回调以前输入的语句行 | Home | 让光标跳到当前行的开头 |
| ↓ | 向下回调以前输入的语句行 | End | 让光标跳到当前行的末尾 |
| ← | 光标在当前行中左移一个字符 | Delete | 删除当前行光标后的字符 |
| → | 光标在当前行中右移一个字符 | Backspace | 删除当前行光标前的字符 |

其实这些按键与文字处理软件中的同一编辑键在功能上是大体一致的，不同点主要是在文字处理软件中是针对整个文档使用按键，而在 MATLAB 命令行窗口中以行为单位使用按键。

#### 3. 语句中使用的标点符号

MATLAB 在输入语句时可能要用到表 2-2 中所列的各种标点符号。在向命令行窗口输入语句时，一定要在英文状态下输入，尤其是在刚输入完汉字后，初学者很容易忽视中英文输入状态的切换。

表 2-2　MATLAB语句中使用的标点符号

| 名　称 | 符　号 | 作　用 |
|---|---|---|
| 空格 | | 变量分隔符；矩阵一行中各元素间的分隔符；程序语句关键词分隔符 |
| 逗号 | , | 分隔欲显示计算结果的各语句；变量分隔符；矩阵一行中各元素间的分隔符 |
| 点号 | . | 数值中的小数点；结构数组的域访问符 |
| 分号 | ; | 分隔不想显示计算结果的各语句；矩阵行与行的分隔符 |
| 冒号 | : | 用于生成一维数值数组；表示一维数组的全部元素或多维数组某维的全部元素 |
| 百分号 | % | 注释语句说明符，凡在其后的字符均视为注释性内容而不被执行 |
| 单引号 | ' ' | 字符串标识符 |
| 圆括号 | ( ) | 用于矩阵元素引用；用于函数输入变量列表；确定运算的先后次序 |
| 方括号 | [ ] | 向量和矩阵标识符；用于函数输出列表 |
| 花括号 | { } | 标识细胞数组 |
| 续行号 | … | 长命令行需分行时连接下行用 |
| 赋值号 | = | 将表达式赋值给一个变量 |

**4. 命令行窗口中数值的显示格式**

为了满足用户以不同格式显示计算结果的需要，MATLAB 设计了多种数值显示格式以供用户选用，如表 2-3 所示。其中，默认的显示格式是：数值为整数时，以整数显示；数值为实数时，以 short 格式显示；如果数值的有效数字超出了范围，则以科学计数法显示。

表 2-3　命令行窗口中数值的显示格式

| 格　式 | 显示形式 | 说　明 |
|---|---|---|
| short（默认） | 2.7183 | 保留4位小数，整数部分超过3位的小数用short e格式 |
| short e | 2.7183e+000 | 用1位整数和4位小数表示，倍数关系用科学计数法表示为十进制指数形式 |
| short g | 2.7183 | 保留5位有效数字，数字大小为$10^{-5} \sim 10^5$时自动调整数位，超出幂次范围时用short e格式 |
| long | 2.71828182845905 | 保留14位小数，最多2位整数，共16位十进制数，否则用long e格式表示 |
| long e | 2.718281828459046e+000 | 保留15位小数的科学计数法表示 |
| long g | 2.71828182845905 | 保留15位有效数字，数字大小为$10^{-15} \sim 10^{15}$时，自动调整数位，超出幂次范围时用long e格式 |
| rational | 1457/536 | 用分数有理数近似表示 |
| hex | 4005bf0a8b14576a | 采用十六进制表示 |
| + | + | 正数、负数和零分别用+、−、空格表示 |
| bank | 2.72 | 限2位小数，用于表示元、角、分 |
| compact | 不留空行显示 | 在显示结果之间没有空行的压缩格式 |
| loose | 留空行显示 | 在显示结果之间有空行的稀疏格式 |

需要说明的是，表 2-3 中最后两个格式是用于控制屏幕显示格式的，而非数值显示格式。MATLAB 的所有数值均按 IEEE 浮点标准所规定的 long 格式存储，显示的精度并不代表数值实际的存储精度，或者说数值参与运算的精度。

### 5. 数值显示格式的设置方法

数值显示格式的设置方法有两种。

（1）单击"主页"选项卡→"环境"面板→"预设"按钮 ⚙ 预设，在弹出的"预设项"对话框中选择"命令行窗口"进行显示格式设置，如图 2-3 所示。

图 2-3　"预设项"对话框

（2）在命令行窗口中执行 format 命令。例如，要使用 long 格式时，在命令行窗口中输入 format long 语句即可。使用命令方便在程序设计时进行格式设置。

不仅数值显示格式可以自行设置，数字和文字的字体显示风格、大小、颜色也可由用户自行挑选。在"预设项"对话框左侧的格式对象树中选择要设置的对象，再配合相应的选项，便可对所选对象的风格、大小、颜色等进行设置。

### 6. 命令行窗口清屏

当命令行窗口中执行过许多命令后，经常需要对命令行窗口进行清屏操作，通常有两种方法。

（1）单击"主页"选项卡→"代码"面板→"清除命令"→"命令行窗口"按钮。

（2）在提示符后直接输入 clc 语句。

两种方法都能清除命令行窗口中的显示内容，也仅仅是清除命令行窗口的显示内容，并不能清除工作区的显示内容。

## 2.1.3　命令历史记录

"命令历史记录"窗口用来存放曾在命令行窗口中使用过的语句，借用计算机的存储器保存信息。其主要目的是方便用户追溯、查找曾经用过的语句，利用这些既有资源节省编程时间。

在两种情况下"命令历史记录"窗口的优势体现得尤为明显：一是需要重复处理长的语句；二是在选择多行曾经用过的语句形成 M 文件时。

在命令行窗口中按↑方向键，即可弹出"命令历史记录"窗口，如同命令行窗口一样，对该窗口也可进行停靠、分离等操作，分离后的窗口如图 2-4 所示，从窗口中记录的时间来看，其中存放的正是曾经用过的语句。

对于"命令历史记录"窗口中的内容，可在选中的前提下将它们复制到当前正在工作的命令行窗口中，以供进一步修改或直接运行。

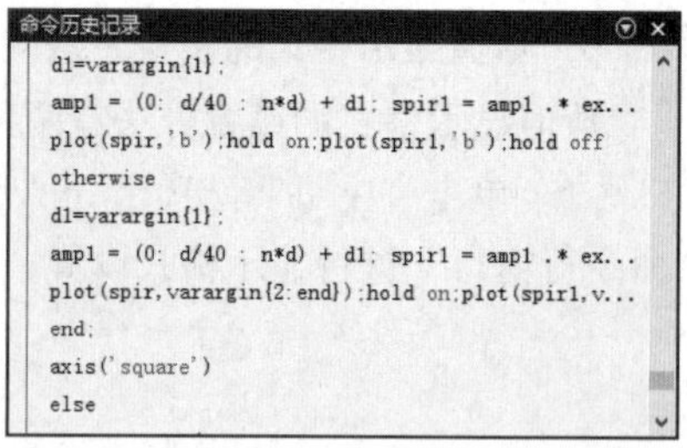

**1. 复制、执行"命令历史记录"窗口中的命令**

图 2-4 分离的"命令历史记录"窗口

"命令历史记录"窗口的主要功能如表 2-4 所示，操作方法中提到的"选中"操作与在 Windows 系统中选中文件的方法相同，同样可以结合 Ctrl 和 Shift 键使用。

表 2-4 "命令历史记录"窗口的主要功能

| 功　　能 | 操　作　方　法 |
| --- | --- |
| 复制单行或多行语句 | 选中单行或多行语句，执行"复制"命令，回到命令行窗口，执行"粘贴"操作即可实现复制 |
| 执行单行或多行语句 | 选中单行或多行语句，右击，在弹出的快捷菜单中选择"执行所选内容"，选中语句将在命令行窗口中运行，并给出相应结果。双击选中的语句也可运行 |
| 把多行语句写成M文件 | 选中单行或多行语句，右击，在弹出的快捷菜单中选择"创建实时脚本"，利用打开的M文件编辑/调试器窗口，可将选中的语句保存为M文件 |

用"命令历史记录"窗口完成所选语句的复制操作，步骤如下。

（1）选中所需的第 1 行语句。

（2）按 Shift 键结合鼠标选择所需的最后一行语句，连续多行即被选中。

（3）按 Ctrl+C 快捷键或在选中区域右击，执行弹出的快捷菜单中的"复制"命令。

（4）回到命令行窗口，右击，在弹出的快捷菜单中选择"粘贴"，所选内容即被复制到命令行窗口中，如图 2-5 所示。

用"命令历史记录"窗口执行所选语句，步骤如下。

（1）选中所需的第 1 行语句。

（2）按 Ctrl 键结合鼠标选择所需的行，不连续多行被选中。

图 2-5 "命令历史记录"窗口中的"选中"与"复制"操作

（3）在选中的区域右击，在弹出的快捷菜单中选择"执行所选内容"，计算结果就会出现在命令行窗口中。

**2. 清除"命令历史记录"窗口中的内容**

单击"主页"选项卡→"代码"面板→"清除命令"菜单→"命令历史记录"命令。

当执行上述命令后，"命令历史记录"窗口中的当前内容就被完全清除了，以前的命令再不能被追溯和利用。

### 2.1.4　当前文件夹和路径管理

MATLAB 利用"当前文件夹"窗口组织、管理和使用所有 MATLAB 文件和非 MATLAB 文件，如新建、复制、删除、重命名文件夹和文件等。还可以利用该窗口打开、编辑和运行 M 程序文件以及载入 mat 数据文件等。"当前文件夹"窗口如图 2-6 所示。

MATLAB 的当前目录是实施打开、加载、编辑和保存文件等操作时系统默认的文件夹。设置当前目录就是将此默认文件夹修改为用户希望使用的文件夹，用来存放文件和数据。具体的设置方法有以下两种。

（1）在当前文件夹的目录设置区设置。该设置方法同 Windows 操作，不再赘述。

（2）用目录命令设置。命令语法格式如表 2-5 所示。

图 2-6　"当前文件夹"窗口

**表 2-5　设置当前目录的常用命令**

| 目 录 命 令 | 含 义 | 示 例 |
|---|---|---|
| cd | 显示当前目录 | cd |
| cd 文件夹名 | 设定当前目录为"文件夹名" | cd f:\matfiles |

用命令设置当前目录，为在程序中改变当前目录提供了方便，因为编写完成的程序通常用 M 文件存放，执行这些文件时即可存储到需要的位置。

## 2.1.5　搜索路径

MATLAB 中大量的函数和工具箱文件是存储在不同文件夹中的。用户建立的数据文件、命令和函数文件也是由用户存放在指定的文件夹中的。当需要调用这些函数或文件时，就要找到它们所存放的文件夹。

路径其实就是给出存放某个待查函数和文件的文件夹名称。当然，这个文件夹名称应包括盘符和一级级嵌套的子文件夹名。

例如，现有一个文件 E04_01.m，存放在 D 盘 "MATLAB 文件"文件夹下的 Char04 子文件夹中，那么描述它的路径是 D:\MATLAB 文件\Char04。若要调用这个 M 文件，可在命令行窗口或程序中将其表达为 D:\MATLAB 文件\Char04\E04_01.m。

在使用时，这种书写过长，很不方便。MATLAB 为克服这一问题，引入了搜索路径机制。搜索路径机制就是将一些可能要被用到的函数或文件的存放路径提前通知系统，而无须在执行和调用这些函数和文件时输入一长串的路径。

**说明：** 在 MATLAB 中，一个符号出现在程序语句中或命令行窗口的语句中，可能有多种解读，它也许是一个变量、特殊常量、函数名、M 文件或 MEX 文件等，应该识别成什么，就涉及一个搜索顺序的问题。

如果在命令提示符后输入符号 xt，或在程序语句中有一个符号 xt，那么 MATLAB 将试图按以下顺序搜索和识别。

（1）在 MATLAB 内存中进行搜索，看 xt 是否为工作区的变量或特殊常量，如果是，就将其当作变量或特殊常量来处理，不再向下展开搜索。

（2）上一步否定后，检查 xt 是否为 MATLAB 的内部函数，如果是，则调用 xt 这个内部函数。

（3）上一步否定后，继续在当前目录中搜索是否存在名为 xt.m 或 xt.mex 的文件，若存在，则将 xt 作为文件调用。

（4）上一步否定后，继续在 MATLAB 搜索路径的所有目录中搜索是否存在名为 xt.m 或 xt.mex 的文件，若存在，则将 xt 作为文件调用。

（5）上述 4 步全部搜索完后，若仍未发现 xt 这一符号，则 MATLAB 发出错误信息。必须指出的是，这种搜索是以花费更多执行时间为代价的。

MATLAB 设置搜索路径的方法有两种：一种是利用"设置路径"对话框；另一种是利用命令。现分别介绍这两种方法。

### 1. 利用"设置路径"对话框设置搜索路径

在主界面中单击"主页"选项卡→"环境"面板→"设置路径"按钮，弹出如图 2-7 所示的"设置路径"对话框。

单击该对话框中的"添加文件夹"或"添加并包含子文件夹"按钮，弹出如图 2-8 所示的对话框，利用该对话框可以从树状目录结构中选择要指定为搜索路径的文件夹。

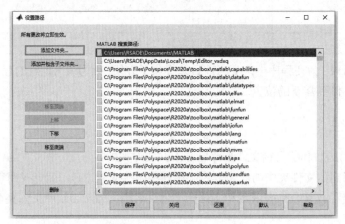

图 2-7  "设置路径"对话框

图 2-8  浏览文件

"添加文件夹"和"添加并包含子文件夹"两个按钮的不同之处在于，后者设置某个文件夹成为可搜索的路径后，其下级子文件夹将自动被加入搜索路径中。

### 2. 利用命令设置搜索路径

MATLAB 中将某个路径设置为可搜索路径的命令有两个：path 和 addpath。其中，path 命令用于查看或更改搜索路径，该路径存储在 pathdef.m 文件中；addpath 命令将指定的文件夹添加到当前 MATLAB 搜索路径的顶层。

下面以将路径"F:\MATLAB 文件"设置为可搜索路径为例进行说明。用 path 和 addpath 命令设置搜索路径。

```
>> path(path,'F:\MATLAB 文件');
>> addpath F:\MATLAB 文件 - begin          %begin 意为将路径放在路径表的前面
>> addpath F:\MATLAB 文件 - end            %end 意为将路径放在路径表的最后
```

## 2.1.6　"工作区"窗口和数组编辑器

在默认的情况下，工作区位于 MATLAB 操作界面的右侧。同命令行窗口一样，也可对该窗口进行停靠、分离等操作，分离后的窗口如图 2-9 所示。

"工作区"窗口拥有许多其他功能，如内存变量的打印、保存、编辑和图形绘制等。这些操作都比较简单，只需要在工作区中右击相应的变量，在弹出的快捷菜单中选择相应的命令即可，如图 2-10 所示。

图 2-9　"工作区"窗口

图 2-10　对变量进行操作的快捷菜单

在 MATLAB 中，数组和矩阵都是十分重要的基础变量，因此 MATLAB 专门提供了变量编辑器工具用于编辑数据。

双击"工作区"窗口中的某个变量时，会在 MATLAB 主窗口中弹出如图 2-11 所示的变量编辑器。同命令行窗口一样，变量编辑器也可从主窗口中分离，分离后的界面如图 2-12 所示。

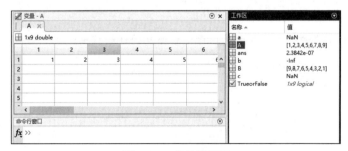

图 2-11　变量编辑器

在该编辑器中可以对变量和数组进行编辑操作，同时利用"绘图"选项卡下的功能命令可以很方便地绘制各种图形。

图 2-12　分离后的变量编辑器

### 2.1.7　变量的编辑命令

在 MATLAB 中，除了可以在工作区中编辑内存变量外，还可以在 MATLAB 的命令行窗口中输入相应的命令，查看和删除内存中的变量。

【例 2-1】在命令行窗口中输入命令，创建 A、i、j、k 这 4 个变量，然后利用 who 和 whos 命令查看内存变量的信息。

如图 2-13 所示，在命令行窗口中输入以下语句。

```
>> clear, clc
>> A(2,2,2)=1;
>> i=6;
>> j=12;
>> k=18;
>> who
    您的变量为:
    A   i   j   k
>> whos
  Name      Size              Bytes   Class      Attributes
  A         2x2x2                64   double
  i         1x1                   8   double
  j         1x1                   8   double
  k         1x1                   8   double
```

提示：who 和 whos 两个命令的区别只是内存变量信息的详细程度。

【例 2-2】删除例 2-1 创建的内存变量 k。
在命令行窗口中输入以下语句。

```
>> clear k
>> who
    您的变量为:
    A   i   j
```

与前面的示例相比，运行 clear k 命令后，将变量 k 从工作区删除，而且在工作区浏览器中也将该变量删除。

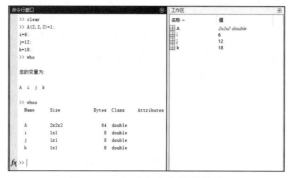

图 2-13 查看内存变量的信息

## 2.1.8 存取数据文件

MATLAB 提供了 save 和 load 命令实现数据文件的存取。表 2-6 中列出了这两个命令的常见用法。用户可以根据需要选择相应的存取命令，对于一些较少见的存取命令，可以查阅帮助。

表 2-6 MATLAB文件存取命令

| 命　　令 | 功　　能 |
|---|---|
| save Filename | 将工作区中的所有变量保存到名为Filename的mat文件中 |
| save Filename x y z | 将工作区中的x、y、z变量保存到名为Filename的mat文件中 |
| save Filename –regecp pat1 pat2 | 将工作区中符合表达式要求的变量保存到名为Filename的mat文件中 |
| load Filename | 将名为Filename的mat文件中的所有变量读入内存 |
| load Filename x y z | 将名为Filename的mat文件中的x、y、z变量读入内存 |
| load Filename –regecp pat1 pat2 | 将名为Filename的mat文件中符合表达式要求的变量读入内存 |
| load Filename x y z –ASCII | 将名为Filename的ASCII文件中的x、y、z变量读入内存 |

MATLAB 除了可以在命令行窗口中输入相应的命令之外，也可以在工作区右上角的下拉菜单中选择相应的命令实现数据文件的存取，如图 2-14 所示。

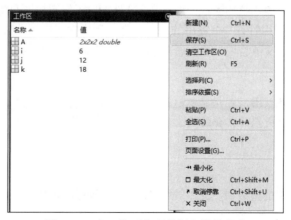

图 2-14 在工作区实现数据文件的存取

## 2.2 MATLAB 基本概念

数据类型、常量和变量是学习程序设计语言时必须引入的一些基本概念，MATLAB 虽是一个集多种功能于一体的集成软件，但就其语言部分而言，这些概念同样不可缺少。

本节除了引入这些概念之外，还将描述和说明向量、矩阵、数组、运算符、函数和表达式等更专业的概念。

### 2.2.1 数据类型概述

数据作为计算机处理的对象，在程序设计语言中分为多种类型，MATLAB 作为一种可编程的语言当然也不会例外。MATLAB 的主要数据类型如图 2-15 所示。

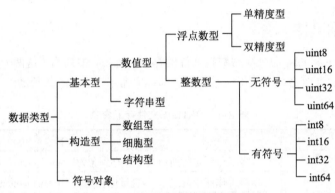

图 2-15 MATLAB 的主要数据类型

MATLAB 数值型数据划分为整数型和浮点数型的用意与 C 语言有所不同。MATLAB 的整数型数据主要用于图像处理等特殊的应用问题，以便节省空间或提高运行速度。对于一般数值运算，绝大多数情况下采用双精度浮点数型的数据。

MATLAB 的构造型数据基本上与 C++的构造型数据相衔接，但它的数组却有更加广泛的含义和不同于一般语言的运算方法。

符号对象是 MATLAB 所特有的一种为符号运算而设置的数据类型。严格地说，它不是某一类型的数据，而是数组、矩阵、字符等多种形式及其组合，但它在 MATLAB 的工作区中又的确是一种独立的数据类型。

MATLAB 的数据类型在使用时有一个突出的特点，即在程序中引用不同数据类型的变量时，一般不用事先对变量的数据类型进行定义或说明，系统会依据变量被赋值的类型自动进行类型识别，这在高级语言中是极有特色的。

说明：这样处理的好处是在书写程序时可以随时引入新的变量而不用担心会出什么问题，这的确给应用带来了很大方便；缺点是有失严谨，会给搜索和确定一个符号是否为变量名带来更多的时间开销。

### 2.2.2 整数型

MATLAB 提供了 8 种内置的整数型。表 2-7 列出了它们存储占用的位数、表示的数值范围和转换函数。

表 2-7 MATLAB 中的整数型

| 整 数 型 | 数 值 范 围 | 转 换 函 数 |
|---|---|---|
| 有符号8位整数 | $-2^7 \sim 2^7-1$ | int8() |
| 无符号8位整数 | $0 \sim 2^8-1$ | uint8() |
| 有符号16位整数 | $-2^{15} \sim 2^{15}-1$ | int16() |
| 无符号16位整数 | $0 \sim 2^{16}-1$ | uint16() |
| 有符号32位整数 | $-2^{31} \sim 2^{31}-1$ | int32() |
| 无符号32位整数 | $0 \sim 2^{32}-1$ | uint32() |
| 有符号64位整数 | $-2^{63} \sim 2^{63}-1$ | int64() |
| 无符号64位整数 | $0 \sim 2^{64}-1$ | uint64() |

不同的整数型数据所占用的位数不同，因此所能表示的数值范围不同。在实际应用中，应该根据需要的数据范围选择合适的整数型。有符号的整数型数据用一位表示正负，因此表示的数据范围和相应的无符号整数型数据不同。

由于 MATLAB 中数值的默认存储类型是双精度浮点数型，因此必须通过表 2-7 中列出的转换函数将双精度浮点数值转换为指定的整数型。

在转换中，MATLAB 默认将待转换数值转换为最近的整数，若小数部分正好为 0.5，那么 MATLAB 转换后的结果是绝对值较大的那个整数。另外，利用转换函数也可以将其他类型转换为指定的整数型。

【例 2-3】通过转换函数创建整数型。

在命令行窗口中依次输入以下语句。

```
>> x=105;
>> y=105.49;
>> z=105.5;
>> xx=int16(x)              %把 double 型变量 x 强制转换为 int16 型
xx =
  int16
   105
>> yy=int32(y)
yy =
  int32
   105
>> zz=int32(z)
zz =
  int32
   106
```

MATLAB 中还有多种取整函数，可以用不同的策略把浮点数转换为整数，如表 2-8 所示。

表 2-8 MATLAB 中的取整函数

| 函 数 | 说 明 | 举 例 |
|---|---|---|
| round(a) | 向最接近的整数取整<br>小数部分为0.5时向绝对值大的方向取整 | round(4.3)结果为4<br>round(4.5)结果为5 |

续表

| 函　　数 | 说　　明 | 举　　例 |
|---|---|---|
| fix(a) | 向0方向取整 | fix(4.3)结果为4<br>fix(4.5)结果为4 |
| floor(a) | 向不大于a的最接近的整数取整 | floor(4.3)结果为4<br>floor(4.5)结果为4 |
| ceil(a) | 向不小于a的最接近的整数取整 | ceil(4.3)结果为5<br>ceil (4.5)结果为5 |

数据类型参与的数学运算与 MATLAB 中默认的双精度浮点运算不同。当两个相同的整数型数值进行运算时，结果仍然是这种整数型；当一个整数型数值与一个双精度浮点数型数值进行数学运算时，计算结果是整数型，取整采用默认的四舍五入方式。

不同的整数型数值不能进行数学运算，除非提前进行强制转换。

【例 2-4】整数型数值参与的运算。

在命令行窗口中依次输入以下语句。

```
>> x=uint32(367.2)*uint32(20.3)
x =
  uint32
   7340
>> y=uint32(24.321)*359.63
y =
  uint32
   8631
>> z=uint32(24.321)*uint16(359.63)
错误使用 "*"
整数只能与同类型的整数或双精度标量值组合使用。
>> whos
  Name     Size          Bytes  Class      Attributes
  x        1x1               4  uint32
  y        1x1               4  uint32
```

在数学运算中，运算结果超出相应的整数型能够表示的范围时就会出现溢出错误，运算结果被置为该整数型能够表示的最大值或最小值。

### 2.2.3　浮点数型

MATLAB 中提供了单精度浮点数和双精度浮点数，它们在存储位宽、各数据位的用处、表示的数值范围、数值精度等方面都不同，如表 2-9 所示。

表 2-9　MATLAB中单精度浮点数和双精度浮点数的比较

| 浮 点 数 型 | 存 储 位 宽 | 各数据位的用处 | 数 值 范 围 | 转 换 函 数 |
|---|---|---|---|---|
| 双精度 | 64 | 第0~51位表示小数部分<br>第52~62位表示指数部分<br>第63位表示符号（0为正，1为负） | $-1.79769 \times 10^{308} \sim -2.22507 \times 10^{-308}$<br>$1.79769 \times 10^{308} \sim 2.22507 \times 10^{-308}$ | double() |

续表

| 浮 点 数 型 | 存 储 位 宽 | 各数据位的用处 | 数 值 范 围 | 转 换 函 数 |
|---|---|---|---|---|
| 单精度 | 32 | 第0~22位表示小数部分<br>第23~30位表示指数部分<br>第31位表示符号（0为正，1为负） | $-3.40282 \times 10^{308} \sim -1.17549 \times 10^{-308}$<br>$1.17549 \times 10^{-308} \sim 3.40282 \times 10^{308}$ | single() |

从表 2-9 可以看出，存储单精度浮点数所用的位数少，因此内存开支小，但从各数据位的用处来看，单精度浮点数能够表示的数值范围和数值精度都比双精度浮点数小。

和创建整数型数值一样，创建浮点数也可以通过转换函数实现。当然，MATLAB 中默认的数据类型是双精度浮点数。

【例 2-5】浮点数转换函数的应用。

在命令行窗口中依次输入以下语句。

```
>> x=5.4
x =
   5.4000
>> y=single(x)                            %把 double 型的变量强制转换为 single 型
y =
  single
   5.4000
>> z=uint32(87563);
>> zz=double(z)
zz =
   87563
>> whos
  Name      Size            Bytes  Class     Attributes
   x         1x1                 8  double
   y         1x1                 4  single
   z         1x1                 4  uint32
   zz        1x1                 8  double
```

双精度浮点数参与运算时，返回值的类型依赖于参与运算的其他数据类型。双精度浮点数与逻辑型、字符型数据进行运算时，返回结果为双精度浮点数；与整数型数据进行运算时，返回结果为相应的整数型；与单精度浮点数进行运算时，返回结果为单精度浮点数。单精度浮点数与逻辑型、字符型和任何类型浮点数进行运算时，返回结果都是单精度浮点数。

需要注意的是，单精度浮点数不能与整数型进行算术运算。

【例 2-6】浮点数参与的运算。

在命令行窗口中依次输入以下语句。

```
>> x=uint32(240);
>> y=single(32.345);
>> z=12.356;
>> xy=x*y
错误使用 "*"
整数只能与同类型的整数或双精度标量值组合使用。
>> xz=x*z
```

```
xz=
  uint32
  2965
>> whos
  Name        Size              Bytes   Class      Attributes
  x           1x1                   4   uint32
  xz          1x1                   4   uint32
  y           1x1                   4   single
  z           1x1                   8   double
```

浮点数只占用一定的存储位宽，其中只有有限位分别用来存储指数部分和小数部分。因此，浮点数能表示的实际数值是有限的，而且是离散的。

任何两个最接近的浮点数之间都有一个很微小的间隙，而所有处于这个间隙中的值都只能用这两个最接近的浮点数中的一个来表示。

MATLAB 中提供了浮点相对精度函数 eps()，用于获取一个数值和它最接近的浮点数之间的间隙大小。

## 2.2.4 复数

复数是对实数的扩展，每个复数包括实部和虚部两部分。MATLAB 中默认用字符 i 或 j 表示虚部。创建复数可以直接输入或利用 complex() 函数实现。

MATLAB 中还有多种对复数操作的函数，如表 2-10 所示。

表 2-10　MATLAB 中对复数操作的函数

| 函　　数 | 说　　明 | 函　　数 | 说　　明 |
| --- | --- | --- | --- |
| real(z) | 返回复数z的实部 | imag(z) | 返回复数z的虚部 |
| abs(z) | 返回复数z的幅度 | angle(z) | 返回复数z的幅角 |
| conj(z) | 返回复数z的共轭复数 | complex(a,b) | 以a为实部、b为虚部创建复数 |

【例 2-7】复数的创建和运算。
在命令行窗口中依次输入以下语句。

```
>> a=2+3i
a =
   2.0000 + 3.0000i
>> x=rand(3)*5;
>> y=rand(3)*-8;
>> z=complex(x,y)                    %用complex()函数创建以x为实部、y为虚部的复数
z =
   4.6700 - 2.2154i   3.7157 - 6.5877i   0.8559 - 7.6018i
   3.3937 - 0.3694i   1.9611 - 5.5586i   3.5302 - 0.2756i
   3.7887 - 0.7771i   3.2774 - 2.5368i   0.1592 - 3.5100i
>> whos
  Name        Size              Bytes  Class      Attributes
  a           1x1                  16  double     complex
  x           3x3                  72  double
  y           3x3                  72  double
  z           3x3                 144  double     complex
```

## 2.2.5　无穷量和非数值量

MATLAB 中用 Inf 和-Inf 分别代表正无穷和负无穷，用 NaN 表示非数值。正、负无穷一般是由于 0 做了分母或运算溢出，产生了超出双精度浮点数数值范围的结果；非数值量则是因为 0/0 或 Inf/Inf 型的非正常运算产生的。

**注意：**两个 NaN 是不相等的。

除了运算造成这些异常结果外，MATLAB 也提供了专门的函数创建这两种特别的量，读者可以用 Inf 函数和 NaN 函数分别创建指定数值类型的无穷量和非数值量，默认是双精度浮点数。

【例 2-8】无穷量和非数值量。

在命令行窗口中依次输入以下语句。

```
>> x=1/0
x =
   Inf
>> y=log(0)
y =
  -Inf
>> z=0.0/0.0
z =
   NaN
```

## 2.2.6　数据显示格式

MATLAB 提供了多种数据显示方式，可以通过 format()函数设置不同的数据显示方式，或者在 MATLAB 主界面中单击"主页"选项卡→"环境"面板→"预设"按钮，在弹出的"预设项"对话框中选择"命令行窗口"进行设置。默认情况下，MATLAB 使用 5 位定点或浮点数显示格式。

表 2-11 列出了 MATLAB 中通过 format()函数提供的几种数据显示格式，并给出了示例。

表 2-11　通过 format()函数设置数据显示格式

| 函 数 形 式 | 说　　明 | 举　　例 |
|---|---|---|
| format short | 5位定点显示格式（默认） | 3.1416 |
| format short e | 5位带指数浮点显示格式 | 3.1416e+000 |
| format long | 15位浮点显示格式（单精度浮点数用7位） | 3.14159265358979 |
| format long e | 15位带指数浮点显示格式（单精度浮点数用7位） | 3.141592653589793e+000 |
| format bank | 小数点后保留两位的显示格式 | 3.14 |
| format rat | 分数有理近似格式 | 355/113 |

format()函数和"预设项"对话框都只修改数据的显示格式，而 MATLAB 中的数据运算不受影响，按照双精度浮点数运算进行。

在 MATLAB 编程中，经常需要临时改变数据显示格式，可以通过 get()和 set()函数实现，下面举例说明。

【例 2-9】通过 get()和 set()函数临时改变数据显示格式。

在命令行窗口中依次输入以下语句。

```
>> origFormat=get(0,'format')
origFormat =
    'short'
>> format('rational')
>> rat_pi=pi
rat_pi =
    355/113
>> set(0,'format',origFormat)    %将数据显示格式重新设置为之前保存在变量 origFormat 中的值
>> get(0,'format')
ans =
    'short'
```

### 2.2.7  数据类型函数

除了前面介绍的数据相关函数外，MATLAB 中还有很多用于确定数据类型的函数，如表 2–12 所示。

表 2-12  MATLAB中确定数据类型的函数

| 函　　数 | 说　　明 |
| --- | --- |
| class(A) | 返回变量A的类型名称 |
| isa(A,'class_name') | 确定变量A是否为class_name表示的数据类型 |
| isnumeric(A) | 确定A是否为数值类型 |
| isinteger(A) | 确定A是否为整数型 |
| isfloat(A) | 确定A是否为浮点数 |
| isreal(A) | 确定A是否为实数 |
| isnan(A) | 确定A是否为非数值量 |
| isInf(A) | 确定A是否为无穷量 |
| isfinite(A) | 确定A是否为有限数值 |

### 2.2.8  常量与变量

常量是程序语句中取不变值的量，如在表达式 $y=0.618*x$ 中就包含了一个数值常量 0.618；在表达式 s='Tomorrow and Tomorrow'中，单引号内的英文字符串 Tomorrow and Tomorrow 是一个字符串常量。

在 MATLAB 中，有一类常量是由系统默认给定的符号表示的，类似于 C 语言中的符号常量。例如，pi 代表圆周率 π 这个常数，即 3.1415926…。这类特殊常量如表 2–13 所示，有时又称为系统预定义的变量。

表 2-13  MATLAB特殊常量

| 符　　号 | 含　　义 |
| --- | --- |
| i或j | 虚数单位，定义为$i^2=j^2=-1$ |
| Inf或inf | 正无穷大，由0作为除数引入此常量 |
| NaN | 不定时，表示非数值量，产生于0/0、$\infty/\infty$、$0*\infty$ 等运算 |
| pi | 圆周率π的双精度表示 |
| eps | 容差变量，当某量的绝对值小于eps时，可以认为此量为0，即为浮点数的最小分辨率，PC上此值为$2^{-52}$ |
| realmin | 最小浮点数，$2^{-1022}$ |
| realmax | 最大浮点数，$2^{1023}$ |

变量是在程序运行中值可以改变的量，由变量名来表示。在 MATLAB 中，变量的命名有自己的规则，可以归纳为以下几条。

（1）变量名必须以字母开头，且只能由字母、数字或下画线 3 类符号组成，不能含有空格和标点符号。例如，5xf、_mat 等都是不合法的变量名称。

（2）变量名区分字母的大小写。例如，a 和 A 是不同的变量；Mu 与 mu 也是不同的变量。

（3）变量名不能超过 63 个字符，第 63 个字符后的字符将被忽略。

（4）关键字（如 if、while 等）不能作为变量名。

（5）最好不要用特殊常量符号作为变量名。

（6）MATLAB 内置函数名称不能用作变量名，如 exp 是内置的指数函数名称，如果用户输入 exp(0)，系统会得出结果 1，而如果用户输入 EXP(0)，MATLAB 会显示错误的提示信息，如图 2-16 所示。

图 2-16　错误提示

MATLAB 对于变量名称的限制较少，在设置变量名称时尽量考虑变量的含义。例如，在 M 文件中，变量名称 outputname 比 a 更好理解。

## 2.2.9　标量、向量、矩阵和数组

标量、向量、矩阵和数组是 MATLAB 运算中涉及的一组基本运算量。它们各自的特点及相互间的关系如下。

（1）数组不是一个数学量，而是一个用于高级语言程序设计的概念。如果数组元素按一维线性方式组织在一起，那么就称其为一维数组。一维数组的数学原型是向量。如果数组元素分行、列排成一个二维平面表格，那么就称其为二维数组。二维数组的数学原型是矩阵。数组元素在排成二维数组的基础上再将多个行、列数分别相同的二维数组叠成一个立体表格，便形成了三维数组。以此类推，便有了多维数组的概念。

**说明：** 在 MATLAB 中，数组的用法与一般高级语言不同，它不借助于循环，而是直接采用运算符，有自己独立的运算符和运算法则。

（2）矩阵是一个数学概念，一般高级语言并未将其作为基本的运算量，MATLAB 是一个例外。一般高级语言不允许将两个矩阵视为两个简单变量而直接进行加、减、乘、除运算，要完成矩阵的四则运算必须借助循环结构。当 MATLAB 将矩阵作为基本运算量后，上述局面改变了。MATLAB 不仅实现了矩阵的简单加、减、乘、除运算，还将许多与矩阵相关的其他运算也大大简化了。

（3）向量是一个数学量，一般高级语言中也未引入，可将它视为矩阵的特例。从 MATLAB 的工作区可

以看到：$n$ 维的行向量是一个 $1×n$ 阶矩阵，列向量则可看作 $n×1$ 阶矩阵。

（4）标量也是一个数学概念。在 MATLAB 中，一方面可将其视为一般高级语言的简单变量来处理，另一方面又可把它当作 $1×1$ 阶矩阵。这一看法与矩阵作为 MATLAB 的基本运算量是一致的。

（5）在 MATLAB 中，二维数组和矩阵其实是数据结构形式相同的两种运算量。二维数组和矩阵的表示、建立、存储基本没有区别，区别只在于它们的运算符和运算法则不同。例如，在命令行窗口中输入 a=[1 2;3 4] 这个量，实际上它有两种可能的角色：矩阵 *a* 或二维数组 *a*。这就是说，单从形式上是不能完全区分矩阵和数组的，必须再看它使用什么运算符与其他量之间进行运算。

（6）数组的维和向量的维是两个完全不同的概念。数组的维是从数组元素排列后所形成的空间结构去定义的：线性结构是一维，平面结构是二维，立体结构是三维，还有四维以及多维。向量的维相当于一维数组中的元素个数。

## 2.2.10 字符串

字符串是 MATLAB 中另一种形式的运算量，在 MATLAB 中字符串是用单引号来标识的，如 S='I Have a Dream.'。赋值号后单引号内的字符即为字符串，而 S 是字符串变量。整个语句完成了将一个字符串常量赋值给一个字符串变量的操作。

在 MATLAB 中，字符串的存储是按其中字符的顺序单一存放的，且存放的是它们的 ASCII 码。由此看来，字符串实际可视为一个字符数组，字符串中的每个字符则是这个数组的一个元素。

当把某个字符串赋值给一个变量后，这个变量便因取得这一字符串而被 MATLAB 作为字符串变量来识别。更进一步，当观察 MATLAB 的工作区时，字符串变量的类型是字符数组。

从工作区去观察一个一维字符数组时，会发现它具有与字符串变量相同的数据类型。由此推知，字符串与一维字符数组在运算过程中是等价的。

#### 1. 给字符串变量赋值

用一个赋值语句即可完成字符串变量的赋值操作，现举例如下。

【例 2-10】将 3 个字符串分别赋值给 S1、S2、S3 这 3 个变量。

在命令行窗口中依次输入以下语句。

```
>> S1='go home'
S1 =
    'go home'
>> S2='go school'
S2 =
    'go school'
>> S3='go home or school'
S3 =
    'go home or school'
```

#### 2. 一维字符数组的生成

因为向量的生成方法就是一维数组的生成方法，而一维字符数组也是数组，与数值数组的不同是字符数组中的元素是一个个字符而非数值，所以原则上生成向量的方法就能生成字符数组。当然，最常用的还是直接输入法。

【例 2-11】用 3 种方法生成字符数组。

在命令行窗口中依次输入以下语句。

```
>> Sa=['I love my teacher, ' 'I' ' love truths '  'more profoundly.']
Sa =
    'I love my teacher, I love truths more profoundly. '
>> Sb=char('a':2:'r')
Sb =
    'acegikmoq'
>> Sc=char(linspace('e','t',10))       %将 linspace('e','t',10) 生成的 10 个线性间距向
                                       %量转换为字符串
Sc =
    'efhjkmoprt'
```

## 2.2.11　算术运算符

根据所处理的对象，算术运算可分为矩阵算术运算和数组算术运算两类。表 2-14 给出的是矩阵算术运算的运算符、名称、示例和使用说明。表 2-15 给出的是数组算术运算的运算符、名称、示例和使用说明。

表 2-14　矩阵算术运算

| 运　算　符 | 名　　称 | 示　　例 | 法则或使用说明 |
| --- | --- | --- | --- |
| + | 加 | C=A+B | 矩阵加法法则，即 C(i,j)=A(i,j)+B(i,j) |
| − | 减 | C=A−B | 矩阵减法法则，即 C(i,j)=A(i,j)−B(i,j) |
| * | 乘 | C=A*B | 矩阵乘法法则 |
| / | 右除 | C=A/B | 定义为线性方程组 X*B=A 的解 |
| \ | 左除 | C=A\B | 定义为线性方程组 A*X=B 的解 |
| ^ | 乘幂 | C=A^B | A、B 其中一个为标量时有定义 |
| ' | 共轭转置 | B=A' | B 是 A 的共轭转置矩阵 |

表 2-15　数组算术运算

| 运　算　符 | 名　　称 | 示　　例 | 法则或使用说明 |
| --- | --- | --- | --- |
| .* | 数组乘 | C=A.*B | C(i,j)=A(i,j)*B(i,j) |
| ./ | 数组右除 | C=A./B | C(i,j)=A(i,j)/B(i,j) |
| .\ | 数组左除 | C=A.\B | C(i,j)=B(i,j)/A(i,j) |
| .^ | 数组乘幂 | C=A.^B | C(i,j)=A(i,j)^B(i,j) |
| .' | 转置 | A.' | 将数组的行摆放成列，复数元素不作共轭 |

针对以上运算符需要说明几点。

（1）矩阵的加、减、乘运算是严格按矩阵运算法则定义的，而矩阵的除法虽和矩阵求逆有关系，却分为左除、右除，因此不是完全等价的。乘幂运算更是将标量幂扩展到矩阵可作为幂指数。总的来说，MATLAB接受了线性代数已有的矩阵运算规则，但又不止于此。

（2）并未定义数组的加、减法，是因为矩阵的加、减法与数组的加、减法相同，所以未做重复定义。

（3）不论是加、减、乘、除还是乘幂，数组的运算都是元素间的运算，即对应下标元素一对一的运算。

（4）多维数组的运算法则，可依元素按下标一一对应参与运算的原则进行推广。

### 2.2.12　命令、函数、表达式和语句

有了常量、变量、数组和矩阵，再加上各种运算符，即可编写出多种 MATLAB 的表达式和语句。在 MATLAB 的表达式或语句中，还有两类对象会时常出现，即命令和函数。

#### 1. 命令

命令通常是一个动词，在第 1 章中已经有过接触，如 clear 命令用于清除工作区。还有的命令在动词后会带有参数，如 "addpath F:\MATLAB\M File-end" 命令用于添加新的搜索路径。在 MATLAB 中，命令和函数都组织在函数库中。general 就是一个专门的函数库，是用来存放通用命令的，其中一个命令也是一条语句。

#### 2. 函数

对于 MATLAB，函数有相当特殊的意义，不仅仅是因为函数在 MATLAB 中应用面广，更在于函数很多。仅就 MATLAB 的基本部分而言，其所包括的函数类别就有 20 多种，而每类中又有少则几个多则几十个函数。

基本部分之外，还有各种工具箱。工具箱实际上也是由一组组用于解决专门问题的函数构成的。不包括 MATLAB 网站上外挂的工具箱，目前 MATLAB 自带的工具箱就多达几十种，可见 MATLAB 函数之多。从某种意义上说，函数就代表了 MATLAB，MATLAB 全靠函数解决问题。

一般的函数引用格式为

```
函数名(参数 1，参数 2，…)
```

例如，引用正弦函数，就书写成 sin(A)，A 是一个参数，既可以是一个标量，也可以是一个数组。对数组求正弦值是针对其中各元素求正弦值，这是由数组的特征决定的。

#### 3. 表达式

用多种运算符将常量、变量（含标量、向量、矩阵和数组等）、函数等多种运算对象连接起来构成的运算式就是 MATLAB 表达式。例如以下两个表达式，注意它们之间的区别。

```
A+B&C-sin(A*pi)
(A+B)&C-sin(A*pi)
```

#### 4. 语句

在 MATLAB 中，表达式本身即可视为一个语句。典型的 MATLAB 语句是赋值语句，其一般的结构为

```
变量名=表达式
```

例如

```
F=(A+B)&C-sin(A*pi)
```

除赋值语句外，MATLAB 还有函数调用语句、循环控制语句、条件分支语句等。这些语句将会在后面章节逐步介绍。

## 2.3　MATLAB 帮助系统

MATLAB 为用户提供了丰富的帮助系统，可以帮助用户更好地了解和运用 MATLAB。本节将详细介绍 MATLAB 帮助系统的使用。

### 2.3.1　纯文本帮助

在 MATLAB 中，所有执行命令或函数的源文件都有较为详细的注释。这些注释是用纯文本的形式表示的，一般包括函数的调用格式或输入函数、输出结果的含义。下面使用简单的例子说明如何使用 MATLAB 的纯文本帮助。

【例 2-12】在 MATLAB 中查阅帮助信息。根据 MATLAB 的帮助系统，用户可以查阅不同范围的帮助信息，具体如下。

（1）在命令行窗口中输入 help help 命令，然后按 Enter 键，可以查阅如何在 MATLAB 中使用 help 命令，如图 2-17 所示。

命令行窗口中显示了如何在 MATLAB 中使用 help 命令的帮助信息，用户可以详细阅读此信息学习如何使用 help 命令。

（2）在命令行窗口中输入 help 命令，按 Enter 键，可以查阅最近所使用命令主题的帮助信息。

（3）在命令行窗口中输入 help topic 命令，按 Enter 键，可以查阅关于该主题的所有帮助信息。

上面简单地演示了如何在 MATLAB 中使用 help 命令获得各种函数、命令的帮助信息。在实际应用中，用户可以灵活使用这些命令搜索所需的帮助信息。

图 2-17　使用 help 命令的帮助信息

### 2.3.2　帮助导航

在 MATLAB 中提供帮助信息的"帮助"交互界面主要由帮助导航器和帮助浏览器两部分组成。这个帮助文件和 M 文件中的纯文本帮助无关，而是 MATLAB 专门设置的独立帮助系统。该系统对 MATLAB 的功能叙述比较全面、系统，而且界面友好，使用方便，是用户查找帮助信息的重要途径。

用户可以在操作界面中单击 ? 按钮，打开"帮助"交互界面，如图 2-18 所示。

图 2-18　"帮助"交互界面

### 2.3.3　示例帮助

在 MATLAB 中，各工具包都有设计好的示例程序，对于初学者，这些示例对提高自己的 MATLAB 应用能力具有重要的作用。

在 MATLAB 的命令行窗口中输入 demo 命令，就可以进入关于示例程序的帮助窗口，如图 2-19 所示。用户可以打开实时脚本进行学习。

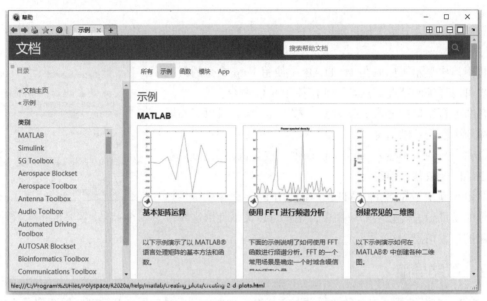

图 2-19　MATLAB 中的示例帮助

## 2.4　本章小结

MATLAB 是一款功能多样、高度集成、适合科学和工程计算的软件，同时又是一种高级程序设计语言。MATLAB 的主界面集成了命令行窗口、当前文件夹、工作区和选项卡等，它们既可单独使用，又可相互配合，为使用者提供了十分灵活方便的操作环境。通过本章的学习，读者能够对 MATLAB 有一个较为直观的印象，为后面 MATLAB 智能算法的实现打下基础。

# 第 3 章

# MATLAB 基础

MATLAB 是一个大型的运算平台，参与运算的对象有数据流、信号流、逻辑关系等。要了解这个大型的运算平台并有效地进行工作，就要先掌握一些 MATLAB 基础知识。本章是整个 MATLAB 学习的基础，主要内容包括数组和变量、矩阵、符号运算、关系运算和逻辑运算等。

**学习目标**

（1）熟悉 MATLAB 中的数组和变量、矩阵。

（2）熟悉 MATLAB 的符号运算、关系运算和逻辑运算。

## 3.1 数组

MATLAB 中数组可以说无处不在，任何变量在 MATLAB 中都是以数组形式存储和运算的。

### 3.1.1 数组的定义

数组指相同数据类型的元素按一定顺序排列的集合，就是把有限个类型相同的变量用一个名字命名，然后用编号区分它们的变量的集合，这个名字称为数组名，编号称为下标。组成数组的各变量称为数组的分量，也称为数组的元素，有时也称为下标变量。

数组是在程序设计中，为了处理方便，把具有相同类型的若干变量按有序的形式组织起来的一种形式。这些按序排列的同类数据元素的集合称为数组。

按照数组元素个数和排列方式，MATLAB 中的数组可以分为：

（1）没有元素的空数组（Empty Array）；

（2）只有一个元素的标量（Scalar），它实际上是一行一列的数组；

（3）只有一行或一列元素的向量（Vector），分别叫作行向量和列向量，也统称为一维数组；

（4）普通的具有多行多列元素的二维数组；

（5）超过二维的多维数组（具有行、列、页等多个维度）。

按照数组的存储方式，MATLAB 中的数组可以分为普通数组和稀疏数组（常称为稀疏矩阵）。稀疏矩阵适用于那些大部分元素为 0，只有少部分非零元素的数组的存储，主要是为了提高数据存储和运算的效率。

### 3.1.2 数组的创建

MATLAB 中一般使用方括号（[]）、逗号（，）或空格，以及分号（；）创建数组，方括号中给出数组的所有元素，同一行中的元素间用逗号或空格分隔，不同行之间用分号分隔。

**1. 创建空数组**

空数组是 MATLAB 中特殊的数组，它不含有任何元素。空数组可以用于数组声明、数组清空以及各种特殊的运算场合（如特殊的逻辑运算等）。

创建空数组很简单，只需要把变量赋值为空的方括号即可。

【例 3-1】创建空数组 A。

在命令行窗口中输入以下语句。

```
>> A=[]
A =
     []
```

**2. 创建一维数组**

一维数组包括行向量和列向量，是所有元素排列在一行或一列中的数组。实际上，一维数组可以看作二维数组在某一方向（行或列）尺寸退化为 1 的特殊形式。

创建一维行向量，只需要把所有用空格或逗号分隔的元素用方括号括起来即可；而创建一维列向量，则需要在方括号括起来的元素之间用分号分隔。不过，更常用的办法是用转置运算符（'），把行向量转置为列向量。

【例 3-2】创建行向量和列向量。

在命令行窗口中输入以下语句。

```
>> A=[1 2 3]
A =
     1     2     3
>> B=[1; 2; 3]
B =
     1
     2
     3
>> C=A'
C =
     1
     2
     3
```

很多时候要创建的一维数组是某个等差数列，此时可以通过冒号来创建，也可以通过 MATLAB 提供的 linspace() 函数创建，格式如下。

```
Var=start_var:step:stop_var          %创建一个一维行向量 Var，它的第 1 个元素是 start_var，然
                                      %后依次递增（step 为正）或递减（step 为负），直到向量中的
                                      %最后一个元素与 stop_var 差的绝对值小于或等于 step 的绝
                                      %对值为止。不指定 step 时，step 默认为 1
Var=linspace(start_var,stop_var,n)    %创建一个一维行向量 Var，第 1 个元素是 start_var，最后一
                                      %个元素是 stop_var，形成共 n 个元素的等差数列。不指定 n
                                      %时，n 默认为 100
```

要注意，利用冒号创建等差的一维数组时，可能取不到 stop_var 元素。

【例 3-3】创建一维等差数组。

在命令行窗口中输入以下语句。

```
>> A=1:4
A =
     1     2     3     4
>> B=1:2:4
B =
     1     3
>> C=linspace(1,2,4)
C =
    1.0000    1.3333    1.6667    2.0000
```

类似于 linspace()函数，MATLAB 中还有创建等比一维数组的 logspace()函数。

```
Var=logspace(start_var,stop_var,n)  %产生从 start_var 到 stop_var 包含 n 个元素的等比一维数
                                     %组 Var。不指定 n 时，n 默认为 50
```

【例 3-4】创建一维等比数组。

在命令行窗口中输入以下语句。

```
>> clear
>> A=logspace(0,log10(32),6)
A =
    1.0000    2.0000    4.0000    8.0000   16.0000   32.0000
```

综上所述，创建一维数组可能用到方括号、逗号或空格、分号、冒号、linspace()和 logspace()函数，以及转置符号等，读者需要完全掌握。

### 3. 创建二维数组

常规创建二维数组的方法实际上和创建一维数组的方法类似，就是综合运用方括号、逗号、空格以及分号等。

方括号把所有元素括起来，不同行元素之间用分号间隔，同一行元素之间用逗号或空格间隔，按照逐行排列的方式顺序书写每个元素。

当然，在创建每行或每列元素时，可以利用冒号和函数的方法，只是要特别注意创建二维数组时，要保证每行（或每列）具有相同数目的元素。

【例 3-5】创建二维数组。

在命令行窗口中输入以下语句。

```
>> A=[1 2 3; 2 5 6; 1 4 5]
A =
     1     2     3
     2     5     6
     1     4     5
>> B=[1:5;linspace(3,10,5);3 5 2 6 4]
B =
    1.0000    2.0000    3.0000    4.0000    5.0000
    3.0000    4.7500    6.5000    8.2500   10.0000
    3.0000    5.0000    2.0000    6.0000    4.0000
```

```
>> C=[[1:3];[linspace(2,3,3)];[3 5 6]]
C =
    1.0000    2.0000    3.0000
    2.0000    2.5000    3.0000
    3.0000    5.0000    6.0000
```

**提示**：也可以通过函数拼接一维数组创建二维数组，或者利用 MATLAB 内部函数直接创建特殊的二维数组，本章后续内容会逐步介绍。

### 4. 创建三维数组

1）使用下标创建三维数组

在 MATLAB 中，习惯将二维数组的第 1 维称为"行"，第 2 维称为"列"，而对于三维数组，其第 3 维则习惯性地称为"页"。

在 MATLAB 中，将三维或三维以上的数组统称为高维数组，下面以三维数组为例介绍如何创建高维数组。

**【例 3-6】** 使用下标引用的方法创建三维数组。

在命令行窗口中依次输入以下语句。

```
>> clear
>> A(3,3,2)=1;    %创建一个 3 行 3 列 2 页的三维数组 A，其中第 2 页第 3 行第 3 列元素为 1，其余元素为 0
>> for i=1:3
for j=1:3
for k=1:2
A(1,j,k)=i+j+k;
end
end
end
>> A(:, :, 1)              %第 1 页元素
ans =
    3    4    5
    4    5    6
    5    6    7
>> A(:,:,2)               %第 2 页元素
ans =
    4    5    6
    5    6    7
    6    7    8
```

继续在命令行窗口中输入以下语句。

```
>> B(3,4,:)=2:5;          %创建一个 3 行 4 列 2 页的三维数组 B
```

在命令行窗口中输入变量名称，查看变量值。

```
>> B(:,:,1)
ans =
    0    0    0    0
    0    0    0    0
    0    0    0    2
```

```
>> B(:,:,2)
ans =
     0     0     0     0
     0     0     0     0
     0     0     0     3
```

从上述结果中可以看出，当使用下标的方法创建高维数组时，需要使用各自对应的维度数值，没有指定的数值，则默认为 0。

2）使用低维数组创建三维数组

由于三维数组中"包含"二维数组，因此可以通过二维数组创建各种三维数组。

【例 3-7】使用低维数组创建高维数组。

在命令行窗口中依次输入以下语句。

```
>> clear
>> A=[1,2,3; 4,5,6; 7,8,9];          %创建二维数组
>> B(:,:,1)=A;
>> B(:,:,2)=2*A;
>> B(:,:,3)=3*A;
```

在命令行窗口中输入变量名称，查看变量值。

```
>> B
B(:,:,1) =
     1     2     3
     4     5     6
     7     8     9
B(:,:,2) =
     2     4     6
     8    10    12
    14    16    18
B(:,:,3) =
     3     6     9
    12    15    18
    21    24    27
```

3）使用函数创建三维数组

下面介绍利用 MATLAB 的 cat() 和 repmat() 函数创建三维数组。其中，cat() 函数用于连接数组；repmat() 函数用于复制并堆砌数组。reshape() 函数用于修改数组的大小，如将二维数组修改为三维的数组。它们的调用格式如下。

```
B=cat(dim,A1,A2,A3…)      %dim 表示创建数组的维度，A1,A2,A3…表示各维度上的数组
B=repmat(A,[m n p…])       %A 表示复制的数组模块，[m n p…]表示该数组模块在各维度上的复制个数
B=reshape(A,[m n p …])     %A 表示待重组的矩阵，[m n p …]表示数组各维的维度
```

【例 3-8】使用函数创建高维数组。

使用 cat() 函数创建高维数组。在命令行窗口中依次输入以下语句。

```
>> A=[1,2,3,;4,5,6;7,8,9];
>> B=cat(3, A, 2*A, 3*A);
```

在命令行窗口中输入变量名称，查看变量值。

```
>> B
B(:,:,1) =
    1    2    3
    4    5    6
    7    8    9
B(:,:,2) =
    2    4    6
    8   10   12
   14   16   18
B(:,:,3) =
    3    6    9
   12   15   18
   21   24   27
```

使用 repmat()函数创建数组。在命令行窗口中依次输入以下语句。

```
>> C=[1,2,3; 4,5,6; 7,8,9];
>> D1=repmat(C, 2, 3);
>> D2=repmat(C, [1 2 3]);
```

在命令行窗口中输入变量名称，查看变量值。

```
>> D1
D1 =
    1    2    3    1    2    3    1    2    3
    4    5    6    4    5    6    4    5    6
    7    8    9    7    8    9    7    8    9
    1    2    3    1    2    3    1    2    3
    4    5    6    4    5    6    4    5    6
    7    8    9    7    8    9    7    8    9
>> D2
D2(:,:,1) =
    1    2    3    1    2    3
    4    5    6    4    5    6
    7    8    9    7    8    9
D2(:,:,2) =
    1    2    3    1    2    3
    4    5    6    4    5    6
    7    8    9    7    8    9
D2(:,:,3) =
    1    2    3    1    2    3
    4    5    6    4    5    6
    7    8    9    7    8    9
```

使用 reshape()函数创建数组。在命令行窗口中依次输入以下语句。

```
>> E=[1,2,3,4; 5,6,7,8; 9,10,11,12];
>> F1=reshape(E,2,2,3);
>> F2=reshape(E,2,3,2);
>> F3=reshape(E,3,2,2);
```

在命令行窗口中输入变量名称，查看变量值。

```
>> F1
F1(:,:,1) =
    1    9
    5    2
F1(:,:,2) =
    6    3
   10    7
F1(:,:,3) =
   11    8
    4   12
>> F2
F2(:,:,1) =
    1    9    6
    5    2   10
F2(:,:,2) =
    3   11    8
    7    4   12
>> F3
F3(:,:,1) =
    1    2
    5    6
    9   10
F3(:,:,2) =
    3    4
    7    8
   11   12
```

### 5. 创建低维标准数组

MATLAB 还提供多种函数生成某些标准数组，直接使用这些函数可以创建一些特殊的数组。

【例 3-9】使用标准数组命令创建低维数组。

在命令行窗口中依次输入以下语句。

```
>> A=zeros(3,2);            %创建全 0 数组
>> B=ones(2,4);            %创建全 1 数组
>> C=eye(4);               %创建单位矩阵
>> D=magic(5);             %创建幻方矩阵
>> randn('state',0);       %设置伪随机数发生器状态为初始状态
>> E=randn(1,2);           %产生服从正态分布的随机数
>> F=gallery(5);           %生成测试矩阵
```

在命令行窗口中输入变量名称，查看变量值。

```
>> A
A =
    0    0
    0    0
    0    0
>> B
B =
    1    1    1    1
```

```
      1       1       1       1
>> C
C =
      1       0       0       0
      0       1       0       0
      0       0       1       0
      0       0       0       1
>> D
D =
     17      24       1       8      15
     23       5       7      14      16
      4       6      13      20      22
     10      12      19      21       3
     11      18      25       2       9
>> E
E =
   -0.4326   -1.6656
>> F
F =
       -9        11       -21        63       -252
       70       -69       141      -421       1684
      -575       575     -1149      3451     -13801
      3891     -3891      7782    -23345      93365
      1024     -1024      2048     -6144      24572
```

并不是所有标准函数命令都可以创建多种矩阵，如 eye()、magic() 等函数就不能创建高维数组。同时，对于每个标准函数的参数，都有各自的要求，如 gallery() 函数中参数只能选择 3 或 5。

### 6. 创建高维标准数组

下面介绍如何使用标准数组函数创建高维标准数组。

【例 3-10】使用标准数组命令创建高维数组。

在命令行窗口中输入以下语句。

```
>> clear
>> rand('state',1111);                  %设置随机数发生器初始状态
>> D1=randn(2,3,5);
>> D2=ones(2,3,4);
```

在命令行窗口中输入变量名称，查看变量值。

```
>> D1
D1(:,:,1) =
    0.8156    1.2902    1.1908
    0.7119    0.6686   -1.2025
D1(:,:,2) =
   -0.0198   -1.6041   -1.0565
   -0.1567    0.2573    1.4151
D1(:,:,3) =
   -0.8051    0.2193   -2.1707
    0.5287   -0.9219   -0.0592
```

```
D1(:,:,4) =
   -1.0106    0.5077    0.5913
    0.6145    1.6924   -0.6436
D1(:,:,5) =
    0.3803   -0.0195    0.0000
   -1.0091   -0.0482   -0.3179
>> D2
D2(:,:,1) =
    1    1    1
    1    1    1
D2(:,:,2) =
    1    1    1
    1    1    1
D2(:,:,3) =
    1    1    1
    1    1    1
D2(:,:,4) =
    1    1    1
    1    1    1
```

限于篇幅，不再详细讲解各命令的参数和使用方法，请读者自行阅读相关帮助文件。

### 3.1.3　多维数组及其操作

MATLAB 中把超过两维的数组称为多维数组，多维数组实际上是二维数组的扩展。下面讲述 MATLAB 中多维数组的操作。

#### 1. 多维数组的属性

MATLAB 中提供了多个函数，可以获取多维数组的尺寸、维度、占用内存和数据类型等多种属性，具体如表 3-1 所示。

表 3-1　MATLAB 中获取多维数组属性的函数

| 数 组 属 性 | 函 数 用 法 | 函 数 功 能 |
|---|---|---|
| 尺寸 | size(A) | 按照行–列–页的顺序，返回数组 A 每维的大小 |
| 维度 | ndims(A) | 返回数组 A 具有的维度值 |
| 内存占用/数据类型等 | whos | 返回当前工作区中的各变量的详细信息 |

【例 3-11】获取多维数组的属性。

在命令行窗口中输入以下语句。

```
>> A=cat(4,[9 2;6 5], [7 1;8 4]);
>> size(A)                          %获取数组 A 的尺寸属性
ans =
    2    2    1    2
>> ndims(A)                         %获取数组 A 的维度属性
ans =
    4
>> whos
```

```
  Name      Size      Bytes      Class    Attributes
   A        4-D         64        double
   ans      1x1          8        double
```

### 2. 多维数组的操作

MATLAB 中提供可以对多维数组进行索引、重排和计算的函数。

#### 1）多维数组的索引

MATLAB 中索引多维数组的方法包括多下标索引和单下标索引。

对于 $n$ 维数组，可以用 $n$ 个下标索引访问到一个特定位置的元素，而用数组或冒号代表其中某一维，则可以访问指定位置的多个元素。单下标索引方法则是只通过一个下标定位多维数组中某个元素的位置。

MATLAB 中按照"行-列-页-…"优先级逐渐升高的顺序把多维数组的所有元素线性存储，这样一个特定的单下标就一一对应多维数组下标的位置。

【例 3-12】多维数组的索引访问，其中 A 是一个随机生成的 $4 \times 5 \times 3$ 多维数组。

在命令行窗口中输入以下语句。

```
>> A=randn(4,5,3)
A(:,:,1) =
   -1.3617    0.5528    0.6601   -0.3031    1.5270
    0.4550    1.0391   -0.0679    0.0230    0.4669
   -0.8487   -1.1176   -0.1952    0.0513   -0.2097
   -0.3349    1.2607   -0.2176    0.8261    0.6252
A(:,:,2) =
    0.1832    0.1352   -0.1623   -0.8757   -0.1922
   -1.0298    0.5152   -0.1461   -0.4830    0.2741
    0.9492    0.2614   -0.5320   -0.7120    1.5301
    0.3071   -0.9415    1.6821   -1.1742   -0.2490
A(:,:,3) =
   -1.0642   -1.5062   -0.2612   -0.9480    0.0125
    1.6035   -0.4446    0.4434   -0.7411   -3.0292
    1.2347   -0.1559    0.3919   -0.5078   -0.4570
   -0.2296    0.2761   -1.2507   -0.3206    1.2424
>> A(3,2,2)                %访问 A 的第 3 行第 2 列第 2 页的元素
ans =
    0.2614
>> A(27)                   %访问 A 的第 27 个元素（即第 2 页第 2 列第 3 行的元素）
ans =
    0.2614
```

A(27)是通过单下标索引访问多维数组 A 的元素。多维数组 A 有 3 页，每页有 $4 \times 5=20$ 个元素，所以第 27 个元素在第 2 页上，而每页列方向上有 4 个元素，根据"行-列-页"优先原则，第 27 个元素代表的就是第 2 页第 2 列第 3 行的元素，即 A(27)相当于 A(3,2,2)。

#### 2）多维数组的维度操作

多维数组的维度操作包括对多维数组的形状的重排和维度的重新排序。

reshape()函数可以改变多维数组的形状，但操作前后 MATLAB 按照"行-列-页-…"优先级对多维数组进行线性存储的方式不变，许多多维数组在某一维度上只有一个元素，可以利用 squeeze()函数消除这种单值维度。

reshape()函数的调用格式如下。

| | |
|---|---|
| B=reshape(A,sz) | %使用大小向量 sz 重构 A 以定义 size(B)。例如，reshape(A,[2,3])<br>%将 A 重构为一个 2×3 矩阵。sz 必须至少包含两个元素，prod(sz)必须<br>%与 numel(A)相同 |
| B=reshape(A,sz1,...,szN) | %将 A 重构为一个 sz1×…×szN 数组，其中 sz1,…,szN 指示每个维度<br>%的大小。可以指定[]的单个维度大小，以便自动计算维度大小，使 B 中<br>%的元素数与 A 中的元素数相匹配。例如，如果 A 是一个 10×10 矩阵，则<br>%reshape(A,2,2,[])将 A 的 100 个元素重构为一个 2×2×25 数组 |

【例 3-13】利用 reshape()函数改变多维数组的形状。

在命令行窗口中输入以下语句。

```
>> A=magic(4)
A =
    16     2     3    13
     5    11    10     8
     9     7     6    12
     4    14    15     1
>> B=reshape(A,[],8)
B =
    16     9     2     7     3     6    13    12
     5     4    11    14    10    15     8     1
>> C=reshape(A,8,[])
C =
    16     3
     5    10
     9     6
     4    15
     2    13
    11     8
     7    12
    14     1
```

需要按照指定的顺序重新定义多维数组的维度顺序时，可以采用 permute()函数，重新定义后的多维数组是把原来在某一维度上的所有元素移动到新的维度上，与 reshape()函数不同的是，这会改变多维数组线性存储的位置。

另外，ipermute()函数可以看作 permute()函数的逆函数，当 B=permute(A,dims)时，ipermute(B,dims)刚好返回多维数组 A。

【例 3-14】对多维数组维度的重新排序。

在命令行窗口中输入以下语句。

```
>> A=randn(3,3,2)
A(:,:,1) =
    0.4227   -1.2128    0.3271
   -1.6702    0.0662    1.0826
    0.4716    0.6524    1.0061
A(:,:,2) =
   -0.6509   -1.3218   -0.0549
```

```
       0.2571        0.9248        0.9111
      -0.9444        0.0000        0.5946
>> B=permute(A,[3 1 2])
B(:,:,1) =
       0.4227       -1.6702        0.4716
      -0.6509        0.2571       -0.9444
B(:,:,2) =
      -1.2128        0.0662        0.6524
      -1.3218        0.9248        0.0000
B(:,:,3) =
       0.3271        1.0826        1.0061
      -0.0549        0.9111        0.5946
>> ipermute(B,[3 1 2])
ans(:,:,1) =
       0.4227       -1.2128        0.3271
      -1.6702        0.0662        1.0826
       0.4716        0.6524        1.0061
ans(:,:,2) =
      -0.6509       -1.3218       -0.0549
       0.2571        0.9248        0.9111
      -0.9444        0.0000        0.5946
```

3）多维数组参与数学计算

多维数组参与数学计算时，既可以针对某一维度的向量，也可以针对单个元素，或者针对某一特定页面上的二维数组。其中：

（1）sum()、mean()等函数可以对多维数组中第 1 个不为 1 的维度上的向量进行计算；

（2）sin()、cos()等函数则对多维数组中的每个单独元素进行计算；

（3）eig()等针对二维数组的运算函数，则需要用指定的页面上的二维数组作为输入函数。

【例 3-15】多维数组参与的数学运算。

在命令行窗口中输入以下语句。

```
>> A=randn(2,5,2)
A(:,:,1) =
    0.3502    0.9298   -0.6904    1.1921   -0.0245
    1.2503    0.2398   -0.6516   -1.6118   -1.9488
A(:,:,2) =
    1.0205    0.0012   -2.4863   -2.1924    0.0799
    0.8617   -0.0708    0.5812   -2.3193   -0.9485
>> sum(A)
ans(:,:,1) =
    1.6005    1.1696   -1.3419   -0.4197   -1.9733
ans(:,:,2) =
    1.8822   -0.0697   -1.9051   -4.5117   -0.8685
>> sin(A)
ans(:,:,1) =
    0.3431    0.8015   -0.6368    0.9291   -0.0245
    0.9491    0.2375   -0.6064   -0.9992   -0.9294
```

```
ans(:,:,2) =
    0.8524    0.0012   -0.6094   -0.8129    0.0798
    0.7590   -0.0708    0.5490   -0.7327   -0.8125
>> eig(A(:,[1 2],1))
ans =
    1.3746
   -0.7846
```

## 3.2　矩阵

数学中，矩阵是指排列的二维数据表格，由方程组的系数和常数所构成的方阵，矩阵的一个重要用途是解线性方程组。线性方程组中未知量的系数可以排成一个矩阵，加上常数项，则称为增广矩阵。矩阵的另一个重要用途是表示线性变换。

MATLAB 的强大功能之一体现在可以直接处理矩阵，而其首要任务就是输入待处理的矩阵。下面介绍几种基本的矩阵生成方式。

### 3.2.1　实数值矩阵输入

不管是任何矩阵（向量）都可以直接按行方式输入每个元素：同一行中的元素用逗号（,）或空格分隔，且空格个数不限；不同的行用分号（;）分隔。所有元素处于一个方括号（[ ]）内；当矩阵是多维（三维以上），且方括号内的元素是维数较低的矩阵时，可以用多重方括号。

【例 3-16】实数矩阵的输入。

在命令行窗口中输入以下语句。

```
>> A=[11 12 1 3 5 7 9 10]
A =
    11    12     1     3     5     7     9    10
>> B=[2.32 3.43;4.37 5.98]
B =
    2.3200    3.4300
    4.3700    5.9800
>> C=[1 2 3 4 5]
C =
     1     2     3     4     5
>> D=[1 2 3;2 3 4;3 4 5]
D =
     1     2     3
     2     3     4
     3     4     5
>> E=[ ]                              %生成一个空矩阵
E =
     [ ]
```

### 3.2.2　复数矩阵输入

复数矩阵有矩阵单个元素生成和整体生成两种生成方式。

【例 3-17】复数矩阵的输入。

在命令行窗口中输入以下语句。

```
%%%单个元素的生成%%%
>> a=2.7
a =
   2.7000
>> b=13/25
b =
   0.5200
>> c=[1,3*a+i*b,b*sqrt(a); sin(pi/6),3*a+b,3]
c =
  1.0000 + 0.0000i   8.1000 + 0.5200i   0.8544 + 0.0000i
  0.5000 + 0.0000i   8.6200 + 0.0000i   3.0000 + 0.0000i


%%%整体生成%%%
>> A=[1 2 3;4 5 6]
A =
   1    2    3
   4    5    6
>> B=[11 12 13;14 15 16]
B =
   11   12   13
   14   15   16
>> C=A+i*B
C =
  1.0000 +11.0000i   2.0000 +12.0000i   3.0000 +13.0000i
  4.0000 +14.0000i   5.0000 +15.0000i   6.0000 +16.0000i
```

## 3.2.3 符号矩阵的生成

在 MATLAB 中输入符号向量或矩阵的方法与输入数值类型的向量或矩阵在形式上很相似，只不过要用到符号定义函数 syms()，使用时首先定义一些必要的符号变量，再像定义普通矩阵一样输入符号矩阵。

【例 3-18】符号矩阵的输入。

在命令行窗口中输入以下语句。

```
>> clear
>> syms a b c
>> M1=sym('Classical')                        %创建符号变量 Classical
M1 =
 Classical
>> M2=sym('Jazz')
M2 =
 Jazz
>> M3=sym('Blues')
M3 =
 Blues
>> syms_matrix=[a b c; M1,M2,M3; 2 3 5]
```

```
syms_matrix =
[        a,    b,    c]
[ Classical, Jazz, Blues]
[        2,    3,    5]
```

**说明**：矩阵是用分数形式还是浮点形式表示，将矩阵转化为符号矩阵后，都将以最接近原值的有理数形式或函数形式表示。

### 3.2.4　大矩阵的生成

对于大矩阵，通常创建一个 M 文件存储矩阵，以便后续修改。

【例 3-19】用 M 文件创建大矩阵。

在编辑器中输入以下程序，并保存为 test.m 文件。

```
tes=[ 456    468    873     2   579    55
       21    687     54    488     8    13
       65   4567     88     98    21     5
      456     68   4589    654     5   987
     5488     10      9      6    33    77]
```

在命令行窗口中输入以下语句。

```
>> test
tes =
         456        468        873          2        579         55
          21        687         54        488          8         13
          65       4567         88         98         21          5
         456         68       4589        654          5        987
        5488         10          9          6         33         77
>> size(tes)                              %显示 tes 的大小
ans =
     5     6                              %表示 tes 有 5 行 6 列
```

### 3.2.5　矩阵的数学函数

MATLAB 以矩阵为基本的数据运算单位，它能够很好地与 C 语言进行混合编程，本节主要讨论常见的矩阵数学函数。

#### 1. 三角函数

常用的三角函数如表 3-2 所示。

表 3-2　常用的三角函数

| 序　号 | 函 数 名 称 | 公　式 |
|---|---|---|
| 1 | 正弦函数 | $Y=\sin(X)$ |
| 2 | 双曲正弦函数 | $Y=\sinh(X)$ |
| 3 | 余弦函数 | $Y=\cos(X)$ |
| 4 | 双曲余弦函数 | $Y=\cosh(X)$ |

| 序　号 | 函 数 名 称 | 公　式 |
|---|---|---|
| 5 | 反正弦函数 | Y=asin(X) |
| 6 | 反双曲正弦函数 | Y=asinh(X) |
| 7 | 反余弦函数 | Y=acos(X) |
| 8 | 反双曲余弦函数 | Y=acosh(X) |
| 9 | 正切函数 | Y=tan(X) |
| 10 | 双曲正切函数 | Y=tanh(X) |
| 11 | 反正切函数 | Y=atan(X) |
| 12 | 反双曲正切函数 | Y=atanh(X) |

【例 3-20】函数应用示例。

在命令行窗口中依次输入以下语句。

```
>> x=magic(2)
x =
     1     3
     4     2
>> y1=sin(x)                          %计算矩阵正弦
y1 =
    0.8415    0.1411
   -0.7568    0.9093
>> y2=cos(x)                          %计算矩阵余弦
y2 =
    0.5403   -0.9900
   -0.6536   -0.4161
>> y3=sinh(x)                         %计算矩阵双曲正弦
y3 =
    1.1752   10.0179
   27.2899    3.6269
>> y4=cosh(x)                         %计算矩阵双曲余弦
y4 =
    1.5431   10.0677
   27.3082    3.7622
>> y5=asin(x)                         %计算矩阵反正弦
y5 =
   1.5708 + 0.0000i   1.5708 - 1.7627i
   1.5708 - 2.0634i   1.5708 - 1.3170i
>> y6=acos(x)                         %计算矩阵反余弦
y6 =
   0.0000 + 0.0000i   0.0000 + 1.7627i
   0.0000 + 2.0634i   0.0000 + 1.3170i
>> y7=asinh(x)                        %计算矩阵反双曲正弦
y7 =
    0.8814    1.8184
    2.0947    1.4436
```

```
>> y8=acosh(x)                          %计算矩阵反双曲余弦
y8 =
         0    1.7627
    2.0634    1.3170
>> y9=tan(x)                            %计算矩阵正切
y9 =
    1.5574   -0.1425
    1.1578   -2.1850
>> y10=tanh(x)                          %计算矩阵双面正切
y10 =
    0.7616    0.9951
    0.9993    0.9640
>> y11=atan(x)                          %计算矩阵反正切
y11 =
    0.7854    1.2490
    1.3258    1.1071
>> y12=atanh(x)                         %计算矩阵反双面正切
y12 =
       Inf + 0.0000i   0.3466 + 1.5708i
    0.2554 + 1.5708i   0.5493 + 1.5708i
```

### 2. 指数和对数函数

在矩阵中，常用的指数和对数函数包括 exp()、expm()和 logm()。

1）指数函数

指数函数的调用格式如下。

```
Y=exp(X)       %为数组 X 中的每个元素返回指数 eˣ，可以接受任意维度的数组作为输入
Y=expm(X)      %计算矩阵 X 的指数并返回给 Y 值，输入参数 X 必须为方阵
```

exp()函数分别计算每个元素的指数，expm()函数计算矩阵指数。若输入矩阵是上三角矩阵或下三角矩阵，两个函数计算结果中主对角线位置的元素是相等的，其余元素则不相等。

【例 3-21】对矩阵分别用 expm()和 exp()函数计算魔方矩阵及其上三角矩阵的指数。

在命令行窗口中依次输入以下语句。

```
>> a=magic(3)
a =
     8     1     6
     3     5     7
     4     9     2
>> b=expm(a)                            %对矩阵 a 求指数
b =
   1.0e+06 *
    1.0898    1.0896    1.0897
    1.0896    1.0897    1.0897
    1.0896    1.0897    1.0897
>> c=exp(a)                             %对矩阵 a 的每个元素求指数
c =
   1.0e+03 *
    2.9810    0.0027    0.4034
```

```
        0.0201      0.1484      1.0966
        0.0546      8.1031      0.0074
>> b=triu(a)                    %抽取矩阵 a 中的元素构成上三角阵
b =
     8      1      6
     0      5      7
     0      0      2
>> expm(b)                      %求上三角阵的指数
ans =
   1.0e+03 *
     2.9810     0.9442     4.0203
          0     0.1484     0.3291
          0          0     0.0074
>> exp(b)                       %求上三角矩阵每个元素的指数
ans =
   1.0e+03 *
     2.9810     0.0027     0.4034
     0.0010     0.1484     1.0966
     0.0010     0.0010     0.0074
```

对上三角矩阵 b 分别用 expm() 和 exp() 函数计算，主对角线位置元素相等，其余元素则不相等。

2）对数函数

求矩阵对数函数的调用格式如下。

| L=logm(A) | %计算矩阵 A 的对数并返回 L，输入参数 A 必须为方阵。如果矩阵 A 是奇异的或<br>%有特征值的负实数轴，那么 A 的主要对数是未定义的，函数将计算非主要对数<br>%并打印警告信息 |
|---|---|
| [L,exitflag]=logm(A) | %exitflag 是一个标量值，用于描述 logm() 函数的退出状态。exitflag 为 0<br>%时，表示函数成功完成计算；exitflag 为 1 时，需要计算太多的矩阵平方根，<br>%但此时返回的结果依然是准确的 |

logm() 函数是 expm() 函数的逆运算。

【例 3-22】先对方阵计算指数，再对结果计算对数，得到原矩阵。

在命令行窗口中依次输入以下语句。

```
>> x=[1,0,1;1,0,-2;-1,0,1];
>> y=expm(x)                 %对矩阵计算指数
y =
     1.4687          0     2.2874
     3.1967     1.0000    -1.8467
    -2.2874          0     1.4687
>> xx=logm(y)                %对所得结果计算对数，得到的矩阵 xx 等于矩阵 x
xx =
     1.0000    -0.0000     1.0000
     1.0000     0.0000    -2.0000
    -1.0000     0.0000     1.0000
```

logm() 函数是 expm() 函数的逆运算，因此得到的结果与原矩阵相等。

### 3. 复数函数

复数函数包括复数的创建、复数的模、复数的共轭函数等。

复数创建函数的调用格式如下。

| c=complex(a,b) | %用两个实数 a 和 b 创建复数 c，c=a+bi。c 与 a、b 是同型的数组或矩阵。如 %果 b 是全 0 的，c 也依然是一个复数，如 c=complex(1,0) 返回复数 1， %isreal(c) 返回 false，而 1+0i 则返回实数 1 |
| --- | --- |
| c=complex(a) | %输入参数 a 作为复数 c 的实部，c 的虚部为 0，但 isreal(a) 返回 false， %表示 c 是一个复数 |

【例 3-23】创建复数 3+2i 和 3+0i。

在命令行窗口中依次输入以下语句。

```
>> a=complex(3,2)          %创建复数 3+2i
a =
   3.0000 + 2.0000i
>> b=complex(3,0)          %用 complex() 函数创建复数 3+0i
b =
   3.0000 + 0.0000i
>> c=3+0i                  %直接创建复数 3+0i
c =
     3
>> b==c                    %b 的值与 c 相等
ans =
  logical
    1
>> isreal(b)               %b 是复数
ans =
  logical
    0
>> isreal(c)               %c 是实数
ans =
  logical
    1
```

虽然 b 与 c 相等，但 b 是由 complex() 函数创建的，属于复数，而 c 是实数。

求矩阵模函数的调用格式如下。

| Y=abs(X) | %Y 是与 X 同型的数组。如果 X 中的元素是实数，函数返回其绝对值；如果 X 中 %的元素是复数，函数返回复数模值，即 sqrt(real(X).^2+imag(X).^2) |
| --- | --- |

【例 3-24】求复数 3+2i 的幅值。

在命令行窗口中输入以下语句。

```
>> a=abs(3+2i)             %求复数 3+2i 的幅值
a =
    3.6056
```

求复数的共轭函数的调用格式如下。

| Y=conj(Z) | %返回 Z 中元素的复共轭值，即 conj(Z) = real(Z) - i*imag(Z) |
| --- | --- |

【例 3-25】求复数 3+2i 的共轭值。

在命令行窗口中依次输入以下语句。

```
>> z=3+2i;
>> conj(z)                      %求 3+2i 的共轭值
ans =
  3.0000 - 2.0000i
```

复数 z 的共轭，实部与 z 的实部相等，虚部是 z 的虚部的相反数。

## 3.3　符号运算

MATLAB 中数值运算的操作对象是数值，而符号运算的操作对象是非数值的符号对象。通过 MATLAB 的符号运算功能，可以求解科学计算中符号数学问题的符号解析表达精确解，这在自然科学与工程计算的理论分析中有着极其重要的作用与实用价值。

### 3.3.1　符号对象

符号对象是一种新的数据类型（sym 类型)，用来存储代表非数值的字符符号（通常是大写或小写的英文字母及其字符串）。符号对象可以是符号常量（符号形式的数）、符号变量、符号函数以及各种符号表达式（符号数学表达式、符号方程和符号矩阵)。

在 MATLAB 中，符号对象可利用 sym( )、syms( )函数建立，而利用 class( )函数测试建立的操作对象为何种操作对象类型、是否为符号对象类型（即 sym 类型)。

在一个 MATLAB 程序中，作为符号对象的符号常量、符号变量、符号函数和符号表达式，首先需要使用 sym( )、syms( )函数加以规定，即创建。

sym( )函数的调用格式如下。

```
S=sym(A)           %由 A 建立一个符号对象 S，其类型为 sym 类型
S=sym('A')         %如果 A（不带单引号）是一个数字（值）或数值矩阵或数值表达式，则输出是将数值
                   %对象转换成的符号对象；如果 A（带单引号）是一个字符串，输出则是将字符串转换
                   %成的符号对象
S=sym(A,flag)      %同 S=sym(A)。转换后的符号对象应符合 flag 格式
S=sym('A',set)     %同 S=sym('A')。转换后的符号对象应按 set 指定的要求
```

flag 可取以下选项：

- 'd'——最接近的十进制浮点精确表示；
- 'e'——带（数值计算时 0）估计误差的有理表示；
- 'f'——十六进制浮点表示；
- 'r'——为默认设置，是最接近有理表示的形式。这种形式是指用两个正整数 p 和 q 构成的 p/q、p*pi/q、sqrt(p)、2^p、10^q 表示的形式之一。

set 可取以下"限定性"选项：

- 'positive'——限定 A 为正的实型符号变量；
- 'real'——限定 A 为实型符号变量；
- 'integer'——限定 A 为整型符号变量；

● 'rational'——限定 A 为有理数符号变量。

syms( )函数的调用格式如下。

```
syms s1 s2 s3 … set          %按 set 指定的要求建立一个或多个符号对象 s1，s2，…
```

class( )函数的调用格式如下。

```
str=class(object)            %返回指代数据对象类型的字符串，数据对象类型如表 3-3 所示
```

表 3-3　数据对象类型

| 名　　称 | 类　　型 | 名　　称 | 类　　型 |
|---|---|---|---|
| cell | cell数组 | struct | 结构数组 |
| char | 字符数组 | uint8 | 8位不带符号整型数组 |
| double | 双精度浮点数值类型 | uint16 | 16位不带符号整型数组 |
| int8 | 8位带符号整型数组 | uint32 | 32位不带符号整型数组 |
| int16 | 16位带符号整型数组 | <class_name> | 用户定义的对象类型 |
| int32 | 32位带符号整型数组 | <java_class> | Java对象的java类型 |
| sparse | 实(或复)稀疏矩阵 | sym | 符号对象类型 |

【例 3-26】对数值量 1/4 创建符号对象并检测数据的类型。

在命令行窗口中依次输入以下语句，创建符号对象并检测数据的类型。

```
>> a=1/4;
>> b='1/4';
>> c=sym(1/4);
>> d=sym('1/4');
>> classa=class(a)
classa =
    'double'
>> classb=class(b)
classb =
    'char'
>> classc=class(c)
classc =
    'sym'
>> classd=class(d)
classd =
    'sym'
```

即 a 是双精度浮点数值类型；b 是字符类型；c 与 d 都是符号对象类型。

【例 3-27】创建符号对象，观察符号对象形成中的差异。

在命令行窗口中依次输入以下语句。

```
>> a1=[1/3, pi/7, sqrt(5), pi+sqrt(5)]
a1 =
    0.3333    0.4488    2.2361    5.3777
>> a2=sym([1/3, pi/7, sqrt(5), pi+sqrt(5)])
a2 =
    [1/3, pi/7, 5^(1/2), 189209612611719/35184372088832]
```

```
>> a3=sym([1/3, pi/7, sqrt(5), pi+sqrt(5)],'e')
a3 =
     [1/3 - eps/12, pi/7 - (13*eps)/165, (137*eps)/280 + 5^(1/2), 189209612611719/
35184372088832]
>> y=sym(2*sin(x)*cos(x))
y =
     2*cos(x)*sin(x)
```

### 3.3.2   符号变量

符号变量通常是指一个或几个特定的字符，不是指符号表达式，虽然可以将一个符号表达式赋值给一个符号变量。符号变量有时也叫作自由变量。符号变量与 MATLAB 数值运算的数值变量名称的命名规则相同：

（1）变量名可以由英语字母、数字和下画线组成；

（2）变量名应以英语字母开头；

（3）组成变量名的字符长度不大于 31 个；

（4）MATLAB 区分大小写英语字母。

在 MATLAB 中，同样可以用 sym( )或 syms ( )函数建立符号变量。

【例 3-28】用 sym( )与 syms ( )函数建立符号变量 alpha、beta，并检测数据的类型。

用函数命令 sym( )创建符号对象，在命令行窗口中输入以下语句。

```
>> a=sym('alpha')
a =
    alpha
>> b=sym('beta')
b =
    beta
>> classa=class(a)
classa =
    'sym'
>> classb=class(b)
classb =
    'sym'
```

用 syms( )函数创建符号对象并检测数据的类型，在命令行窗口中输入以下语句。

```
>> syms alpha beta;
>> classa=class(alpha)
classa =
    'sym'
>> classb=class(beta)
classb =
    'sym'
```

语句执行完后可以确认数据对象 alpha、beta 是符号对象类型。

【例 3-29】求矩阵 $A = \begin{bmatrix} a_{11} & a_{12} \\ a_{21} & a_{22} \end{bmatrix}$ 的行列式值、逆和特征根。

在命令行窗口中输入以下语句。

```
>> syms a11 a12 a21 a22
>> A=[a11,a12;a21,a22]
A =
    [ a11, a12]
    [ a21, a22]
>> DA=det(A)
DA =
    a11*a22 - a12*a21
>> IA=inv(A)
IA =
    [ a22/(a11*a22 - a12*a21), -a12/(a11*a22 - a12*a21)]
    [ -a21/(a11*a22 - a12*a21), a11/(a11*a22 - a12*a21)]
>> EA=eig(A)
EA =
    a11/2 + a22/2 - (a11^2 - 2*a11*a22 + a22^2 + 4*a12*a21)^(1/2)/2
    a11/2 + a22/2 + (a11^2 - 2*a11*a22 + a22^2 + 4*a12*a21)^(1/2)/2
```

## 3.3.3　符号表达式及函数

MATLAB 数值运算中，数字表达式是由常量、数值变量、数值函数或数值矩阵用运算符连接而成的数学关系式。而 MATLAB 符号运算中，符号表达式是由符号常量、符号变量、符号函数用运算符或专用函数连接而成的符号对象。

符号表达式有两类：符号函数和符号方程。符号函数不带等号，而符号方程是带等号的。在 MATLAB 中，同样用 sym( )函数建立符号表达式。

### 1. 符号表达式与符号方程的建立

【例 3-30】创建符号函数 f1、f2、f3、f4 并检测符号对象的类型。

利用 syms( )和 sym( )函数创建符号函数并检测数据的类型。在命令行窗口中输入以下语句。

```
>> syms n x T wc p z;
>> f1=n*x^n/x;
>> f2=sym(log(T)^2*T+p);
>> f3=sym(wc+sin(a*z));
>> classf1=class(f1)
>> f4=pi+atan(T*wc);
classf1 =
    'sym'
>> classf2=class(f2)
classf2 =
    'sym'
>> classf3=class(f3)
classf3 =
    'sym'
>> classf4=class(f4)
classf4 =
    'sym'
```

【例 3-31】创建符号方程 e1、e2、e3、e4 并检测符号对象的类型。

利用 syms（）和 sym（）函数创建符号方程并检测数据的类型。在命令行窗口中依次输入以下语句。

```
>> syms a b c x y t p Dy
>> e1=sym(a*x^2+b*x+c==0)
>> e2=sym(log(t)^2*t==p)
>> e3=sym(sin(x)^2+cos(x)==0)
>> e4=sym(Dy-y==x)
>> classe1=class(e1)
classe1 =
    'sym'
>> classe2=class(e2)
classe2 =
    'sym'
>> classe3=class(e3)
classe3 =
    'sym'
>> classe4=class(e4)
classe4 =
    'sym'
```

### 2. 符号函数的求反和复合

在微积分、函数表达式化简、解方程中，确定自变量是必不可少的。在不指定自变量的情况下，按照数学常规，自变量通常都是小写英文字母，并且为字母表末尾的几个，如 t、w、x、y、z 等。

在 MATLAB 中，可以用 symvar（）函数按这种数学习惯确定一个符号表达式中的自变量，这对于按照特定要求进行某种计算是非常有实用价值的。

symvar（）函数的调用格式如下。

| | |
|---|---|
| symvar(f,n) | %按数学习惯确定符号函数 f 中的 n 个自变量。当 n=1 时，从 f 中找出在字母表中与 %x 最近的字母；若有两个字母与 x 的距离相等，取较后的一个；当 n 默认时，将给出 %f 中所有符号变量 |
| symvar(e,n) | %按数学习惯确定符号方程 e 中的 n 个自变量，其余同上 |

【例 3-32】确定符号函数 f1、f2 中的自变量。

在命令行窗口中依次输入以下语句。

```
>> syms k m n w y z;
>> f=n*y^n+m*y+w;
>> ans1= symvar(f,1)
ans1 =
    y
>> f2=m*y+n*log(z)+exp(k*y*z);
>> ans2= symvar (f2,2)
ans2 =
    [y, z]
```

【例 3-33】确定符号方程 e1、e2 中的自变量。

在命令行窗口中依次输入以下语句。

```
>> clear
>> syms a b c x p q t w;
```

```
>> e1=sym(a*x^2+b*x+c==0);
>> ans1=symvar(e1,1)
ans1 =
    x
>> e2=sym(w*(sin(p*t+q))==0);
>> ans2=symvar(e2)
ans2 =
    [ p, q, t, w]
```

### 3.3.4　符号变量代换

subs( )函数可以实现符号变量代换，调用格式如下。

| subs(S, old, new) | %将符号表达式 S 中的 old 替换为 new。old 一定是符号表达式 S 中的符号变量，%new 可以是符号变量、符号常量、双精度数值、数值数组等 |
| subs(S, new) | %用 new 置换符号表达式 S 中的自变量 |

【例 3-34】已知 $f = ax^n + by + k$，试对其进行：①符号变量替换：$a = \sin t$、$b = \ln \omega$、$k = ce^{-dt}$；②符号常量替换：$n=5$、$k=p$ 与数值数组替换（$k=1{:}1{:}4$）。

在命令行窗口中依次输入以下语句。

```
>> syms a b c d k n x y w t;
>> f=a*x^n+b*y+k
f =
    k + a*x^n + b*y
>> f1=subs(f,[a b],[sin(t) log(w)])              %替换 a、b
f1 =
    k + x^n*sin(t) + y*log(w)
>> f2=subs(f,[a b k],[sin(t) log(w) c*exp(-d*t)])   %替换 a、b、k
f2 =
    c*exp(-d*t) + x^n*sin(t) + y*log(w)
>> f3=subs(f,[n k],[5 pi])                        %替换 n、k
f3 =
    a*x^5 + pi + b*y
>> f4=subs(f1,k,1:4)                              %替换为数组
f4 =
    [ x^n*sin(t) + y*log(w) + 1, x^n*sin(t) + y*log(w) + 2, x^n*sin(t) + y*log(w) + 3,
x^n*sin(t) + y*log(w) + 4]
```

若要对符号表达式进行两个变量的数值数组替换，可以用循环程序实现。

【例 3-35】已知 $f = a\sin x + k$，试求当 $a=1{:}1{:}2$ 与 $x=0{:}30{:}60(°)$时函数 $f$ 的值。

在命令行窗口中依次输入以下语句。

```
>> syms a k x;
>> f=a*sin(x)+k;
>> for a=1:2;
       for x=0:pi/6:pi/3;
           f1=a*sin(x)+k
       end
   end
```

程序运行第 1 组（当 $a=1$ 时）后的结果如下。

```
f1 =
    k
f1 =
    k + 1/2
f1 =
    k +3^(1/2)/2
```

程序运行第 2 组（当 $a=2$ 时）后的结果如下。

```
f1 =
    k
f1 =
    k + 1
f1 =
    k + 3^(1/2)
```

### 3.3.5　符号对象转换为数值对象

多数符号运算的目的是计算表达式的数值解，于是需要将符号表达式的解析解转换为数值解。使用 double( )函数可以得到双精度数值解；使用 digits( )函数可以得到指定精度的精确数值解；使用 vpa ( )函数可以精确计算表达式的值；使用 numeric( )函数可以将符号对象转换为数值形式。联合使用 digits( )与 vpa( )两个函数可以实现解析解的数值转换。这几个函数的调用格式如下。

```
double(C)      %将符号常量 C 转换为双精度数值
digits(D)      %设置有效数字个数为 D 的近似解精度
R=vpa(E)       %与 digits(D)函数连用，在其设置下，求得符号表达式 E 的设定精度的数值解，此时返
               %回的数值解为符号对象类型
R=vpa(E,D)     %求得符号表达式 E 的 D 位精度的数值解，返回的数值解也是符号对象类型
N=numeric(E)   %将不含变量的符号表达式 E 转换为 double 双精度浮点数值形式，与 N=double(sym(E))
               %相同
```

【例 3-36】计算以下 3 个符号常量的值：$c_1=\sqrt{2}\ln 7$、$c_2=\pi\sin\dfrac{\pi}{5}\mathrm{e}^{1.3}$、$c_3=\mathrm{e}^{\sqrt{8\pi}}$，并将结果转换为双精度型数值。

在命令行窗口中依次输入以下语句，进行双精度数值转换。

```
>> syms c1 c2 c3;
>> c1=sym(sqrt(2)*log(7));
>> c2=sym(pi*sin(pi/5)*exp(1.3));
>> c3=sym(exp(pi*sqrt(8)));
>> ans1=double(c1)
ans1 =
    2.7519
>> ans2=double(c2)
ans2 =
    6.7757
>> ans3=double(c3)
ans3 =
    7.2283e+003
```

```
>> class(ans1)
ans =
    'double'
>> class(ans2)
ans =
    'double'
>> class(ans3)
ans =
    'double'
```

即 $c_1 = 2.7519$、$c_2 = 6.7757$、$c_3 = 7.2283\mathrm{e}^3$，并且它们都是双精度型数值。

【例 3-37】计算符号常量 $c_1 = \mathrm{e}^{\sqrt{79}\pi}$ 的值，并将结果转换为指定 8 位与 18 位精度的精确数值解。

在命令行窗口中依次输入以下语句，进行数值转换。

```
>> c=sym(exp(pi*sqrt(79)));
>> c1=double(c)
c1 =
    1.3392e+12
>> ans1=class(c1)
ans1 =
    'double'
>> c2=vpa(c1,8)
c2 =
    1.3391903e+12
>> ans2=class(c2)
ans2 =
    'sym'
>> digits 18
>> c3=vpa(c1)
c3 =
    1339190288739.15283
>> ans3=class(c3)
ans3 =
    'sym'
```

## 3.3.6　符号表达式的化简

在 MATLAB 中，提供了多个对符号表达式进行化简的函数，如因式分解、合并同类项、符号表达式的展开、符号表达式的化简与通分等，它们都是表达式的恒等变换。

### 1. factor()函数

factor()函数用于符号表达式的因式分解，其调用格式如下。

```
factor(E)        %对符号表达式 E 进行因式分解，如果 E 包含的所有元素为整数，则计算其最佳因式分解式。
                 %对于大于 252 的整数的分解，可使用语句 factor(sym('N'))
```

【例 3-38】已知 $f = x^3 + x^2 - x - 1$，试对其进行因式分解。

在命令行窗口中依次输入以下语句，进行因式分解。

```
>> syms x;
>> f=x^3+x^2-x-1;
```

```
>> f1=factor(f)
f1 =
    [ x - 1, x + 1, x + 1]
```

即 $f = x^3 + x^2 - x - 1 = (x-1)(x+1)^2$。

### 2. expand()函数

expand()函数用于符号表达式的展开，其调用格式如下。

expand(E)　　　%将符号表达式 E 展开，常用于多项式表示式、三角函数、指数函数和对数函数的展开中

【例 3-39】已知 $f = (x+y)^3$，试将其展开。

在命令行窗口中依次输入以下语句，进行展开。

```
>> syms x y;
>> f=(x+y)^3;
>> f1=expand(f)
f1 =
    x^3 + 3*x^2*y + 3*x*y^2 + y^3
```

即 $f = (x+y)^3 = x^3 + 3x^2y + 3xy^2 + y^3$。

### 3. collect()函数

collect()函数用于符号表达式的同类项合并，其调用格式如下。

collect(E,v)　　　%将符号表达式 E 中 v 的同幂项系数合并
collect(E)　　　%将符号表达式 E 中由 symvar()函数确定的默认变量的系数合并

【例 3-40】已知 $f = -axe^{-cx} + be^{-cx}$，试对其同类项进行合并。

在命令行窗口中依次输入以下语句，同类项进行合并。

```
>> syms a b c x;
>> f=-a*x*exp(-c*x)+b*exp(-c*x);
>> f1=collect(f,exp(-c*x))
f1 =
    (b - a*x)*exp(-c*x)
```

即 $f = -axe^{-cx} + be^{-cx} = (b-ax)e^{-cx}$。

### 4. simplify()函数

simplify()函数用于符号表达式的化简，其调用格式如下。

simplify(E)　　　%将符号表达式 E 运用多种恒等式变换进行综合化简

【例 3-41】试对 $e_1 = \sin^2 x + \cos^2 x$ 与 $e_2 = e^{c\cdot\ln(\alpha+\beta)}$ 进行综合化简。

在命令行窗口中依次输入以下语句，进行综合化简。

```
>> syms x n c alph beta;
>> e10=sin(x)^2+cos(x)^2;
>> e1=simplify(e10)
e1 =
    1
>> e20=exp(c*log(alph+beta));
>> e2=simplify(e20)
e2 =
    (alph + beta)^c
```

即 $e_1 = \sin^2 x + \cos^2 x = 1$ 和 $e_2 = \mathrm{e}^{c \cdot \ln(\alpha+\beta)} = (\alpha+\beta)^c$ 。

### 5. numden()函数

numden()函数用于求符号表达式的通分，其调用格式如下。

```
[N, D]=numden(E)          %将符号表达式 E 通分，分别返回 E 通分后的分子 N 与分母 D，并转换为分子与
                          %分母都是整数的最佳多项式形式。只需要再计算 N/D，即求得符号表达式 E 通
                          %分的结果。若无等号左边的输出参数，则仅返回 E 通分后的分子 N
```

【例 3-42】已知 $f = \dfrac{x}{ky} + \dfrac{y}{px}$ ，试对其进行通分。

在命令行窗口中依次输入以下语句，进行通分。

```
>> syms k p x y;
>> f=x/(k*y)+y/(p*x);
>> [n,d]=numden(f)
n =
    p*x^2 + k*y^2
d =
    k*p*x*y
>> f1=n/d
f1 =
    (p*x^2 + k*y^2)/(k*p*x*y)
>> numden(f)
ans =
    p*x^2 + k*y^2
```

即 $f = \dfrac{x}{ky} + \dfrac{y}{px} = \dfrac{px^2 + ky^2}{kpxy}$ ，当无等号左边的输出参数时，仅返回通分后的分子。

### 6. horner()函数

horner()函数用于对符号表达式进行嵌套型分解，其调用格式如下。

```
horner(E)                 %将符号表达式 E 转换为嵌套形式表达式
```

【例 3-43】已知 $f = -ax^4 + bx^3 - cx^2 + x + d$ ，试将其转换为嵌套形式表达式。

在命令行窗口中依次输入以下语句，将其转换为嵌套形式表达式。

```
>> syms a b c d x;
>> f=-a*x^4+b*x^3-c*x^2+x+d;
>> f1=horner(f)
f1 =
    d - x*(x*(c - x*(b - a*x)) - 1)
```

即 $f = -ax^4 + bx^3 - cx^2 + x + d = d - x(x(c - x(b - ax)) - 1)$ 。

## 3.3.7　符号运算的其他函数

### 1. char()函数

char()函数用于将数值对象、符号对象转换为字符对象，其调用格式如下。

```
char(S)                   %将数值对象或符号对象 S 转换为字符对象
```

【例 3-44】试将数值对象 $c = 123456$ 和符号对象 $f = x + y + z$ 转换为字符对象。

在命令行窗口中依次输入以下语句。

```
>> syms a b c x y z;
>> c=123456;
>> ans1=class(c)
ans1 =
    'double'
>> c1=char(sym(c))
c1 =
    '123456'
>> ans2=class(c1)
ans2 =
    'char'
>> f=sym(x+y+z);
>> ans3=class(f)
ans3 =
    'sym'
>> f1=char(f)
f1 =
    'x + y + z'
>> ans4=class(f1)
ans4 =
    'char'
```

原数值对象与符号对象均被转换为字符对象。

## 2. pretty()函数

pretty()函数用于以习惯的方式显示符号表达式，其调用格式如下。

```
pretty(E)              %以习惯的"书写"方式显示符号表达式 E（包括符号矩阵）
```

【例 3-45】试将 MATLAB 符号表达式 f=a*x/b+c/(d*y)和 sqrt(b^2-4*a*c)以习惯的"书写"方式显示。

在命令行窗口中依次输入以下语句，进行"书写"显示。

```
>> syms a b c d x y;
>> f=a*x/b+c/(d*y);
>> f1=sqrt(b^2-4*a*c);
>> pretty(f)
c    a x
--- + ---
d y   b
>> pretty(f1)
          2
sqrt(b  - 4 a c)
```

即 $f = \dfrac{ax}{b} + \dfrac{c}{dy}$，$f_1 = \sqrt{b^2 - 4ac}$。

## 3. clear函数

clear 函数用于清除 MATLAB 工作空间变量和函数，其调用格式如下。

```
clear
```

这是一个不带输入参数的命令，其功能是清除 MATLAB 工作空间中保存的变量和函数。通常置于程序之首，以免原来 MATLAB 工作空间中保存的变量和函数影响新的程序。

## 3.3.8　两种特定的符号函数运算

MATLAB 两种特定的符号函数运算是指复合函数运算和反函数运算。

### 1. 复合函数运算

设 $z$ 是 $y$（自变量）的函数 $z=f(y)$，而 $y$ 又是 $x$（自变量）的函数 $y=j(x)$，则 $z$ 对 $x$ 的函数 $z=f(j(x))$ 叫作 $z$ 对 $x$ 的复合函数。求 $z$ 对 $x$ 的复合函数 $z=f(j(x))$ 的过程叫作复合函数运算。

MATLAB 求复合函数的函数为 compose( )，其调用格式如下。

| | |
|---|---|
| compose(f, g) | %当 f=f(x), g=g(y)时返回复合函数 f(g(y))，即用 g=g(y)代入 f(x)<br>%中的 x，且 x 为 symvar( ) 函数确定的 f 的自变量，y 为 symvar()函<br>%数确定 g 的自变量 |
| compose(f,g,z) | %当 f=f(x), g=g(y)时返回以 z 为自变量的复合函数 f(g(z))，即用<br>%g=g(y)代入 f(x)中的 x，且 g(y)中的自变量 y 改换为 z |
| compose(f,g,x,z) | %功能同 compose(f,g,z) |
| compose(f,g,t,z) | %当 f=f(t), g=g(y)时返回以 z 为自变量的复合函数 f(g(z))，即用<br>%g=g(y)代入 f(t)中的 t，且 g(y)中的自变量 y 改换为 z |
| compose(f,h,x,y,z) | %功能同 compose(f,g,z) |
| compose(f, g, t, u, z ) | %当 f=f(t), g=g(u)时返回以 z 为自变量的复合函数 f(g(z))，即用<br>%g=g(u)代入 f(t)中的 t，且 g(u)中的自变量 u 改换为 z |

【例 3-46】已知 $f = \ln\left(\dfrac{x}{t}\right)$ 和 $g = u\cos y$，求其复合函数 $f(\varphi(x))$ 和 $f(g(z))$。

在命令行窗口中依次输入以下语句，计算其复合函数。

```
>> syms f g t u x y z;
>> f=log(x/t);
>> g=u*cos(y);
>> cfg=compose(f,g)
cfg =
    log((u*cos(y))/t)
>> cfgt=compose(f,g,z)
cfgt =
    log((u*cos(z))/t)
>> cfgxz=compose(f,g,x,z)
cfgxz =
    log((u*cos(z))/t)
>> cfgtz=compose(f,g,t,z)
cfgtz =
    log(x/(u*cos(z)))
>> cfgxyz=compose(f,g,x,y,z)
cfgxyz =
    log((u*cos(z))/t)
>> cfgxyz=compose(f,g,t,u,z)
cfgxyz =
    log(x/(z*cos(y)))
```

### 2. 反函数运算

设 $y$ 是 $x$(自变量)的函数 $y=f(x)$，若将 $y$ 当作自变量，$x$ 当作函数，则由上式所确定的函数 $x=j(y)$叫作函数 $f(x)$ 的反函数，而 $f(x)$ 叫作直接函数。

在同一坐标系中，直接函数 $y=f(x)$ 与反函数 $x=j(y)$ 表示同一图形。通常把 $x$ 当作自变量，而把 $y$ 当作函数，故反函数 $x=j(y)$ 写为 $y=j(x)$。

MATLAB 提供的求反函数的函数为 finverse( )，其调用格式如下。

```
g=finverse(f,v)  %求符号函数 f 的自变量为 v 的反函数 g
g=finverse(f)    %求符号函数 f 的反函数 g,符号函数 f 有单变量 x,函数 g 也是符号函数,且有 g(f(x))=x
```

【例 3-47】求函数 $y = ax + b$ 的反函数。

在命令行窗口中依次输入以下语句求反函数。

```
>> syms a b x y;
>> y=a*x+b;
>> g=finverse(y)
g =
    -(b - x)/a
>> compose(y,g)
ans =
    x
```

即反函数为 $y = \dfrac{-(b-x)}{a}$，且 $g(f(x)) = x$。

## 3.4 关系运算和逻辑运算

MATLAB 中运算包括算术运算、关系运算和逻辑运算。前面介绍了算术运算，下面介绍关系运算和逻辑运算。关系运算则是用于比较两个操作数，而逻辑运算则是对简单逻辑表达式进行复合运算。关系运算和逻辑运算的返回结果都是逻辑类型（1 代表逻辑真，0 代表逻辑假）。

### 3.4.1 关系运算

在程序中经常需要比较两个量的大小关系，以决定程序下一步的工作。比较两个量的运算符称为关系运算符。MATLAB 中的关系运算符如表 3-4 所示。

表 3-4 关系运算符

| 运 算 符 | 名 称 | 示 例 | 法则或使用说明 |
|---|---|---|---|
| < | 小于 | A<B | （1）A和B都是标量，结果是或为1（真）或为0（假）的标量 |
| <= | 小于或等于 | A<=B | （2）A和B中若一个为标量，一个为数组，则标量将与数组各元素逐一比较，结果为与运算数组行列相同的数组，其中各元素取值为1或0 |
| > | 大于 | A>B | （3）A和B均为数组时，必须行、列数分别相同，A和B各对应元素相比较，结果为与A或B行列相同的数组，其中各元素取值为1或0 |
| >= | 大于或等于 | A>=B | （4）==和～=运算对参与比较的量同时比较实部和虚部，其他运算只比较实部 |
| == | 恒等于 | A==B | |
| ～= | 不等于 | A ～ =B | |

需要明确指出的是，MATLAB 的关系运算虽可看作矩阵的关系运算，但严格地讲，把关系运算定义在

数组基础之上更为合理。从表 3-4 中所列的法则不难发现，关系运算是元素一对一的运算结果。数组的关系运算向下可兼容一般高级语言中所定义的标量关系运算。

当操作数为数组形式时，关系运算符总是对被比较的两个数组的各对应元素进行比较，因此要求被比较的数组必须具有相同的尺寸。

**【例 3-48】** MATLAB 中的关系运算。

在命令行窗口中依次输入以下语句。

```
>> 5>=4
ans =
  logical
    1
>> x=rand(1,4)
x =
    0.8147    0.9058    0.1270    0.9134
>> y=rand(1,4)
y =
    0.6324    0.0975    0.2785    0.5469
>> x>y
ans =
  1×4 logical 数组
    1    1    0    1
```

**注意：**

（1）比较两个数是否相等的关系运算符是两个等号（==），而单个等号（=）在 MATLAB 中是变量赋值的符号；

（2）比较两个浮点数是否相等时需要注意，由于浮点数的存储形式决定的相对误差的存在，在程序设计中最好不要直接比较两个浮点数是否相等，而是采用大于、小于的比较运算将待确定值限制在一个满足需要的区间之内。

### 3.4.2　逻辑运算

关系运算返回的结果是逻辑类型（逻辑真或逻辑假），这些简单的逻辑数据可以通过逻辑运算符组成复杂的逻辑表达式，这在程序设计中经常用于进行分支选择或确定循环终止条件。

MATLAB 中的逻辑运算有逐个元素的逻辑运算、捷径逻辑运算、逐位逻辑运算 3 类，运算结果中只有前两种逻辑运算返回逻辑类型的结果。

#### 1. 逐个元素的逻辑运算

如表 3-5 所示，逐个元素的逻辑运算符有 3 种：逻辑与（&）、逻辑或（|）和逻辑非（~）。前两个是双目运算符，必须有两个操作数参与运算；逻辑非是单目运算符，只对单个元素进行运算。

表 3-5　逐个元素的逻辑运算符

| 运　算　符 | 说　　明 | 举　　例 |
| --- | --- | --- |
| & | 逻辑与：双目逻辑运算符<br>参与运算的两个元素值为逻辑真或非零时，返回逻辑真，否则非返回逻辑假 | 1&0返回0<br>1&false返回0<br>1&1返回1 |

| 运　算　符 | 说　　明 | 举　　例 |
|:---:|:---|:---|
| \| | 逻辑或：双目逻辑运算符<br>参与运算的两个元素都为逻辑假或零时，返回逻辑假，否则返回逻辑真 | 1\|0返回1<br>1\|false返回1<br>0\|0返回0 |
| ~ | 逻辑非：单目逻辑运算符<br>参与运算的元素为逻辑真或非零时，返回逻辑假，否则返回逻辑真 | ~1返回0<br>~0返回1 |

**注意：** 这里的逻辑与和逻辑非运算，都是逐个元素进行双目运算，因此如果参与运算的是数组，就要求两个数组具有相同的尺寸。

**【例 3-49】** 逐个元素的逻辑运算。

在命令行窗口中依次输入以下语句。

```
>> x=rand(1,3)
x =
    0.9575    0.9649    0.1576
>> y=x>0.5
y =
  1×3 logical 数组
    1    1    0
>> m=x<0.96
m =
  1×3 logical 数组
    1    0    1
>> y&m
ans =
  1×3 logical 数组
    1    0    0
>> y|m
ans =
  1×3 logical 数组
    1    1    1
>> ~y
ans =
  1×3 logical 数组
    0    0    1
```

**2. 捷径逻辑运算**

MATLAB 中的捷径逻辑运算符有两个：逻辑与（&&）和逻辑或（||）。实际上它们的运算功能和前面讲过的逐个元素的逻辑运算符相似，只不过在一些特殊情况下，捷径逻辑运算符会减少一些逻辑判断的操作。

当参与逻辑与运算的两个数据同为逻辑真（非零）时，逻辑与运算才返回逻辑真（1），否则都返回逻辑假（0）。

&&运算符就是利用这一特点，当参与运算的第 1 个操作数为逻辑假时，直接返回逻辑假，而不再去计算第 2 个操作数。&运算符在任何情况下都要计算两个操作数的结果，然后进行逻辑与。

||运算符的情况类似，当第 1 个操作数为逻辑真时，直接返回逻辑真，而不再去计算第 2 个操作数。|

运算符任何情况下都要计算两个操作数的结果，然后进行逻辑或。

捷径逻辑运算符如表 3-6 所示。

表 3-6　捷径逻辑运算符

| 运　算　符 | 说　　明 |
|---|---|
| && | 逻辑与：当第1个操作数为假时，直接返回假，否则同& |
| ǀǀ | 逻辑或：当第1个操作数为真时，直接返回真，否则同ǀ |

因此，捷径逻辑运算符比相应的逐个元素的逻辑运算符的运算效率更高，在实际编程中，一般都是用捷径逻辑运算符。

【例 3-50】捷径逻辑运算。

在命令行窗口中依次输入以下语句。

```
>> x=0
x =
     0
>> x~=0&&(1/x>2)
ans =
  logical
     0
>> x~=0&(1/x>2)
ans =
  logical
     0
```

### 3. 逐位逻辑运算

逐位逻辑运算能够对非负整数二进制形式进行逐位逻辑运算符，并将逐位运算后的二进制数值转换为十进制数值输出。MATLAB 中逐位逻辑运算函数如表 3-7 所示。

表 3-7　逐位逻辑运算函数

| 函　　数 | 说　　明 |
|---|---|
| bitand(a,b) | 逐位逻辑与，a和b的二进制数位上都为1则返回1，否则返回0，并将逐位逻辑运算后的二进制数字转换为十进制数值输出 |
| bitor(a,b) | 逐位逻辑或，a和b的二进制数位上都为0则返回0，否则返回1，并将逐位逻辑运算后的二进制数字转换为十进制数值输出 |
| bitcmp(a) | 逐位逻辑非，将数字a扩展成二进制形式，当扩展后的二进制数位上都为1时则返回0，否则返回1，并将逐位逻辑运算后的二进制数字转换为十进制数值输出 |
| bitxor(a,b) | 逐位逻辑异或，a和b的二进制数位上相同则返回0，否则返回1，并将逐位逻辑运算后的二进制数字转换为十进制数值输出 |

【例 3-51】逐位逻辑运算函数。

在命令行窗口中输入以下语句。

```
>> m=8;n=2;
>> mm=bitxor(m,n);
>> dec2bin(m)
```

```
ans =
    1000
>> dec2bin(n)
ans =
    10
>> dec2bin(mm)
ans =
    1010
```

### 3.4.3  常用函数

除了上述关系与逻辑运算操作符之外，MATLAB 提供了大量的其他关系与逻辑函数，具体如表 3-8 所示。

表 3-8  关系与逻辑函数

| 函　　数 | 说　　明 |
| --- | --- |
| xor(x,y) | 异或运算。x或y非零(真)返回1，x和y都是零(假)或都是非零(真)返回0 |
| any(x) | 如果在一个向量x中，任何元素是非零，返回1；矩阵x中的每列有非零元素，返回1 |
| all(x) | 如果在一个向量x中，所有元素非零，返回1；矩阵x中的每列所有元素非零，返回1 |

【例 3-52】关系与逻辑操作函数的 MATLAB 应用。

在命令行窗口中依次输入以下语句。

```
>> A=[0 0 3;0 3 3]
A =
    0    0    3
    0    3    3
>> B=[0 -2 0;1 -2 0]
B =
    0   -2    0
    1   -2    0
>> C=xor(A,B)
C =
  2×3 logical 数组
    0    1    1
    1    0    1
>> D=any(A)
D =
  1×3 logical 数组
    0    1    1
>> E=all(A)
E =
  1×3 logical 数组
    0    0    1
```

除了这些函数，MATLAB 还提供了大量的函数，测试特殊值或条件的存在，返回逻辑值，如表 3-9 所示，限于篇幅，本书不再介绍。

表 3-9　测试函数

| 函　数 | 说　明 | 函　数 | 说　明 |
|---|---|---|---|
| finite() | 元素有限，返回真值 | isnan() | 元素为不定值，返回真值 |
| isempty() | 参量为空，返回真值 | isreal() | 参量无虚部，返回真值 |
| isglobal() | 参量是一个全局变量，返回真值 | isspace() | 元素为空格字符，返回真值 |
| ishold() | 当前绘图保持状态是'ON'，返回真值 | isstr() | 参量为一个字符串，返回真值 |
| isieee() | 计算机执行IEEE算术运算，返回真值 | isstudent() | MATLAB为学生版，返回真值 |
| isinf() | 元素无穷大，返回真值 | isunix() | 计算机为UNIX系统，返回真值 |
| isletter() | 元素为字母，返回真值 | isvms() | 计算机为VMS系统，返回真值 |

### 3.4.4　运算符的优先级

和其他高级语言一样，当用多个运算符和运算量写出一个 MATLAB 表达式时，运算符的优先次序是一个必须明确的问题。表 3-10 列出了运算符的优先次序。

表 3-10　MATLAB 运算符的优先次序

| 优先次序 | 运　算　符 |
|---|---|
| 高 | '（转置共轭）、^（矩阵乘幂）、.'（转置）、.^（数组乘幂） |
| | ~（逻辑非） |
| | *、/（右除）、\（左除）、.*（数组乘）、./（数组右除）、.\（数组左除） |
| | +、-、:（冒号运算） |
| | <、<=、>、>=、==（恒等于）、~=（不等于） |
| | &（逻辑与） |
| | |（逻辑或） |
| | &&（先决与） |
| 低 | ||（先决或） |

在表 3-10 中，从上到下优先次序为由高到低，同一行的各运算符具有相同的优先级，同时在同一级别中遵循有括号先进行括号运算的原则。

## 3.5　本章小结

数组、变量和矩阵是 MATLAB 语言中必不可少的要件，其中数组是 MATLAB 中各种变量存储和运算的通用数据结构。MATLAB 把数组、变量、矩阵当作基本的运算量，除了传统的数学运算，MATLAB 还支持关系和逻辑运算等。

# 第 4 章

# 程 序 设 计

MATLAB 是一种高级的矩阵、阵列语言，包含控制语句、函数、数据结构、输入和输出，是面向对象编程语言。在命令行窗口中可以将输入语句与执行命令同步，也可以事先编写好一个较大的复杂的应用程序（M 文件）后再一起运行。MATLAB 语言体系是 MATLAB 的重要组成部分，MATLAB 为用户提供了具有调节控制、数据输入输出等特性的完备的编程语言，本章就来介绍 MATLAB 程序设计方法和调试策略。

**学习目标**

（1）了解 MATLAB 的程序设计方法。

（2）掌握 MATLAB 程序的分支结构和循环结构。

（3）了解 MATLAB 程序的调试和优化。

## 4.1 自顶向下的程序设计方法

自顶向下的程序设计方法就是将复杂、大的问题划分为小问题，找出问题的关键和重点所在，然后用精确的思维定性、定量地去描述问题。

对要完成的任务进行分解，先对最高层次中的问题进行定义、设计、编程和测试，将其中未解决的问题作为一个子任务放到下一层次中去解决。这样逐层、逐个地进行定义、设计、编程和测试，直到所有层次上的问题均由实用程序来解决，就能设计出具有层次结构的程序。

按自顶向下的方法设计时，设计师首先对系统要有一个全面的理解，然后从顶层开始连续地逐层向下分解，直到系统的所有模块都小到便于掌握为止。

自顶向下编写程序应符合软件工程化思想，如果编写程序不遵守正确的规律，就会给系统的开发、维护带来不可逾越的障碍。

程序设计的思想即利用工程化的方法进行软件开发，通过建立软件工程环境提高软件开发效率。自顶向下的模块化程序设计符合软件工程化思想。自顶向下的程序设计具有以下特点。

（1）在系统分析与设计阶段使用自顶向下的方法。

（2）每个系统都是由功能模块构成的层次结构。底层的模块一般规模较小，功能较简单，完成系统某一方面的处理功能。

（3）起始阶段可以从总体上理解和把握整个系统，而后对于组成系统的各功能模块逐步求精，从而使整个程序保持良好的结构，提高软件开发的效率。

在自顶向下模块化程序设计中的注意事项如下。

（1）模块应该具有独立性。在系统中模块之间应尽可能相互独立，减少模块间的耦合，即信息交叉，以便于将模块作为一个独立子系统开发。

（2）模块划分大小要适当。模块中包含的子模块数要合适，既便于模块的单独开发，又便于系统重构。

（3）模块功能要简单。底层模块一般应完成一项独立的处理任务。

（4）共享的功能模块应集中。对于可供各模块共享的处理功能，应集中在一个上层模块中，供各模块引用。

【例 4-1】列主元 Gauss 消去法解以下方程组。

$$\begin{cases} 2x_1 - 3x_2 + 5x_3 - x_4 = 3 \\ x_1 + 4x_2 + 2x_3 - 3x_4 = 7 \\ -2x_1 + 4x_2 - 3x_3 - 7x_4 = -1 \\ 8x_1 - 2x_3 + x_4 = 8 \end{cases}$$

列主元 Gauss 消去法是指在解方程组时，未知数顺序消去，在要消去的那个未知数的系数中选取模最大者作为主元。完成消元后，系数矩阵化为上三角形，然后再逐步回代求解未知数。

列主元 Gauss 消去法是在综合考虑运算量与误差控制的情况下的一种比较理想的算法，其算法描述如下。

（1）输入系数矩阵 $A$，右端项 $b$。

（2）测 $A$ 的阶数 $n$，对 $k=1,2,\cdots,n-1$ 循环：

① 按列主元 $\alpha = \max\limits_{k \leqslant i \leqslant n} |a_{ik}|$ 保存主元所在行的指标 $i_k$；

② 若 $\alpha = 0$，则系数矩阵奇异，返回出错信息，计算停止，否则顺序进行；

③ 若 $i_k = k$，则转向④；否则

$$a_{i_k j} \leftrightarrow a_{kj}, j = k+1,\cdots,n, \quad b_{i_k} \leftrightarrow b_k$$

④ 计算乘子

$$m_{ik} = a_{ik}/a_{kk}, i = k+1,\cdots,n$$

⑤ 消元

$$a_{ij} = a_{ij} - m_{ik}a_{ik}, i = k+1,\cdots,n, j = k+1,\cdots,n$$
$$b_i = b_i - m_{ik}b_k, i = k+1,\cdots,n$$

（3）回代

$$b_i = \left(b_i - \sum_{j=i-1}^{n} a_{ij}b_j\right)/a_{ii}, i = n, n-1,\cdots,1$$

方程组的解存放在右端项 $b$ 中。

在编辑器窗口编写列主元 Gauss 消去法程序，并保存为 LZYgauss() 函数。

```
function s=LZYgauss(A,b)
%A 为系数矩阵, b 为右端项
n=length(A(:,1));                        %测量 A 一行的长度,得出 n
for k=1:n-1                              %循环,消元
    [a,t]=max(abs(A(k:n,k)));            %寻找最大值(记为 a)
    p=t+k-1;                             %最大值所在的行记为 p
    if a==0
        error('A is a bizarre matrix'); %若 a=0,则 A 为奇异矩阵,返回出错信息
    else                                 %若 a 不等于 0,换行
        t1=A(k,:);
```

```
        A(k,:)=A(p,:);
        A(p,:)=t1;
        t2=b(k);b(k)=b(p);b(p)=t2;
        A,b
        for j=k+1:n                        %消元过程
            m=A(j,k)/A(k,k);
            A(j,:)=A(j,:)-m.*A(k,:);
            b(j)=b(j)-m*b(k);
        end
    end
end
A,b
b(n)=b(n)/A(n,n);                          %回代过程
for i=1:n-1
    q=(b(n-i)-sum(A(n-i,n-i+1:n).*b(n-i+1:n)))/A(n-i,n-i);
    b(n-i)=q;
end
s=b;                                       %解存储在 s 中
end
```

在编辑器中编写求解主函数，求解方程组。

```
clear , clc;
a=[2 -3 5 -1;1 4 2 -3; -2 4 -3 -7;8 0 -2 1];
b=[3 7 -1 8];
s=LZYgauss(a,b)                            %使用列主元 Gauss 消去法求解
```

运行程序，结果如下。

```
A =
    8       0      -2       1
    1       4       2      -3
   -2       4      -3      -7
    2      -3       5      -1
b =
    8       7      -1       3
A =
    8.0000        0   -2.0000    1.0000
         0   4.0000    2.2500   -3.1250
         0   4.0000   -3.5000   -6.7500
         0  -3.0000    5.5000   -1.2500
b =
    8       6       1       1
A =
    8.0000        0   -2.0000    1.0000
         0   4.0000    2.2500   -3.1250
         0        0    7.1875   -3.5938
         0        0   -5.7500   -3.6250
b =
    8.0000   6.0000   5.5000   -5.0000
```

```
A =
   8.0000         0   -2.0000    1.0000
        0    4.0000    2.2500   -3.1250
        0         0    7.1875   -3.5938
        0         0         0   -6.5000
b =
   8.0000    6.0000    5.5000   -0.6000
s =
   1.1913    1.1157    0.8114    0.0923
```

即方程组的解为 $x_1 = 1.1913$，$x_2 = 1.1157$，$x_3 = 0.8114$，$x_4 = 0.0923$。

## 4.2 分支结构

MATLAB 程序结构一般可分为顺序结构、分支结构、循环结构 3 种。顺序结构是指按顺序逐条执行，分支结构和循环结构都有其特定的语句，这样可以增强程序的可读性。在 MATLAB 中常用的分支程序结构包括 if 分支结构和 switch 分支结构。

### 4.2.1 if 分支结构

如果在程序中需要根据一定条件执行不同的操作，可以使用条件语句，在 MATLAB 中提供 if 分支结构，或者称为 if–else–end 语句。

根据不同的条件情况，if 分支结构有多种形式，其中最简单的用法是：如果条件表达式为真，则执行语句 1；否则跳过该组命令。

if 分支结构如下所示。

```
if   表达式 1
    语句 1
    else if 表达式 2 （可选）
        语句 2
    else （可选）
        语句 3
    end
end
```

if 结构是一个条件分支语句，若满足表达式的条件，则继续执行；若不满足，则跳出 if 结构。else if 表达式 2 与 else 为可选项，这两条语句可依据具体情况取舍。

**注意：**

（1）每个 if 都对应一个 end，即有几个 if，就应有几个 end；

（2）if 分支结构是所有程序结构中最灵活的结构之一，可以使用任意多个 else if 语句，但是只能有一个 if 语句和一个 end 语句；

（3）if 语句可以相互嵌套，可以根据实际需要将各个 if 语句进行嵌套，从而解决比较复杂的实际问题。

【例 4-2】思考下列程序及其运行结果，说明原因。

在编辑器窗口中输入以下语句。

```
clear
a=100; b=20;
if a<b
    fprintf ('b>a')            % 在 Word 中输入'b>a'单引号不可用，要在 Editor 中输入
else
    fprintf ('a>b')            % 在 Word 中输入'b>a'单引号不可用，要在 Editor 中输入
end
```

运行程序，结果如下。

```
a>b
```

程序中用到了 if-else-end 的结构，如果 a<b；则输出 b>a；反之，输出 a>b。由于 a=100，b=20，比较可得结果 a>b。在分支结构中，多条语句可以放在同一行，但语句间要用分号隔开。

### 4.2.2　switch 分支结构

与 C 语言中的 switch 分支结构类似，MATLAB 中的 switch 语句适用于条件多且比较单一的情况，类似于一个数控的多个开关。其一般的语法调用方式如下。

```
switch  表达式
case 常量表达式 1
    语句组 1
case 常量表达式 2
    语句组 2
    …
otherwise
    语句组 n
end
```

其中，switch 后面的表达式可以是任何类型，如数字、字符串等。

当表达式的值与 case 后面常量表达式的值相等时，就执行这个 case 后面的语句组；如果所有常量表达式的值都与这个表达式的值不相等，则执行 otherwise 后的语句组。各 case 和 otherwise 语句的顺序可以互换。

【例 4-3】输入一个数，判断它能否被 5 整除。

在编辑器中输入以下语句。

```
clear
n=input('输入 n=');              %输入 n
switch mod(n,5)                  %mod()是求余函数，余数为 0 返回 0，余数不为 0 返回 1
case 0
    fprintf ('%d 是 5 的倍数',n)
otherwise
    fprintf('%d 不是 5 的倍数',n)
end
```

运行程序，结果如下。

```
输入 n=12
12 不是 5 的倍数
```

在 switch 分支结构中，case 命令后的检测不仅可以是一个标量或字符串，还可以是一个元胞数组。如果检测值是一个元胞数组，MATLAB 将把表达式的值和该元胞数组中的所有元素进行比较；如果元胞数组

中某个元素和表达式的值相等，MATLAB 认为比较结构为真。

## 4.3 循环结构

在 MATLAB 程序中，循环结构主要包括 while 循环结构和 for 循环结构两种。下面对两种循环结构进行详细介绍。

### 4.3.1 while 循环结构

除了分支结构之外，MATLAB 还提供多个循环结构。和其他编程语言类似，循环语句一般用于有规律的重复计算。被重复执行的语句称为循环体，控制循环语句流程的语句称为循环条件。

在 MATLAB 中，while 循环结构的语法形式如下。

```
while 逻辑表达式
    循环语句
end
```

while 结构依据逻辑表达式的值判断是否执行循环体语句。若表达式的值为真，则执行一次循环体语句，在反复执行时，每次都要进行判断；若表达式为假，则执行 end 之后的语句。

为了避免因逻辑上的失误，而陷入死循环，建议在循环体语句的适当位置加上 break 语句，以便程序能正常执行。

while 循环也可以嵌套，其结构如下。

```
while 逻辑表达式 1
    循环体语句 1
    while 逻辑表达式 2
        循环体语句 2
    end
    循环体语句 3
end
```

【例 4-4】设计一段程序，求 1～100 的偶数和。

在编辑器中输入以下语句。

```
clear
x=0;                        %初始化变量 x
sum=0;                      %初始化 sum 变量
while x<101                 %当 x<101 时执行循环体语句
    sum=sum+x;              %进行累加
    x=x+2;
end                         %while 结构的终点
sum                         %显示 sum
```

运行程序，结果如下。

```
sum =
    2550
```

### 4.3.2 for 循环结构

在 MATLAB 中，另一种常见的循环结构是 for 循环，常用于知道循环次数的情况。for 循环的语法规则如下所示。

```
for ii=初值: 增量: 终值
    语句 1
    …
    语句 n
end
```

若 ii=初值: 终值，则增量为 1。初值、增量、终值可正可负，可以是整数，也可以是小数，符合数学逻辑即可。

【例 4-5】设计一段程序，求 1+2+…+100。

在编辑器中输入以下语句。

```
clear
sum=0;                              %设置初值(必须要有)
for ii=1:100                        %for 循环,增量为 1
    sum=sum+ii;
end
sum
```

运行程序，结果如下。

```
sum =
        5050
```

【例 4-6】比较以下两个程序的区别。

（1）程序 1。在编辑器中输入以下语句。

```
for ii=1:100                        %for 循环,增量为 1
    sum=sum+ii;
end
sum
```

运行程序，结果如下。

```
sum =
        10100
```

（2）程序 2。在编辑器中输入以下语句。

```
clear
for ii=1:100                        %for 循环,增量为 1
    sum=sum+ii;
end
sum
```

运行程序，结果如下。

```
错误使用 sum
输入参数的数目不足。
```

一般的高级语言中，变量若没有设置初值，程序会以 0 作为其初始值，然而这在 MATLAB 中是不允许的。所以，在 MATLAB 中，应给出变量的初值。

程序 1 中没有 clear 命令，程序会调用内存中已经存在的 sum 值，结果就成了 sum=10100。程序 2 与例 4-5 的差别是少了 sum=0 语句，因为程序中有 clear 语句，则出现错误信息。

**注意**：while 循环和 for 循环都是比较常见的循环结构，但是两个循环结构还是有区别的。其中最明显的区别在于，while 循环的执行次数是不确定的，而 for 循环的执行次数是确定的。

### 4.3.3　控制程序的其他命令

在程序设计时，经常遇到提前终止循环、跳出子程序、显示错误等情况，因此需要其他的控制语句实现上面的功能。在 MATLAB 中，对应的控制语句有 continue、break、return 等。

**1. continue**

continue 语句通常用于 for 或 while 循环体中，其作用就是终止一轮的执行，也就是说，它可以跳过本轮循环中未被执行的语句，去执行下一轮的循环。

【例 4-7】思考下列程序及其运行结果，说明原因。

在编辑器中输入以下语句。

```
clear
a=3; b=6;
for ii=1:3
    b=b+1
    if ii<2
        continue
    end                    %if 语句结束
    a=a+2
end                        %for 循环结束
```

运行程序，结果如下。

```
b =
    7
b =
    8
a =
    5
b =
    9
a =
    7
```

当 if 条件满足时，程序将不再执行 continue 后面的语句，而是开始下一轮的循环。continue 语句常用于循环体中，与 if 语句一同使用。

**2. break**

break 语句也通常用于 for 或 while 循环体中，与 if 一同使用。当 if 后的表达式为真时就调用 break 语句，跳出当前的循环。它只终止最内层的循环。

**【例 4-8】** 思考下列程序及其运行结果，说明原因。

在编辑器中输入以下语句。

```
clear
a=3;b=6;
for ii=1:3
   b=b+1
   if ii>2
      break
   end
   a=a+2
end
```

运行程序，结果如下。

```
b =
    7
a =
    5
b =
    8
a =
    7
b =
    9
```

从以上程序可以看出，当 if 表达式为假时，程序执行 a=a+2；当 if 表达式为真时，程序执行 break 语句，跳出循环。

3. return

在通常情况下，当被调用函数执行完毕后，MATLAB 会自动地把控制转至主调函数或指定窗口。如果在被调函数中插入 return 命令，可以强制 MATLAB 结束执行该函数并把控制转出。

return 命令是终止当前命令的执行，并且立即返回到上一级调用函数或等待键盘输入命令，可以用来提前结束程序的运行。

在 MATLAB 的内置函数中，很多函数的程序代码中引入了 return 命令，下面引用一个简要的 det()函数，代码如下。

```
function d=det(A)
if isempty(A)
    a=1;
    return
else
    ...
end
```

在上述程序代码中，首先通过函数语句判断 A 的类型，当 A 为空数组时，直接返回 a=1，然后结束程序代码。

### 4.　input

在 MATLAB 中，input 命令的功能是将 MATLAB 的控制权暂时借给用户，然后，用户通过键盘输入数值、字符串或表达式，通过按 Enter 键将输入的内容输入工作空间中，同时将控制权交还给 MATLAB，其常用的调用格式如下。

```
user_entry=input('prompt')              %将用户输入的内容赋给变量 user_entry
user_entry=input('prompt','s')          %将用户输入的内容作为字符串赋给变量 user_entry
```

【例 4-9】在 MATLAB 中演示如何使用 input()函数。

在命令行窗口中依次输入以下语句。

```
>> a=input('input a number: ')          %输入数值给 a
input a number: 45
a =
    45
>> b=input('input a number: ','s')      %输入字符串给 b
input a number: 45
b =
    '45'
>> input('input a number: ')            %将输入值进行运算
input a number: 2+3
ans =
    5
```

### 5.　keyboard

在 MATLAB 中，将 keyboard 命令放置到 M 文件中，将使程序暂停运行，等待键盘命令。通过提示符 k 显示一种特殊状态，只有当用户使用 dbcont 命令结束输入后，控制权才交还给程序。在 M 文件中使用该命令，对程序的调试和在程序运行中修改变量都会十分便利。

【例 4-10】在 MATLAB 中演示如何使用 keyboard 命令。

在命令行窗口中输入以下语句。

```
>> keyboard
k>> for i=1:9
    if i==3
       continue
    end
    fprintf('i=%d\n',i)
    if i==5
       break
    end
end
k>> dbcont
i=1
i=2
i=4
i=5
>>
```

从上述程序代码中可以看出，当输入 keyboard 命令后，在>>提示符的前面会显示 k 提示符，用户输入

dbcont 后，提示符恢复正常的提示效果。

在 MATLAB 中，keyboard 命令和 input 命令的不同在于，keyboard 命令允许用户输入任意多个 MATLAB 命令，而 input 命令则只能输入赋值给变量的数值。

### 6. error和warning

在 MATLAB 中，编写 M 文件时，经常需要提示一些警告信息。因此，MATLAB 提供了下面几个常见的命令。

```
error('message')                         %显示出错信息 message，终止程序
errordlg('errorstring', 'dlgname')       %显示出错信息的对话框，对话框的标题为 dlgname
warning('message')                       %显示出错信息 message，程序继续进行
```

【例 4-11】查看 MATLAB 的不同错误提示模式。

在编辑器中输入以下语句，并保存为 errora.m 文件。

```
n=input('Enter: ');
if n<2
    error('message');
else
    n=2;
end
```

在命令行窗口中输入 errora，然后输入数值 1 和 2，可以得到如下结果。

```
>> errora
Enter: 1
错误使用 errora (line 3)
message
>> errora
Enter: 2
```

将编辑器中的程序修改为

```
n=input('Enter: ');
if n<2
    warning('message');
else
    n=2;
end
```

在命令行窗口中输入 error，然后分别输入数值 1 和 2，可以得到如下结果。

```
>> error
Enter: 1
警告: message
> In errora (line 3)
>> error
Enter: 2
```

在上述程序代码中，演示了 MATLAB 中不同的错误信息方式。其中，error 和 warning 的主要区别在于 warning 命令指示警告信息后继续运行程序。

## 4.4　程序调试和优化

　　程序调试的目的是检查程序是否正确，即程序能否顺利运行并得到预期结果。在运行程序之前，应先设想到程序运行的各种情况，测试在各种情况下程序是否能正常运行。

　　MATLAB 程序调试工具只能对 M 文件中的语法错误和运行错误进行定位，但是无法评价该程序的性能。MATLAB 提供了一个性能剖析指令 profile，使用它可以评价程序的性能指标，获得程序各个环节的耗时分析报告。依据该分析报告可以寻找程序运行效率低下的原因，以便修改程序。

### 4.4.1　程序调试命令

　　MATLAB 提供了一系列程序调试命令，利用这些命令，可以在调试过程中设置、清除和列出断点，逐行运行 M 文件，在不同的工作区检查变量，用来跟踪和控制程序的运行，帮助寻找和发现错误。所有程序调试命令都是以字母 db 开头的，如表 4-1 所示。

表 4-1　程序调试命令

| 命　　令 | 功　　能 |
|---|---|
| dbstop in fname | 在M文件fname的第1行可执行程序上设置断点 |
| dbstop at r in fname | 在M文件fname的第r行程序上设置断点 |
| dbstop if v | 当遇到条件v时，停止运行程序；当发生错误时，条件v可以是error；当发生NaN或inf时，也可以是naninf/infnan |
| dstop if warning | 如果有警告，则停止运行程序 |
| dbclear at r in fname | 清除文件fname的第r行处断点 |
| dbclear all in fname | 清除文件fname中的所有断点 |
| dbclear all | 清除所有M文件中的所有断点 |
| dbclear in fname | 清除文件fname第1行可执行程序上的所有断点 |
| dbclear if v | 清除第v行由dbstop if v设置的断点 |
| dbstatus fname | 在文件fname中列出所有的断点 |
| mdbstatus | 显示存放在dbstatus中用分号隔开的行数信息 |
| dbstep | 运行M文件的下一行程序 |
| dbstep n | 执行下n行程序，然后停止 |
| dbstep in | 在下一个调用函数的第1行可执行程序处停止运行 |
| dbcont | 执行所有行程序直至遇到下一个断点或到达文件尾 |
| dbquit | 退出调试模式 |

　　进行程序调试，要调用带有一个断点的函数。当 MATLAB 进入调试模式时，提示符为 k>>。最重要的区别在于现在能访问函数的局部变量，但不能访问 MATLAB 工作区中的变量。

### 4.4.2　程序常见的错误类型

#### 1．输入错误
常见的输入错误除了在写程序时疏忽所导致的手误外，一般还有：

（1）在输入某些标点时没有切换成英文状态；

（2）表循环或判断语句的关键词 for、while、if 的个数与 end 的个数不对应（尤其是在多层循环嵌套语句中）；

（3）左右括号不对应。

## 2. 语法错误

不符合 MATLAB 语言规定即为语法错误。例如，在表示数学式 $k_1 \leqslant x \leqslant k_2$ 时，不能直接写成 k1<=x<=k2，而应写成 k1<=x&x<=k2。此外，输入错误也可能导致语法错误。

## 3. 逻辑错误

在程序设计中逻辑错误也是较为常见的一类错误，这类错误往往隐蔽性较强，不易查找。产生逻辑错误的原因通常是算法设计有误，这时需要对算法进行修改。

## 4. 运行错误

程序的运行错误通常包括不能正常运行和运行结果不正确，出错的原因一般有：

（1）数据不对，即输入的数据不符合算法要求；

（2）输入的矩阵大小不对，尤其是当输入的矩阵为一维数组时，应注意行向量与列向量在使用上的区别；

（3）程序不完善，只能对某些数据运行正确，而对另一些数据则运行错误，或是根本无法正常运行，这有可能是算法考虑不周所致。

对于简单的语法错误，可以采用直接调试法，即直接运行 M 文件，MATLAB 将直接找出语法错误的类型和出现的地方，根据 MATLAB 的反馈信息对语法错误进行修改。

当 M 文件很大或 M 文件中含有复杂的嵌套时，则需要使用 MATLAB 调试器对程序进行调试，即使用 MATLAB 提供的大量调试函数以及与之相对应的图形化工具。

【例 4-12】编写一个判断 2000—2010 年的闰年年份的程序并对其进行调试。

（1）在编辑器中输入以下语句，并保存为 leapyear.m 文件。

```
%本程序为判断 2000—2010 年的闰年年份
%本程序没有输入/输出变量
%函数的调用格式为 leapyear，输出结果为 2000—2010 年的闰年年份
function  leapyear               %定义函数 leapyear
for year=2000: 2010              %定义循环区
    sign=1;
    a = rem(year,100);          %求 year 除以 100 后的余数
    b = rem(year,4);            %求 year 除以 4 后的余数
    c = rem(year,400);          %求 year 除以 400 后的余数
    if a =0                     %以下根据 a、b、c 是否为 0 对标志变量 sign 进行处理
        signsign=sign-1;
    end
    if b=0
        signsign=sign+1;
    end
    if c=0
        signsign=sign+1;
    end
    if sign=1
        fprintf('%4d \n',year)
```

```
        end
    end
```

（2）运行以上 M 程序，此时 MATLAB 命令行窗口会给出如下错误提示。

```
>> leapyear
错误: 文件: leapyear.m 行: 5 列: 14
文本字符无效。请检查不受支持的符号、不可见的字符或非 ASCII 字符的粘贴。
```

由错误提示可知，在程序的第 5 行存在语法错误。检测可知，"："应修改为"："，修改后继续运行提示如下错误。

```
>> leapyear
错误: 文件: leapyear.m 行: 10 列: 10
'=' 运算符的使用不正确。要为变量赋值，请使用 '='。要比较值是否相等，请使用 '=='.
```

检测可知，if 分支语句中，将"=="写成了"="。因此，将"="改为"=="，同时也将第 13、16、19 行中的"="修改为"=="。

（3）程序修改并保存完成后，可直接运行修正后的程序，运行结果如下。

```
>> leapyear
2000
2001
2002
2003
2004
2005
2006
2007
2008
2009
2010
```

显然，2001—2010 年不可能每年都是闰年，由此判断程序存在运行错误。

（4）分析原因，可能由于在处理 year 是否是 100 的倍数时，变量 sign 存在逻辑错误。

（5）断点设置。断点为 MATLAB 程序执行时人为设置的中断点，程序运行至断点时便自动停止运行，等待下一步操作。设置断点，只需要单击程序行左侧的"–"使其变成红色的圆点（当存在语法错误时圆点颜色为灰色），如图 4-1 所示。

在可能存在逻辑错误或需要显示相关代码执行数据的附近设置断点，如本例中的第 12、15 和 18 行。再次单击红色圆点可以去除断点。

（6）运行程序。按 F5 快捷键或单击工具栏中的 ▷ 按钮执行程序，此时其他调试按钮将被激活。程序运行至第 1 个断点暂停，在断点右侧则出现向右指向的绿色箭头，如图 4-2 所示。

程序调试运行时，在 MATLAB 的命令行窗口中将显示如下内容。

```
>> leapyear
k>>
```

此时可以输入一些调试指令，更加方便对程序调试的相关中间变量进行查看。

（7）单步调试。可以按 F10 键或单击工具栏中相应的"步进"按钮 🔲，此时程序将一步一步按照用户需求向下执行。如图 4-3 所示，在按 F10 键后，程序从第 12 行运行到第 13 行。

```
4    ⊟ function leapyear          %定义函数leapyear
5    ⊟ for year=2000:2010         %定义循环区间
6         sign=1;
7         a = rem(year,100);      %求year除以100后的余数
8         b = rem(year,4);        %求year除以4后的余数
9         c = rem(year,400);      %求year除以400后的余数
10        if a ==0                %以下根据a、b、c是否为0对
11            signsign=sign-1;
12 ●    end
13        if b==0
14            signsign=sign+1;
15 ●    end
16        if c==0
17            signsign=sign+1;
18 ●    end
19        if sign==1
20            fprintf('%4d \n',year)
21        end
```

图 4-1　断点标记

图 4-2　程序运行至断点处暂停

（8）查看中间变量。将鼠标停留在某个变量上，MATLAB 将会自动显示该变量的当前值，如图 4-4 所示；也可以在 MATLAB 的工作区中直接查看所有中间变量的当前值，如图 4-5 所示。

```
4    ⊟ function leapyear          %定义函数leapyear
5    ⊟ for year=2000:2010         %定义循环区间
6         sign=1;
7         a = rem(year,100);      %求year除以100后的余数
8         b = rem(year,4);        %求year除以4后的余数
9         c = rem(year,400);      %求year除以400后的余数
10        if a ==0                %以下根据a、b、c是否为0对
11            signsign=sign-1;
12 ●    end
13 ⇨      if b==0
14            signsign=sign+1;
15 ●    end
16        if c==0
17            signsign=sign+1;
18 ●    end
19        if sign==1
20            fprintf('%4d \n',year)
21        end
```

图 4-3　程序单步执行

```
4    ⊟ function leapyear          %定义函数leapyear
5    ⊟ for year=2000:2010         %定义循环区间
6         sign=1;
7         a = rem(year,100);      %求year除以100后的余数
8         b = rem(year,4);        %求year除以4后的余数
9         c = rem(year,400);      %求year除以400后的余数
10        if a ==0                %以下根据a、b、c是否为0对
11            signsign=sign-1;
12 ●    end
13 ⇨      if b==0
              ┌─────────────────┐
14            │ b: 1x1 double = │
15 ●    end   │                 │
16        if  │       1         │
17            signsign=sign+1;
18 ●    end
19        if sign==1
20            fprintf('%4d \n',year)
21        end
```

图 4-4　用鼠标停留方法查看中间变量

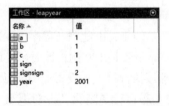

图 4-5　查看工作区中所有中间变量的当前值

（9）修正代码。通过查看中间变量可知，在任何情况下 sign 的值都是 1，此时调整修改程序代码如下。

```
%本程序为判断 2000—2010 年的闰年年份
%本程序没有输入/输出变量
%函数的调用格式为 leapyear，输出结果为 2000—2010 年的闰年年份
function leapyear
for year=2000:2010
    sign=0;                          %修改为 0
    a = rem(year,400);               %修改为 400
    b = rem(year,4);
    c = rem(year,100);               %修改为 100
    if a ==0
        sign=sign+1;                 %signsign 修改为 sign, -修改为+
```

```
        end
        if b==0
            sign=sign+1;
        end
        if c==0
            sign=sign-1;                %signsign 修改为 sign, +修改为-
        end
        if sign==1
            fprintf('%4d \n',year)
        end
    end
end
```

按 F5 键再次执行程序，结果如下。

```
>> leapyear
2000
2004
2008
```

分析发现，结果正确，此时程序调试结束。

### 4.4.3　效率优化

在程序编写的起始阶段，往往将精力集中在程序的功能实现、程序的结构、准确性和可读性等方面，很少考虑程序的执行效率问题，而是在程序不能够满足需求或效率太低的情况下才考虑对程序的性能进行优化。由于程序所解决的问题不同，程序的效率优化存在差异，这对编程人员的经验以及对函数的编写和调用有一定的要求，一些通用的程序效率优化建议如下。

程序编写时依据所处理问题的需要，尽量预分配足够大的数组空间，避免在出现循环结构时增加数组空间，但是也要注意不能太大而产生不需要的数组空间，太多的大数组会影响内存的使用效率。

例如，声明一个 8 位整型数组 A 时，A＝repmat(int8(0),5000,5000)要比 A=int8zeros(5000,5000))快 25 倍左右，且更节省内存。因为前者中的双精度 0 仅需一次转换，然后直接申请 8 位整型内存；而后者不但需要为 zeros(5000,5000))申请 double 型内存空间，而且还需要对每个元素都执行一次类型转换。需要注意：

（1）尽量采用函数文件而不是脚本文件，通常运行函数文件都比脚本文件效率更高；

（2）尽量避免更改已经定义的变量的数据类型和维数；

（3）合理使用逻辑运算，防止陷入死循环；

（4）尽量避免不同类型变量间的相互赋值，必要时可以使用中间变量解决；

（5）尽量采用实数运算，对于复数运算可以转换为多个实数进行运算；

（6）尽量将运算转换为矩阵的运算；

（7）尽量使用 MATLAB 的 load、save 指令而避免使用文件的 I/O 操作函数进行文件操作。

以上建议仅供参考，针对不同的应用场合，用户可以有所取舍。程序的效率优化通常要结合 MATLAB 的优越性，由于 MATLAB 的优势是矩阵运算，所以尽量将其他数值运算转化为矩阵的运算，在 MATLAB 中处理矩阵运算的效率要比简单四则运算更加高效。

### 4.4.4　内存优化

对于普通用户，可以不用顾及内存优化，当前计算机内存容量已能满足大多数数学运算的需求，而且

MATLAB 本身对计算机内存优化提供的操作支持较少，只有遇到超大规模运算时，内存优化才能起到作用。下面给出几个比较常见的内存操作函数，可以在需要时使用。

（1）whos：查看当前内存使用状况函数。

（2）clear：删除变量及其内存空间，可以减少程序的中间变量。

（3）save：将某个变量以 mat 数据文件的形式存储到磁盘中。

（4）load：载入 mat 数据到内存空间。

由于内存操作函数在函数运行时使用较少，合理的优化内存操作往往由用户编写程序时养成的习惯和经验决定，一些好的做法如下。

（1）尽量保证创建变量的集中性，最好在函数开始时创建。

（2）对于含零元素多的大型矩阵，尽量转换为稀疏矩阵。

（3）及时清除占用内存很大的临时中间变量。

（4）尽量少开辟新的内存，而是重用内存。

程序的优化本质上也是算法的优化，如果一个算法描述得比较详细，几乎也就指定了程序的每步；如果算法本身描述得不够详细，在编程时会给某些步骤的实现方式留有较大空间，这样就需要找到尽量好的实现方式以达到程序优化的目的。如果一个算法设计得足够"优"的话，就等于从源头上控制了程序走向"劣质"。

算法优化的一般要求：不仅在形式上尽量做到步骤简化、简单易懂，更重要的是用最低的时间复杂度和空间复杂度完成所需计算，包括巧妙的设计程序流程、灵活的控制循环过程（如及时跳出循环或结束本次循环）、较好的搜索方式和正确的搜索对象等，以避免不必要的计算过程。

例如，在判断一个整数 $m$ 是否为素数时，可以看它能否被 $m/2$ 以前的整数整除。而更快的方法是只需看它能否被 $\sqrt{m}$ 以前的整数整除就可以了。再如，在求 $1 \sim 1000$ 的所有素数时跳过偶数直接对奇数进行判断，这都体现了算法优化的思想。

【例 4-13】编写冒泡排序算法程序。

冒泡排序是一种简单的交换排序，其基本思想是两两比较待排序记录，如果是逆序，则进行交换，直到这个记录中没有逆序的元素。

该算法的基本操作是逐轮进行比较和交换。第 1 轮比较将最大记录放在 $x[n]$ 的位置。一般地，第 $i$ 轮从 $x[1]$ 到 $x[n-i+1]$ 依次比较相邻的两个记录，将这 $n-i+1$ 个记录中的最大者放在了第 $n-i+1$ 的位置上。算法程序如下。

```matlab
function s=BubbleSort(x)
%冒泡排序,x 为待排序数组
n=length(x);
for i-1:n-1                    %最多做 n-1 轮排序
    flag=0;                    %flag 为交换标志,本轮排序开始前,交换标志应为假(0)
    for j=1:n-i                %每次从前向后扫描,j 从 1 到 n-i
        if x(j)>x(j+1)         %如果前项大于后项,则进行交换
            t=x(j+1);
            x(j+1)=x(j);
            x(j)=t;
            flag=1;            %当发生了交换,将交换标志置为真(1)
        end
    end
```

```
        if (~flag)                    %若本轮排序未发生交换，则提前终止程序
            break;
        end
    end
s=x;
```

本程序通过使用变量 flag 标志在每轮排序中是否发生了交换，若某轮排序中一次交换都没有发生，则说明此时数组已经为有序（正序），应提前终止算法（跳出循环）。若不使用这样的标志变量控制循环，往往会增加不必要的计算量。

## 4.5 本章小结

MATLAB 语言称为第 4 代编程语言，程序简洁，可读性强，且调试容易。MATLAB 为用户提供了非常方便易懂的程序设计方法，类似于其他高级语言编程。本章侧重于 MATLAB 中最基础的程序设计，分别介绍了程序设计方法、分支结构和循环结构，最后对程序的调试和优化做了详细介绍。

# 第二部分
# 算法专题

# 第 5 章

# 遗 传 算 法

遗传算法（Genetic Algorithm，GA）是模拟自然界生物进化机制的一种自适应全局优化搜索算法，遵循适者生存、优胜劣汰的法则，也就是在寻优过程中，有用的保留，无用的去除。在科学和生产实践中表现为在所有可能的解决方法中找出最符合该问题所要求的条件的解决方法，即找出一个最优解。本章主要讲解遗传算法的原理及其在 MATLAB 中的实现方法。

**学习目标**
（1）了解遗传算法的基本概念。
（2）了解 MATLAB 遗传算法工具箱。
（3）熟练掌握主要 MATLAB 遗传算法函数的使用。
（4）掌握遗传算法的应用。

## 5.1  遗传算法基础

进化算法是借鉴了进化生物学中的一些现象而发展起来的，这些现象包括遗传、突变、自然选择和杂交等。遗传算法就是一种进化算法，该算法是模拟达尔文生物进化论的自然选择和遗传学机理的生物进化过程的计算模型，是一种通过模拟自然进化过程搜索最优解的方法。

### 5.1.1  算法基本运算

美国密歇根大学 Holland 教授于 1975 年首先提出遗传算法（GA），并出版了颇有影响的专著 *Adaptation in Natural and Artificial Systems*，之后 GA 这个名称才逐渐为人所知，Holland 教授所提出的 GA 通常为简单遗传算法（Simple Genetic Algorithm，SGA）。

遗传算法最初的目的是研究自然系统的自适应行为并设计具有自适应功能的软件系统，其特点是对参数进行编码运算不需要有关体系的任何先验知识，沿多种路线进行平行搜索不会落入局部较优的陷阱。遗传算法在适应度函数选择不当的情况下有可能收敛于局部最优，而不能达到全局最优。

遗传算法是从代表问题可能潜在的解集的一个种群（Population）开始的，而一个种群则由经过基因（Gene）编码的一定数目的个体（Individual）组成。

每个个体实际上是染色体（Chromosome）带有特征的实体。染色体作为遗传物质的主要载体，即多个基因的集合，其内部表现（即基因型）是某种基因组合，它决定了个体的形状的外部表现，如黑头发的特征是由染色体中控制这一特征的某种基因组合决定的。因此，在一开始需要实现从表现型到基因型的映射，即编码工作。

由于仿照基因编码的工作很复杂，需要进行简化（如二进制编码），初代种群产生之后，按照适者生存和优胜劣汰的原理，逐代（Generation）演化产生出越来越好的近似解。

在每代，根据问题域中个体的适应度（Fitness）大小选择（Selection）个体，并借助自然遗传学的遗传算子（Genetic Operators）进行组合交叉（Crossover）和变异（Mutation），产生代表新的解集的种群。

这个过程将导致种群像自然进化一样的后生代种群比前代更加适应于环境，末代种群中的最优个体经过解码（Decoding），可以作为问题近似最优解。

## 5.1.2　遗传算法的特点

基于达尔文"适者生存、优胜劣汰"原理的遗传算法是解决搜索问题的一种通用算法，对于各种通用问题都可以使用。

搜索算法的共同特征为：首先组成一组候选解；依据某些适应性条件测算这些候选解的适应度；根据适应度保留某些候选解，放弃其他候选解；对保留的候选解进行某些操作，生成新的候选解。在遗传算法中，上述几个特征以一种特殊的方式组合在一起。

基于染色体群的并行搜索带有猜测性质的选择操作、交换操作和突变操作，这种特殊的组合方式将遗传算法与其他搜索算法区别开来。因此，遗传算法还具有以下特点。

（1）遗传算法从问题解的串集开始搜索，而不是从单个解开始。这是遗传算法与传统优化算法的极大区别。传统优化算法是从单个初始值迭代求最优解的，容易误入局部最优解。遗传算法从串集开始搜索，覆盖面大，利于全局择优。

（2）遗传算法同时处理群体中的多个个体，即对搜索空间中的多个解进行评估，降低了陷入局部最优解的风险，同时算法本身易于实现并行化。

（3）遗传算法基本上不用搜索空间的知识或其他辅助信息，而仅用适应度函数值评估个体，在此基础上进行遗传操作。适应度函数不仅不受连续可微的约束，而且其定义域可以任意设定。这一特点使遗传算法的应用范围大大扩展。

（4）遗传算法不是采用确定性规则，而是采用概率的变迁规则指导搜索方向。

（5）具有自组织、自适应和自学习性。遗传算法利用进化过程获得的信息自行组织搜索时，适应度大的个体具有较高的生存概率，并获得更适应环境的基因结构。

（6）遗传算法对多解的优化问题没有太多的数学要求；能有效地进行全局搜索；对各种特殊问题有很强的灵活性，应用广泛。

## 5.1.3　遗传算法中的术语

由于遗传算法是由进化论和遗传学机理而产生的搜索算法，所以在这个算法中会用到很多生物遗传学知识，下面对会用到的一些术语进行说明。

（1）染色体（Chromosome）。染色体又叫作基因型个体（Individuals），一定数量的个体组成了群体（Population），群体中个体的数量叫作群体大小。

（2）基因（Gene）。基因是串中的元素，基因用于表示个体的特征。例如，有一个串 $S=1011$，则其中的 1、0、1、1 这 4 个元素分别称为基因，它们的值称为等位基因（Alleles）。

（3）基因位点（Locus）。基因位点在算法中表示一个基因在串中的位置称为基因位置（Gene Position），有时也简称基因位。基因位置由串的左向右计算，如在串 $S=1101$ 中，0 的基因位置是 3。

（4）特征值（Feature）。在用串表示整数时，基因的特征值与二进制数的权一致，如在串 $S=1011$ 中，基因位置 3 中的 1，它的基因特征值为 2；基因位置 1 中的 1，它的基因特征值为 8。

（5）适应度（Fitness）。个体对环境的适应程度叫作适应度。为了体现染色体的适应能力，引入了对问题中的每个染色体都能进行度量的函数，叫作适应度函数。这个函数计算个体在群体中被使用的概率。

## 5.1.4 遗传算法发展现状

20 世纪 90 年代是遗传算法的兴盛发展时期，无论是理论研究还是应用研究，都成为十分热门的课题。尤其是遗传算法的应用研究显得格外活跃，不但它的应用领域扩大，而且利用遗传算法进行优化和规则学习的能力也显著提高，同时产业应用方面的研究也在摸索之中。

此外，一些新的理论和方法在应用研究中也得到了迅速发展，这些无疑给遗传算法增添了新的活力。遗传算法的应用研究已从初期的组合优化求解扩展到了许多更新、更工程化的应用方面。随着应用领域的扩展，遗传算法的研究出现了几个引人注目的新动向。

（1）基于遗传算法的机器学习，这一新的研究课题把遗传算法从历来离散的搜索空间的优化搜索算法扩展到具有独特的规则生成功能的崭新的机器学习算法。这一新的学习机制为解决人工智能中知识获取和知识优化精炼的瓶颈难题带来了希望。

（2）遗传算法正日益与神经网络、模糊推理和混沌理论等其他智能计算方法相互渗透和结合，这将对开拓 21 世纪新的智能计算技术具有重要的意义。

（3）并行处理的遗传算法的研究十分活跃。这一研究不仅对遗传算法本身的发展，而且对新一代智能计算机体系结构的研究都是十分重要的。

（4）遗传算法正向另一个称为人工生命的崭新研究领域不断渗透。所谓人工生命，是指用计算机模拟自然界丰富多彩的生命现象，其中生物的自适应、进化和免疫等现象是人工生命的重要研究对象，而遗传算法在这方面将发挥一定的作用。

（5）遗传算法与进化规划（Evolution Programming，EP）和进化策略（Evolution Strategy，ES）等进化计算理论日益结合。EP 和 ES 几乎是与遗传算法同时独立发展起来的，与遗传算法一样，它们也是模拟自然界生物进化机制的智能计算方法，即与遗传算法具有相同之处，也有各自的特点。目前，这三者之间的比较研究和彼此结合的探讨正形成热点。

1991 年，D.Whitey 在他的论文中提出了基于领域交叉的交叉算子（Adjacency Based Crossover），这个算子特别针对用序号表示基因的个体的交叉，并被应用到了旅行商问题中，通过实验对其进行了验证。

D.H.Ackley 等提出了随机迭代遗传爬山法（Stochastic Iterated Genetic Hill-climbing，SIGH），采用一种复杂的概率选举机制，由 $m$ 个 "投票者" 共同决定新个体的值（$m$ 表示群体大小）。实验结果表明，SIGH 与单点交叉、均匀交叉的神经遗传算法相比，所测试的 6 个函数中有 4 个表现出更好的性能。

总体来讲，SIGH 比现存的许多算法在求解速度方面更有竞争力。H.Bersini 和 G.Seront 将遗传算法与单一方法（Simplex Method）结合起来，形成了一种单一操作的多亲交叉算子（Simplex Crossover），该算子在根据两个母体以及一个额外的个体产生新个体，事实上它的交叉结果与对 3 个个体用选举交叉产生的结果一致。实践表明，多亲交叉算子有更好的性能。

1992 年，英国格拉斯哥大学的李耘（Yun Li）指导博士生将基于二进制基因的遗传算法扩展到七进制、十进制、整数、浮点等的基因，以便将遗传算法更有效地应用于模糊参量、系统结构等的直接优化，于 1997 年开发了世界上最受欢迎的也是最早的遗传/进化算法程序。

国内也有不少专家和学者对遗传算法的交叉算子进行改进。2002 年，戴晓明等应用多种群遗传并行进化的思想，对不同种群基于不同的遗传策略，如变异概率、不同的变异算子等搜索变量空间，并利用种群间迁移算子进行遗传信息交流，以解决经典遗传算法的收敛到局部最优值问题。

2004 年，赵宏立等针对简单遗传算法在较大规模组合优化问题上搜索效率不高的现象，提出了一种用基因块编码的并行遗传算法（Building-block Coded Parallel GA，BCPGA）。该算法以粗粒度并行遗传算法为基本框架，在染色体群体中识别出可能的基因块，然后用基因块作为新的基因单位对染色体重新编码，产生长度较短的染色体，再用重新编码的染色体群体作为下一轮以相同方式演化的初始群体。

2005 年，江雷等针对并行遗传算法求解 TSP，探讨了使用弹性策略维持群体的多样性，使算法跨过局部收敛的障碍，向全局最优解方向进化。

### 5.1.5　遗传算法的应用领域

由于遗传算法的整体搜索策略和优化搜索方法在计算时不依赖于梯度信息或其他辅助知识，而只需要影响搜索方向的目标函数和相应的适应度函数，所以遗传算法提供了一种求解复杂系统问题的通用框架，它不依赖于问题的具体领域，对问题的种类有很强的鲁棒性，所以广泛应用于许多科学领域。

遗传算法主要应用于以下两个领域。

#### 1.　函数优化

函数优化是遗传算法的经典应用领域，也是遗传算法进行性能评价的常用算例，许多学者构造出了各种各样复杂形式的测试函数：连续函数和离散函数、凸函数和凹函数、低维函数和高维函数、单峰函数和多峰函数等。对于一些非线性、多模型、多目标的函数优化问题，用其他优化方法较难求解，而遗传算法可以方便地得到较好的结果。

#### 2.　组合优化

随着问题规模的增大，组合优化问题的搜索空间也急剧增大，有时在目前的计算上用枚举法很难求出最优解。对于这类复杂的问题，人们已经意识到应把主要精力放在寻求满意解上，而遗传算法是寻求这种满意解的最佳工具之一。实践证明，遗传算法对于组合优化中的 NP 问题非常有效。例如，遗传算法已经在求解旅行商问题、背包问题、装箱问题、图形划分问题等方面得到成功的应用。

此外，遗传算法也在生产调度问题、自动控制、机器人、图像处理、人工生命、遗传编码和机器学习等方面获得了广泛的运用。

## 5.2　遗传算法原理

遗传算法是计算机科学人工智能领域中用于解决最优化的一种搜索启发式算法，是进化算法的一种。这种启发式通常用来生成有用的解决方案以优化和搜索问题。

### 5.2.1　算法运算过程

遗传操作是模拟生物基因遗传的做法。在遗传算法中，通过编码组成初始群体后，遗传操作的任务就是对群体的个体按照它们对环境适应度（适应度评估）施加一定的操作，从而实现优胜劣汰的进化过程。从优化搜索的角度而言，遗传操作可使问题的解一代又一代地优化，并逼近最优解。

遗传算法过程如图 5-1 所示。

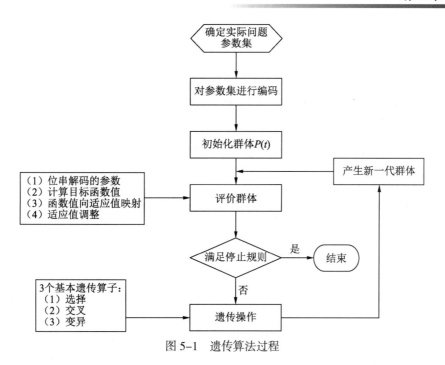

图 5-1　遗传算法过程

遗传操作包括以下 3 个基本遗传算子（Genetic Operator）：选择（Selection）、交叉（Crossover）和变异（Mutation）。

个体遗传算子的操作都是在随机扰动情况下进行的。因此，群体中个体向最优解迁移的规则是随机的。需要强调的是，这种随机化操作和传统的随机搜索方法是有区别的。遗传操作进行的是高效有向的搜索，而不是如一般随机搜索方法所进行的无向搜索。

遗传操作的效果和上述 3 个遗传算子所取的操作概率、编码方法、群体大小、初始群体和适应度函数的设定密切相关。

### 1. 选择

从群体中选择优胜的个体，淘汰劣质的个体的操作叫作选择。选择算子有时又称为再生算子（Reproduction Operator）。选择的目的是把优化的个体直接遗传到下一代或通过配对交叉产生新的个体再遗传到下一代。

选择操作是建立在群体中个体的适应度评估的基础上的，目前常用的选择算子有适应度比例方法、随机遍历抽样法、局部选择法。

轮盘赌选择法（Roulette Wheel Selection）是最简单、最常用的选择方法。该方法中，各个体的选择概率和其适应度值成比例。设群体大小为 $n$，其中个体 $i$ 的适应度为 $f_i$，则 $i$ 被选择的概率为

$$P_i = \frac{f_i}{\sum_{j=1}^{n} f_i}$$

显然，概率反映了个体 $i$ 的适应度在整个群体的个体适应度总和中所占的比例。个体适应度越大，其被选择的概率就越高，反之亦然。

计算出群体中各个体的选择概率后，为了选择交配个体，需要进行多轮选择。每轮产生一个[0, 1]之间的均匀随机数，将该随机数作为选择指针确定被选个体。个体被选后，可随机地组成交配对，以供后面的

交叉操作。

### 2. 交叉

在自然界生物进化过程中起核心作用的是生物遗传基因的重组（加上变异）。同样，遗传算法中起核心作用的是遗传操作的交叉算子。所谓交叉，是指把两个父代个体的部分结构加以替换重组而生成新个体的操作。通过交叉，遗传算法的搜索能力得以提高。

交叉算子根据交叉率将种群中的两个个体随机地交换某些基因，能够产生新的基因组合，期望将有益基因组合在一起。根据编码表示方法的不同，可以有以下算法。

（1）实值重组（Real Valued Recombination），包括离散重组（Discrete Recombination）、中间重组（Intermediate Recombination）、线性重组（Linear Recombination）、扩展线性重组（Extended Linear Recombination）4 种。

（2）二进制交叉（Binary Valued Crossover），包括单点交叉（Single-point Crossover）、多点交叉（Multiple-point Crossover）、均匀交叉（Uniform Crossover）、洗牌交叉（Shuffle Crossover）、缩小代理交叉（Crossover with Reduced Surrogate）5 种。

最常用的交叉算子为单点交叉（Single-point Crossover）。具体操作是在个体串中随机设定一个交叉点，实行交叉时，该点前或后的两个个体的部分结构进行互换，并生成两个新个体。下面给出单点交叉的一个例子。

个体 $A$：1 0 0 1↑1 1 1 → 1 0 0 1 0 0 0 新个体

个体 $B$：0 0 1 1↑0 0 0 → 0 0 1 1 1 1 1 新个体

### 3. 变异

变异算子的基本内容是对群体中的个体串的某些基因座上的基因值作变动。依据个体编码表示方法的不同，有实值变异、二进制变异两种算法。一般来说，变异算子操作的基本步骤如下。

（1）对群中所有个体以事先设定的变异概率判断是否进行变异。

（2）对进行变异的个体随机选择变异位进行变异。

遗传算法引入变异的目的有两个。一是使遗传算法具有局部的随机搜索能力。当遗传算法通过交叉算子已接近最优解邻域时，利用变异算子的这种局部随机搜索能力可以加速向最优解收敛。显然，这种情况下的变异概率应取较小值，否则接近最优解的积木块会因变异而遭到破坏。二是使遗传算法可维持群体多样性，以防止出现未成熟收敛现象，此时收敛概率应取较大值。

遗传算法中，交叉算子因其全局搜索能力而作为主要算子，变异算子因其局部搜索能力而作为辅助算子。遗传算法通过交叉和变异这对相互配合又相互竞争的操作而使其具备兼顾全局和局部的均衡搜索能力。

（1）相互配合是指当群体在进化中陷于搜索空间中某个超平面而仅靠交叉不能摆脱时，通过变异操作可有助于这种摆脱。

（2）相互竞争是指当通过交叉已形成所期望的积木块时，变异操作有可能破坏这些积木块。如何有效地配合使用交叉和变异操作，是目前遗传算法的一个重要研究内容。

基本变异算子是指对群体中的个体码串随机挑选一个或多个基因座并对这些基因座的基因值作变动，(0, 1)二值码串中的基本变异操作如下。

$$（个体A）\ 1\ 0\ 0\ 1\ 0\ 1\ 1\ 0 \xrightarrow{\text{变异}} 1\ 1\ 0\ 0\ 0\ 1\ 1\ 0\ （个体A')$$

在基因位下方标有*号的基因发生变异。变异率的选取一般受种群大小、染色体长度等因素的影响，通常选取很小的值（0.001～0.1）。

#### 4．终止条件

当最优个体的适应度达到给定的阈值，或者最优个体的适应度和群体适应度不再上升时，或者迭代次数达到预设的代数时，算法终止。预设的代数一般设置为 100～500。

## 5.2.2　算法编码

遗传算法不能直接处理问题空间的参数，必须把它们转换成遗传空间的由基因按一定结构组成的染色体或个体。这一转换操作就叫作编码，也可以称作（问题的）表示（Representation）。

评估编码策略常采用以下 3 个规范。

（1）完备性（Completeness）：问题空间中的所有点（候选解)都能作为 GA 空间中的点（染色体）表现。

（2）健全性（Soundness）：GA 空间中的染色体能对应所有问题空间中的候选解。

（3）非冗余性（Nonredundancy）：染色体和候选解一一对应。

目前的几种常用编码技术有二进制编码、浮点数编码、字符编码、编程编码等。二进制编码是目前遗传算法中最常用的编码方法，即由二进制字符集{0,1}产生通常的 0/1 字符串表示问题空间的候选解。它具有以下特点。

（1）简单易行。

（2）符合最小字符集编码原则。

（3）便于用模式定理进行分析，因为模式定理就是以基础的。

## 5.2.3　适应度及初始群体选取

进化论中的适应度表示某一个体对环境的适应能力，也表示该个体繁殖后代的能力。遗传算法的适应度函数也叫作评价函数，是用来判断群体中的个体的优劣程度的指标，它是根据所求问题的目标函数进行评估的。

遗传算法在搜索进化过程中一般不需要其他外部信息，仅用评估函数评估个体或解的优劣，并作为以后遗传操作的依据。由于遗传算法中，适应度函数要比较排序并在此基础上计算选择概率，所以适应度函数的值要取正值。由此可见，在不少场合，将目标函数映射成求最大值形式且函数值非负的适应度函数是必要的。适应度函数的设计主要满足：

（1）单值、连续、非负、最大化；

（2）合理、一致性；

（3）计算量小；

（4）通用性强。

在具体应用中，适应度函数的设计要结合求解问题本身的要求而定。适应度函数设计直接影响到遗传算法的性能。

遗传算法中初始群体中的个体是随机产生的。一般来讲，初始群体的设定可采取以下策略。

（1）根据问题固有知识，设法把握最优解所占空间在整个问题空间中的分布范围，然后在此分布范围内设定初始群体。

（2）先随机生成一定数目的个体，然后从中挑出最好的个体加到初始群体中。这种过程不断迭代，直到初始群体中个体数达到了预先确定的规模。

### 5.2.4　算法参数设计原则

在单纯的遗传算法中，有时也会出现不收敛的情况，即使在单峰或单调情况下也是如此。这是因为种群早熟，进化能力已经基本丧失。为了避免种群早熟，参数的设计一般遵从以下原则。

（1）种群规模。当群体规模太小时，很明显会出现近亲交配，产生病态基因。而且造成有效等位基因先天缺乏，即使采用较大概率的变异算子，生成具有竞争力高阶模式的可能性仍很小，况且大概率变异算子对已有模式的破坏作用极大。

同时，遗传算子存在随机误差（模式采样误差），妨碍小群体中有效模式的正确传播，使种群进化不能按照模式定理产生所预测的期望数量。种群规模太大，结果难以收敛且浪费资源，稳健性下降，种群规模的建议值为 20 ~ 100。

（2）变异概率。当变异概率太小时，种群的多样性下降太快，容易导致有效基因的迅速丢失且不容易修补；当变异概率太大时，尽管种群的多样性可以得到保证，但是高阶模式被破坏的概率也随之增大。变异概率一般取 0.0001 ~ 0.2。

（3）交配概率。交配是生成新种群最重要的手段。与变异概率类似，交配概率太大容易破坏已有的有利模式，随机性增大，容易错失最优个体；交配概率太小不能有效更新种群。交配概率一般取 0.4 ~ 0.99。

（4）进化代数。进化代数太小，算法不容易收敛，种群还没有成熟；代数太大，算法已经熟练或种群过于早熟不可能再收敛，继续进化没有意义，只会增加时间开支和资源浪费。进化代数一般取 100 ~ 500。

（5）种群初始化。初始种群的生成是随机的；在初始种群的赋予之前，尽量进行一个大概的区间估计，以免初始种群分布在远离全局最优解的编码空间，导致遗传算法的搜索范围受到限制，同时也为算法减轻负担。

### 5.2.5　适应度函数的调整

#### 1. 遗传算法运行的初期阶段

群体中可能会有少数几个个体的适应度相对其他个体来说非常高。若按照常用的比例选择算子确定个体的遗传数量，则这几个相对较好的个体将在下一代群体中占有很高的比例。

在极端情况下或当群体现模较小时，新的群体甚至完全由这样的少数个体所组成。这时交配运算就起不了什么作用，因为相同的两个个体不论在何处发生交叉行为都永远不会产生新的个体。

这样就会使群体的多样性降低，容易导致遗传算法发生早熟现象（或称为早期收敛)，使遗传算法所求到的解停留在某一局部最优点上。

因此，我们希望在遗传算法运行的初期阶段，算法能够对一些适应度较高的个体进行控制，降低其适应度与其他个体适应度之间的差异程度，从而限制其复制数量，以维护群体的多样性。

#### 2. 遗传算法运行的后期阶段

群体中所有个体的平均适应度可能会接近于群体中最佳个体的适应度。也就是说，大部分个体的适应度和最佳个体的适应度差异不大，它们之间无竞争力，都会有以相接近的概率被遗传到下一代的可能性，从而使进化过程无竞争性可言，只是一种随机的选择过程。这将导致无法对某些重点区域进行重点搜索，从而影响遗传算法的运行效率。

因此，我们希望在遗传算法运行的后期阶段，算法能够对个体的适应度进行适当放大，增大最佳个体适应度与其他个体适应度之间的差异程度，以提高个体之间的竞争性。

## 5.2.6　程序设计

随机初始化种群 $P(t) = \{x_1, x_2, \cdots, x_n\}$ ，计算 $P(t)$ 中个体的适应值。遗传算法程序基本格式如下。

```
begin
t=0;
初始化 P(t) ;
计算 P(t) 的适应值;
while (不满足停止准则)
    do
    begin
    t=t+1;
    从 P(t+1) 中选择 P(t);
    重组 P(t);
计算 P(t) 的适应值;
end
```

针对求函数极值问题，通用的遗传算法主程序如下。

```
function main
clear, clc
popsize=20;                                  %设置群体大小
chromlength=10;                              %设置字符串长度（个体长度）
pc=0.7;                                      %设置交叉概率
pm=0.005;                                    %设置变异概率
pop=initpop(popsize,chromlength);           %随机产生初始群体
for i=1:20                                    %设置迭代次数 20
    [objvalue]=calobjvalue(pop);            %计算目标函数
    fitvalue=calfitvalue(objvalue);         %计算群体中每个个体的适应度
    [newpop]=selection(pop,fitvalue);       %复制
    [newpop]=crossover(pop,pc);             %交叉
    [newpop]=mutation(pop,pc);              %变异
    [bestindividual,bestfit]=best(pop,fitvalue); %求出群体中适应值最大的个体及其适应值
    y(i)=max(bestfit);
    n(i)=i;
    pop5=bestindividual;
    x(i)=decodechrom(pop5,1,chromlength)*10/1023;
    pop=newpop;
end
fmax=max(y)
end
```

下面介绍遗传算法中调用的函数。

### 1. 初始化（编码）

initpop()函数实现群体的初始化。其中，参数 popsize 表示群体大小，chromlength 表示染色体长度（二值数的长度），长度大小取决于变量的二进制编码的长度。

```
%初始化
function pop=initpop(popsize,chromlength)
```

```
pop=round(rand(popsize,chromlength));
% rand()函数随机产生每个单元为{0,1}，行数为 popsize（群体大学），列数为 chromlength（染色体长
% 度）的矩阵
% round()函数对矩阵的每个单元进行圆整，由此产生初始种群
end
```

### 2. 目标函数值

calobjvalue()函数实现目标函数的计算，将二值域中的数转换为变量域的数。函数中的目标函数可根据不同优化问题予以修改。

```
%计算目标函数值
function [objvalue]=calobjvalue(pop)
temp1=decodechrom(pop,1,10);        %将 pop 每行转换为十进制数，此处取 spoint =1, length =10
x=temp1*10/1023;                    %在精度不大于 0.01 时，最小整数为 1023，即需要 10 位二进制
objvalue=f(x);                      %计算目标函数 f(x)值，f(x)可根据要求修改
end
```

1）二进制编码转换为十进制数

decodechrom()函数是将染色体（或二进制编码）转换为十进制。其中，参数 spoint 表示待解码的二进制串的起始位置（本例为 1）。对于多个变量，如有两个变量，采用 20 位表示，每个变量 10 位，则第 1 个变量从 1 开始，另一个变量从 11 开始；参数 length 表示所截取的长度（本例为 10）。

```
%将二进制编码转换为十进制
function pop2=decodechrom(pop,spoint,length)
pop1=pop(:,spoint:spoint+length-1);
pop2=decodebinary(pop1);            %将 pop 每行转换为十进制值，结果是 20×1 的矩阵
end
```

说明：decodechrom()函数主要针对多个变量时的一条染色体拆分，无须拆分时，pop1=pop。

2）二进制数转换为十进制数

decodebinary()函数产生$[2^n \ 2^{n-1} \ \cdots \ 1]$的行向量并求和，将二进制转换为十进制。

```
function pop2=decodebinary(pop)
[px,py]=size(pop);                  %求 pop 行数和列数
for i=1:py
    pop1(:,i)=2.^(py-i).*pop(:,i);
end
pop2=sum(pop1,2);                   %求 pop1 的每行之和
end
```

### 3. 计算个体适应值

```
% 计算个体的适应值
function fitvalue=calfitvalue(objvalue)
global Cmin;
Cmin=0;
[px,py]=size(objvalue);             %目标值有正有负
for i=1:px
    if objvalue(i)+Cmin>0
        temp=Cmin+objvalue(i);
```

```
    else
        temp=0.0;
    end
    fitvalue(i)=temp;
end
fitvalue=fitvalue';
end
```

### 4. 选择复制

选择复制操作是决定哪些个体可以进入下一代。程序采用赌轮盘选择法选择，该方法比较容易实现。

根据方程 $p_i = \dfrac{f_i}{\sum f_i} = \dfrac{f_i}{f_{sum}}$，选择步骤如下。

（1）在第 $t$ 代，计算 $f_{sum}$ 和 $p_i$；

（2）产生{0,1}的随机数 rand()，求 $s = rand() \times f_{sum}$；

（3）求 $\displaystyle\sum_{i=1}^{k} f_i \geqslant s$ 中最小的 $k$，则第 $k$ 个个体被选中；

（4）进行 $N$ 次步骤（2）和步骤（3）操作，得到 $N$ 个个体，成为第 $t=t+1$ 代种群。

```
%选择复制
function [newpop]=selection(pop,fitvalue)
totalfit=sum(fitvalue);              %求适应值之和
fitvalue=fitvalue/totalfit;          %单个个体被选择的概率
fitvalue=cumsum(fitvalue);           %如 fitvalue=[1 2 3 4], 则 cumsum(fitvalue)=[1 3 6 10]
[px,py]=size(pop);                   %20×10
ms=sort(rand(px,1));                 %从小到大排列
fitin=1;
newin=1;
while newin<=px                      %选出20个新个体
    if(ms(newin))<fitvalue(fitin)
        newpop(newin, :)=pop(fitin, :);
        newin=newin+1;
    else
        fitin=fitin+1;
    end
end
end
```

### 5. 交叉

群体中的每个个体之间都以一定的概率 pc 交叉，即两个个体从各自字符串的某一位置（一般随机确定）开始互相交换，类似生物进化过程中的基因分裂与重组。

例如，假设两个父代个体 $x_1$ 和 $x_2$ 分别为

$$x_1 = 0\ 1\ 0\ 0\ 1\ 1\ 0$$
$$x_2 = 1\ 0\ 1\ 0\ 0\ 0\ 1$$

从每个个体的第 3 位开始交叉，交叉后得到两个新的子代个体 $y_1$ 和 $y_2$，分别为

$$y_1 = 0100001$$
$$y_2 = 1010110$$

这样两个子代个体就分别具有了两个父代个体的某些特征。

利用交叉有可能由父代个体在子代组合成具有更高适合度的个体。交叉是遗传算法区别于其他传统优化算法的主要特点之一。

```
%交叉
function [newpop]=crossover(pop,pc)       %pc 为群体中的每个个体之间的交叉概率
[px,py]=size(pop);
newpop=ones(size(pop));
for i=1:2:px-1                            %步长为 2，是将相邻的两个个体进行交叉
    if(rand<pc)
        cpoint=round(rand*py);
        newpop(i,:)=[pop(i,1:cpoint),pop(i+1,cpoint+1:py)];
        newpop(i+1,:)=[pop(i+1,1:cpoint),pop(i,cpoint+1:py)];
    else
        newpop(i,:)=pop(i);
        newpop(i+1,:)=pop(i+1);
    end
end
```

### 6. 变异

基因的突变普遍存在于生物的进化过程中。变异是指父代中的每个个体的每位都以概率 pm 翻转，即由 1 变为 0，或由 0 变为 1。

遗传算法的变异特性可以使求解过程随机地搜索到解可能存在的整个空间，因此可以在一定程度上求得全局最优解。

```
%变异
function [newpop]=mutation(pop,pm)       %pm 为父代中的每个个体的每位的翻转概率
[px,py]=size(pop);
newpop=ones(size(pop));
for i=1:px
    if(rand<pm)
        mpoint=round(rand*py);
        if mpoint<=0
            mpoint=1;
        end
        newpop(i)=pop(i);
        if any(newpop(i,mpoint))==0
            newpop(i,mpoint)=1;
        else
            newpop(i,mpoint)=0;
        end
    else
        newpop(i)=pop(i);
    end
end
```

### 7. 求出群体中最大的适应值及其个体

```
%求出第 t 代群体中最大的适应值及个体
function [bestindividual,bestfit]=best(pop,fitvalue)
```

```
[px,py]=size(pop);
bestindividual=pop(1,:);
bestfit=fitvalue(1);
for i=2:px
    if fitvalue(i)>bestfit
        bestindividual=pop(i,:);
        bestfit=fitvalue(i);
    end
end
```

## 5.3　遗传算法典型应用

前面已经讲解了遗传算法的基本原理和程序设计的实现方法，下面介绍遗传算法的几种典型应用，包括求函数极值、旅行商问题等。

### 5.3.1　求函数极值

利用遗传算法可以求解函数的极值，下面通过一个求解简单函数的最大值点的问题初步展示遗传算法的具体实现方法。

【例 5-1】利用遗传算法求函数 $f(x)=11\sin(6x)+7\cos(5x)$，$x\in[-\pi,\pi]$ 的最大值点。

在编辑器中编写绘制函数曲线程序。运行后可以得到如图 5-2 所示的函数曲线图。

```
%%%%%绘制函数图形%%%%%
clear,clc
x= -pi: 0.01: pi;
[a,b]=size(x);
for i=1:b
    y(i)=11*sin(6*x(i))+7*cos(5*x(i));
end
plot(x,y,'r')
title('函数曲线图')
xlabel('x'), ylabel('f(x)')
```

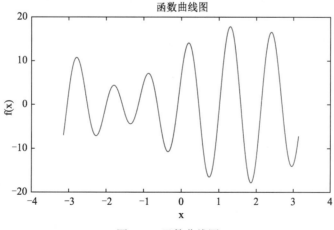

图 5-2　函数曲线图

从图 5-2 中可以看出，该函数有多个极值点，如果使用其他搜寻方法，很容易陷入局部最大点，而不能搜寻到真正的全局最大点，遗传算法可以较好地弥补这个缺陷。

下面利用遗传算法进行求解。

### 1. 问题分析

在本例中，设定自变量 $x$ 为个体的基因组，即用二进制编码表示 $x$；设定函数值 $f(x)$ 为个体的适应度，函数值越小，适应度越高。关于二进制编码方式，在精度允许的范围下，可以将区间内的无穷多点用间隔足够小的有限点代替，以降低计算量，同时保证精度损失不大。

### 2. 编码

用长度为 10 的二进制编码串分别表示两个决策变量：$U_{max}(2\pi)$、$U_{min}(0)$。10 位二进制编码串可以表示为 $0\sim1023$ 的 1024 个不同的数，故将 $U_{max}$、$U_{min}$ 的定义域离散为 1023 个均等的区域，包括两个端点在内，共有 1024 个不同的离散点。

从离散点 $U_{min}$ 到 $U_{max}$，依次让它们分别对应 0000000000（0）～1111111111（1023）的二进制编码。再将分别表示 $U_{max}$、$U_{min}$ 的二进制编码串联在一起，组成一个 20 位长的二进制编码串，它构成了这个函数优化问题的染色体编码方法。使用这种编码方法，解空间和遗传算法的搜索空间具有一一对应的关系。

### 3. 确定个体评价方法

在遗传算法中，以个体适应度的大小确定该个体被遗传到下一代群体中的概率。基本遗传算法使用比例选择算子确定群体中各个个体遗传到下一代群体中的数量。为正确计算不同情况下各个个体的遗传概率，要求所有个体的适应度必须为正数或 0，不能是负数。

为满足适应度取非负值的要求，将目标函数 $f(x)$ 变换为个体适应度 $F(x)$，一般采用以下两种方法。

（1）对于求目标函数最大值的优化问题，变换公式为

$$F(x)=\begin{cases}f(x)+C_{min}, & f(x)+C_{min}>0\\0, & 其他\end{cases}$$

其中，$C_{min}$ 为一个适当的相对比较小的数，它可用预先指定一个较小的数，或者进化到当前代为止的最小目标函数值、当前代或最近几代群体中的最小目标函数。

（2）对于求目标函数最小值的优化问题，变换公式为

$$F(x)=\begin{cases}C_{max}-f(x), & f(x)<C_{max}\\0, & 其他\end{cases}$$

其中，$C_{max}$ 为一个适当的相对比较大的数，它可用预先指定一个较大的数，或者进化到当前代为止的最大目标函数值、当前代或最近几代群体中的最大目标函数值。

根据适者生存原则选择下一代个体。在选择时，以适应度为选择原则。适应度准则体现了适者生存，不适应者淘汰的自然法则。

### 4. 设计遗传算子

（1）采用赌轮选择算法，决定哪些个体可以进入下一代。

① 在第 $t$ 代，由 $p_i=\dfrac{f_i}{\sum f_i}=\dfrac{f_i}{f_{sum}}$ 计算 $f_{sum}$ 和 $p_i$。

② 产生 {0,1} 的随机数 rand( )，求 $s=\text{rand}( )\times f_{sum}$。

③ 求 $\sum_{i=1}^{k}f_i\geq s$ 中最小的 $k$，则第 $k$ 个个体被选中。

④ 进行 $N$ 次步骤②和步骤③操作，得到 $N$ 个个体，成为第 $t=t+1$ 代种群。

（2）分别求出 20 个初始种群中每个种群个体的适应度函数，并计算所有种群的和 $S$。

（3）在区间（0, $S$）上随机产生一个数 $r$，从某个基因开始，逐一取出基因，把它的适应度加到 $s$ 上去（$s$ 开始为 0），如果 $s>r$，则停止循环并返回当前基因。

### 5. 交叉运算

使用单点交叉算子，对于选中用于繁殖下一代的个体，随机地选择两个个体的相同位置，按交叉概率 $P$ 在选中的位置实行交换。这个过程反映了随机信息交换，目的在于产生新的基因组合，即产生新的个体。

### 6. 变异运算

当所有个体一样时，交叉是无法产生新的个体的，这时只能靠变异产生新的个体。在算法中，以变异概率分别对每个或几个基因位进行变异操作，就可以生成新的种群个体。

父代中的每个个体的每位都可以以设定的概率进行翻转，即由 1 变为 0，或由 0 变为 1。变异增加了全局优化的特质。

根据以上分析，编写 MATLAB 程序如下。

```
%%%%%%主程序%%%%%%
clear,clc
popsize=20;                                    %设置初始参数，群体大小
chromlength=8;                                 %字符串长度（个体长度），染色体长度
pc=0.7;                                        %设置交叉概率
pm=0.02;                                       %设置变异概率
pop=initpop(popsize,chromlength);              %运行初始化函数，随机产生初始群体
for i=1:20                                      %20 为迭代次数
    [objvalue]=calobjvalue(pop);               %计算目标函数
    fitvalue=calfitvalue(objvalue);            %计算群体中每个个体的适应度
    [newpop]=selection(pop,fitvalue);          %复制
    [newpop]=crossover(pop,pc);                %交叉
    [newpop]=mutation(pop,pc);                 %变异
    [bestindividual,bestfit]=best(pop,fitvalue); %求出群体中适应值最大的个体及其适应值
    y(i)=max(bestfit);
    n(i)=i;
    pop5=bestindividual;
    x(i)=decodechrom(pop5,1,chromlength)*10/1023;
    pop=newpop;
end
fplot(@(x)11*sin(6*x)+7*cos(5*x),[-pi pi])
grid on
hold on
plot(x,y,'r*')
xlabel('自变量')
ylabel('目标函数值')
title('个体数目20，编码长度8，交叉概率0.7，变异概率0.02')
fmax=max(y);
hold off

%%%%%%初始化%%%%%%
function pop=initpop(popsize,chromlength)
pop=round(rand(popsize,chromlength));
```

```
%popsize 表示群体的大小，chromlength 表示染色体的长度(二值数的长度)
end


%%%%%计算目标函数值%%%%%
%产生 [2^n 2^(n-1) ... 1]的行向量，然后求和，将二进制转换为十进制
function pop2=decodebinary(pop)
[px,py]=size(pop);                              %求 pop 行数和列数
for i=1:py
    pop1(:,i)=2.^(py-i).*pop(:,i);
end
pop2=sum(pop1,2);
%求 pop1 的每行之和
end


%将二进制编码转换为十进制
function pop2=decodechrom(pop,spoint,length)
pop1=pop(:,spoint:spoint+length-1);
%取出第 spoint 位到第 spoint+length-1 位的参数
pop2=decodebinary(pop1);
%利用 decodebinary(pop) 函数将用二进制表示的个体基因转换为十进制数
end


%实现目标函数的计算
function [objvalue]=calobjvalue(pop)
temp1=decodechrom(pop,1,8);                     %将 pop 每行转换为十进制数
x=temp1*10/1023;                                %将_值域中的数转换为变量域的数
objvalue=11*sin(6*x)+7*cos(5*x);                %计算目标函数值
end



%%%%%计算个体的适应值%%%%%
%计算个体的适应值
function fitvalue=calfitvalue(objvalue)
global Cmin;
Cmin=0;
[px,py]=size(objvalue);
for i=1:px
    if objvalue(i)+Cmin>0
        temp=Cmin+objvalue(i);
    else
        temp=0.0;
    end
    fitvalue(i)=temp;
end
fitvalue=fitvalue';
end


%%%%%选择复制%%%%%
function [newpop]=selection(pop,fitvalue)
totalfit=sum(fitvalue);                         %求适应值之和
```

```
fitvalue=fitvalue/totalfit;              %单个个体被选择的概率
fitvalue=cumsum(fitvalue);
[px,py]=size(pop);
ms=sort(rand(px,1));                     %用轮盘赌形式，从小到大排列随机数
fitin=1;
newin=1;
while newin<=px
    if(ms(newin))<fitvalue(fitin)
        %ms(newin)表示的是 ms 列向量中第 newin 位数值，小于 fitvalue(fitin)
        %fitvalue(fitin)代表第 fitin 个个体的单个个体被选择的概率
        newpop(newin,:)=pop(fitin,:);
        %赋值，即将旧种群中的第 fitin 个个体保留到下一代(newpop)
        newin=newin+1;
    else
        fitin=fitin+1;
    end
end
end


%%%%%%交叉%%%%%%
function [newpop]=crossover(pop,pc)
[px,py]=size(pop);
newpop=ones(size(pop));
for i=1:2:px-1
    if(rand<pc)                          %产生一个随机数与交叉概率比较
        cpoint=round(rand*py);
        newpop(i,:)=[pop(i,1:cpoint) pop(i+1,cpoint+1:py)];
        newpop(i+1,:)=[pop(i+1,1:cpoint) pop(i,cpoint+1:py)];
    else
        newpop(i,:)=pop(i,:);
        newpop(i+1,:)=pop(i+1,:);
    end
end
end


%%%%%%变异%%%%%%
function [newpop]=mutation(pop,pm)
[px,py]=size(pop);
newpop=ones(size(pop));
for i=1:px
    if(rand<pm)                          %产生一个随机数与变异概率比较
        mpoint=round(rand*py);
        if mpoint<=0 mpoint=1;
        end
        newpop(i,:)=pop(i,:);
        if any(newpop(i,mpoint))==0
            newpop(i,mpoint)=1;
        else
            newpop(i,mpoint)=0;
        end
```

```
        else
            newpop(i,:)=pop(i,:);
        end
    end
end

%%%%%%求出群体中最大的适应值及其个体%%%%%%
function [bestindividual,bestfit]=best(pop,fitvalue)
[px,py]=size(pop);
bestindividual=pop(1,:);
bestfit=fitvalue(1);
for i=2:px
    if fitvalue(i)>bestfit
        bestindividual=pop(i,:);
        bestfit=fitvalue(i);
    end
end
end

%%%%%%求出最佳个体的对应值%%%%%%
function t=decodebinary2(pop)
[px,py]=size(pop);
for j=1:py;
    pop1(:,j)=2.^(py-1).*pop(:,j);
    py=py-1;
end
temp2=sum(pop1,2);
t=temp2*2*pi/1023;
end
```

本例中选择二进制编码，种群中的个体数目为 20，二进制编码长度为 8，交叉概率为 0.7，变异概率为 0.02。运行以上程序即可得到目标函数值变化曲线，如图 5-3 所示。

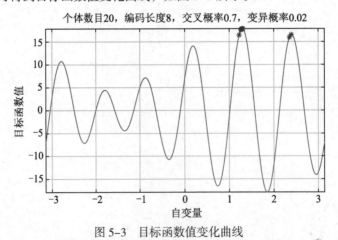

图 5-3　目标函数值变化曲线

在命令行窗口中输入以下语句，获取函数目标函数值和函数最大值。

```
>> y
y =
```

```
    16.4264    15.9403    17.8197    17.8197    17.5453    17.8197    17.5453    17.5453
17.8197    16.5141
    17.6945    17.7533    17.8320    17.8320    17.8320    17.6945    17.6945    17.8197
17.8197    17.8197
>> fmax
fmax =
    17.8320
```

选择二进制编码，降低交叉概率，即种群中的个体数目为 20，二进制编码长度为 8，交叉概率为 0.1，变异概率为 0.02。运行主程序，得到函数目标函数值和最大值为

```
>> y
y =
    17.3431    17.6945    17.6945    17.6945    17.6945    17.6945    17.6945    17.6945
17.4590    17.4590
    17.4590    17.4590    17.4590    17.6330    17.6330    17.6330    17.6330    17.6330
17.6330    17.6330
>> fmax
fmax =
    17.6945
```

降低交叉概率后的目标函数值变化曲线如图 5-4 所示。可以看出，交叉概率较小时，全局最优解也减少。

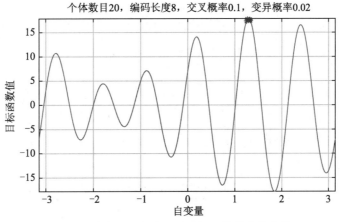

图 5-4    降低交叉概率后的目标函数值变化曲线

选择二进制编码，增大变异概率，即种群中的个体数目为 20，二进制编码长度为 8，交叉概率为 0.7，变异概率为 0.1。运行主程序，得到函数目标函数值和最大值为

```
>> y
y =
    17.8320    17.8197    17.8197    17.8320    16.5310    17.4590    17.8320    16.7827
17.8197    17.8320
    16.7827    16.7827    16.7827    16.7827    16.0208    15.5870    16.5310    14.8911
14.8911    16.9522
>> fmax
fmax =
    17.8320
```

　　增大变异概率后的目标函数值变化曲线如图 5-5 所示。可以看出，增大变异概率并不一定使全局最优解增加。图 5-4 中函数最大输出值为 17.8320，这与变异概率为 0.02 时的值相同。

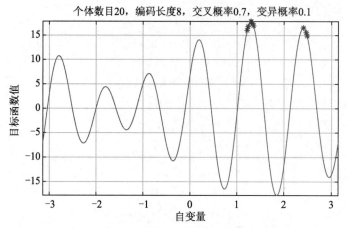

图 5-5　增大变异概率后的目标函数值变化曲线

　　选择二进制编码，增加种群个体数目，即种群中的个体数目为 40，二进制编码长度为 8，交叉概率为 0.7，变异概率为 0.02。运行主程序，得到函数目标函数值和最大值为

```
>> y
y =
  17.8320   17.8320   17.6330   17.8320   17.7902   17.7902   17.7902   17.7902
17.4590   17.7533
  16.2800   16.3281   17.7533   16.4136   17.8320   17.8197   17.8197   17.8197
17.8320   17.2319
>> fmax
fmax =
  17.8320
```

　　增加种群个体数目后的目标函数值变化曲线如图 5-6 所示。可以看出，增加种群个体数目后，函数最大值不变。

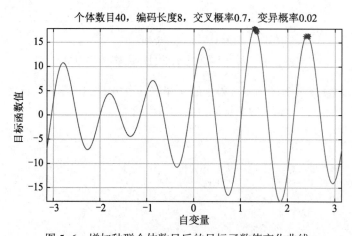

图 5-6　增加种群个体数目后的目标函数值变化曲线

【例 5-2】利用遗传算法求函数 $f(x)=10+x\cos(5\pi x),\ x\in[-1,1]$ 的最大值点。

在 MATLAB 中编制绘制函数曲线程序，运行得到如图 5-7 所示的函数曲线。

```
%%%%%绘制函数图形%%%%%
clear,clc
x=linspace(-1,1);
y=10+x.*cos(5*pi*x);
figure(1);
plot(x,y,'r')
title('函数曲线图')
xlabel('x'),ylabel('y')
```

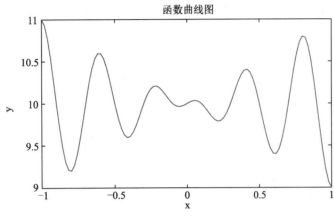

图 5-7　例 5-2 函数曲线

遗传算法求最大值点程序代码如下。

```
%%%%%%主程序%%%%%%
global BitLength                              %全局变量，计算满足求解精度至少需要编码的长度
global boundsbegin                            %全局变量，自变量的起始点
global boundsend                              %全局变量，自变量的终止点
bounds=[-1 1];                                %一维自变量的取值范围
precision=0.0001;                             %运算精度
boundsbegin=bounds(:,1);
boundsend=bounds(:,2);                        %计算如果满足求解精度至少需要多长的染色体
BitLength=ceil(log2((boundsend-boundsbegin)'./precision));
popsize=50;                                   %初始种群大小
Generationnmax=20;                            %最大代数
pcrossover=0.90;                              %交配概率
pmutation=0.09;                               %变异概率
population=round(rand(popsize,BitLength));    %初始种群，行代表一个个体，列代表不同个体

%计算适应度
[Fitvalue,cumsump]=fitnessfun(population);    %输入群体 population，返回适应度 Fitvalue 和
                                              %累积概率 cumsump

Generation=1;
while Generation<Generationnmax+1
    for j=1:2:popsize                         %群体进行如下操作（选择，交叉，变异）
        seln=selection(population,cumsump);                %选择
        scro=crossover(population,seln,pcrossover);        %交叉
```

```
            scnew(j,:)=scro(1,:);
            scnew(j+1,:)=scro(2,:);
            smnew(j,:)=mutation(scnew(j,:),pmutation);    %变异
            smnew(j+1,:)=mutation(scnew(j+1,:),pmutation);
        end
        population=smnew;                                %产生了新的种群

        %计算新种群的适应度
        [Fitvalue,cumsump]=fitnessfun(population);   %记录当前代最大适应度和平均适应度
        [fmax,nmax]=max(Fitvalue);       %最大适应度为 fmax（即函数值最大），其对应的个体为 nmax
        fmean=mean(Fitvalue);                        %平均适应度为 fmean
        ymax(Generation)=fmax;                       %每代中最好的适应度
        ymean(Generation)=fmean;                     %每代中的平均适应度
        %记录当前代的最佳染色体个体
        x=transform2to10(population(nmax,:));        %population(nmax,:)为最佳染色体个体
        xx=boundsbegin+x*(boundsend-boundsbegin)/(power(2,BitLength)-1);
        xmax(Generation)=xx;
        Generation=Generation+1;
    end
    Generation=Generation-1;             %Generation 加 1、减 1 的操作是为了能记录各代中的最佳函数值
                                         %xmax(Generation)
    targetfunvalue=targetfun(xmax);
    [Besttargetfunvalue,nmax]=max(targetfunvalue);
    Bestpopulation=xmax(nmax);

    %绘制经过遗传运算后的适应度曲线
    hand1=plot(1:Generation,ymax);
    set(hand1,'linestyle','-','marker','*','markersize',8)
    hold on;
    hand2=plot(1:Generation,ymean);
    set(hand2,'color','k','linestyle','-','marker','h','markersize',8)
    xlabel('进化代数');
    ylabel('适应度');
    xlim([1 Generationnmax]);
    legend('最大适应度','平均适应度');
    box off;grid on;
    hold off;

    %%%%%%计算适应度函数%%%%%%
    function [Fitvalue,cumsump]=fitnessfun(population)
    global BitLength
    global boundsbegin
    global boundsend
    popsize=size(population,1);                      %计算个体个数
    for i=1:popsize
        x=transform2to10(population(i,:));           %将二进制转换为十进制
        %转化为[-2,2]区间的实数
        xx=boundsbegin+x*(boundsend-boundsbegin)/(power(2,BitLength)-1);
        Fitvalue(i)=targetfun(xx);                   %计算函数值，即适应度
    end
```

```
%给适应度函数加上一个大小合理的数，以便保证种群适应值为正数
Fitvalue=Fitvalue';                              %该处还有一个作用就是决定适应度是有利于选
                                                 %取几个有利个体（加强竞争还是减弱竞争）

%计算选择概率
fsum=sum(Fitvalue);
Pperpopulation=Fitvalue/fsum;                    %适应度归一化，及被复制的概率
%计算累积概率
cumsump(1)=Pperpopulation(1);
for i=2:popsize
    cumsump(i)=cumsump(i-1)+Pperpopulation(i);   %求累积概率
end
cumsump=cumsump';                                %累积概率
end


%%%%%%计算目标函数%%%%%%
function y=targetfun(x)                          %目标函数
y=10+x.*cos(5*pi*x);
end


%%%%%%新种群交叉操作%%%%%%
function scro=crossover(population,seln,pc)      %population 为种群，seln 为选择的两个个
                                                 %体，pc 为交配的概率

BitLength=size(population,2);                     %二进制数的个数
pcc=IfCroIfMut(pc);                              %根据交叉概率决定是否进行交叉操作，1 为是，0 为否
%进行交叉操作
if pcc==1                                        %进行交叉操作
    chb=round(rand*(BitLength-2))+1;             %随机产生一个交叉位
    scro(1,:)=[population(seln(1),1:chb) population(seln(2),chb+1:BitLength)];
    %序号为 seln(1) 的个体在交叉位 chb 前面的信息与序号为 seln(2) 的个体在交叉位 chb+1 后面的信息重
    %新组合
    scro(2,:)=[population(seln(2),1:chb) population(seln(1),chb+1:BitLength)];
    %序号为 seln(2) 的个体在交叉位 chb 前面的信息与序号为 seln(1) 的个体在交叉位 chb+1 后面的信息重
    %新组合
else
    %不进行交叉操作
    scro(1,:)=population(seln(1),:);
    scro(2,:)=population(seln(2),:);
end
end


%%%%%%判断遗传运算是否需要进行交叉或变异%%%%%%
%根据 mutORcro 决定是否进行相应的操作，产生 1 的概率为 mutORcro，产生 0 的概率为 1-mutORcro
function pcc=IfCroIfMut(mutORcro)                %mutORcro 为交叉、变异发生的概率
test(1:100)=0;                                   %1*100 的行向量
l=round(100*mutORcro);                           %产生一个数为 100*mutORcro，round() 为取靠近的整数
test(1:l)=1;
n=round(rand*99)+1;
pcc=test(n);
end
```

```
%%%%%新种群变异操作%%%%%
function snnew=mutation(snew,pmutation)    %snew 为一个个体
BitLength=size(snew,2);
snnew=snew;
pmm=IfCroIfMut(pmutation);                 %根据变异概率决定是否进行变异操作，1 为是，0 为否
if pmm==1
    chb=round(rand*(BitLength-1))+1;       %在[1,BitLength]范围内随机产生一个变异位
    snnew(chb)=abs(snew(chb)-1);           %0 变成 1，1 变成 0
end
end


%%%%%%新种群选择操作%%%%%%
function seln=selection(population,cumsump) %从种群中选择两个个体，返回个体序号，两个
                                            %序号可能相同

for i=1:2
    r=rand;                                 %产生一个随机数
    prand=cumsump-r;                        %求出 cumsump 中第 1 个比 r 大的元素
    j=1;
    while prand(j)<0
        j=j+1;
    end
    seln(i)=j;                              %选中个体的序号
end
end


%%%%%%将二进制数转换为十进制数%%%%%%
function x=transform2to10(Population)
BitLength=size(Population,2);               %Population 的列数，即二进制的长度
x=Population(BitLength);
for i=1:BitLength-1
    x=x+Population(BitLength-i)*power(2,i); %从末位加到首位
end
end
```

运行程序得到函数最大适应度和平均适应度曲线，如图 5-8 所示。可以看到，该种群约在第 14 代出现最大适应度值，即函数最大值。

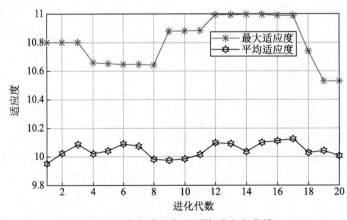

图 5-8　最大适应度和平均适应度曲线

在命令行窗口中输入以下语句，查看结果。

```
>> targetfunvalue                              %目标函数值
targetfunvalue =
   10.8012    10.8015    10.8013    10.6596    10.6532    10.6475    10.6479    10.6422
10.8798    10.8812
   10.8839    10.9932    10.9932    10.9965    10.9965    10.9890    10.9895    10.7396
10.5292    10.5297
>> Besttargetfunvalue                          %最佳函数值（函数最大值）
Besttargetfunvalue =
   10.9965
>> nmax                                        %函数出现最大值时对应的迭代数
nmax =
   14
```

从结果可以看出，在遗传算法进行到第 14 代时，函数出现最大值 10.9965。

**注意：** 一般地，如果进化过程中种群的最大适应度和平均适应度在曲线上有相互趋同的形态，表示算法收敛进行得很顺利，没有出现震荡。在这种前提下，最大适应度个体连续若干代都没有发生进化表明种群已经成熟。

## 5.3.2　旅行商问题

旅行商问题（Traveling Salesman Problem, TSP）也称为货郎担问题，是数学领域中的著名问题之一。TSP 已经被证明是一个 NP 难问题，由于 TSP 代表一类组合优化问题，因此对其近似解的研究一直是算法设计的一个重要问题。

TSP 从描述上是一个非常简单的问题，给定 $n$ 个城市和各城市之间的距离，寻找一条遍历所有城市且每个城市只被访问一次的路径，最后回到起点，并保证总路径距离最短。数学描述如下。

设 $G = (V, E)$ 为赋权图，$V = \{1, 2, \cdots, n\}$ 为顶点集，$E$ 为边集，各顶点间距离为 $C_{ij}$，已知 $C_{ij} > 0$，且 $i, j \in V$，并设定

$$x_{ij} = \begin{cases} 1, & \text{最优路径} \\ 0, & \text{其他} \end{cases}$$

那么整个 TSP 的数学模型表示为

$$\min Z = \sum_{i \neq j} C_{ij} x_{ij}$$

$$\text{s.t.} \begin{cases} \sum_{i \neq j} x_{ij} = 1 \\ \sum_{i, j \in s} x_{ij} \leqslant |k| - 1, \ k \subset v \end{cases}, \ x_{ij} \in \{0, 1\}, \ i \in v, j \in v$$

其中，$k$ 为 $v$ 的全部非空子集；$|k|$ 为集合 $k$ 中包含图 $G$ 的全部顶点的个数。

遗传算法求解 TSP 的基本步骤如下。

（1）种群初始化：个体编码方法有二进制编码和实数编码，在解决 TSP 过程中个体编码方法为实数编码。对于 TSP，实数编码为 $1 - n$ 的实数的随机排列，初始化的参数有种群个数 $M$、染色体基因个数 $N$（即城市的个数）、迭代次数 $C$、交叉概率 $P_c$、变异概率 $P_{\text{mutation}}$。

（2）适应度函数：在 TSP 中，任意两个城市之间的距离 $D(i,j)$ 已知，每个染色体（即 $n$ 个城市的随机排

列）可计算出总距离，因此可将一个随机全排列的总距离的倒数作为适应度函数，即距离越短，适应度函数越好，满足 TSP 要求。

（3）选择操作：遗传算法选择操作有轮盘赌法、锦标赛法等多种方法，用户根据实际情况选择最合适的算法。

（4）交叉操作：遗传算法中交叉操作有多种方法。一般对于个体，可以随机选择两个个体，在对应位置交换若干个基因片段，同时保证每个个体依然是 1-n 的随机排列，防止进入局部收敛。

（5）变异操作：对于变异操作，随机选取个体，同时随机选取个体的两个基因进行交换以实现变异操作。

【例 5-3】随机生成一组城市种群，利用遗传算法寻找一条遍历所有城市且每个城市只被访问一次的路径，且总路径距离最短。

根据分析，利用遗传算法求解 TSP 程序代码如下。

```
%%%%%%主函数%%%%%%
clear; clc; clf
%%%%%%输入参数%%%%%%
N=15;                                        %城市的个数
M=20;                                        %种群的个数
C=100;                                       %迭代次数
C_old=C;
m=2;                                         %适应值归一化淘汰加速指数
Pc=0.4;                                      %交叉概率
Pmutation=0.2;                               %变异概率


%%%%%%生成城市的坐标%%%%%%
pos=randn(N,2);

%%%%%%生成城市之间距离矩阵%%%%%%
D=zeros(N,N);
for i=1:N
    for j=i+1:N
        dis=(pos(i,1)-pos(j,1)).^2+(pos(i,2)-pos(j,2)).^2;
        D(i,j)=dis^(0.5);
        D(j,i)=D(i,j);
    end
end

%%%%%%生成初始群体%%%%%%
popm=zeros(M,N);
for i=1:M
    popm(i,:)=randperm(N);
end

%%%%%%随机选择一个种群%%%%%%
R=popm(1,:);
figure(1);clf;
scatter(pos(:,1),pos(:,2),'k.');
xlabel('横轴'),ylabel('纵轴'),title('随机生成的种群图')
```

```
axis([-3 3 -3 3]);
figure(2);clf;
plot_route(pos,R);
xlabel('横轴'),ylabel('纵轴'),title('随机生成种群中城市路径情况')
axis([-3 3 -3 3]);

%%%%%%%初始化种群及其适应函数%%%%%%
fitness=zeros(M,1);
len=zeros(M,1);
for i=1:M
    len(i,1)=myLength(D,popm(i,:));
end
maxlen=max(len);
minlen=min(len);
fitness=fit(len,m,maxlen,minlen);
rr=find(len==minlen);
R=popm(rr(1,1),:);
for i=1:N
    %fprintf('%d',R(i));
end
%fprintf('\n');
fitness=fitness/sum(fitness);
distance_min=zeros(C+1,1);                    %每次迭代的最小的种群距离
while C>=0
    %fprintf('迭代第%d次\n',C);
    %%%%选择操作%%%%
    nn=0;
    for i=1:size(popm,1)
        len_1(i,1)=myLength(D,popm(i,:));
        jc=rand*0.3;
        for j=1:size(popm,1)
            if fitness(j,1)>=jc
                nn=nn+1;
                popm_sel(nn,:)=popm(j,:);
                break;
            end
        end
    end

    %%%%每次选择都保存最优的种群%%%%
    popm_sel=popm_sel(1:nn,:);
    [len_m len_index]=min(len_1);
    popm_sel=[popm_sel;popm(len_index,:)];

    %%%%交叉操作%%%%
    nnper=randperm(nn);
    A=popm_sel(nnper(1),:);
    B=popm_sel(nnper(2),:);
```

```matlab
    for i=1:nn*Pc
        [A,B]=cross(A,B);
        popm_sel(nnper(1),:)=A;
        popm_sel(nnper(2),:)=B;
    end

    %%%%变异操作%%%%
    for i=1:nn
        pick=rand;
        while pick==0
            pick=rand;
        end
        if pick<=Pmutation
            popm_sel(i,:)=Mutation(popm_sel(i,:));
        end
    end
    %%%%求适应度函数%%%%
    NN=size(popm_sel,1);
    len=zeros(NN,1);
    for i=1:NN
        len(i,1)=myLength(D,popm_sel(i,:));
    end
    maxlen=max(len);
    minlen=min(len);
    distance_min(C+1,1)=minlen;
    fitness=fit(len,m,maxlen,minlen);
    rr=find(len==minlen);
    %fprintf('minlen=%d\n',minlen);
    R=popm_sel(rr(1,1),:);
    for i=1:N
        %fprintf('%d',R(i));
    end
    %fprintf('\n');
    popm=[];
    popm=popm_sel;
    C=C-1;
    %pause(1);
end
figure(3)
plot_route(pos,R);
xlabel('横轴'),ylabel('纵轴'),title('优化后的种群中城市路径情况')
axis([-3 3 -3 3]);

%主函数中用到的函数代码
%%%%%%（1）适应度函数%%%%%%
function fitness=fit(len,m,maxlen,minlen)
fitness=len;
```

```
for i=1:length(len)
    fitness(i,1)=(1-(len(i,1)-minlen)/(maxlen-minlen+0.0001)).^m;
end
end


%%%%%%(2)计算个体距离函数%%%%%%
function len=myLength(D,p)
[N,NN]=size(D);
len=D(p(1,N),p(1,1));
for i=1:(N-1)
    len=len+D(p(1,i),p(1,i+1));
end
end


%%%%%%(3)交叉操作函数%%%%%%
function [A,B]=cross(A,B)
L=length(A);
if L<10
    W=L;
elseif ((L/10)-floor(L/10))>=rand&&L>10
    W=ceil(L/10)+8;
else
    W=floor(L/10)+8;
end
p=unidrnd(L-W+1);
%fprintf('p=%d',p);
for i=1:W
    x=find(A==B(1,p+i-1));
    y=find(B==A(1,p+i-1));
    [A(1,p+i-1),B(1,p+i-1)]=exchange(A(1,p+i-1),B(1,p+i-1));
    [A(1,x),B(1,y)]=exchange(A(1,x),B(1,y));
end
end


%%%%%%(4)对调函数%%%%%%
function [x,y]=exchange(x,y)
temp=x;
x=y;
y=temp;
end


%%%%%%(5)变异函数%%%%%%
function a=Mutation(A)
index1=0;index2=0;
nnper=randperm(size(A,2));
index1=nnper(1);
index2=nnper(2);
%fprintf('index1=%d',index1);
```

```
%fprintf('index2=%d',index2);
temp=0;
temp=A(index1);
A(index1)=A(index2);
A(index2)=temp;
a=A;
end

%%%%%%（6）连点画图函数%%%%%%
function plot_route(a,R)
scatter(a(:,1),a(:,2),'rx');
hold on;
plot([a(R(1),1),a(R(length(R)),1)],[a(R(1),2),a(R(length(R)),2)]);
hold on;
for i=2:length(R)
    x0=a(R(i-1),1);
    y0=a(R(i-1),2);
    x1=a(R(i),1);
    y1=a(R(i),2);
    xx=[x0,x1];
    yy=[y0,y1];
    plot(xx,yy);
    hold on;
end
end
```

运行程序，得到随机生成的城市种群图，如图 5-9 所示。可以看出，随机生成的种群城市点不对称，也没有规律，用一般的方法很难得到其最优路径。

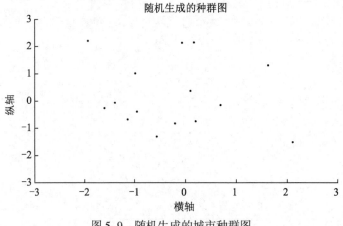

图 5-9  随机生成的城市种群图

随机生成种群中城市路径情况如图 5-10 所示。可以看出，随机生成的路径长度很长，空行浪费比较多。

运行遗传算法，得到如图 5-11 所示的城市路径。可以看出，该路径明显优于图 5-10 中的路径，且每个城市只经过一次。

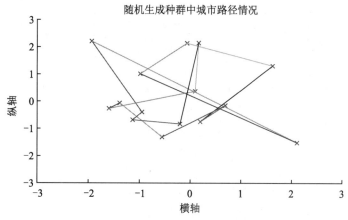

图 5-10　随机生成种群中城市路径情况

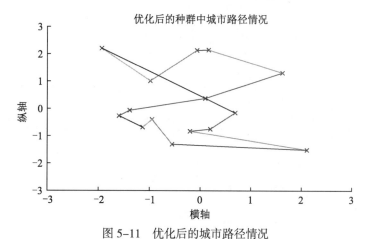

图 5-11　优化后的城市路径情况

### 5.3.3　基于遗传算法的 MP 算法的应用

随着信号分解理论的发展，为了实现对信号更加灵活、简洁和自适应的表示，在小波分析的基础上，加入了信号稀疏分解这一信号分析新方法。信号的稀疏分解已经发展了多种算法，如匹配追踪（Matching Pursuit，MP）算法、基本跟踪（Basis Pursuit，BP）算法、框架方法和最佳正交基方法（Basis Orthogonal Best，BOB）等。

其中，MP 算法最为常用，该算法每次迭代都是从过完备原子库中选择最贴近残差信号的原子用于信号表示，同时从残差信号中去掉其在该原子上的投影，获得新的残差信号。该过程不断地进行迭代，直至残差小于给定的阈值或满足其他的终止条件。

MP 算法的基本思想是基于信号的可分解和重构，通过在过完备的库中自适应地搜索匹配能够表达信号局部特征的时频原子，最终将信号表示为时频原子的线性组合。遗传算法在 MP 算法中可以得到很好的应用，下面举例说明基于遗传算法的 MP 算法的实现方法。

【例 5-4】从图 5-12 中提取一维信息作为一维信号，并利用 MP 算法对该一维信号进行重建。

基于遗传算法的信号 MP 分解算法，编写 MATLAB 代码如下。

图 5-12　待提取一维信息的图像

```
clear, clc
a1=clock;
Im=double(imread('dog.bmp'));                    %从图像中抽取一维数据作为一维信号
t=0:400-1;
bat=Im(255,1:512);

iterative_number=50;                             %代数
[a,N]=size(bat);
signal=bat;
signal_reconstruct=zeros(1,N);
signal_r=bat;
a_base=2;

j_min=0;
j_max=log2(N);
u_base=1/2;
p_min=0;

v_base=pi;                                       %频率
k_min=0;

w_base=pi/6;
i_min=0;
i_max=12;

signal_reconstruct=(1/N)*sum(signal);
signal_r=signal-signal_reconstruct;
subplot(221); plot(bat);
subplot(222); plot(signal_reconstruct);
subplot(223); plot(signal_r);
subplot(224); plot(signal_reconstruct);
drawnow;

for n=1:iterative_number
    [proj,scale,translation,freq,phase]=gas(signal_r,N,a_base,j_min,j_max,...
        u_base,p_min,v_base,k_min,w_base,i_min,i_max);
    %获取重建后的最优原子
    t=0:N-1;
    t=(t-translation)/scale;
    g=(1/sqrt(scale))*exp(-pi*t.*t).*cos(freq*t+phase);
    g=g/sqrt(sum(g.*g));
    signal_reconstruct=signal_reconstruct+proj*g;
    signal_r=signal_r-proj*g;

    %显示结果
    subplot(221); plot(bat); title('原始信号')
    subplot(222); plot(g); title('选中的最优原子')
```

```
    subplot(223); plot(signal_r); title('信号分解后的残差')
    subplot(224); plot(signal_reconstruct); title('重建的信号')
    drawnow;
end
time=etime(clock,a1)                              %运行程序时间


function [proj,scale,translation,freq,phase]=gas(signal_r,N,a_base,j_min,j_max,
u_base,... p_min,v_base,k_min,w_base,i_min,i_max);
%该程序用于在原始信号中选择最符合信号或信号残差的原子，采用的搜索方法为遗传算法（GA）
%输入
%signal_r: 需要分解的信号或信号的残差
%N: 信号或信号残差对应的原子长度
%其余参数用于构造原始信号，对分解速度有很大影响
%a_base=2
%j_min=0;
%j_max=log2(N)


%输出
%proj: 信号或信号残差在最佳原子上的投影
%scale: 公式中最佳原子的规模（公式中的 s）
%translation: 最佳原子的转换（公式中的 u）
%freq: 最佳原子的频率（公式中的 v）
%phase: 最佳原子的相位（公式中的 w）


%以下参数用于遗传算法
%n: 染色体数目
%Ngen: 代数
%vec: 一个原子的解
%v(1): 规模
%v(2): 转换位置
%v(3): 频率
%v(4):相位
%proj_trans: 明确占比最大的投影


n=21;
Ngen=50;
pool=zeros(4,n);
sig=[1;1;1;1];
proj_trans=zeros(1,n);
res=ones(1,n);
proj=0;
bi=ones(4,1);
bs=ones(4,1);


%bi:下界
%bs:上界
```

```
bi(1)=j_min;
bi(2)=p_min;
bi(3)=k_min;
bi(4)=i_min;
bs(1)=j_max;
bs(2)=N;
bs(3)=N;
bs(4)=i_max;

%og(i,:):第 i 代基因的向量表示
%ng:新的基因向量
og=ones(4,n);
ng=ones(4,n);

%创建初始种群
og(1,:)=round((bs(1)-bi(1))*rand(1,n)+bi(1));
og(2,:)=round((bs(2)-bi(2))*rand(1,n)+bi(2));
og(3,:)=round((bs(3)-bi(3))*rand(1,n)+bi(3));
og(4,:)=round((bs(4)-bi(4))*rand(1,n)+bi(4));

%遗传算法主程序
%og(:,1:10)
%og(:,11:21)
for c=1:Ngen
    for d=1:n
        s=a_base^og(1,d);
        u=og(2,d);
        v=og(3,d)*(1/s)*v_base;
        w=og(4,d)*w_base;
        t=0:N-1;
        t=(t-u)/s;
        g=(1/sqrt(s))*exp(-pi*t.*t).*cos(v*t+w);
        g=g/sqrt(sum(g.*g));
        proj_trans(d)=sum(signal_r.*g);
        res(d)=abs(proj_trans(d));
    end

    %按原子优劣进行排序（最大投影占比的放在最前面）
    [best, e]=max(res);
    ng(:,1)=og(:,e);
    og(:,e)=og(:,n);
    og(:,n)=ng(:,1);
    temp_proj=proj_trans(e);
    temp_res=res(e);
    proj_trans(e)=proj_trans(n);
    proj_trans(n)=temp_proj;
    res(e)=res(n);
```

```
        res(n)=temp_res;

    %相邻原子之间的竞争
    for d=2:2:n-1
        [best,e]=max(res(d-1:d));
        pool(:,d/2)=og(:,d-rem(e,2));
    end;
    %创建交叉库
    for d=1:(n-1)/2
        f=ceil((n-1)/2*rand);
        Inter=round(rand(4,1));
        ng(:,d+1)=pool(:,d).*Inter+pool(:,f).*(1-Inter);
    end
    %优胜者的变异
    sigm=sig(:,ones(n-((n-1)/2+1),1));
    ngm=ng(:,1);
    ngm=ngm(:,ones(n-((n-1)/2+1),1));
    ng(:,(n-1)/2+2:n)=round(ngm+(rand(4,n-((n-1)/2+1))-0.5).*sigm);
    %对解进行限幅
    for l=1:4
        while max(ng(l,:))>bs(l)
            [rw,lw]=max(ng(l,:));
            ng(l,lw)=bs(l);
        end
        while min(ng(l,:))<bi(l)
            [rw,lw]=min(ng(l,:));
            ng(l,lw)=bi(l);
        end
    end
    og=ng;
    %是否稳定
    nog=og(:,1);
    nog=nog(:,ones(1,n));
    nog=abs(og-nog);
    nog=max(max(nog));
    %如果条件满足，产生新一代
    if nog<4
        og(1,2:n)=round((bs(1)-bi(1))*rand(1,n-1)+bi(1));
        og(2,2:n)=round((bs(2)-bi(2))*rand(1,n-1)+bi(2));
        og(3,2:n)=round((bs(3)-bi(3))*rand(1,n-1)+bi(3));
        og(4,2:n)=round((bs(4)-bi(4))*rand(1,n-1)+bi(4));
    end
end

%结果输出
s=a_base^ng(1,1);
u=ng(2,1);
```

```
v=ng(3,1)*(1/s)*v_base;
w=ng(4,1)*w_base;
t=0:N-1;
t=(t-u)/s;
g=(1/sqrt(s))*exp(-pi*t.*t).*cos(v*t+w);
g=g/sqrt(sum(g.*g));
proj=sum(signal_r.*g);
scale=a_base^ng(1,1);
translation=ng(2,1);
freq=v;
phase=w;
end
```

运行程序，得到如图 5-13 所示的结果。可以看出，重建的信号比原始信号的毛刺少，说明编写的代码是有效的。

程序运行时间为

```
time =
    8.6330
```

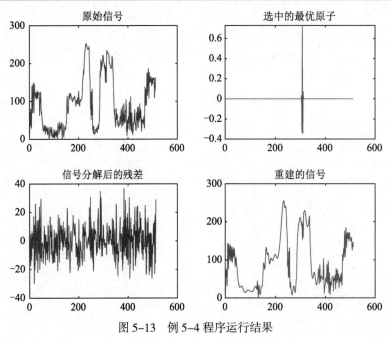

图 5-13　例 5-4 程序运行结果

## 5.4　遗传算法工具箱

遗传算法工具箱将常用的遗传运算命令进行了集成，使用很方便。但是，封装在工具箱内部的命令不能根据特殊需要进行相应调整和修改。

典型的遗传算法工具箱主要有 3 个：英国谢菲尔德大学的遗传算法工具箱、美国北卡罗来纳州立大学的遗传算法最优化工具箱和 MATLAB 自带的遗传算法工具箱。本节主要介绍 MATLAB 自带的工具箱。

基于 MATLAB 环境的遗传算法工具箱的版本较多,各版本的功能和用法也不尽相同,需要加以区分。想要使用某个特定的工具箱,可能需要用户自行安装。

## 5.4.1 工具箱命令方式调用

用命令行方式使用遗传算法工具箱时,无须调出程序界面,编写 M 文件或直接在命令行窗口中执行命令即可。如果编写 M 文件,需要在 M 文件内设定遗传算法的相关参数。

MATLAB 自带的遗传算法工具箱可以用来优化目标函数。该工具箱有 ga()、gaoptimset()和 gaoptimget() 这 3 个核心函数。

### 1. ga()函数

ga()函数是对目标函数进行遗传计算,部分调用格式如下。

```
x=ga(fitnessfcn,nvars,A,b,Aeq,beq,lb,ub)
[x,fval]=ga(fitnessfcn,nvars,A,b,[],[],lb,ub,nonlcon,IntCon,options)
[x,fval,exitflag,output]=ga(fitnessfcn,nvars,...options)
[x,fval,exitflag,output,population,scores]=ga(fitnessfcn,nvars,...options)
```

其中,fitnessfcn 为适应度句柄函数;nvars 为目标函数自变量的个数;options 为算法的属性设置,该属性是通过 gaoptimset()函数赋予;x 为经过遗传进化后自变量最佳染色体返回值;fval 为最佳染色体的适应度;exitflag 为算法停止的原因;output 为输出的算法结构;population 为最终得到种群适应度的列向量;scores 为最终得到的种群。

【例 5-5】已知下列不等式,使用 ga()函数求 $x_1$ 和 $x_2$ 的值。

$$\begin{bmatrix} 1 & 1 \\ -1 & 2 \\ 2 & 1 \end{bmatrix}\begin{bmatrix} x_1 \\ x_2 \end{bmatrix} \leq \begin{bmatrix} 2 \\ 2 \\ 3 \end{bmatrix}, \quad x_1 \geq 0, x_1 \geq 0$$

在命令行窗口中输入以下语句。

```
>> clear, clc
>> A=[1 1; -1 2; 2 1];
>> b=[2; 2; 3];
>> lb=zeros(2,1);
>> [x,fval,exitflag]=ga(@lincontest6,2,A,b,[],[],lb)
Optimization terminated: average change in the fitness value less than options.
FunctionTolerance.
x =
    0.6670    1.3340
fval =
   -8.2258
exitflag =
     1
```

从以上结果可知,$x_1$=0.667,$x_2$=1.334。

### 2. gaoptimset()函数

gaoptimset()函数是设置遗传算法的参数和句柄函数,表 5-1 所示为常用的 11 种属性。

表 5-1 gaoptimset() 函数设置属性

| 序　号 | 属 性 名 | 默 认 值 | 实 现 功 能 |
|---|---|---|---|
| 1 | PopInitRange | [0;1] | 初始种群生成空间 |
| 2 | PopulationSize | 20 | 种群规模 |
| 3 | CrossoverFraction | 0.8 | 交配概率 |
| 4 | MigrationFraction | 0.2 | 变异概率 |
| 5 | Generations | 100 | 超过进化代数时算法停止 |
| 6 | TimeLimit | Inf | 超过运算时间限制时算法停止 |
| 7 | FitnessLimit | –Inf | 最佳个体等于或小于适应度阈值时算法停止 |
| 8 | StallGenLimit | 50 | 超过连续代数不进化则算法停止 |
| 9 | StallTimeLimit | 20 | 超过连续时间不进化则算法停止 |
| 10 | InitialPopulation | [] | 初始化种群 |
| 11 | PlotFcns | [] | 绘图函数 |

其调用格式如下。

```
options=gaoptimset('param1',value1,'param2',value2,...)
```

其中，param1、param2 等是需要设定的参数，包括适应度函数句柄、变量个数、约束、交叉后代比例、终止条件等；value1、value2 等是参数的具体值。

由于遗传算法本质上是一种启发式的随机运算，算法程序经常重复运行多次才能得到理想结果。因此，可以将前一次运行得到的最后种群作为下一次运行的初始种群，如此操作会得到更好的结果，如下所示。

```
[x,fval,reason,output,final_pop]=ga(@fitnessfcn,nvars);
```

最后一个输出变量 final_pop 返回的就是本次运行得到的最后种群。再将 final_pop 作为 ga() 函数的初始种群，调用格式如下。

```
options=gaoptimset('InitialPopulation',finnal_pop);
[x,fval,reason,output,finnal_pop2]=ga(@fitnessfcn,nvars,options);
```

遗传算法和直接搜索工具箱中的 ga() 函数是求解目标函数的最小值，所以求目标函数最小值的问题，可直接令目标函数为适应度函数。编写适应度函数，语法格式如下。

```
function f=fitnessfcn(x)                    %x 为自变量向量
f=f(x);
end
```

如果有约束条件（包括自变量的取值范围），对于求解函数的最小值问题，可以使用如下格式。

```
function f=fitnessfcn(x)
if(x<=-1|x>3)
%表示有约束-1<x<=3,其他约束条件类推
f=inf;
else
f=f(x);
end
```

如果有约束条件（包括自变量的取值范围），对于求解函数的最大值问题，可以使用如下格式。

```
function f=fitnessfcn(x)
if(x<=-1|x>3)
f=inf;
else
f=-f(x);                                              %这里 f=-f(x)，而不是 f=f(x)
end
```

若目标函数作为适应度函数，则最终得到的目标函数值为–fval 而不是 fval。

### 3. gaoptimget()函数

gaoptimget()函数用于得到遗传算法参数结构中的具体参数值，调用格式如下。

```
val=gaoptimget(options, 'name')
```

其中，options 为结构体变量；name 为需要得到的参数名称，返回值为 val。

【例 5-6】利用遗传算法求解函数 $f(x,y) = [\cos(x^2 + y^2) - 0.1] / (1 + 0.3(x^2 + y^2)^2] + 3$ 的最大值。

创建遗传算法的适应度函数。

```
function y=gafun1(x)
    y=(cos(x(1)^2+x(2)^2)-0.1)/(1+0.3*(x(1)^2+x(2)^2)^2)+3;
end
```

利用遗传算法寻找函数最大值，在命令行窗口中输入以下语句。

```
>> [x,fval,exitflag,output]=ga(@gafun1,2)
Optimization terminated: average change in the fitness value less than options.
FunctionTolerance.
x =
    0.0959   -1.4069
fval =
    2.5272
exitflag =
    1
output =
  包含以下字段的 struct:
    problemtype: 'unconstrained'
       rngstate: [1×1 struct]
    generations: 168
      funccount: 7949
        message: 'Optimization terminated: average change in the fitness value less
than options.FunctionTolerance.'
  maxconstraint: []
```

即函数在 $x$=[0.0959  –1.4069]取得最大值为 2.5272。

## 5.4.2  遗传算法 App 调用

对于不擅长编程的用户，可以利用 MATLAB 遗传算法工具实现遗传算法的编程。打开如图 5-14 所示的遗传算法工具箱，可以采用以下方法。

（1）在命令行窗口中直接输入 optimtool 命令：optimtool('ga')。

（2）在命令行窗口中输入 optimtool 命令打开 Optimization Tool 窗口后，在 Solver 下拉列表中选择 ga-

Genetic Algorithm。

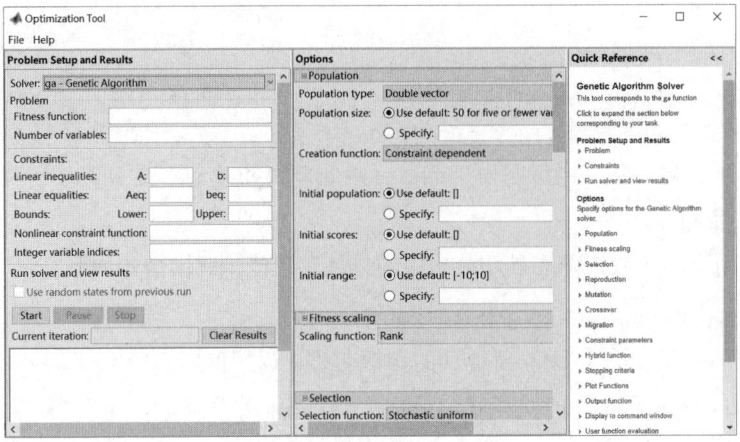

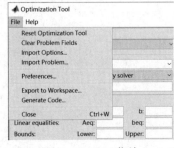

图 5-14　遗传算法 App 界面

遗传算法工具箱窗口包含 File 和 Help 两个菜单。前者用于算法的数据处理，后者用于获取使用帮助。其中 File 菜单如图 5-15 所示，各选项含义如下。

- Reset Optimization Tool：重置工具箱参数。
- Clear Problem Fields：清空问题变量，包含适应度函数、变量个数和算法参数等。
- Import Options：导入遗传算法的参数数据。
- Import Problem：导入遗传算法需要求解的问题变量。
- Preperences：选择参数。
- Export to Workspace：导出算法结果到 MATLAB 工作空间。
- Generate Code：生成 M 文件。
- Close：关闭工具箱。

图 5-15　File 菜单

从图 5-14 中还可以看出，遗传算法工具箱界面主要包含 3 个窗口，从左到右依次是遗传算法的实现、算法的参数设置和算法简单的帮助文档。

### 1. Problem Setup and Results（问题建立与结果）

- Fitness function：输入适应度函数句柄。
- Number of variables：个体所含的变量数目。
- Linear inequalities：线性不等式约束。
- Linear equalities：线性等式约束。
- Bounds：上下限约束。
- Nonlinear constraint function：非线性约束函数。
- Integer variable indices：整数变量指数。

设置完中间的 Options 板块后，单击 Start 按钮开始运行遗传算法，运行结果会显示在下方的文本框中。

### 2. Options（遗传算法选项设置）

运行遗传算法之前，需要在该板块内进行设置，包括以下内容。

（1）Population（种群）。

① 种群类型（Population type）可以是实数编码（Double vector）、二进制编码（Bit string）或 Custom（用

户自定义），默认为实数编码。

②　种群大小（Population size）默认为 50（Use default），也可以根据需要设定（Specify）。

③　其余参数为初始种群的相关设置，默认为由遗传算法通过初始种群产生函数（Creation function）随机产生，也可以自行设定初始种种群（Initial population）、初始种群的适应度函数值（Initial scores）和初始种群的范围（Initial range）。

（2）适应度缩放（Fitness scaling）。指定使用的缩放函数（Scaling function），默认使用 Rank（等级缩放），也可以从下拉列表中选择需要的函数。

（3）选择（Selection）。指定使用的选择函数（Selection function），默认使用 Stochastic uniform（随机一致选择），也可以从下拉列表中选用其他选择函数。

（4）繁殖（Reproduction）。遗传算法为了繁殖下一代，需要设置精英数目（Elite count）和交叉后代比例（Crossover fraction），默认值分别为 0.05×PopulationSize 和 0.8。

（5）变异（Mutation）。所优化函数的约束不同，变异函数也不同。使用时采用默认的 Constraint dependent 即可，工具箱会根据 Problem Setup and Results（问题建立与结果）中输入的约束类型选择不同的变异函数。

（6）交叉（Crossover）。制定使用的交叉函数（Crossover function），可以从下拉列表中选择。

（7）终止条件（Stoping criteria）。终止条件有以下几个，满足其中一个条件即停止。

①　最大进化代数（Generations）。即算法的最大选代次数，默认为 100 代。

②　时间限制（Time limit）。算法允许的最大运行时间，默认为无穷大。

③　适应度函数值限制（Fitness limit）。当种群中的最优个体的适应度函数值小于或等于 Fitness limit 时停止。

④　停止代数（Stall generations）和适应度函数值偏差（Function tolerance）。若在 Stall generations 设定的代数内，适应度函数值的加权平均变化值小于 Function tolerance，算法停止。默认分别设置为 50 和 1e-6。

⑤　停止时间限制（Stall time limit）。若在 Stall time limit 设定的时间内，种群中的最优个体没有进化，算法停止。

（8）绘图函数（Plot functions）。包括最优个体的适应度函数值（Best fitness）、最优个体（Best individual）、种群中个体间的距离（Distance）等，选中相应的选项就会在遗传算法的运行过程中绘制其随种群进化的变化情况。

（9）其他选项。其他选项是遗传算法的延伸内容，限于篇幅这里不再赘述。

**3. Quick Reference（快速参考）**

提供参数设置详细帮助信息，不需要时可以隐藏。

【例 5-7】利用遗传算法工具箱实现用遗传算法求解以下函数的适应值。

$$f(x,y)=1-\frac{0.1\left[\sin(x^2+y^2)-0.1\right]}{x^2+y^2}$$

创建遗传算法的适应度函数。

```
function y=gafun2(x)
    y=1-0.1*(sin(x(1)^2+x(2)^2)-0.1)/(x(1)^2+x(2)^2);
end
```

打开遗传算法工具箱，并按照图 5-16 设置参数。

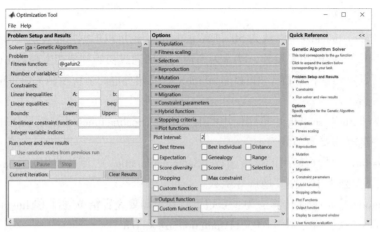

图 5-16　参数设置

单击 Start 按钮，会自动运行遗传算法程序，并在如图 5-17 所示的窗口中显示运行结果说明，求得平均适应值和最优适应值，如图 5-18 所示。

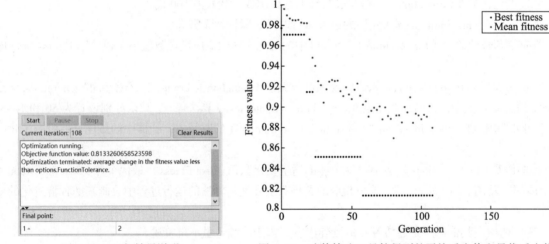

图 5-17　运行结果说明　　　图 5-18　遗传算法工具箱得到的平均适应值和最优适应值

### 5.4.3　遗传算法的优化

多极值点函数具有多个极值，所以传统的优化技术很容易陷入局部最优解，求得全局优化解的概率不高，可靠性低。因此，建立尽可能大概率的求全局优化解算法是求解函数优化的关键。

在 MATLAB 中，可以使用遗传算法解决标准优化算法无法解决或很难解决的优化问题。遗传算法的搜索能力主要由选择算子和交叉算子赋予，变异算子尽可能保证算法达到全局最优，避免陷入局部最优。

在使用遗传算法求解优化时，经常会用到工具箱绘制函数图形的 plotobjective() 函数。在命令行窗口中输入 open plotobjective 可以查看 plotobjective() 函数代码。

```
function plotobjective(fcn,range)
%PLOTOBJECTIVE plot a fitness function in two dimensions
%plotObjective(fcn,range) where range is a 2 by 2 matrix in which each
```

```
%row holds the min and max values to range over in that dimension.

%Copyright 2003-2004 The MathWorks, Inc.

if(nargin == 0)
    fcn = @rastriginsfcn;
    range = [-5,5;-5,5];
end

pts = 100;
span = diff(range')/(pts - 1);
x = range(1,1): span(1) : range(1,2);
y = range(2,1): span(2) : range(2,2);

pop = zeros(pts * pts,2);
k = 1;
for i = 1:pts
    for j = 1:pts
        pop(k,:) = [x(i),y(j)];
        k = k + 1;
    end
end

values = feval(fcn,pop);
values = reshape(values,pts,pts);

surf(x,y,values)
shading interp
light
lighting phong
hold on
contour(x,y,values)
view(37,60)
```

【例 5-8】编写一个待优化的目标函数，使用 plotobjective()函数绘制函数图形，并用遗传算法对目标函数进行优化求解。

在编辑器中编写待优化的目标函数 GAtestfcn()，代码如下。

```
function f=GAtestfcn(x)
for j=1:size(x,1)
    y=x(j,:);
    temp1=0;
    temp2=0;
    y1=y(1);
    y2=y(2);
    for i=1:10
        temp1=temp1+i.*cos((i+1).*y1+i);
        temp2=temp2+i.*cos((i+1).*y2+i);
    end
```

```
        f(j) = temp1.*temp2;
end
```

利用 plotobjective() 函数绘制函数图形，在命令行窗口中输入以下语句。

```
>> plotobjective(@GAtestfcn,[-1 1;-1 1])
```

得到待优化目标函数的图形，如图 5-19 所示。

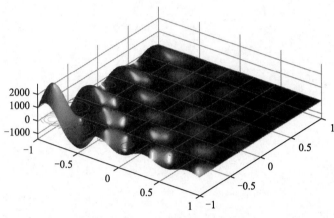

图 5-19　待优化目标函数的图形

使用遗传算法对目标函数优化求解时，首先设定目标函数和优化问题的变量个数（GAtestfcn() 函数有两个变量），然后利用自带的遗传算法函数对目标函数进行优化求解。

在命令行窗口中输入以下语句。

```
>> [x,fval,exitflag,output]=ga(@GAtestfcn,2)
Optimization terminated: average change in the fitness value less than options.
FunctionTolerance.
x =
  -26.0362    5.0200
fval =
  -2.3180e+03
exitflag =
     1
output =
  包含以下字段的 struct:
      problemtype: 'unconstrained'
        rngstate: [1×1 struct]
      generations: 89
        funccount: 4236
          message: 'Optimization terminated: average change in the fitness value less
than options.FunctionTolerance.'
    maxconstraint: []
```

从以上结果可知，最优解为（-26.0362　5.0200），最优解处的函数输出值为 -2.3180e+03，遗传算法的总代数为 89。

**注意**：一般情况下，遗传算法的初始种群均是随机产生的，后面的种群则是通过当前种群个体的适应度获取的。

另外，遗传算法还提供了 gaoptimset() 函数实现目标函数优化结果的可视化。在命令行窗口中执行以下代码可以添加遗传算法的图形属性选项。

```
>> options=gaoptimset('PlotFcns',{@gaplotbestf,@gaplotstopping});
```

在命令行窗口中输入 open gaplotbestf 可以查看 gaplotbestf() 函数代码。

```
function state = gaplotbestf(options,state,flag)
%GAPLOTBESTF Plots the best score and the mean score.
%STATE = GAPLOTBESTF(OPTIONS,STATE,FLAG) plots the best score as well
%as the mean of the scores.
%
%Example:
%Create an options structure that will use GAPLOTBESTF as the plot function
%options = optimoptions('ga','PlotFcn',@gaplotbestf);

%Copyright 2003-2016 The MathWorks, Inc.

if size(state.Score,2) > 1
    msg = getString(message('globaloptim:gaplotcommon:PlotFcnUnavailable',
'gaplotbestf'));
    title(msg,'interp','none');
    return;
end

switch flag
    case 'init'
        hold on;
        set(gca,'xlim',[0,options.MaxGenerations]);
        xlabel('Generation','interp','none');
        ylabel('Fitness value','interp','none');
        plotBest = plot(state.Generation,min(state.Score),'.k');
        set(plotBest,'Tag','gaplotbestf');
        plotMean = plot(state.Generation,meanf(state.Score),'.b');
        set(plotMean,'Tag','gaplotmean');
        title(['Best: ',' Mean: '],'interp','none')
    case 'iter'
        best = min(state.Score);
        m    = meanf(state.Score);
        plotBest = findobj(get(gca,'Children'),'Tag','gaplotbestf');
        plotMean = findobj(get(gca,'Children'),'Tag','gaplotmean');
        newX = [get(plotBest,'Xdata') state.Generation];
        newY = [get(plotBest,'Ydata') best];
        set(plotBest,'Xdata',newX, 'Ydata',newY);
        newY = [get(plotMean,'Ydata') m];
```

```
        set(plotMean,'Xdata',newX, 'Ydata',newY);
        set(get(gca,'Title'),'String',sprintf('Best: %g Mean: %g',best,m));
    case 'done'
        LegnD = legend('Best fitness','Mean fitness');
        set(LegnD,'FontSize',8);
        hold off;
end


%-------------------------------------------------
function m = meanf(x)
nans = isnan(x);
x(nans) = 0;
n = sum(~nans);
n(n==0) = NaN; % prevent divideByZero warnings
%Sum up non-NaNs, and divide by the number of non-NaNs.
m=sum(x) ./ n;
```

在命令行窗口中输入 open gaplotstopping 可以查看 gaplotstopping()函数代码。

```
function state = gaplotstopping(options,state,flag)
%GAPLOTSTOPPING Display stopping criteria levels.
%STATE = GAPLOTSTOPPING(OPTIONS,STATE,FLAG) plots the current percentage
%of the various criteria for stopping.
%
%Example:
%Create an options structure that uses GAPLOTSTOPPING
%as the plot function
%options = optimoptions('ga','PlotFcn',@gaplotstopping);
%
%(Note: If calling gamultiobj, replace 'ga' with 'gamultiobj')

%Copyright 2003-2015 The MathWorks, Inc.

CurrentGen = state.Generation;
stopCriteria(1) = CurrentGen / options.MaxGenerations;
stopString{1} = 'Generation';
stopCriteria(2) = toc(state.StartTime) / options.MaxTime;
stopString{2} = 'Time';

if isfield(state,'LastImprovement')
    stopCriteria(3) = (CurrentGen - state.LastImprovement) / options.MaxStallGenerations;
    stopString{3} = 'Stall (G)';
end

if isfield(state,'LastImprovementTime')
    stopCriteria(4) = toc(state.LastImprovementTime) / options.MaxStallTime;
    stopString{4} = 'Stall (T)';
```

```
end

ydata = 100 * stopCriteria;
switch flag
    case 'init'
        barh(ydata,'Tag','gaplotstopping')
        set(gca,'xlim',[0,100],'yticklabel', ...
            stopString,'climmode','manual')
        xlabel('% of criteria met','interp','none')
        title('Stopping Criteria','interp','none')
    case 'iter'
        ch = findobj(get(gca,'Children'),'Tag','gaplotstopping');
        set(ch,'YData',ydata);
end
```

在命令行窗口中重新执行遗传算法函数。

```
>> [x,fval,exitflag,output]=ga(@GAtestfcn,2,options);
Optimization terminated: average change in the fitness value less than options.
FunctionTolerance.
```

运行后得到如图 5-20 所示的遗传算法属性图。可以看到,停止代数满足了算法停止条件(达到100%),此时优化问题求解终止。

**注意:** 停止代数的作用是当目标函数在停止代数所设定代数内的加权平均变化小于设定值时,则算法停止运行。

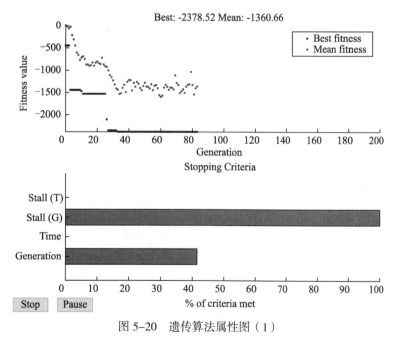

图 5-20　遗传算法属性图(1)

在遗传算法中,算法的"终止"属性是决定计算结果的重要参数。如果需要将算法的最大运行代数设为 200,停止代数为 50,可以在命令行窗口中输入以下语句。

```
>> options=gaoptimset(options,'Generations',200,'StallGenLimit',20)
options =
  包含以下字段的 struct:
         PopulationType: []
          PopInitRange: []
        PopulationSize: []
            EliteCount: []
     CrossoverFraction: []
        ParetoFraction: []
     MigrationDirection: []
      MigrationInterval: []
      MigrationFraction: []
           Generations: 200
             TimeLimit: []
          FitnessLimit: []
          StallGenLimit: 20
             StallTest: []
         StallTimeLimit: []
                TolFun: []
                TolCon: []
      InitialPopulation: []
         InitialScores: []
     NonlinConAlgorithm: []
         InitialPenalty: []
          PenaltyFactor: []
           PlotInterval: []
            CreationFcn: []
      FitnessScalingFcn: []
           SelectionFcn: []
           CrossoverFcn: []
            MutationFcn: []
      DistanceMeasureFcn: []
              HybridFcn: []
                Display: []
               PlotFcns: {@gaplotbestf  @gaplotstopping}
             OutputFcns: []
             Vectorized: []
             UseParallel: []
```

从上面的结果可知,算法最大运行代数 Generations 和停止代数 StallGenLimit 分别被设置为 20 和 200。在命令行窗口中重新执行遗传算法。

```
[x,fval,exitflag,output]=ga(@GAtestfcn,2,options);
Optimization terminated: average change in the fitness value less than options.
FunctionTolerance.
```

得到如图 5-21 所示的遗传算法属性图。可以看出，当算法运行代数达到 20 后，算法停止运行。

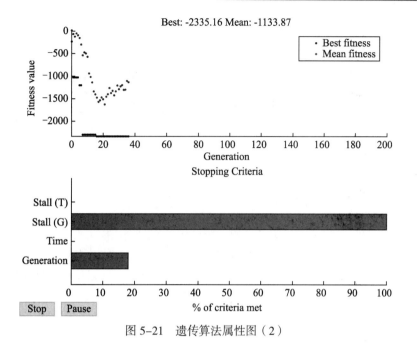

图 5-21　遗传算法属性图（2）

## 5.5　本章小结

　　本章详细介绍了遗传算法的基本概念和基本原理，然后对算法的编码规则、参数设置原则以及适应度函数的调整等做了详细的介绍，并给出了遗传算法在求函数极值、TSP 求解中的应用。本章还介绍了遗传算法工具箱的应用，利用遗传算法工具箱可以对传统的遗传算法实现全局优化，精度较高，使用方便。

# 第 6 章

# 免 疫 算 法

免疫算法（Immune Algorithm，IA）基于生物免疫系统基本机制，模仿人体的免疫系统。人工免疫系统作为人工智能领域的重要分支，与神经网络及遗传算法一样，也是智能信息处理的重要手段，已经受到越来越多的关注。本章重点介绍免疫算法的基本概念、定义和原理等，并对运用免疫算法解决最短路径问题进行详细介绍。

**学习目标**

（1）了解免疫算法的基本概念和定义。

（2）了解免疫遗传算法的流程和原理。

（3）熟悉免疫算法在求解最短路径中的应用。

## 6.1  免疫算法基本概念

在生命科学领域，人们已经对遗传（Heredity）和免疫（Immunity）等自然现象进行了广泛深入的研究。研究者力图将生命科学中的免疫概念引入工程实践领域，借助其中的有关知识和理论并将其与已有的一些智能算法有机地结合起来，以建立新的进化理论和算法，提高算法的整体性能。

基于这一思想，将免疫概念及其理论应用于遗传算法，在保留原算法优良特性的前提下，力图有选择、有目的地利用待求问题中的一些特征信息或知识抑制其优化过程中出现的退化现象，这种算法称为免疫算法。

免疫算法通过类似于生物免疫系统的机能，构造具有动态性和自适应性的信息防御体系，以此抵制外部无用、有害信息的侵入，从而保证接收信息的有效性和无害性。由于遗传算法较以往传统的搜索算法具有使用方便、鲁棒性强、便于并行处理等特点，因而广泛应用于组合优化、结构设计、人工智能等领域。

### 6.1.1  生物免疫系统

生物体内的免疫系统是保持生物免疫力、抵御外部细菌和病毒入侵的最重要的系统，其主要构成元素是淋巴细胞。淋巴细胞包括 B 细胞和 T 细胞。其中，T 细胞又称为抗原反应细胞，它受到抗原刺激后可以分化为淋巴母细胞，产生多种淋巴因子，引起细胞免疫反应；B 细胞又称为抗体形成细胞，即可以产生抗体，主要原理是在抗原刺激下分化或增生成为浆细胞，产生特异性免疫球蛋白（抗体）。当有外来侵犯的抗原时，免疫系统就会产生相应的抗原与抗体结合并产生一系列的反应，经过吞噬细胞的作用破坏抗原。抗体具有专一性，而且免疫系统还具备识别能力和记忆能力，可以对相同抗原作出更快的反应。

生物免疫系统抽象模型如图 6-1 所示。

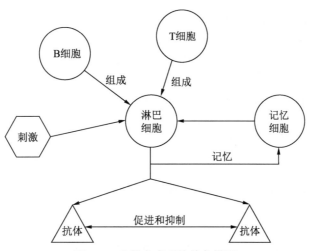

图 6-1 生物免疫系统抽象模型

生物免疫系统针对各种不同的抗原都可以产生准确的抗体，这充分展现了其强大的自适应能力。如表 6-1 所示，如果我们把实际求解问题的目标函数与外来侵犯的抗原相对应，把问题的解与免疫系统产生的抗体相对应，就能利用生物免疫系统自适应能力强的特点进一步提高遗传算法的计算效果。

表 6-1 免疫系统与一般免疫算法的对应关系

| 免 疫 系 统 | 免 疫 算 法 |
| --- | --- |
| 抗原 | 要解决的问题 |
| 抗体 | 最佳解向量 |
| 抗原识别 | 问题识别 |
| 从记忆细胞产生抗体 | 联想过去的成功 |
| 淋巴细胞分化 | 优良解（记忆）的保持 |
| 细胞抑制 | 剩余候选解的消除 |
| 抗体增加（细胞克隆） | 利用遗传算子产生新抗体 |

## 6.1.2 免疫算法基本原理

免疫算法解决了遗传算法的早熟收敛问题，这种问题一般出现在实际工程优化计算中。因为遗传算法的交叉和变异运算本身具有一定的盲目性，如果在最初的遗传算法中引入免疫的方法和概念，对遗传算法全局搜索的过程进行一定强度的干预，就可以避免很多重复无效的工作，从而提高算法效率。

因为合理提取疫苗是算法的核心，为了更加稳定地提高群体适应度，算法可以针对群体进化过程中的一些退化现象进行抑制。

在生物免疫学的基础上，我们发现生物免疫系统的运行机制与遗传算法的求解是很类似的。在抵抗抗原时，相关细胞增殖分化进而产生大量抗体抵御。倘若将我们所求的目标函数和约束条件当作抗原，将问题的解当作抗体，那么遗传算法求解的过程实际上就是生物免疫系统抵御抗原的过程。

因为免疫系统具有辨识记忆的特点，所以可以更快识别个体群体。而我们所说的基于疫苗接种的免疫遗传算法就是将遗传算法映射到生物免疫系统中，结合工程运算得到的一种更高级的优化算法。面对待求解问题时，相当于面对各种抗原，可以提前注射"疫苗"抑制退化问题，从而更加保持优胜劣汰的特点，使算法一直优化下去，即达到免疫的目的。

一般的免疫算法可分为以下 3 种情况。

（1）模仿免疫系统抗体与抗原识别，结合抗体产生过程而抽象出的免疫算法。

（2）基于免疫系统中的其他特殊机制抽象出的算法，如克隆选择算法。

（3）与遗传算法等其他计算智能融合产生的新算法，如免疫遗传算法。

### 6.1.3 免疫算法步骤和流程

免疫算法流程如图 6-2 所示，其主要步骤描述如下。

（1）抗原识别。输入目标函数和各种约束条件作为免疫算法的抗原，并读取记忆库文件，若问题在文件中有所保留（保留的意思是指该问题以前曾计算过，并在记忆库文件中储存过相关的信息），则初始化记忆库。

（2）产生初始解。初始解的产生来源有两种：根据对抗原的识别，若问题在记忆库中有所保留，则取记忆库，不足部分随机生成；若记忆库为空，全部随机生成。

（3）适应度评价（或计算亲和力）。解规模中的各个抗体，按给定的适应度评价函数计算各自适应度。

（4）记忆单元的更新。将适应度（或期望率）高的个体加入记忆库中，这将保证对优良解的保留，使能够延续到后代中。

（5）基于解的选择。选择适应度（期望值）较高的个体，适应度较低的个体将受到抑制。

（6）产生新抗体。通过交叉、变异、逆转等算子作用，选择的父代将产生新一代抗体。

（7）终止条件。条件满足，则终止；不满足，跳转到步骤（3）。

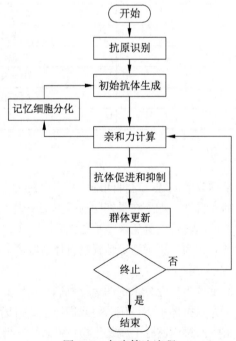

图 6-2　免疫算法流程

其中,免疫算法中最复杂的计算是亲和力计算。由于产生于确定克隆类型的抗体分子独特性是一样的,抗原与抗体的亲和力也是抗体与抗体的亲和力的测量。一般计算亲和力的公式为

$$(A_g)_k = \frac{1}{1+t_k}$$

其中, $t_k$ 为抗原和抗体 $k$ 的结合强度。一般免疫算法计算结合强度 $t_k$ 的数学工具主要有以下几种。

（1）汉明距离

$$D = \sum_{i=1}^{L} \delta, \quad \delta = \begin{cases} 1, & x_i \neq y_i \\ 0, & \text{其他} \end{cases}$$

（2）Euclidean 距离

$$D = \sqrt{\sum_{i=1}^{L}(x_i - y_i)^2}$$

（3）Manhattan 距离

$$D = \sqrt{\sum_{i=1}^{L}|x_i - y_i|}$$

一般免疫算法中抗体、抗原（即解和问题的编码方式）主要有二进制编码、实数编码和字符编码 3 种。其中,二进制编码因简单而得到广泛使用。编码后亲和力的计算一般是比较抗体、抗原字符串之间的异同,根据上述亲和力计算方法计算。

## 6.1.4  免疫系统模型和免疫算法

ARTIS（Artificial Immune System）是 Hofmeyr 提出的一种分布式人工免疫系统模型,它具有多样性、分布性、错误耐受、动态学习、自适应性、自我监测等特性,可应用于各种工程领域。

ARTIS 的免疫细胞生命周期理论对基于免疫的反垃圾邮件技术具有积极的启迪作用。

ARTIS 模型是一个分布式系统,它由一系列模拟淋巴结的节点构成,每个节点由多个检测器组成。各个节点都可以独立完成免疫功能。模型涉及的免疫机制包括识别、抗体多样性、调节、自体耐受、协同刺激等。

在 ARTIS 中,用固定长度的二进制串构成的有限集合 $U$ 表示蛋白质链。$U$ 可以分为两个子集: $N$ 表示非自体, $S$ 表示自体,满足

$$U = N \bigcup S, \text{ 且} N \bigcap S = \varnothing$$

目前常用的两种免疫算法是阴性选择算法和克隆选择算法,其调用格式分别如下。

### 1. 阴性选择算法

```
procedure
begin
随机生成大量的候选检测器(即免疫细胞);                        /*初始化*/
while 一个给定大小的检测器集合还没有被产生 do                /*耐受*/
    begin
    计算出每个自体元素和一个候选检测器之间的亲和力;
    if 这个候选的检测器识别出了自体集合中的任何一个元素 then
        这个检测器就要被消除掉;
    else 把这个检测器放入检测器集合中;                      /*该检测器成熟*/
    利用经过耐受的检测器集合, 检测系统以找出变种;
```

```
            end
    end
end
```

### 2. 克隆选择算法

```
begin
随机生成一个属性串（免疫细胞）的群体；
while 收敛标准没有满足 do
    begin
    while not 所有抗原搜索完毕 do                          /*初始化*/
        begin
        选择那些与抗原具有更高亲和力的细胞；                /*选择*/
        生成免疫细胞的副本，越高亲和力的细胞拥有越多的副本；  /*再生*/
        根据它们的亲和力进行变异，亲和力越高，变异越小；      /*遗传变异*/
        end
    end
end
```

## 6.1.5  免疫算法特点

免疫算法具有很多普通遗传算法没有的特点，主要如下。

（1）可以提高抗体的多样性。B细胞在抗原刺激下分化或增生成为浆细胞，产生特异性免疫球蛋白（抗体）抵抗抗原，这种机制可以提高遗传算法全局优化搜索能力。

（2）可以自我调节。免疫系统通过抑制或促进抗体进行自我调节，因此总可以维持平衡。同样的方法可以用来抑制或促进遗传算法的个体浓度，从而提高遗传算法的局部搜索能力。

（3）具有记忆功能。当第1次抗原刺激后，免疫系统会将部分产生过相应抗体的细胞保留下来，称为记忆细胞，如果同样的抗原再次刺激，便能迅速产生大量相应抗体。同样的方法可以用来加快遗传算法搜索的速度，使遗传算法反应更迅速、快捷。

## 6.1.6  免疫算法的发展趋势

免疫算法有以下发展趋势。

（1）以开发新型的智能系统方法为背景，研究基于生物免疫系统机理的智能系统理论和技术，同时将免疫系统与模糊系统、神经网络和遗传算法等软计算技术进行集成，并给出其应用方法。

（2）基于最新发展的免疫网络学说进一步建立并完善模糊系统、神经网络和其他一些专有类型的人工免疫网络模型及其应用方法。

（3）将人工免疫系统与遗传系统的机理相互结合，并归纳出各种免疫学习算法。例如，免疫系统的多样性遗传机理和细胞选择机理可用于改善原遗传算法中对局部搜索问题不是很有效的情况等。

（4）基于免疫反馈和学习机理，设计自调整、自组织和自学习的免疫反馈控制器。展开对基于免疫反馈机理的控制系统的设计方法和应用研究，这有可能成为工程领域中新型的智能控制系统，具有重要的理论意义与广泛的应用前景。

（5）进一步研究基于免疫系统机理的分布式自治系统。分布式免疫自治系统在智能计算、系统科学和经济领域将有广阔的应用前景。

（6）发展基于 DNA 编码的人工免疫系统以及基于 DNA 计算的免疫算法。尝试将 DNA 计算模型引入人工免疫系统中，研究一种基于 DNA 计算与免疫系统相结合的有较强抗干扰能力和稳定性能的智能系统。

（7）近年来，有学者已开始研究 B 细胞-抗体网络的振荡、混沌和稳态等非线性特性，不过工作才刚刚开始。人们应进一步借助非线性的研究方法研究免疫系统的非线性行为，拓宽非线性科学的研究范围。

（8）进一步发展免疫系统在科学和工程上的应用，并研制实际产品，如研制在复杂系统的协调控制、故障检测和诊断、机器监控、签名确认、噪声检测、计算机与网络数据的安全性、图像与模式识别等方面的实际产品。

## 6.2　免疫遗传算法

免疫遗传算法和遗传算法的结构基本一致，最大的不同之处就是在免疫遗传算法中引入了浓度调节机制。进行选择操作时，遗传算法只利用适应度值指标对个体进行评价；免疫遗传算法的选择策略变为：适应度越高，浓度越小，个体复制的概率越大；适应度越低，浓度越高的个体得到选择的概率就越小。

免疫遗传算法的基本思想就是在传统遗传算法的基础上加入一个免疫算子，目的是防止种群退化。免疫算子由接种疫苗和免疫选择两个步骤组成，免疫遗传算法可以有效地调节选择压力。因此，免疫遗传算法具有更好地保持群体多样性的能力。

### 6.2.1　免疫遗传算法步骤和流程

免疫遗传算法流程如图 6-3 所示，主要步骤如下。

（1）抗原识别。将所求的目标函数和约束条件当作抗原进行识别，判定是否曾经解决过该类问题。

（2）初始抗体的产生，对应遗传算法就是得到解的初始值。经过对抗原的识别，如果曾解决过此类问题，则直接寻找相应记忆细胞，从而产生初始抗体。

（3）记忆单元更新。选择亲和度高的抗体进行存储记忆。

（4）抗体的抑制和促进。在免疫遗传算法中，由于亲和度高的抗体显然受到促进，传进下一代的概率更大，而亲和度低的就会受到抑制，这样很容易导致群体进化单一。因此，需要在算法中插入新的策略，保持群体的多样性。

（5）遗传操作。所谓的遗传操作，即经过交叉、变异产生下一代抗体的过程。免疫遗传算法通过考虑抗体亲和度以及群体多样性，选择抗体群体，进行交叉和变异从而产生新一代抗体，保证种族向适应度高的方向进化。

### 6.2.2　免疫遗传算法 MATLAB 实现

免疫遗传算法中的标准遗传操作，包括选择、交叉、变异，以及基于生物免疫机制的免疫记忆、多样性保持、自我调节等功能，都是针对抗体（遗传算法称之为个体或染色体）进行的，而抗体可很方便地用向量（即 $1 \times n$ 矩阵）表示，因此上述选择、交叉、变异、免疫记忆、多样性保持、自我调节等操作和功能全部由矩阵运算实现。

利用 MATLAB 实现免疫遗传算法的最大优势在于它具有强大的处理矩阵运算的功能。MATLAB 实现免疫遗传算法流程如图 6-4 所示。

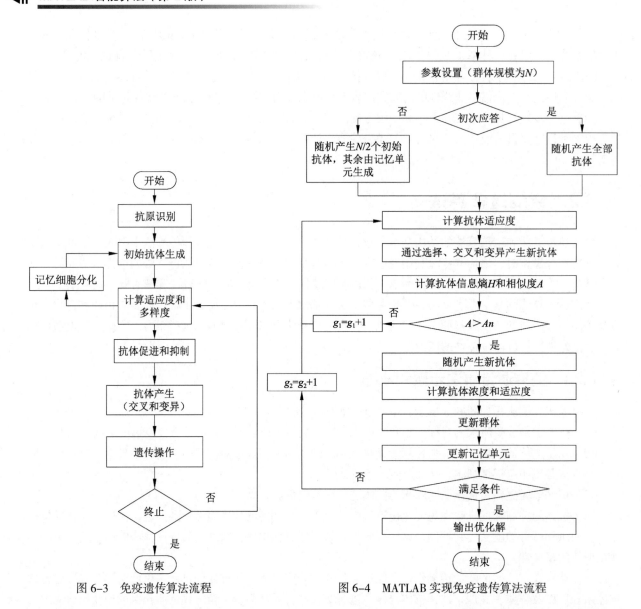

图 6-3　免疫遗传算法流程　　　　图 6-4　MATLAB 实现免疫遗传算法流程

**【例 6-1】**设计一个免疫遗传算法，实现对图 6-5 单阈值图像的分割，并画图比较分割前后的图像效果。

假设免疫系统群体规模为 $N$，每个抗体的基因长度为 $M$，采用符号集大小为 $S$（对于二进制编码，$S=2$），输入变量数为 $L$（对于优化问题，指被优化变量个数），适应度为 1，随机产生的新抗体个数 $P$ 为群体规模的 40%，进化截止代数为 50。

在编辑器中编写如下程序。

```
%%%%%%免疫遗传算法主程序%%%%%%
clear, clc
tic
popsize=15;
```

图 6-5　单阈值图像

```
lanti=10;
maxgen=50;                                            %最大代数
cross_rate=0.4;                                       %交叉速率
mutation_rate=0.1;                                    %变异速率
a0=0.7;
zpopsize=5;
bestf=0;
nf=0;
number=0;
I=imread('bird.bmp');
q=isrgb(I);                                           %判断是否为 RGB 真彩图像
if q==1
    I=rgb2gray(I);                                    %RGB 图像转换为灰度图像
end
[m,n]=size(I);
p=imhist(I);                                          %显示图像数据直方图
p=p';                                                 %阵列由列变为行
p=p/(m*n);                                            %将 p 的值变换到（0,1）
figure(1)
subplot(1,2,1);
imshow(I);
title('原始图像的灰度图像');
hold on

%%%%%%抗体群体初始化%%%%%%
pop=2*rand(popsize,lanti)-1;                          %pop 为（-1,1）的随机数矩阵
pop=hardlim(pop);                                     %pop 大于或等于 0 时输出 1，小于 0 时输出 0

%%%%%%免疫操作%%%%%%
for gen=1:maxgen
    [fitness,yuzhi,number]=fitnessty(pop,lanti,I,popsize,m,n,number);
                                                      %计算抗体-抗原的亲和度
    if max(fitness)>bestf
        bestf=max(fitness);
        nf=0;
        for i=1:popsize
            if fitness(1,i)==bestf                    %找出最大适应度在向量 fitness 中的序号
                v=i;
            end
        end
        yu=yuzhi(1,v);
    elseif max(fitness)==bestf
        nf=nf+1;
    end
    if nf>=20
        break;
    end
    A=shontt(pop);                                    %计算抗体-抗体的相似度
```

```matlab
    f=fit(A,fitness);                                    %计算抗体的聚合适应度
    pop=select(pop,f);                                   %进行选择操作
    pop=coss(pop,cross_rate,popsize,lanti);              %交叉
    pop=mutation_compute(pop,mutation_rate,lanti,popsize);        %变异
    a=shonqt(pop);                                       %计算抗体群体的相似度
    if a>a0
        zpop=2*rand(zpopsize,lanti)-1;
        zpop=hardlim(zpop);                              %随机生成 zpopsize 个新抗体
        pop(popsize+1:popsize+zpopsize,:)=zpop(:,:);
        [fitness,yuzhi,number]=fitnessty(pop,lanti,I,popsize,m,n,number);
        %计算抗体-抗原的亲和度
        A=shontt(pop);                                   %计算抗体-抗体的相似度
        f=fit(A,fitness);                                %计算抗体的聚合适应度
        pop=select(pop,f);                               %进行选择操作
    end
    if gen==maxgen
        [fitness,yuzhi,number]=fitnessty(pop,lanti,I,popsize,m,n,number);
        %计算抗体-抗原的亲和度
    end
end
imshow(I);
subplot(1,2,2);
fresult(I,yu);
title('阈值分割后的图像');

%%%%%%%均匀杂交%%%%%%%
function pop=coss(pop,cross_rate,popsize,lanti)
j=1;
for i=1:popsize                                          %选择进行抗体交叉的个体
    p=rand;
    if p<cross_rate
        parent(j,:)=pop(i,:);
        a(1,j)=i;
        j=j+1;
    end
end
j=j-1;
if rem(j,2)~=0
    j=j-1;
end
for i=1:2:j
    p=2*rand(1,lanti)-1;                                 %随机生成一个模板
    p=hardlim(p);
    for k=1:lanti
        if p(1,k)==1
            pop(a(1,i),k)=parent(i+1,k);
            pop(a(1,i+1),k)=parent(i,k);
        end
```

```
        end
    end
end

%%%%%抗体的聚合适应度函数%%%%%
function f=fit(A,fitness)
t=0.8;
[m,m]=size(A);
k=-0.8;
for i=1:m
    n=0;
    for j=1:m
        if A(i,j)>t
            n=n+1;
        end
    end
    C(1,i)=n/m;                              %计算抗体的浓度
end
f=fitness.*exp(k.*C);                        %抗体的聚合适应度
end


%%%%%适应度计算%%%%%
function [fitness,b,number]=fitnessty(pop,lanti,I,popsize,m,n,number)
num=m*n;
for i=1:popsize
    number=number+1;
    anti=pop(i,:);
    lowsum=0;                                %低于阈值的灰度值之和
    lownum=0;                                %低于阈值的像素数
    highsum=0;                               %高于阈值的灰度值之和
    highnum=0;                               %高于阈值的像素数
    a=0;
    for j=1:lanti
        a=a+anti(1,j)*(2^(j-1));             %加权求和
    end
    b(1,i)=a*255/(2^lanti-1);
    for x=1:m
        for y=1:n
            if I(x,y)<b(1,i)
                lowsum=lowsum+double(I(x,y));
                lownum=lownum+1;
            else
                highsum=highsum+double(I(x,y));
                highnum=highnum+1;
            end
        end
    end
    u=(lowsum+highsum)/num;
```

```
        if lownum~=0
            u0=lowsum/lownum;
        else
            u0=0;
        end
        if highnum~=0
            u1=highsum/highnum;
        else
            u1=0;
        end
        w0=lownum/(num);
        w1=highnum/(num);
        fitness(1,i)=w0*(u0-u)^2+w1*(u1-u)^2;
end
end
```

%%%%%%根据最佳阈值进行图像分割输出结果%%%%%%
```
function fresult(I,f,m,n)
[m,n]=size(I);
for i=1:m
    for j=1:n
        if I(i,j)<=f
            I(i,j)=0;
        else
            I(i,j)=255;
        end
    end
end
imshow(I);
end
```

%%%%%%判断是否为 RGB 真彩图像%%%%%%
```
function y=isrgb(x)
%{
wid=sprintf('Images: %s:obsoleteFunction',mfilename);
str1=sprintf('%s is obsolete and may be removed in the future.',mfilename);
str2='See product release notes for more information.';
warning(wid,'%s\n%s',str1,str2);
%}
y=size(x,3)==3;
if y
    if isa(x, 'logical')
        y=false;
    elseif isa(x, 'double')
        m=size(x,1);
        n=size(x,2);
        chunk=x(1:min(m,10),1:min(n,10),:);
        y=(min(chunk(:))>=0 && max(chunk(:))<=1);
```

```
                if y
                    y=(min(x(:))>=0 && max(x(:))<=1);
                end
            end
    end
end
```

%%%%%%变异操作%%%%%%
```
function pop=mutation_compute(pop,mutation_rate,lanti,popsize)          %均匀变异
for i=1:popsize
    s=rand(1,lanti);
    for j=1:lanti
        if s(1,j)<mutation_rate
            if pop(i,j)==1
                pop(i,j)=0;
            else pop(i,j)=1;
            end
        end
    end
end
end
```

%%%%%%选择操作%%%%%%
```
function v=select(v,fit)
[px,py]=size(v);
for i=1:px;
    pfit(i)=fit(i)./sum(fit);
end
pfit=cumsum(pfit);
if pfit(px)<1
    pfit(px)=1;
end
rs=rand(1,10);
for i=1:10
    ss=0 ;
    for j=1:px
        if rs(i)<=pfit(j)
            v(i,:) = v(j,:);
            ss=1;
        end
        if ss==1
            break;
        end
    end
end
end
```

%%%%%%群体相似度函数%%%%%%

```
function a=shonqt(pop)
[m,n]=size(pop);
h=0;
for i=1:n
    s=sum(pop(:,i));
    if s==0||s==m
        h=h;
    else
        h=h-s/m*log2(s/m)-(m-s)/m*log2((m-s)/m);
    end
end
a=1/(1+h);
end

%%%%%%抗体相似度计算函数%%%%%%
function A=shontt(pop)
[m,n]=size(pop);
for i=1:m
    for j=1:m
        if i==j
            A(i,j)=1;
        else H(i,j)=0;
            for k=1:n
                if pop(i,k)~=pop(j,k)
                    H(i,j)=H(i,j)+1;
                end
            end
            H(i,j)=H(i,j)/n;
            A(i,j)=1/(1+H(i,j));
        end
    end
end
end
```

运行程序，可以得到如图 6-6 所示的分割前后图像效果比较。

原始图像的灰度图像　　　　　　　　　阈值分割后的图像

图 6-6　分割前后图像效果比较

图 6-7 是待分割的竹子图片，竹子和背景的灰度没有很强烈的对比。利用本例程序，运行后得到如图 6-8 所示的阈值分割前后对比。可以看出，阈值分割前后对比效果就没有单阈值图像分割那么强烈。

原始图像的灰度图像

阈值分割后的图像

图 6-7　待分割的竹子图片　　　　　　　图 6-8　阈值分割前后对比

## 6.3　免疫算法的应用

免疫算法与遗传算法最大的区别是多用了一个免疫函数。免疫算法是遗传算法的变体，它不用杂交，而是采用注入疫苗的方法。疫苗是优秀染色体中的一段基因，可以把疫苗接种到其他染色体中。

### 6.3.1　免疫算法在克隆选择中的应用

克隆选择原理最先由 Jerne 提出，后由 Burnet 给予完整阐述。其基本内容为：当淋巴细胞实现对抗原的识别（即抗体和抗原的亲和度超过一定阈值）后，B 细胞被激活并增殖复制产生 B 细胞克隆，随后克隆细胞经历变异过程，产生对抗原具有特异性的抗体。

克隆选择理论描述了获得性免疫的基本特性，并且声明只有成功识别抗原的免疫细胞才得以增殖。经历变异后的免疫细胞分化为效应细胞（抗体）和记忆细胞两种。

【例 6-2】利用免疫遗传算法，求函数 $f(x) = x + 10\sin(5x) + 9\cos(4x), x \in (0,8)$ 的最大值。

使用 MATLAB 编写程序，完成免疫算法的克隆选择，代码如下所示。

```
%%%%%%二维人工免疫优化算法%%%%%%
clear,clc
tic;
F='X+10*sin(X.*5)+9*cos(X.*4)';          %目标函数
FF=@(X)X+10*sin(X.*5)+9*cos(X.*4);       %目标函数，使用 fplot()函数
m=65;                 %抗体规模
n=22;                 %每个抗体二进制字符串长度
mn=60;                %从抗体集合中选择 n 个具有较高亲和度的最佳个体进行克隆操作
xmin=0;               %自变量下限
xmax=8;               %自变量上限
tnum=100;             %迭代代数
pMutate=0.1;          %高频变异概率
cfactor=0.3;          %克隆 (复制)因子
A=InitializeFun(m,n); %生成抗体集合 A(m×n),m 为抗体数目,n 为每个抗体基因长度（二进制编码）
FM=[];                %存放各代最优值的集合
FMN=[];               %存放各代平均值的集合
```

```
t=0;

while t<tnum
    t=t+1;
    X=DecodeFun(A(:,1:22),xmin,xmax);          %将二进制数转换为十进制数
    Fit=eval(F);                               %以 X 为自变量求函数值并存放到集合 Fit 中
    if t==1
        figure(1),clf,fplot(FF,[xmin,xmax]);
        grid on,hold on
        plot(X,Fit,'k*')
        xlabel('x'),ylabel('f(x)'),title('抗体的初始位置分布图')
    end
    if t==tnum
        figure(2),clf,fplot(FF,[xmin,xmax]);
        grid on,hold on
        plot(X,Fit,'r*')
        xlabel('x'),ylabel('f(x)'),title('抗体的最终位置分布图')
    end

    %T 为临时存放克隆群体的集合,克隆规模是抗原亲和度度量的单调递增函数
    %AAS 为每个克隆的最终下标位置
    %BBS 为每代最优克隆的下标位置
    %Fit 为每代适应度值集合
    %Affinity 为亲和度值大小顺序
    T=[];                                      %把临时存放抗体的集合清空
    [FS,Affinity]=sort(Fit,'ascend');          %把第 t 代的函数值 Fit 按从小到大的顺序排列并存
                                               %放到 FS 中
    XT=X(Affinity(end-mn+1:end));              %把第 t 代的函数值的坐标按从小到大的顺序排列并
                                               %存放到 XT 中
    FT=FS(end-mn+1:end);                       %从 FS 集合中取后 mn 个第 t 代的函数值按原顺序排
                                               %列并存放到 FT 中
    FM=[FM FT(end)];                           %把第 t 代的最优函数值加到集合 FM 中
    [T,AAS]=ReproduceFun(mn,cfactor,m,Affinity,A,T);   %克隆(复制)操作,选择 mn 个候选抗
                                               %体进行克隆
                        %克隆数与亲和度成正比, AAS 是每个候选抗体克隆后在 T 中的开始坐标
    T=Hypermutation(T,n,pMutate,xmax,xmin);    %把以前的抗体保存到临时克隆群体 T 中
    AF1=fliplr(Affinity(end-mn+1:end));        %从大到小重新排列要克隆的 mn 个原始抗体
    T(AAS,:)=A(AF1,:);                         %把以前的抗体保存到临时克隆群体 T 中
                                               %从临时抗体集合 T 中根据亲和度的值选择 mn 个
    X=DecodeFun(T(:,1:22),xmin,xmax);
    Fit=eval(F);
    AAS=[0 AAS];
    FMN=[FMN mean(Fit)];
    for i=1:mn
        [OUT(i),BBS(i)]=max(Fit(AAS(i)+1:AAS(i+1)));   %克隆子群中的亲和度最大的抗体被选中
        BBS(i)=BBS(i)+AAS(i);
    end
    AF2=fliplr(Affinity(end-mn+1:end));        %从大到小重新排列要克隆的 mn 个原始抗体
```

```
        A(AF2,:)=T(BBS,:);                    %选择克隆变异后 mn 个子群中的最好个体保存到 A 中,其余丢失
    end
    fprintf('\n The optimal point is:\n');
    fprintf('\n x: %2.4f, f(x):%2.4f\n',XT(end),FM(end));
    figure(3),clf,plot(FM)
    grid on,hold on
    plot(FMN,'r --')
    title('适应值变化趋势'),xlabel('迭代数'),ylabel('适应值')


    %%%%%%初始化函数%%%%%%
    function A=InitializeFun(m,n)
    A=2.*rand(m,n)-1;
    A=hardlim(A);
    end


    %%%%%%解码函数%%%%%%
    function X=DecodeFun(A,xmin,xmax)
    A=fliplr(A);                                              %左右翻转矩阵 A
    SA=size(A);
    AX=0:1:21;
    AX=ones(SA(1),1)*AX;
    SX=sum((A.*2.^AX)');
    X=xmin+(xmax-xmin)*SX./4194303;
    end


    %%%%%%克隆算子%%%%%%
    function [T,AAS]=ReproduceFun(mn,cfactor,m,Affinity,A,T)
    if mn==1
        CS=m;
        T=ones(m,1)*A(Affinity(end),:);
    else
        for i=1:mn
            %每个抗体的克隆数与它和抗原的亲和度成正比
            CS(i)=round(cfactor*m);                      %计算每个抗体的克隆数目 CS(i)
            AAS(i)=sum(CS);                              %每个抗体克隆的最终下标位置
            ONECS=ones(CS(i),1);                         %生成 CS(i)行 1 列单位矩阵 ONECS
            subscript=Affinity(end-i+1);                 %确定当前要克隆抗体在抗体集 A 中的下标
            AA=A(subscript,:);                           %确定当前要克隆抗体的基因序列集合 AA(1×n)
            T=[T;ONECS*AA];                              %得到零时存放抗体的集合 T
        end
    end
    end


    %%%%%%变异算子%%%%%%
    function T=Hypermutation(T,n,pMutate,xmax,xmin)
    M=rand(size(T,1),n)<=pMutate;
    M=T-2.*(T.*M)+M;
    k=round(log(10*(xmax-xmin)));
```

```
k=1;
T(:,k:n)=M(:,k:n);
end
```

运行程序，在命令行窗口中会输出以下结果。

```
The optimal point is:
x: 7.8565, f(x):26.8553
```

这说明大约在第 8 代，抗体出现最优适应值 26.8553。

同时可以得到抗体的初始位置分布，如图 6-9 所示，以及抗体最终位置分布，如图 6-10 所示。由此可以看出，子群中的亲和度最大的抗体被克隆，其余抗体被丢弃。

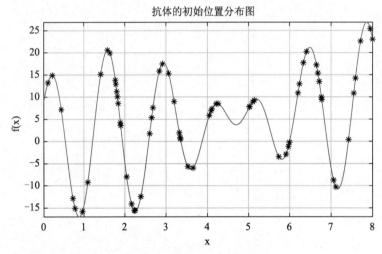

图 6-9　抗体的初始位置分布

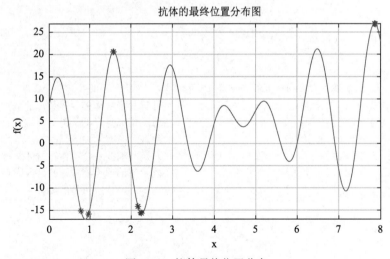

图 6-10　抗体最终位置分布

抗体适应值的变化趋势如图 6-11 所示。随着抗体迭代次数的增加，其平均适应值（实线）和最大适应值（虚线）的值趋于稳定。

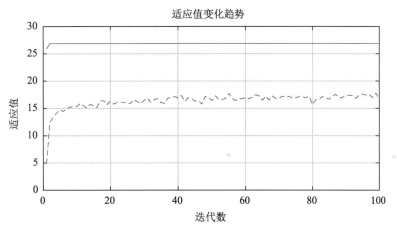

图 6-11　抗体适应值的变化趋势

## 6.3.2　免疫算法在最短路径规划中的应用

免疫算法是在克服遗传算法不足的基础上提出的一种具有更强鲁棒性和更快收敛速度的搜索算法，并可以很好地解决遗传算法中出现的退化现象，所以在解决复杂的最优问题时具有广泛的应用，如路径规划问题。

路径规划是指在具有障碍物的环境中，按照一定的评价标准，寻找一条从起始状态到目标状态的无碰撞路径。最短路径规划问题是图论研究中的一个经典算法问题，其目的是寻找图（由节点和路径组成的）中两节点之间的最短路径。该问题的具体形式如下。

（1）确定起点的最短路径问题：已知起始节点，求最短路径的问题。

（2）确定终点的最短路径问题：与确定起点的问题相反，该问题是已知终结节点，求最短路径的问题。在无向图中该问题与确定起点的问题完全等同，在有向图中该问题等同于把所有路径方向反转的确定起点的问题。

（3）确定起点和终点的最短路径问题：已知起点和终点，求两节点之间的最短路径。

（4）全局最短路径问题：求图中所有最短路径。

设 $P(u, v)$ 是地图中从 $u$ 到 $v$ 的路径，则该路径上的边权之和称为该路径的权，记为 $w(P)$。从 $u$ 到 $v$ 的路径中权最小者 $P^*(u, v)$ 称为 $u$ 到 $v$ 的最短路径。

【例 6-3】在如图 6-12 所示的网络中，求 1 号到 5 号节点的最短路径。

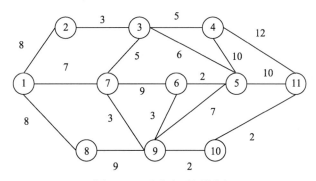

图 6-12　现有交通网络图

　　根据免疫算法原理，在生成初始次优路径时，利用 dijkstra()函数生成初始次优路径，再根据免疫算法计算全局最优路径。

　　初始次优路径算法的基本思路是：采用标号作业法，每次迭代产生一个永久标号，从而生长一棵以 $v_0$ 为根的最短路径树，在这棵树上每个顶点与根节点之间的路径皆为最短路径。

　　在编辑器中编写 dijkstra()函数，创建初始路径。

```matlab
function [min,path]=dijkstra(w,start,terminal)
n=size(w,1);
label(start)=0;
f(start)=start;
for i=1:n
    if i~=start
        label(i)=inf;
    end
end
s(1)=start; u=start;
while length(s)<n
    for i=1:n
        ins=0;
        for j=1:length(s)
            if i==s(j)
                ins=1;
            end
        end
        if ins==0
            v=i;
            if label(v)>(label(u)+w(u,v))
                label(v)=(label(u)+w(u,v));
                f(v)=u;
            end
        end
    end
    v1=0; k=inf;
    for i=1:n
        ins=0;
        for j=1:length(s)
            if i==s(j)
                ins=1;
            end
        end
        if ins==0
            v=i;
            if k>label(v)
                k=label(v);
                v1=v;
            end
        end
    end
```

```
        end
        s(length(s)+1)=v1;
        u=v1;
    end
    min=label(terminal);
    path(1)=terminal;
    i=1;
    while path(i)~=start
        path(i+1)=f(path(i));
        i=i+1 ;
    end
    path(i)=start;
    L=length(path);
    path=path(L:-1:1);
end
```

主函数如下。

```
clear, clc
edge=[ 2,3,1,3,3,5,4, 4,1,7,6,6,5, 5,11, 1,8,6,9,10,8,9, 9,10;...
    3,4,2,7,5,3,5,11,7,6,7,5,6,11, 5, 8,1,9,5,11,9,8,10,9;...
    3,5,8,5,6,6,1,12,7,9,9,2,2,10,10,8,8,3,7, 2, 9,9, 2, 2];
n=11;
weight=inf*ones(n,n);
for i=1:n
    weight(i,i)=0;
end
for i=1:size(edge,2)
    weight(edge(1,i), edge(2,i))=edge(3,i);
end
[dis, path]=dijkstra(weight,1,5)
```

运行程序，结果如下。

```
dis =
    17
path =
    1    2    3    5
```

由此可知，1 号节点到 5 号节点的最短路径为 1→2→3→5，其长度为 17。

【例 6-4】以下所列数字表示 4 个位置 $a_1$、$a_2$、$a_3$、$a_4$ 两两之间的距离，求任意两个位置之间的距离表。

$$\begin{pmatrix} a_1 \\ a_2 \\ a_3 \\ a_4 \end{pmatrix} \begin{bmatrix} 0 & 1 & 5 & 3 \\ 1 & 0 & 4 & 6 \\ 5 & 4 & 0 & 2 \\ 3 & 6 & 2 & 0 \end{bmatrix}$$
$$(a_1 \quad a_2 \quad a_3 \quad a_4)$$

根据免疫算法原理，在生成初始次优路径时，利用 floyd()函数生成初始次优路径，再根据免疫算法计算全局最优路径。

floyd()函数直接在图的带权邻接矩阵中插入顶点，依次递推构造出 $n$ 个矩阵 $D(1)$, $D(2)$, $\cdots$, $D(n)$, $D(n)$

是图的距离矩阵，同时引入一个后继点矩阵记录两点间的最短路径。

在编辑器中编写 floyd()函数，生成初始次优路径。

```
function [D,path,min1,path1]=floyd(a,start,terminal)
D=a;n=size(D,1);path=zeros(n,n);
for i=1:n
    for j=1:n
        if D(i,j)~=inf
            path(i,j)=j;
        end, end, end
for k=1:n
    for i=1:n
        for j=1:n
            if D(i,k)+D(k,j)<D(i,j)
                D(i,j)=D(i,k)+D(k,j);
                path(i,j)=path(i,k);
            end
        end
    end
end

if nargin==3
    min1=D(start,terminal);
    m(1)=start;
    i=1;
    path1=[ ];
    while  path(m(i),terminal)~=terminal
        k=i+1;
        m(k)=path(m(i),terminal);
        i=i+1;
    end
    m(i+1)=terminal;
    path1=m;
end
end
```

主函数如下。

```
clear, clc
a=[0,1,5,3;1,0,4,6;5,4,0,2;3,6,2,0];
[D, path]=floyd(a)
```

运行程序，结果如下。

```
D =
    0    1    5    3
    1    0    4    4
    5    4    0    2
    3    4    2    0
path =
```

| 1 | 2 | 3 | 4 |
| 1 | 2 | 3 | 1 |
| 1 | 2 | 3 | 4 |
| 1 | 1 | 3 | 4 |

D 便是最优的距离。由 path 矩阵可知，例如求 2 到 4 的路线，path(2,4)=1，path(1,4)=4，因此应为 2→1→4。

## 6.3.3　免疫算法在 TSP 中的应用

前面已经讲过利用遗传算法求解旅行商问题（TSP）。TSP 即为一个商人从某一城市出发，要遍历所有目标城市，其中每个城市必须而且只访问一次。所要研究的问题是在所有可能的路径中寻找一条路程最短的路线。TSP 是一个典型的 NP 问题，即随着规模的增加，可行解的数目将呈指数级增长。

免疫算法求解 TSP 流程如图 6-13 所示。具体过程如下。

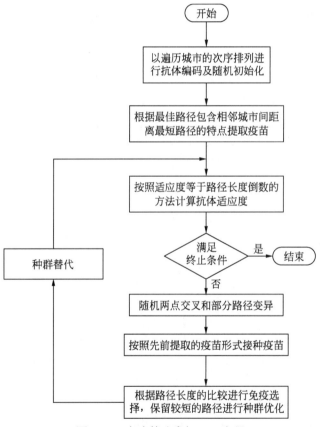

图 6-13　免疫算法求解 TSP 流程

### 1. 个体编码和适应度函数

（1）算法实现中，将 TSP 的目标函数对应于抗原，问题的解对应于抗体。

（2）抗体采用以遍历城市的次序排列进行编码，每个抗体码串形如 $v_1, v_2, \cdots, v_n$，其中，$v_i$ 表示遍历城市的序号。适应度函数取路径长度 $T_d$ 的倒数，即

$$\text{Fitness}(i) = \frac{1}{T_d(i)}$$

其中，$T_d(i)=\sum_{i=1}^{n-1}d(v_i,v_{i+1})+d(v_n,v_1)$ 表示第 $i$ 个抗体所表示的遍历路径长度。

## 2. 交叉与变异算子

采用单点交叉，其中交叉点的位置随机确定。算法中加入了对遗传个体基因型特征的继承性和对进一步优化所需个体特征的多样性进行评测的环节，在此基础上设计一种部分路径变异法。

该方法每次选取全长路径的一段，路径子段的起点与终点由评测的结果估算确定。具体操作为采用连续 $n$ 次的调换方式，其中 $n$ 的大小由遗传代数 $K$ 决定。

## 3. 免疫算子

免疫算子有两种类型：全免疫（非特异性免疫）和目标免疫（特异性免疫）。其中，全免疫即群体中的每个个体在进化算子作用后，对其每个环节都进行一次免疫操作的免疫类型；目标免疫即在进行了进化操作后，经过一定的判断，个体仅在作用点处发生免疫反应的免疫类型。

对于 TSP，要找到适用于整个抗原（即全局问题求解）的疫苗极为困难，所以采用目标免疫。在求解问题之前先从每个城市点的周围各点中选取一个路径最近的点，以此作为算法执行过程中对该城市点进行目标免疫操作时所注入的疫苗。

每次遗传操作后，随机抽取一些个体注射疫苗，然后进行免疫检测，即对接种了疫苗的个体进行检测：若适应度提高，则继续；反之，若其适应度仍不如父代，说明在交叉、变异的过程中出现了严重的退化现象，这时该个体将被父代中所对应的个体取代。

在选择阶段，先计算其被选中的概率，后进行相应的条件判断。

【例 6-5】选取 10 个城市的规模，利用免疫算法求解 TSP。

在编辑器中编写程序。

```
clear,clc,close
N=10;                                                %城市的个数
M=N-1;                                               %种群的个数
pos=randn(N,2);                                      %生成城市的坐标
global D;
D=zeros(N,N);                                        %城市距离数据
for i=1:N
    for j=i+1:N
        dis=(pos(i,1)-pos(j,1)).^2+(pos(i,2)-pos(j,2)).^2;
        D(i,j)=dis^(0.5);
        D(j,i)=D(i,j);
    end
end
global TmpResult TmpResult1
TmpResult=[]; TmpResult1=[];                         %中间结果保存

%%%%%%参数设定%%%%%%
[M,N]=size(D);                                       %集群规模
pCharChange=1;                                       %字符换位概率
pStrChange=0.4;                                      %字符串移位概率
pStrReverse=0.4;                                     %字符串逆转概率
pCharReCompose=0.4;                                  %字符重组概率
MaxIterateNum=100;                                   %最大迭代次数
```

```
%%%%%数据初始化%%%%%
mPopulation=zeros(N-1,N);
mRandM=randperm(N-1);                                    %最优路径
mRandM=mRandM + 1;
for rol=1:N-1
    mPopulation(rol,:)=randperm(N);                      %产生初始抗体
    mPopulation(rol,:)=DisplaceInit(mPopulation(rol,:)); %预处理
end

%%%%%迭代%%%%%
count=0;
while count<MaxIterateNum
    %产生新抗体
    B=Mutation(mPopulation, [pCharChange pStrChange pStrReverse pCharReCompose]);
    %计算所有抗体的亲和力和所有抗体与最优抗体的排斥力
    mPopulation=SelectAntigen(mPopulation,B);
    hold on
    plot(count,TmpResult(end),'o');
    drawnow
    %display(TmpResult(end));
    %display(TmpResult1(end));
    count=count + 1;
end

hold on, grid on
plot(TmpResult,'-r');
title('最佳适应度变化趋势'),xlabel('迭代次数'),ylabel('最佳适应度')

function result=CharRecompose(A)
global D;
index=A(1,2:end);
tmp=A(1,1);
result=[tmp];
[m,n]=size(index);
while n>=2
    len=D(tmp,index(1));
    tmpID=1;
    for s=2:n
        if len>D(tmp,index(s))
            tmpID=s;
            len=D(tmp,index(s));
        end
    end
    tmp=index(tmpID);
    result=[result,tmp];
    index(:,tmpID)=[];
```

```
        [m,n]=size(index);
    end
    result=[result,index(1)];
end


%%%%%%预处理%%%%%%
function result=DisplaceInit(A)
[m,n]=size(A);
tmpCol=0;
for col=1:n
    if A(1,col)==1
        tmpCol=col;
        break;
    end
end
if tmpCol==0
    result=[];
else
    result=[A(1,tmpCol:n), A(1,1:(tmpCol-1))];
end
end

function result=DisplaceStr(inMatrix, startCol, endCol)
[m,n]=size(inMatrix);
if n<=1
    result=inMatrix;
    return;
end
switch nargin
    case 1
        startCol=1;
        endCol=n;
    case 2
        endCol=n;
end
mMatrix1=inMatrix(:,(startCol + 1):endCol);
result=[mMatrix1, inMatrix(:, startCol)];
end

function result=InitAntigen(A, B)
[m,n]=size(A);
global D;
Index=1:n;
result=[B];
tmp=B;
Index(:,B)=[];
for col=2:n
    [p,q]=size(Index);
```

```
        tmplen=D(tmp,Index(1,1));
        tmpID=1;
        for ss=1:q
            if D(tmp,Index(1,ss))<tmplen
                tmpID=ss;
                tmplen=D(tmp,Index(1,ss));
            end
        end
        tmp=Index(1,tmpID);
        result=[result tmp];
        Index(:,tmpID)=[];
        End
end
end


function result=Mutation(A, P)
[m,n]=size(A);
%%%%%%%字符换位%%%%%%
n1=round(P(1)*m);
m1=randperm(m);
cm1=randperm(n-1)+1;
B1=zeros(n1,n);
c1=cm1(n-1);
c2=cm1(n-2);
for s=1:n1
    B1(s,:)=A(m1(s),:);
    tmp=B1(s,c1);
    B1(s,c1)=B1(s,c2);
    B1(s,c2)=tmp;
end


%%%%%%%字符串移位%%%%%%
n2=round(P(2)*m);
m2=randperm(m);
cm2=randperm(n-1)+1;
B2=zeros(n2,n);
c1=min([cm2(n-1),cm2(n-2)]);
c2=max([cm2(n-1),cm2(n-2)]);
for s=1:n2
    B2(s,:)=A(m2(s),:);
    B2(s,c1:c2)=DisplaceStr(B2(s,:),c1,c2);
end

%%%%%%%字符串逆转%%%%%%
n3=round(P(3)*m);
m3=randperm(m);
cm3=randperm(n-1)+1;
B3=zeros(n3,n);
c1=min([cm3(n-1),cm3(n-2)]);
```

```
c2=max([cm3(n-1),cm3(n-2)]);
for s=1:n3
    B3(s,:)=A(m3(s),:);
    tmp1=[[c2:-1:c1]',B3(s,c1:c2)'];
    tmp1=sortrows(tmp1,1);
    B3(s,c1:c2)=tmp1(:,2)';
end

%%%%%%字符重组%%%%%%
n4=round(P(4)*m);
m4=randperm(m);
cm4=randperm(n-1)+1;
B4=zeros(n4,n);
c1=min([cm4(n-1),cm4(n-2)]);
c2=max([cm4(n-1),cm4(n-2)]);
for s=1:n4
    B4(s,:)=A(m4(s),:);
    B4(s,c1:c2)=CharRecompose(B4(s,c1:c2));
end
result=[B1;B2;B3;B4];
end

function result=SelectAntigen(A,B)
global D;
[m,n]=size(A);
[p,q]=size(B);
index=[A;B];
rr=zeros((m+p),2);
rr(:,2)=[1:(m+p)]';
for s=1:(m+p)
    for t=1:(n-1)
        rr(s,1)=rr(s,1)+D(index(s,t),index(s,t+1));
    end
    rr(s,1)=rr(s,1) + D(index(s,n),index(s,1));
end
rr=sortrows(rr,1);
ss=[];
tmplen=0;
for s=1:(m+p)
    if tmplen~=rr(s,1)
        tmplen=rr(s,1);
        ss=[ss;index(rr(s,2),:)];
    end
end
global TmpResult;
TmpResult=[TmpResult;rr(1,1)];
global TmpResult1;
TmpResult1=[TmpResult1;rr(end,1)];
result=ss(1:m,:);
end
```

运行程序，得到如图 6-14 所示的最佳适应度变化趋势。

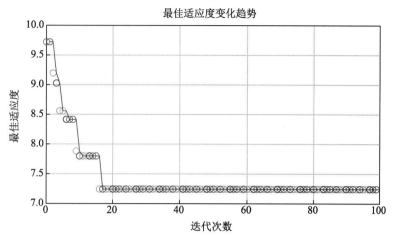

图 6-14　最佳适应度变化趋势

在命令行窗口中输入 mRandM 命令，可以得到最优路径。

```
>> mRandM
mRandM =
    10    5    6    4    7    8    2    3    9
```

上述结果说明，10 个城市的最优路径为 1→10→5→6→4→7→8→2→3→9。

## 6.3.4　免疫算法在故障检测中的应用

在现有基于知识的智能诊断系统设计中，知识的自动获取一直是一个难以处理的问题。虽然目前遗传算法、模拟退火算法等优化算法获取了一定的效果，但是在处理知识类型、有效性等方面仍然存在一些不足。免疫算法的基础就在于如何计算抗原与抗体、抗体与抗体之间的相似度，在处理相似性方面有着独特的优势。

基于人工免疫的故障检测和诊断模型如图 6-15 所示。

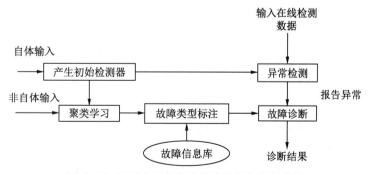

图 6-15　基于人工免疫的故障检测和诊断模型

在该模型中，用一个 $N$ 维特征向量表示系统工作状态的数据。为了降低时间复杂度，对系统工作状态的检测分为以下两个层次。

（1）异常检测：负责报告系统的异常工作状态。

（2）故障诊断：确定故障类型和发生的位置。

描述系统正常工作的自体为第 1 类抗原，用于产生原始抗体；描述系统工作异常的非自体作为第 2 类抗原，用于刺激抗体进行变异和克隆进化，使其成熟。下面采用免疫算法对诊断知识的获取技术进行举例讲解。

**【例 6-6】** 随机设置一组故障编码和 3 种故障类型编码，通过免疫算法，求得故障编码属于故障类型编码的概率。

本例中交叉概率是定值，若想设置成变化的交叉概率，可用表达式表示，也可以重新编写一个交叉概率函数，如用神经网络训练得到的值作为交叉概率。

在编辑器中编写程序。

```
clear,clc,close
global popsize length min max N code;
N=10;                              %每个染色体段数（十进制编码位数）
M=100;                             %进化代数
popsize=20;                        %设置初始参数，群体大小
length=10;                         %每段基因的二进制编码位数
chromlength=N*length;              %字符串长度（个体长度），染色体的二进制编码长度
pc=0.7;                            %交叉概率
pm=0.3;                            %设置变异概率，同理也可设置为变化的
bound={-100*ones(popsize,1),zeros(popsize,1)};min=bound{1};max=bound{2};
pop=initpop(popsize,chromlength);  %运行初始化函数，随机产生初始群体
ymax=500;
K=1;

%故障类型编码，每行为一种，code(1,:)为正常；code(2,:)为50%；code(3,:)为100%
code =[-0.8180  -1.6201  -14.8590  -17.9706  -24.0737  -33.4498  -43.3949  -53.3849
  -63.3451  -73.0295  -79.6806  -74.3230;
    -0.7791  -1.2697  -14.8682  -26.2274  -30.2779  -39.4852  -49.4172  -59.4058
  -69.3676  -79.0657  -85.8789  -81.0905;
    -0.8571  -1.9871  -13.4385  -13.8463  -20.4918  -29.9230  -39.8724  -49.8629
  -59.8215  -69.4926  -75.9868  -70.6706];

%设置故障数据编码
Unnoralcode=[-0.5164  -5.6743  -11.8376  -12.6813  -20.5298  -39.9828  -43.9340
  -49.9246  -69.8820  -79.5433  -65.9248  -8.9759];

for i=1:3
    %3种故障模式，每种模式应该产生 popsize 种监测器（抗体），每种监测器的长度和故障编码的长度相同
    for k=1:M                               %判断每种模式适应值
        [objvalue]=calobjvalue(pop,i);      %计算目标函数
        fitvalue=calfitvalue(objvalue);
        favg(k)=sum(fitvalue)/popsize;      %计算群体中每个个体的适应度
        newpop=selection(pop,fitvalue);
        objvalue=calobjvalue(newpop,i);     %选择函数
        newpop=crossover(newpop,pc,k);
        objvalue=calobjvalue(newpop,i);     %交叉函数
        newpop=mutation(newpop,pm);
        objvalue=calobjvalue(newpop,i);     %变异函数
```

```
        for j=1:N                                           %译码
            temp(:,j)=decodechrom(newpop,1+(j-1)*length,length);
            %将 newpop 每行(个体）每列（每段基因）转换为十进制数
            x(:,j)=temp(:,j)/(2^length-1)*(max(j)-min(j))+min(j);
            %popsize×N 将二值域中的数转换为变量域的数
        end
        [bestindividual,bestfit]=best(newpop,fitvalue);
        %求出群体中适应值最大的个体及其适应值
        if bestfit<ymax
            ymax=bestfit;
            K=k;
        end
        %y(k)=bestfit;
        if ymax<10                                  %如果最大值小于设定阈值，停止进化
            X{i}=x;
            break
        end
        if k==1
            fitvalue_for=fitvalue;
            x_for=x;
        end
        result=resultselect(fitvalue_for,fitvalue,x_for,x);
        fitvalue_for=fitvalue;
        x_for=x;
        pop=newpop;
    end
    X{i}=result;
    %第 i 类故障的 popsize 个监测器
    distance=0;
    %计算 Unnoralcode 属于每类故障的概率
    for j=1:N
        distance=distance+(result(:,j)-Unnoralcode(j)).^2;  %将得到 N 个不同的距离
    end
    distance=sqrt(distance);
    D=0;
    for p=1:popsize
        if distance(p)<40                               %预设阈值
            D=D+1;
        end
    end
    P(i)=D/popsize;                                 %Unnoralcode 属于每种故障类型的概率
end
P       %输出故障类型的概率
X;      %结果为(i*popsie)个监测器（抗体）
plot(1:M,favg)
grid on
title('个体适应度变化趋势'),xlabel('迭代次数'),ylabel('个体适应度')

%%%%%%求群体中适应值最大的个体及其适应值%%%%%%
function [bestindividual,bestfit]=best(pop,fitvalue)
```

```
global popsize N length;
bestindividual=pop(1,:);
bestfit=fitvalue(1);
for i=2:popsize
    if fitvalue(i)>bestfit                      %最大的个体
        bestindividual=pop(i,:);
        bestfit=fitvalue(i);
    end
end
end


%%%%%%计算个体的适应值，目标为产生可比较的非负数值%%%%%%
function fitvalue=calfitvalue(objvalue)
fitvalue=objvalue;
global popsize;
Cmin=0;
for i=1:popsize
    if objvalue(i)+Cmin>0
        temp=Cmin+objvalue(i);
    else
        temp=0;
    end
    fitvalue(i)=temp;
end
end


%%%%%%实现目标函数的计算，交叉%%%%%%
function [objvalue]=calobjvalue(pop,i)
global length N min max code;                  %默认染色体的二进制长度 length=10
distance=0;
for j=1:N
    temp(:,j)=decodechrom(pop,1+(j-1)*length,length);      %将 pop 每行（个体）每列（每
                                                           %段基因）转换为十进制数
    x(:,j)=temp(:,j)/(2^length-1)*(max(j)-min(j))+min(j);  %popsize×N 将二值域中的
                                                           %数转换为变量域的数
    distance=distance+(x(:,j)-code(i,j)).^2;               %将得 popsize 个不同的距离
end
objvalue=sqrt(distance);                       %计算目标函数值：欧氏距离
end

function newpop=crossover(pop,pc,k)
global N length M;
pc=pc-(M-k)/M*1/20;
A=1:N*length;
% A=randcross(A,N,length);                      %将数组 A 的次序随机打乱（可实现两两随机配对）
for i=1:length
    n1=A(i);n2=i+10;                            %随机选中的要进行交叉操作的两个染色体
    for j=1:N                                   %N 点（段）交叉
        cpoint=length-round(length*pc);         %这两个染色体中随机选择的交叉的位置
        temp1=pop(n1,(j-1)*length+cpoint+1:j*length);temp2=pop(n2,(j-1)*length+
```

```
cpoint+1:j*length);
        pop(n1,(j-1)*length+cpoint+1:j*length)=temp2;pop(n2,(j-1)*length+cpoint+
1:j*length)=temp1;
    end
    newpop=pop;
end
end
```

```
%产生 [2^n 2^(n-1) ... 1] 的行向量，然后求和，将二进制转换为十进制
function pop2=decodebinary(pop)
[px,py]=size(pop);                          %求 pop 行数和列数
for i=1:py
    pop1(:,i)=2.^(py-1).*pop(:,i);
    %pop 的每个行向量（二进制表示），for 循环语句将每个二进制行向量按位置乘上权重
    py=py-1;
end
pop2=sum(pop1,2);
%求 pop1 的每行之和，即得到每行二进制表示，转换为十进制表示值，实现二进制到十进制的转换
end
```

```
%将二进制编码转换为十进制，参数 spoint 表示待解码的二进制串的起始位置
%对于多个变量，如有两个变量，采用 20 位表示，每个变量 10 位，则第 1 个变量从 1 开始，另一个变量
%从 11 开始。本例为 1
%参数 length 表示所截取的长度
function pop2=decodechrom(pop,spoint,length)
pop1=pop(:,spoint:spoint+length-1);
%将从第 spoint 位开始到第 spoint+length-1 位（这段码位表示一个参数）结束
pop2=decodebinary(pop1);
%利用 decodebinary(pop) 函数，将用二进制表示的个体基因转换为十进制数，得到 popsize×1 列向量
end
```

```
%置换
function B=hjjsort(A)
N=length(A);t=[0 0];
for i=1:N
    temp(i,2)=A(i);
    temp(i,1)=i;
end
for i=1:N-1                                  %沉底法将 A 排序
    for j=2:N+1-i
        if temp(j,2)<temp(j-1,2)
            t=temp(j-1,:);temp(j-1,:)=temp(j,:);temp(j,:)=t;
        end
    end
end
for i=1:N/2                                  %将排好序的 A 逆序
    t=temp(i,2);temp(i,2)=temp(N+1-i,2);temp(N+1-i,2)=t;
end
for i=1:N
```

```
            A(temp(i,1))=temp(i,2);
end
B=A;
end


%编码初始化编码
%initpop()函数实现群体的初始化，popsize 表示群体的大小，chromlength 表示染色体的长度(二值数
%的长度)
%长度取决于变量的二进制编码的长度
function pop=initpop(popsize,chromlength)
pop=round(rand(popsize,chromlength));
%rand()函数随机产生每个单元为{0,1}，行数为 popsize，列数为 chromlength 的矩阵
%round()函数对矩阵的每个单元进行圆整，产生随机的初始种群
end


%变异操作
function [newpop]=mutation(pop,pm)
global popsize N length;
for i=1:popsize
    if(rand<pm)                              %产生一个随机数与变异概率比较
        mpoint=round(rand*N*length);        %个体变异位置
        if mpoint<=0
            mpoint=1;
        end
        newpop(i,:)=pop(i,:);
        if newpop(i,mpoint)==0
            newpop(i,mpoint)=1;
        else
            newpop(i,mpoint)=0;
        end
    else
        newpop(i,:)=pop(i,:);
    end
end
end


function result=resultselect(fitvalue_for,fitvalue,x_for,x)
global popsize;
A=[fitvalue_for;fitvalue];B=[x_for;x];
N=2*popsize;
t=0;
for i=1:N
    temp1(i)=A(i);
    temp2(i,:)=B(i,:);
end
for i=1:N-1                                  %沉底法将 A 排序
    for j=2:N+1-i
        if temp1(j)<temp1(j-1)
            t1=temp1(j-1);t2=temp2(j-1,:);
            temp1(j-1)=temp1(j);temp2(j-1,:)=temp2(j,:);
```

```
                temp1(j)=t1;temp2(j,:)=t2;
            end
        end
    end
    for i=1:popsize                              %将 A 的低适应值（前一半）的序号取出
        result(i,:)=temp2(i,:);
    end
end

function [newpop]=selection(pop,fitvalue)
global popsize;
fitvalue=hjjsort(fitvalue);
totalfit=sum(fitvalue);          %求适应值之和
fitvalue=fitvalue/totalfit;      %单个个体被选择的概率
fitvalue=cumsum(fitvalue);       %如 fitvalue=[4 2 5 1]，则 cumsum(fitvalue)=[4 6 11 12]
ms=sort(rand(popsize,1));
%从小到大排列，将 rand(px,1)产生的一列随机数转换为轮盘赌形式的表示方法，由小到大排列
fitin=1;
%fitvalue 是一个向量，fitin 代表向量中元素位，即 fitvalue(fitin)代表第 fitin 个个体的单个个体
%被选择的概率
newin=1;
while newin<=popsize
    if (ms(newin))<fitvalue(fitin)               %ms(newin)表示 ms 列向量中第 newin 位数值
        newpop(newin,:)=pop(fitin,:);
        %赋值,即将旧种群中的第 fitin 个个体保留到下一代 newpop 中
        newin=newin+1;
    else
        fitin=fitin+1;
    end
end
end
```

运行程序，得到个体适应度变化趋势，如图 6-16 所示。

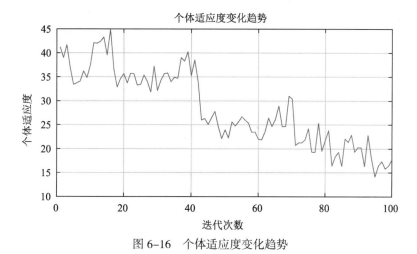

图 6-16　个体适应度变化趋势

设置的故障数据属于 3 种故障类型的概率如下所示。

```
>> P =
   0.7500    0.9000    0.8500
```

这表示属于故障一的概率为 75%，属于故障二的概率为 90%，属于故障三的概率为 85%。

## 6.4　本章小结

本章全面介绍了免疫算法的基本概念及其算法实现步骤、算法发展趋势等；然后介绍了免疫遗传算法的流程及其应用；最后举例说明免疫算法在克隆选择、最短路径规划、TSP 和故障检测中的应用。通过本章的学习，读者可以尽快掌握免疫算法的 MATLAB 实现方法。

# 第 7 章

# 蚁 群 算 法

蚁群优化（Ant Colony Optimization，ACO）算法又称为蚁群算法，是一种用来在图中寻找优化路径的概率型算法。其求解模式能将问题求解的快速性、全局优化特征以及有限时间内答案的合理性结合起来。本章主要讲解蚁群算法的基本概念及其特征，并对蚁群算法的应用进行详细介绍。

**学习目标**

（1）了解蚁群算法的基本概念和原理。

（2）熟悉蚁群算法的程序实现。

（3）熟悉蚁群算法在 MATLAB 中的应用。

## 7.1 蚁群算法概述

自然界中各种生物群体显现出来的智能近几十年来得到了广泛关注，学者通过对简单生物体的群体行为进行模拟，进而提出了群智能算法。

经典群智能算法包括模拟蚁群觅食过程的蚁群优化（ACO）算法和模拟鸟群运动方式的粒子群优化（Particle Swarm Optimization，PSO）算法。

蚁群算法是一种源于大自然生物世界的新的仿生进化算法，由 Dorigo 于 1992 年在其博士论文中提出，其灵感来源于蚂蚁在寻找食物过程中发现路径的行为，通过模拟自然界中蚂蚁集体寻径行为而提出一种基于种群的启发式随机搜索算法。

### 7.1.1 蚁群算法的起源

蚁群算法是一种模拟进化算法，该算法具有许多优良的特质。针对参数优化设计问题，将蚁群算法设计的结果与遗传算法设计的结果进行比较。数值仿真结果表明，蚁群算法具有一种新的模拟进化优化方法的有效性和应用价值。

蚁群算法寻优的快速性是通过正反馈式的信息传递和积累来保证的，而算法的早熟性收敛又可以通过其分布式计算特征加以避免。同时，具有贪婪启发式搜索特征的蚁群系统又能在搜索过程的早期找到可以接受的问题解答。这种优越的问题分布式求解模式经过相关领域研究者的关注和努力，已经在最初的算法模型基础上得到了很大的改进和拓展。

Dorigo 博士在 1993 年提出改进模型蚂蚁系统，改进了转移概率模型，并且应用了全局搜索与局部搜索策略进行深度搜索。

Hoos 提出了最大–最小蚂蚁系统，所谓最大–最小，即为信息素设定上限和下限，设定上限是为了避免搜索陷入局部最优，设定下限是为了鼓励深度搜索。

蚂蚁作为一个生物个体，其自身的能力是十分有限的。例如，蚂蚁个体是没有视觉的，蚂蚁自身体积又那么小，但是由这些能力有限的蚂蚁组成的蚁群却可以作出超越个体蚂蚁能力的超常行为。

蚂蚁没有视觉却可以寻觅食物，个体体积小而蚁群却可以搬运比它们个体大十倍甚至百倍的昆虫，这些都说明蚂蚁群体内部的某种机制使它们具有了群体智能，可以做到蚂蚁个体无法实现的事情。

经过生物学家的长时间观察，蚂蚁是通过分泌于空间中的信息素进行信息交流，进而实现群体行为的。

### 7.1.2 蚁群算法的基本原理

蚁群算法是模拟蚂蚁觅食原理设计出的一种群集智能算法。蚂蚁在觅食过程中能够在其经过的路径上留下一种称为信息素（外激素）的物质，并在觅食过程中能够感知这种物质的强度，指导自己的行动方向，它们总是朝着该物质强度高的方向移动，因此大量蚂蚁的集体觅食就表现为一种对信息素的正反馈现象。

某条路径越短，路径上经过的蚂蚁越多，遗留的信息素越多，浓度也就越高，蚂蚁选择这条路径的概率也就越高，由此构成的正反馈过程，从而逐渐地逼近最优路径，找到最优路径。

蚂蚁觅食运行轨迹模式如图 7-1 所示。蚂蚁以信息素作为媒介间接进行信息交流，判断洞穴到食物地点的最佳路径。

当蚂蚁从食物源走到蚁穴，或者从蚁穴走到食物源时，都会在经过的路径上释放信息素，从而形成一条含有信息素的路径，蚂蚁可以感知路径上信息素浓度的大小，并且以较高的概率选择信息素浓度较高的路径。

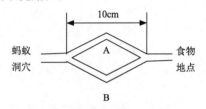

图 7-1　蚂蚁觅食运行轨迹模式

人工蚂蚁的搜索主要包括以下 3 种智能行为。

（1）蚂蚁利用信息素进行相互通信：蚂蚁在所选择的路径上会释放信息素，当其他蚂蚁进行路径选择时，会根据路径上的信息素浓度进行选择，这样信息素就成为蚂蚁之间进行通信的媒介。

（2）蚂蚁的记忆行为：一只蚂蚁搜索过的路径在下次搜索时就不再被该蚂蚁选择，因此在蚁群算法中建立禁忌表进行模拟。

（3）蚂蚁的集群活动：通过一只蚂蚁的运动很难达到食物源，但整个蚁群进行搜索就完全不同。当某些路径上通过的蚂蚁越来越多时，路径上留下的信息素也就越多，导致信息素浓度增大，蚂蚁选择该路径的概率随之增加，从而进一步增大该路径的信息素浓度，而通过蚂蚁比较少的路径上的信息素会随着时间的推移而挥发，从而越来越少。

下面介绍 5 种蚁群算法。

**1. 蚂蚁系统**

蚂蚁系统是最早的蚁群算法，其搜索过程大致如下。

在初始时刻，将 $m$ 只蚂蚁随机放置于城市中，各条路径上的信息素初始值相等，$\tau_{ij}(0)=\tau_0$ 为信息素初始值，可设 $\tau_0=m/L_m$，$L_m$ 为由最近邻启发式方法构造的路径长度。蚂蚁 $k(k=1,2,\cdots,m)$ 按照随机比例规则选择下一步要转移的城市，其选择概率为

$$p_{ij}^k(t)=\begin{cases}\dfrac{[\tau_{ij}(t)]^{\alpha}[\eta_{ij}(t)]^{\beta}}{\sum\limits_{s\in a_k}[\tau_{is}(t)]^{\alpha}[\eta_{is}(t)]^{\beta}}, & j\in a_k \\ 0, & \text{其他}\end{cases} \tag{7-1}$$

其中，$\tau_{ij}$ 为边 $(i,j)$ 上的信息素；$\eta_{ij}=1/d_{ij}$ 为从城市 $i$ 转移到城市 $j$ 的启发式因子；$a_k$ 为蚁蚁 $k$ 下一步被允许访问的城市集合。

为了不让蚁蚁选择已经访问过的城市，采用禁忌表 $ta_k$ 记录蚁蚁 $k$ 当前所走过的城市。经过 $t$ 时刻，所有蚁蚁都完成一次周游，计算每只蚁蚁所走过的路径长度，并保存最短的路径长度，同时更新各边上的信息素。

首先是信息素挥发，其公式如下。

$$\tau_{ij}=(1-\rho)\tau_{ij}$$

其中，$\rho$ 为信息素挥发系数，且 $0<\rho\leqslant1$，而 $1-\rho$ 表示信息素的持久性系数。

其次是蚁蚁在它们所经过的边上释放信息素，公式如下。

$$\tau_{ij}=\tau_{ij}+\sum_{k=1}^{m}\Delta\tau_{ij}^{k}$$

其中，$\Delta\tau_{ij}^{k}$ 为第 $k$ 只蚁蚁向它经过的边释放的信息素，定义为

$$\Delta\tau_{ij}^{k}=\begin{cases}1/d_{ij}, & \text{如果边}(i,j)\text{在路径}T^{k}\text{上}\\0, & \text{其他}\end{cases}\qquad(7\text{-}2)$$

根据式（7-2）可知，蚁蚁构建的路径长度 $d_{ij}$ 越小，则路径上各条边会获得更多的信息素，则在以后的迭代中就更有可能被其他的蚁蚁选择。

蚁蚁完成一次循环后，清空禁忌表，重新回到初始城市，准备下一次周游。

大量的仿真实验发现，蚁蚁系统在解决小规模 TSP 时性能尚可，能较快地发现最优解，但随着测试问题规模的扩大，蚁蚁系统算法的性能下降得比较严重，容易出现停滞现象。因此，出现了大量的针对其缺点的改进算法。

### 2. 精英蚁蚁系统

精英蚁蚁系统是对基本蚁蚁系统算法的第 1 次改进，它首先由 Dorigo 等提出，设计思想是对算法每次循环之后给予最优路径额外的信息素量，找出这个解的蚁蚁称为精英蚁蚁。

将这条最优路径记为 $T^{\text{bs}}$。针对路径 $T^{\text{bs}}$ 的额外强化是通过向 $T^{\text{bs}}$ 中的每条边增加 $e/L^{\text{bs}}$ 大小的信息素得到的。其中，$e$ 是一个参数，它定义了基于路径 $T^{\text{bs}}$ 的权值，$L^{\text{bs}}$ 代表了 $T^{\text{bs}}$ 的长度。相应的信息素的更新公式为

$$\tau_{ij}(t+1)=(1-\rho)\tau_{ij}(t)+\sum_{k=1}^{m}\Delta\tau_{ij}^{k}(t)+e\Delta\tau_{ij}^{\text{bs}}(t)$$

其中，$\Delta\tau_{ij}^{k}(t)$ 的定义方法与之前相同；$\Delta\tau_{ij}^{\text{bs}}(t)$ 的定义为

$$\Delta\tau_{ij}^{\text{bs}}(t)=\begin{cases}1/L^{\text{bs}}, & (i,j)\in T^{\text{bs}}\\0, & \text{其他}\end{cases}$$

Dorigo 等的文章列举的计算结果表明，使用精英蚁蚁策略并选取一个适当的 $e$ 值将使蚁群算法不但可以得到更优的解，而且能够在更少的迭代次数下得到一些更优的解。

### 3. 最大-最小蚁蚁系统

最大–最小蚁蚁系统是到目前为止解决 TSP 最好的蚁群算法方案之一。最大–最小蚁蚁系统算法在蚁蚁系统算法的基础之上主要有如下改进。

（1）将各条路径可能的信息素浓度限制于 $[\tau_{\min},\tau_{\max}]$，超出这个范围的值被强制设为 $\tau_{\min}$ 或 $\tau_{\max}$，可以避免算法过早收敛于局部最优解，有效地避免某条路径上的信息素浓度远大于其余路径，避免所有蚁蚁都

集中到同一条路径上。

（2）信息素的初始值被设定为其取值范围的上界。在算法的初始时刻，挥发系数 $\rho$ 取较小的值时，算法有更好的发现较优解的能力。

（3）强调对最优解的利用。每次迭代结束后，只有最优解所属路径上的信息被更新，从而更好地利用了历史信息。

所有蚂蚁完成一次迭代后，对路径上的信息作全局更新，即

$$\tau_{ij}(t+1) = (1-\rho)\tau_{ij}(t) + \Delta\tau_{ij}^{\text{best}}(t), \quad \rho \in (0,1)$$

$$\Delta\tau_{ij}^{\text{best}} = \begin{cases} 1/L^{\text{best}}, & \text{边}(i,j)\text{包含在最优路径中} \\ 0, & \text{其他} \end{cases}$$

允许更新的路径可以是全局最优解或本次迭代的最优解。实践证明，逐渐提高全局最优解的使用频率，会使算法获得较好的性能。

#### 4. 基于排序的蚁群算法

基于排序的蚁群算法是对蚂蚁系统算法的一种改进。其改进思想是：在每次迭代完成后，蚂蚁所经路径将按从小到大的顺序排列，即 $L^1(t) \leqslant L^2(t) \leqslant \cdots L^m(t)$。算法根据路径长度赋予不同的权重，路径长度越短，权重越大。全局最优解的权重为 $w$，第 $r$ 个最优解的权重为 $\max\{0, w-r\}$，则信息素更新规则为

$$\tau_{ij}(t+1) = (1-\rho)\tau_{ij}(t) + \sum_{r=1}^{w-1}(w-r)\Delta\tau_{ij}^r(t) + w\Delta\tau_{ij}^{\text{gb}}(t), \quad \rho \in (0,1)$$

其中，$\Delta\tau_{ij}^r(t) = 1/L^r(t)$；$\Delta\tau_{ij}^{\text{gb}}(t) = 1/L^{\text{gb}}$。

#### 5. 蚁群系统

蚁群系统是由 Dorigo 等提出的改进的蚁群算法，它与蚂蚁系统的不同之处主要体现在以下 3 方面。

（1）除了全局信息素更新规则外，还采用了局部信息素更新规则。

（2）信息素挥发和信息素释放动作只在至今最优路径的边上执行，即每次迭代之后只有至今最优的蚂蚁被允许释放信息素。

（3）采用不同的路径选择规则，能更好地利用蚂蚁所积累的搜索经验。

在蚁群系统中，位于城市 $i$ 的蚂蚁 $k$，根据伪随机比例规则选择城市 $j$ 作为下一个访问的城市。路径选择规则为

$$j = \begin{cases} \arg\max_{l \in \text{allowed}_k}\left\{\tau_{il}[\eta_{il}]^\beta\right\}, & q \leqslant q_0 \\ J, & \text{其他} \end{cases}$$

$$p_{ij}^k(t) = \begin{cases} \dfrac{[\tau_{ij}(t)]^\alpha[\eta_{ij}(t)]^\beta}{\sum\limits_{s \subset a_k}[\tau_{is}(t)]^\alpha[\eta_{is}(t)]^\beta}, & j \in a_k \\ 0, & \text{其他} \end{cases}$$

其中，$q$ 为均匀分布在[0, 1]区间中的一个随机变量；$q_0(0 \leqslant q_0 \leqslant 1)$ 是一个参数；$J$ 为根据以上概率分布产生的一个随机变量（其中 $\alpha = 1$）。

蚁群系统的全局信息素更新规则为

$$\tau_{ij} = (1-\rho)\tau_{ij} + \rho\Delta\tau_{ij}^{\text{bs}}, \quad \forall(i,j) \in T^{\text{bs}}$$

$$\Delta\tau_{ij}^{\text{bs}} = 1/C^{\text{bs}}$$

蚁群系统的局部信息素更新规则如下。

在路径构建过程中，蚂蚁每经过一条边 $(i,j)$，都将立刻调用这条规则更新该边上的信息素，即

$$\tau_{ij}=(1-\rho)\tau_{ij}+\xi\tau_0$$

其中，$\xi$ 和 $\tau_0$ 是两个参数，$\xi$ 满足 $0<\xi<1$，$\tau_0$ 是信息素量的初始值。局部更新的作用在于，蚂蚁每次经过边$(i,j)$，该边的信息素 $\tau_{ij}$ 将减少，从而使其他蚂蚁选中该边的概率降低。

## 7.1.3　自适应蚁群算法

蚁群算法在构造解的过程中利用随机选择策略，这种选择策略使进化速度较慢，正反馈原理旨在强化性能较好的解，却容易出现停滞现象。

在选择策略方面，采用确定性选择和随机选择相结合的选择策略，并且在搜索过程中动态地调整确定性选择的概率。当进化到一定代数后，进化方向已经基本确定，这时对路径上信息量进行动态调整。

缩小最优和最差路径上的信息量的差距，并且适当加大随机选择的概率（小于 1），对解空间进行更完全搜索，可以有效地克服基本蚁群算法的不足，此算法属于自适应算法。

蚂蚁在行进过程中常常选择信息量较大的路径，但当许多蚂蚁选中同一条路径时，该路径中的信息量就会陡然增大，从而使多只蚂蚁集中到某一条路径上，造成一种堵塞和停滞现象，表现为使用蚁群算法解决问题时容易导致早熟和局部收敛。

自适应蚁群算法建立了一种新的自适应信息素更新策略。当问题规模较大时，由于信息素挥发系数的存在，使那些从未被搜索过的路径上的信息素浓度减小到接近于 0，从而降低了算法在这些路径上的搜索能力；反之，当某条路径中信息素浓度较大时，这些路径中的信息素浓度增大，搜索过的路径再次被选择的机会就会变大。

搜索过的路径被再次选择的机会变大，会影响算法的全局搜索能力，此时通过固定地改变挥发系数虽然可以提高全局搜索能力，却会使算法的收敛速度降低。

自适应蚁群算法提出一种自适应改变 $\tau$ 值的方法，更新信息素的方式如下。

$$\begin{cases}\tau_{ij}(t+1)=(1-\rho)^{1+\varphi(m)}\tau_{ij}+\Delta\tau_{ij},&\tau\geq\tau_{\max}\\\tau_{ij}(t+1)=(1-\rho)^{1-\varphi(m)}\tau_{ij}+\Delta\tau_{ij},&\tau<\tau_{\max}\end{cases}$$

其中，$\varphi(m)=m/c$ 是一个与连续收敛次数 $m$ 成正比的函数，收敛次数 $m$ 越大，$\varphi(m)$ 的取值越大（$c$ 为常数）。

这里 $c$ 为常数，根据解的分布情况自适应地进行信息量的更新，从而动态地调整各路径上的信息素浓度，使蚂蚁既不过分集中也不过分分散，从而避免了早熟和局部收敛，提高全局搜索能力。

改进的蚁群算法的程序框架如下。

```
begin
初始化
while(不满足算法终止条件)
{for(i=1;i<m;i++)                           %将蚂蚁随机放置在 m 个城市上
    for(j=0;j<n;j++)                        %对 n 只蚂蚁进行循环
        {for(i=0;i<m-1;i++)
            蚂蚁 i 根据选择概率选择下一个城市
        end
        }
    求出最佳结果
    将最佳结果赋予蚂蚁 i
```

```
        end
    {if  (最佳结果等于 n 个循环以前的最佳结果)
        根据信息素公式更新 τ
        进行下一次循环
    end
    }
end
}
输出最佳结果
end
```

上述算法程序根据解的分布情况自适应地进行信息素的更新，从而动态地调整了各路径上的信息素浓度，增加了解空间的多样性，提高了全局搜索能力，避免了局部收敛和早熟现象。

改进后的自适应蚁群算法比传统蚁群算法具有更强的搜索全局最优解的能力，并具有更好的稳定性和收敛性。

### 7.1.4 蚁群算法实现的重要规则

（1）避障规则。如果蚂蚁要移动的方向有障碍物挡住，它会随机选择另一个方向；并且，如果有信息素指引的话，它会按照觅食的规则行动。

（2）播撒信息素规则。每只蚂蚁在刚找到食物或窝时散发的信息素最多，随着它走远的距离增大，播撒的信息素越来越少。

（3）范围。蚂蚁观察到的范围是一个方格世界，蚂蚁有一个速度半径参数（一般为 3），那么它能观察到的范围就是 $3 \times 3$ 的方格世界，并且能移动的距离也在这个范围之内。

（4）移动规则。每只蚂蚁都朝向信息素最多的方向移动，并且当周围没有信息素指引时，蚂蚁会按照自己原来运动的方向惯性地运动下去，并在运动的方向有一个随机的小的扰动。为了防止蚂蚁原地转圈，它会记住刚走过了哪些点，如果发现要走的下一点最近已经走过了，它就会尽量避开。

（5）觅食规则。在每只蚂蚁能感知的范围内寻找是否有食物，如果有，就直接过去；否则看是否有信息素，并且比较在能感知的范围内哪一点的信息素最多，这样，它就朝信息素多的地方走，并且每只蚂蚁都会以小概率犯错误，而不向信息素最多的点移动。蚂蚁找窝的规则和上述一样，只不过它对窝的信息素作出反应，而对食物信息素没有反应。

（6）环境。蚂蚁所在的环境是一个虚拟的世界，其中有障碍物，有别的蚂蚁，还有信息素。信息素有两种，一种是找到食物的蚂蚁留下的食物信息素，另一种是找到窝的蚂蚁留下的窝的信息素。每只蚂蚁都只能感知所在范围内的环境信息。环境以一定的速率让信息素挥发。

根据以上几条规则，蚂蚁之间并没有直接的关系，但是每只蚂蚁都和环境发生交互，通过信息素这个纽带，实际上把各个蚂蚁之间关联起来了。例如，当一只蚂蚁找到食物时，它并没有直接告诉其他蚂蚁食物的地点，而是向环境播撒信息素，当其他蚂蚁经过它附近时，就会感知到信息素的存在，进而根据信息素的指引找到食物。

### 7.1.5 蚁群算法的特点

蚁群算法是通过对生物特征的模拟得到的一种计算算法，其本身具有很多特点。

（1）蚁群算法本质上是一种并行算法。每只蚂蚁的搜索过程彼此独立，仅通过信息素进行通信。所以，蚁群算法则可以看作一个分布式的多智能体系统，它在问题空间的多点同时开始进行独立的解搜索，不仅提高了算法的可靠性，也使算法具有较强的全局搜索能力。

（2）蚁群算法是一种自组织算法。所谓自组织，就是指组织力或组织指令是来自系统的内部，区别于他组织。如果系统在获得空间、时间或功能结构的过程中，没有外界的特定干预，我们便说系统是自组织的。简单的说，即是系统从无序到有序的变化过程。

以蚂蚁群体优化为例进行说明。在算法开始的初期，单个人工蚂蚁无序地寻找解，算法经过一段时间的演化，人工蚂蚁间通过信息素的作用，自发地越来越趋向于寻找接近最优解的一些解，这就是一个无序到有序的过程。

（3）蚁群算法具有较强的鲁棒性。相对于其他算法，蚁群算法对初始路线要求不高，即蚁群算法的求解结果不依赖于初始路线的选择，而且在搜索过程中不需要进行人工调整。而且，蚁群算法的参数数量少，设置简单，易于应用于其他组合优化问题的求解。

（4）蚁群算法是一种正反馈算法。从真实蚂蚁的觅食过程中不难看出，蚂蚁能够最终找到最短路径直接依赖于最短路径上信息素的堆积，而信息素的堆积是一个正反馈的过程。正反馈是蚁群算法的重要特征，它使算法演化过程得以进行。

## 7.1.6　蚁群算法的发展与应用

随着群智能理论和应用算法研究的不断发展，研究者已尝试着将其用于各种工程优化问题，并取得了意想不到的收获。多种研究表明，群智能在离散求解空间和连续求解空间中均表现出良好的搜索效果，并在组合优化问题中表现突出。

蚁群算法并不是旅行商问题的最佳解决方法，但是它却为解决组合优化问题提供了新思路，并很快被应用到其他组合优化问题中。比较典型的应用研究包括网络路由优化、数据挖掘等。

蚁群算法在电信路由优化中已取得了一定的应用成果。HP 公司和英国电信公司在 20 世纪 90 年代中后期都开展了这方面的研究，设计了蚁群路由（Ant Colony Routing，ACR）算法。

每只蚂蚁就像在蚁群算法中一样，根据它在网络上的经验和性能动态更新路由表项。如果一只蚂蚁因为经过了网络中堵塞的路由而导致了比较大的延迟，那么就对该表项进行较大的增强。同时，根据信息素挥发机制实现系统的信息更新，从而抛弃过期的路由信息。

这样，在当前最优路由出现拥堵现象时，ACR 算法就能迅速地搜寻另一条可替代的最优路径，从而提高网络的均衡性、负荷量和利用率。目前这方面的应用研究仍在升温，因为通信网络的分布式信息结构、非稳定随机动态特性和网络状态的异步演化与蚁群算法的本质和特性非常相似。

基于群智能的聚类算法起源于对蚁群蚁卵的分类研究。Lumer 等提出将蚁巢分类模型应用于数据聚类分析。其基本思想是将待聚类数据随机地散布到一个二维平面内，然后将虚拟蚂蚁分布到这个平面内，并以随机方式移动，当一只蚂蚁遇到一个待聚类数据时即将其拾起并继续随机运动，若运动路径附近的数据与背负的数据相似性高于设置的标准，则将其放置在该位置，然后继续移动，重复上述数据搬运过程。按照这样的方法可实现对相似数据的聚类。

ACO 算法还在许多经典组合优化问题中获得了成功的应用，如二次规划（Quadratic Programming，QAP）、机器人路径规划、作业流程规划、图着色（Graph Coloring）等问题。

经过多年的发展，ACO 算法已成为能够有效解决实际二次规划问题的几种重要算法之一。利用 ACO 算法实现对生产流程和特料管理的综合优化，并通过与遗传、模拟退火和禁忌搜索算法的比较证明了 ACO 算法的工程应用价值。

## 7.2 蚁群算法 MATLAB 实现

蚁群算法（ACO）不仅利用了正反馈原理，在一定程度上可以加快进化过程，而且本质上是一种并行算法，个体之间不断进行信息交流和传递，有利于发现较优解。蚁群算法流程图如图 7-2 所示，其基本实现步骤如下。

（1）参数初始化。令时间 $t=0$ 和循环次数 $N_c=0$，设置最大循环次数为 $G$，将 $m$ 只蚂蚁置于 $n$ 个元素（城市）上，令有向图上每条边 $(i, j)$ 的初始化信息量 $\tau_{ij}(t)=c$，$c$ 为常数，且初始时刻 $\Delta\tau_{ij}(0)=0$。

（2）循环次数 $N_c = N_c+1$。

（3）蚂蚁的禁忌表索引号 $k=1$。

（4）蚂蚁数目 $k=k+1$。

（5）蚂蚁个体根据状态转移概率公式计算的概率选择元素 $j$ 并前进，$j \in \{a_k(i)\}$。

（6）修改禁忌表指针，即选择好之后将蚂蚁移动到新的元素，并把该元素添加到该蚂蚁个体的禁忌表中。

（7）若集合 $C$ 中元素未遍历完，即 $k<m$，则跳转到步骤（4），否则执行下一步。

（8）记录本次最佳路线。

（9）根据信息素更新公式和信息素增量公式更新每条路径上的信息素。

（10）若满足结束条件，即循环次数 $N_c \geq G$，则循环结束并输出程序优化结果；否则清空禁忌表并跳转到步骤（2）继续执行。

下面通过一个示例给出蚁群算法的 MATLAB 实现方法。

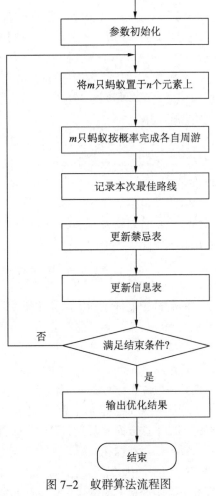

图 7-2　蚁群算法流程图

【例 7-1】利用蚁群算法求函数 $f(x, y) = x^4 + 3y^4 - 0.2\cos(3\pi x) - 0.4\cos(4\pi y) + 0.6$ 的最小值。

设定目标函数如下。

```
function [F]=Objfun(x1,x2)
F=-(x1.^4+3*x2.^4-0.2*cos(3*pi*x1)-0.4*cos(4*pi*x2)+0.6);
end
```

根据前面对蚁群算法的介绍，编写蚁群算法 MATLAB 源程序，如下所示。

```
clear, clc,clf
%%%%%%初始化%%%%%%
Ant=300;                          %蚂蚁数量
Times=80;                         %蚂蚁移动次数
Rou=0.9;                          %信息素挥发系数
P0=0.2;                           %转移概率常数
Lower_1=-1; Upper_1=1;            %设置搜索范围
Lower_2=-1; Upper_2=1;
```

```matlab
for i=1:Ant
    X(i,1)=(Lower_1+(Upper_1-Lower_1)*rand);          %随机设置蚂蚁的初值位置
    X(i,2)=(Lower_2+(Upper_2-Lower_2)*rand);
    Tau(i)=Objfun(X(i,1),X(i,2));
end

step=0.05;
f='-(x.^4+3*y.^4-0.2*cos(3*pi*x)-0.4*cos(4*pi*y)+0.6)';

[x,y]=meshgrid(Lower_1:step:Upper_1,Lower_2:step:Upper_2);
z=eval(f);
subplot(1,2,1);
mesh(x,y,z);
hold on;
plot3(X(:,1),X(:,2),Tau,'k*')
hold on;
text(0.1,2.1,-0.1,'蚂蚁的初始分布位置');
xlabel('x');ylabel('y');zlabel('f(x,y)');

for T=1:Times
    lamda=1/T;
    [Tau_Best(T),BestIndex]=max(Tau);
    for i=1:Ant
        P(T,i)=(Tau(BestIndex)-Tau(i))/Tau(BestIndex);    %计算状态转移概率
    end
    for i=1:Ant
        if P(T,i)<P0                                       %局部搜索
            temp1=X(i,1)+(2*rand-1)*lamda;
            temp2=X(i,2)+(2*rand-1)*lamda;
        else                                               %全局搜索
            temp1=X(i,1)+(Upper_1-Lower_1)*(rand-0.5);
            temp2=X(i,2)+(Upper_2-Lower_2)*(rand-0.5);
        end

        %越界处理
        if temp1<Lower_1
            temp1=Lower_1;
        end
        if temp1>Upper_1
            temp1=Upper_1;
        end
        if temp2<Lower_2
            temp2=Lower_2;
        end
        if temp2>Upper_2
            temp2=Upper_2;
        end
```

```
        if Objfun(temp1,temp2)>Objfun(X(i,1),X(i,2))        %判断蚂蚁是否移动
            X(i,1)=temp1;
            X(i,2)=temp2;
        end
    end
    for i=1:Ant
        Tau(i)=(1-Rou)*Tau(i)+Objfun(X(i,1),X(i,2));          %更新信息素
    end
end

subplot(1,2,2);
mesh(x,y,z);
hold on;
x=X(:,1);
y=X(:,2);
plot3(x,y,eval(f),'k*');
hold on;
text(0.1,2.1,-0.1,'蚂蚁的最终分布位置');
xlabel('x');ylabel('y');zlabel('f(x,y)');

[max_value,max_index]=max(Tau);
maxX=X(max_index,1);
maxY=X(max_index,2);
maxValue=Objfun(X(max_index,1),X(max_index,2));
```

运行程序，算法运行前后蚂蚁的位置变化如图7-3所示。

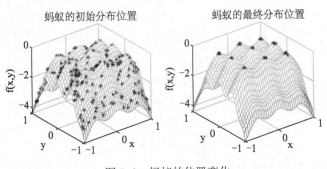

图7-3　蚂蚁的位置变化

## 7.3　蚁群算法的应用

蚁群算法有着广泛的应用，如旅行商问题(TSP)、指派问题、生产调度问题、路径规划问题和网络路由问题等均可使用蚁群算法获得良好的求解结果，下面举例介绍。

### 7.3.1　蚁群算法在路径规划中的应用

移动机器人路径规划是机器人学的一个重要研究领域，它要求机器人依据某个或某些优化原则（如最小能量消耗、最短行走路线、最短行走时间等）在其工作空间中找到一条从起始状态到目标状态的能避开

障碍物的最优路径。

　　机器人路径规划问题可以建模为一个有约束的优化问题，都要完成路径规划、定位和避障等任务。应用蚁群算法求解机器人路径优化问题的主要步骤如下。

　　（1）输入由 0 和 1 组成的矩阵，表示机器人需要寻找最优路径的地图。

　　（2）输入初始的信息素矩阵，选择初始点和终止点并且设置各种参数。设置所有位置的初始信息素相等。

　　（3）选择从初始点下一步可以到达的节点，根据每个节点的信息素求出前往每个节点的概率，并利用轮盘算法选取下一步的初始点。

$$p_{ij}^k = \begin{cases} \dfrac{\left[\tau_{ij}(t)\right]^\alpha \left[\eta_{ij}\right]^\beta}{\displaystyle\sum_{k\in\{N-\text{tabu}_k\}} \left[\tau_{ij}(t)\right]^\alpha \left[\eta_{ij}\right]^\beta}, & j\in\{N-\text{tabu}_k\} \\[4mm] 0, & \text{其他} \end{cases}$$

其中，$\tau_{ij}(t)$ 为析取图中弧$(i,j)$上的信息素的浓度；$\eta_{ij}$ 为与弧$(i,j)$相关联的启发式信息；$\alpha$ 和 $\beta$ 分别为 $\tau_{ij}(t)$ 和 $\eta_{ij}$ 的权重参数。

　　（4）更新路径以及路程长度。

　　（5）重复步骤（3）和步骤（4），直到蚂蚁到达终点或无路可走。

　　（6）重复步骤（3）～步骤（5），直到某一代 $m$ 只蚂蚁迭代结束。

　　（7）更新信息素矩阵，其中没有到达的蚂蚁不计算在内。

$$\tau_{ij}(t+1) = (1-\rho)\tau_{ij}(t) + \Delta\tau_{ij}$$

$$\Delta\tau_{ij}(t) = \begin{cases} \dfrac{Q}{L_k(t)}, & \text{蚂蚁} k \text{经过}(i,j) \\[3mm] 0, & \text{蚂蚁} k \text{不经过}(i,j) \end{cases}$$

　　（8）重复步骤（3）～步骤（7），直至第 $n$ 代蚂蚁迭代结束。

　　【例 7-2】根据图 7-4 所示的地图，绘制出机器人行走的最短路径，并且输入每轮迭代的最短路径，查看程序的收敛效果。

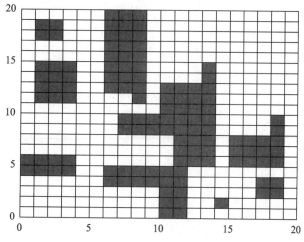

图 7-4　机器人需要寻找最优路径的地图

针对路径地图，用 0 表示此处可以通过，1 表示此处为障碍物，由此得到路径矩阵。然后利用蚁群算法求解最优路径。在编辑器中编写蚁群算法程序，代码如下。

```
clear,clc,close
G=[0 0 0 0 0 0 1 1 1 0 0 0 0 0 0 0 0 0 0 0; 0 1 1 0 0 0 1 1 1 0 0 0 0 0 0 0 0 0 0 0;
    0 1 1 0 0 0 1 1 1 0 0 0 0 0 0 0 0 0 0 0; 0 0 0 0 0 0 1 1 1 0 0 0 0 0 0 0 0 0 0 0;
    0 0 0 0 0 0 1 1 1 0 0 0 0 0 0 0; 0 1 1 1 0 0 1 1 1 0 0 0 1 0 0 0 0 0 0 0;
    0 1 1 1 0 0 1 1 1 0 0 0 0 0 0 0; 0 1 1 1 0 0 1 1 1 0 1 1 1 1 0 0 0 0 0 0;
    0 1 1 1 0 0 0 0 1 0 1 1 1 0 0 0 0 0 0 0 0 0 0 0 0 0 0 0 1 1 1 0 0 0 0 0;
    0 0 0 0 0 0 1 1 1 1 1 1 0 0 0 0 1 0; 0 0 0 0 0 0 1 1 1 1 1 1 0 0 0 0 1 0;
    0 0 0 0 0 0 0 0 1 1 0 1 1 1 1 0; 0 0 0 0 0 0 0 0 1 1 0 1 1 1 1 0;
    1 1 1 0 0 0 0 0 1 1 0 1 1 1 0; 1 1 1 0 0 1 1 1 1 1 0 0 0 0 0;
    0 0 0 0 0 1 1 1 1 1 0 0 0 0 1 1 0; 0 0 0 0 0 0 1 1 0 1 1 0 0 0 0 1 1 0;
    0 0 0 0 0 0 0 0 1 1 0 0 1 0 0 0 0; 0 0 0 0 0 0 0 0 1 1 0 0 0 0 0 0 0;];
MM=size(G,1);                          %地形图 G 为 0/1 矩阵，1 表示障碍物
Tau=ones(MM*MM,MM*MM);                 %Tau 为初始信息素矩阵
Tau=8.*Tau;
K=100;                                 %迭代次数
M=50;                                  %蚂蚁个数
S=1;                                   %最短路径的起始点
E=MM*MM;                               %最短路径的目的
Alpha=1;                               %信息素重要程度参数
Beta=7;                                %启发式因子重要程度参数
Rho=0.3 ;                              %信息素挥发系数
Q=1;                                   %信息素增加强度系数
minkl=inf;
mink=0;
minl=0;
D=G2D(G);
N=size(D,1);                           %N 表示问题的规模（像素个数）
a=1;                                   %小方格像素的边长
Ex=a*(mod(E,MM)-0.5);                  %终止点横坐标
if Ex==-0.5
    Ex=MM-0.5;
end
Ey=a*(MM+0.5-ceil(E/MM));              %终止点纵坐标
Eta=zeros(N);                          %启发式信息，取为至目标点的直线距离的倒数

%以下为启发式信息矩阵
for i=1:N
    ix=a*(mod(i,MM)-0.5);
    if ix==-0.5
        ix=MM-0.5;
    end
    iy=a*(MM+0.5-ceil(i/MM));
    if i~=E
```

```
                Eta(i)=1/((ix-Ex)^2+(iy-Ey)^2)^0.5;
        else
                Eta(i)=100;
        end
end
ROUTES=cell(K,M);                          %用细胞结构存储每代的每只蚂蚁的爬行路线
PL=zeros(K,M);                             %用矩阵存储每代的每只蚂蚁的爬行路线长度

%启动 K 轮蚂蚁觅食活动，每轮派出 M 只蚂蚁
for k=1:K
    for m=1:M
        %状态初始化
        W=S;                               %当前节点初始化为起始点
        Path=S;                            %爬行路线初始化
        PLkm=0;                            %爬行路线长度初始化
        TABUkm=ones(N);                    %禁忌表初始化
        TABUkm(S)=0;                       %已经在初始点，因此要排除
        DD=D;                              %邻接矩阵初始化
        %下一步可以前往的节点
        DW=DD(W,:);
        DW1=find(DW);
        for j=1:length(DW1)
            if TABUkm(DW1(j))==0
                DW(DW1(j))=0;
            end
        end
        LJD=find(DW);
        Len_LJD=length(LJD);               %可选节点的个数
        %蚂蚁未遇到食物，或陷入死胡同，或觅食停止
        while W~=E&&Len_LJD>=1
            %轮盘赌法选择下一步如何走
            PP=zeros(Len_LJD);
            for i=1:Len_LJD
                PP(i)=(Tau(W,LJD(i))^Alpha)*((Eta(LJD(i)))^Beta);
            end
            sumpp=sum(PP);
            PP=PP/sumpp;                   %建立概率分布
            Pcum(1)=PP(1);
            for i=2:Len_LJD
                Pcum(i)=Pcum(i-1)+PP(i);
            end
            Select=find(Pcum>=rand);
            to_visit=LJD(Select(1));
            %状态更新和记录
            Path=[Path,to_visit];          %路径增加
            PLkm=PLkm+DD(W,to_visit);      %路径长度增加
```

```
                W=to_visit;                           %蚂蚁移动到下一个节点
                for kk=1:N
                    if TABUkm(kk)==0
                        DD(W,kk)=0;
                        DD(kk,W)=0;
                    end
                end
                TABUkm(W)=0;                           %已访问过的节点从禁忌表中删除
                DW=DD(W,:);
                DW1=find(DW);
                for j=1:length(DW1)
                    if TABUkm(DW1(j))==0
                        DW(j)=0;
                    end
                end
                LJD=find(DW);
                Len_LJD=length(LJD);                   %可选节点的个数
            end
            %记录每代每只蚂蚁的觅食路线和路线长度
            ROUTES{k,m}=Path;
            if Path(end)==E
                PL(k,m)=PLkm;
                if PLkm<minkl
                    mink=k;minl=m;minkl=PLkm;
                end
            else
                PL(k,m)=0;
            end
        end

        %更新信息素
        Delta_Tau=zeros(N,N);                          %更新量初始化
        for m=1:M
            if PL(k,m)
                ROUT=ROUTES{k,m};
                TS=length(ROUT)-1;                     %跳数
                PL_km=PL(k,m);
                for s=1:TS
                    x=ROUT(s);
                    y=ROUT(s+1);
                    Delta_Tau(x,y)=Delta_Tau(x,y)+Q/PL_km;
                    Delta_Tau(y,x)=Delta_Tau(y,x)+Q/PL_km;
                end
            end
        end
        Tau=(1-Rho).*Tau+Delta_Tau;                    %信息素挥发一部分，新增加一部分
```

```
end

%绘图
plotif=1;                                          %是否绘图的控制参数
if plotif==1                                        %绘制收敛曲线
    minPL=zeros(K);
    for i=1:K
        PLK=PL(i,:);
        Nonzero=find(PLK);
        PLKPLK=PLK(Nonzero);
        minPL(i)=min(PLKPLK);
    end
    figure(1)                                       %绘制爬行图
    plot(minPL); hold on, grid on
    xlabel('迭代次数');ylabel('最小路径长度');
    figure(2)
    axis([0,MM,0,MM])
    for i=1:MM
        for j=1:MM
            if G(i,j)==1
                x1=j-1;y1=MM-i;
                x2=j;y2=MM-i;
                x3=j;y3=MM-i+1;
                x4=j-1;y4=MM-i+1;
                fill([x1,x2,x3,x4],[y1,y2,y3,y4],[0.2,0.2,0.2]);
                hold on
            else
                x1=j-1;y1=MM-i;
                x2=j;y2=MM-i;
                x3=j;y3=MM-i+1;
                x4=j-1;y4=MM-i+1;
                fill([x1,x2,x3,x4],[y1,y2,y3,y4],[1,1,1]);
                hold on
            end
        end
    end
    hold on
    xlabel('x');ylabel('y'); title('机器人运动轨迹');
    ROUT=ROUTES{mink,minl};
    LENROUT=length(ROUT);
    Rx=ROUT;
    Ry=ROUT;
    for ii=1:LENROUT
        Rx(ii)=a*(mod(ROUT(ii),MM)-0.5);
        if Rx(ii)==-0.5
            Rx(ii)=MM-0.5;
```

```
        end
        Ry(ii)=a*(MM+0.5-ceil(ROUT(ii)/MM));
    end
    plot(Rx,Ry)
end
plotif2=0;                                    %绘制各代蚂蚁爬行图
if plotif2==1
    figure(3)
    axis([0,MM,0,MM])
    for i=1:MM
        for j=1:MM
            if G(i,j)==1
                x1=j-1;y1=MM-i;
                x2=j;y2=MM-i;
                x3=j;y3=MM-i+1;
                x4=j-1;y4=MM-i+1;
                fill([x1,x2,x3,x4],[y1,y2,y3,y4],[0.2,0.2,0.2]);
                hold on
            else
                x1=j-1;y1=MM-i;
                x2=j;y2=MM-i;
                x3=j;y3=MM-i+1;
                x4=j-1;y4=MM-i+1;
                fill([x1,x2,x3,x4],[y1,y2,y3,y4],[1,1,1]);
                hold on
            end
        end
    end
    for k=1:K
        PLK=PL(k,:);
        minPLK=min(PLK);
        pos=find(PLK==minPLK);
        m=pos(1);
        ROUT=ROUTES{k,m};
        LENROUT=length(ROUT);
        Rx=ROUT;
        Ry=ROUT;
        for ii=1:LENROUT
            Rx(ii)=a*(mod(ROUT(ii),MM)-0.5);
            if Rx(ii)==-0.5
                Rx(ii)=MM-0.5;
            end
            Ry(ii)=a*(MM+0.5-ceil(ROUT(ii)/MM));
        end
        plot(Rx,Ry)
```

```
        hold on
    end
end

function D=G2D(G)
l=size(G,1);
D=zeros(l*l,l*l);
for i=1:l
    for j=1:l
        if G(i,j)==0
            for m=1:l
                for n=1:l
                    if G(m,n)==0
                        im=abs(i-m);jn=abs(j-n);
                        if im+jn==1||(im==1&&jn==1)
                            D((i-1)*l+j,(m-1)*l+n)=(im+jn)^0.5;
                        end
                    end
                end
            end
        end
    end
end
end
```

运行程序，收敛曲线（最小路径长度）变化趋势如图 7-5 所示。可以看出，在大约迭代 60 次时，最小路径长度基本稳定在 40 左右。

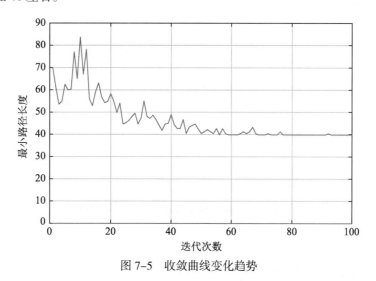

图 7-5 收敛曲线变化趋势

机器人运动轨迹如图 7-6 所示。可以看出，机器人在到达目标点的整个过程中，成功地避过了所有障碍物。

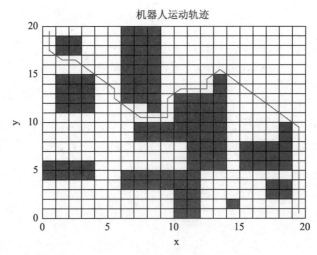

图 7-6　机器人运动轨迹

【例 7-3】一个山区地势图如图 7-7 所示，任意设置一个起始点和一个终止点的位置，使用蚁群算法求蚂蚁从起始点到终止点之间的最优路径。

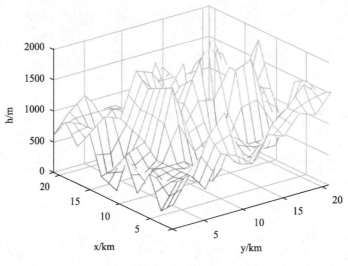

图 7-7　山区地势图

在编辑器中编写蚁群算法程序，代码如下。

```
clear, clc, clf
h=[1800 2200 1900 2400 2300 2100 2500 2400 2700 2600 2900
   1600 2000 2000 2600 2900 2000 2000 2500 2700 3000 2800
   2100 1900 2000 1900 1700 2000 2000 2000 2000 2500 2900
   1700 2000 2000 2000 1800 2000 2200 2000 2000 2000 2800
   2200 1800 2000 3100 2300 2400 1800 3100 3200 2300 2000
   1900 2100 2200 3000 2300 3000 3500 3100 2300 2600 2500
   1700 1400 2300 2900 2400 2800 1800 3500 2600 2000 3200
   2300 2500 2400 3100 3000 2600 3000 2300 3000 2500 2700
   2000 2200 2100 2000 2200 3000 2300 2500 2400 2000 2300
```

```
         2300 2200 2000 2300 2200 2200 2200 2500 2000 2800 2700
         2000 2300 2500 2200 2200 2000 2300 2600 2000 2500 2000];        %山区地势图数据
h=h-1400;
for i=1:11
    for j=1:11
        h1(2*i-1,j)=h(i,j);
    end
end
for i=1:10
    for j=1:11
        h1(2*i,j)=(h1(2*i-1,j)+h1(2*i+1,j))/2;
    end
end
for i=1:21
    for j=1:11
        h2(i,2*j-1)=h1(i,j);
    end
end
for i=1:21
    for j=1:10
        h2(i,2*j)=(h2(i,2*j-1)+h2(i,2*j+1))/2;
    end
end
z=h2;                                                                    %初始地形
x=1:21;
y=1:21;
[x1,y1]=meshgrid(x,y);
figure(1),mesh(x1,y1,z)
axis([1,21,1,21,0,2000])
xlabel('km'),ylabel('km'),zlabel('m')
for i=1:21
    information(i,:,:)=ones(21,21);                                      %初始信息素
end
starty=10; starth=3;                                                     %起点坐标
endy=8;   endh=5;                                                        %终点坐标
n=1;m=21;
Best=[];
[path,information]=searchpath(n,m,information,z,starty,starth,endy,endh);
                                                                        %路径寻找
fitness=CacuFit(path);                                                   %适应度计算
[bestfitness,bestindex]=min(fitness);                                    %最佳适应度
bestpath=path(bestindex,:);
Best=[Best;bestfitness];
%更新信息素
rou=0.5;
cfit=100/bestfitness;
k=2;
for i=2:m-1
    information(k,bestpath(i*2-1),bestpath(i*2))=(1-rou)*information(k,bestpath
(i*2-1),bestpath(i*2))+rou*cfit;
```

```
end
for kk=1:1:100
    [path,information]=searchpath(n,m,information,z,starty,starth,endy,endh);
                                                            %路径寻找
    fitness=CacuFit(path);                                  %适应度计算
    [newbestfitness,newbestindex]=min(fitness);            %最佳适应度
    if newbestfitness<bestfitness
        bestfitness=newbestfitness;
        bestpath=path(newbestindex,:);
    end
    Best=[Best;bestfitness];
    %更新信息素
    rou=0.2;
    cfit=100/bestfitness;
    k=2;
    for i=2:m-1
        information(k,bestpath(i*2-1),bestpath(i*2))=(1-rou)*information(k,bestpath
(i*2-1),bestpath(i*2))+rou*cfit;
    end
end
for i=1:21
    a(i,1)=bestpath(i*2-1);
    a(i,2)=bestpath(i*2);
end

%绘制结果图形
figure(2),plot(Best);grid on
xlabel('迭代次数'),ylabel('适应度值')
k=1:21;x=1:21;y=1:21;
[x1,y1]=meshgrid(x,y);

figure(3);mesh(x1,y1,z);
hold on
plot3(k',a(:,1)',a(:,2)'*200,'k*-')
axis([1,21,1,21,0,2000])
xlabel('x/km'),ylabel('y/km'),zlabel('z/m')

%寻找路径
function [path,information]=searchpath(n,m,information,z,starty,starth,endy,endh)
%n 为路径条数，m 为分开平面数，information 为信息素，z 为高度表
%starty、starth 为出发点，endy、endh 为终点，path 为寻找到的路径
ycMax=2;                                                    %横向最大变动
hcMax=2;                                                    %纵向最大变动
decr=0.8;                                                   %衰减概率
for ii=1:n
    path(ii,1:2)=[starty,starth];
    oldpoint=[starty,starth];                               %当前坐标点
    %k 为当前层数
    for k=2:m-1
        %计算所有数据点对应的适应度值
```

```
                kk=1;
            for i=-ycMax:ycMax
                for j=-hcMax:hcMax
                    point(kk,:)=[oldpoint(1)+i,oldpoint(2)+j];
                    if (point(kk,1)<20)&&(point(kk,1)>0)&&(point(kk,2)<17)&&(point(kk,2)>0)
                        %计算启发值
                        qfz(kk)=CacuQfz(point(kk,1),point(kk,2),oldpoint(1),oldpoint(2),
endy,endh,k,z);
                        qz(kk)=qfz(kk)*information(k,point(kk,1),point(kk,2));
                        kk=kk+1;
                    else
                        qz(kk)=0;
                        kk=kk+1;
                    end
                end
            end
            %选择下一个点
            sumq=qz./sum(qz);
            pick=rand;
            while pick==0
                pick=rand;
            end
            for i=1:49
                pick=pick-sumq(i);
                if pick<=0
                    index=i;
                    break;
                end
            end
            oldpoint=point(index,:);
            information(k+1,oldpoint(1),oldpoint(2))=0.5*information(k+1,oldpoint(1),
oldpoint(2));                                             %更新信息素
            path(ii,k*2-1:k*2)=[oldpoint(1),oldpoint(2)];           %路径保存
        end
        path(ii,41:42)=[endy,endh];
end
end


%计算每个点的启发值
function qfz=CacuQfz(nowy,nowh,oldy,oldh,endy,endh,k,z)
% nowy、nowh 为当前点，endy、endh 为终点，oldy、oldh 为上一个点，k 为当前层数，z 为地形高度图
if z(nowy,k)<nowh*200
    S=1;
else
    S=0;
end
%距离
D=50/(sqrt(1+(oldh*0.2-nowh*0.2)^2+(nowy-oldy)^2)+sqrt((21-k)^2+(endh*0.2-
nowh*0.2)^2+(nowy-oldy)^2));
%纵向改变
```

```
M=30/(abs(nowh-oldh)+1);
qfz=S*M*D;
end

%计算个体适应度值
function fitness=CacuFit(path)                           %path 为路径, fitness 为路径适应度值
[n,m]=size(path);
for i=1:n
    fitness(i)=0;
    for j=2:m/2
        fitness(i)=fitness(i)+sqrt(1+(path(i,j*2-1)-path(i,(j-1)*2-1))^2+(path
(i,j*2)-path(i,(j-1)*2))^2)+abs(path(i,j*2));
    end
end
end
```

运行程序，最佳个体适应度变化趋势如图 7-8 所示；蚂蚁在"山区"运行的路线图如图 7-9 所示。

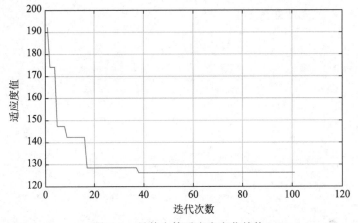

图 7-8  最佳个体适应度变化趋势

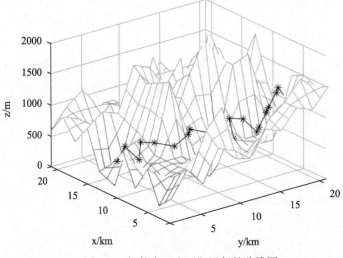

图 7-9  蚂蚁在"山区"运行的路线图

## 7.3.2　蚁群算法在 TSP 中的应用

旅行商问题（TSP）可以应用于物流领域，它的求解具有十分重要的理论和现实意义，采用一定的物流配送方式，可以大大节省人力物力，完善整个物流系统。前面介绍过的遗传算法是旅行商问题的传统求解方法，但遗传算法收敛速度较慢，具有一定的缺陷。

下面采用蚁群算法，充分利用蚁群算法的智能性，求解旅行商问题，并进行实例仿真。进行仿真计算的目标是获得旅行商问题的优化结果、平均距离和最短距离。

求解 TSP 的蚁群算法中，每只蚂蚁是一个独立的用于构造路线的过程，若干蚂蚁过程之间通过自适应的信息素值交换信息，合作求解，并不断优化。这里的信息素值分布式存储在图中，与各弧相关联。

蚂蚁算法求解 TSP 的过程如下。

（1）首先初始化，设迭代的次数为 $N_c$，初始化 $N_c=0$。

（2）将 $m$ 只蚂蚁置于 $n$ 个顶点上。

（3）$m$ 只蚂蚁按概率函数选择下一座城市，完成各自的周游。

每只蚂蚁按照状态变化规则逐步地构造一个解，即生成一条回路。蚂蚁的任务是访问所有城市后返回到起点，生成一条回路。设蚂蚁 $k$ 当前所在的顶点为 $i$，那么蚂蚁 $k$ 由点 $i$ 向点 $j$ 移动要遵循规则而不断迁移，按不同概率选择下一点。

（4）记录本次迭代最佳路线。

（5）全局更新信息素值。

应用全局信息素更新规则改变信息素值。当所有 $m$ 只蚂蚁生成了 $m$ 个解，其中有一条最短路径是本代最优解，将属于这条路径上的所有弧相关联的信息素值进行更新。

全局信息素更新的目的是在最短路径上注入额外的信息素，即只有属于最短路径的弧上的信息素才能得到加强，这是一个正反馈的过程，也是一个强化学习的过程。在图中各弧上，伴随着信息素的挥发，全局最短路径上各弧的信息素值得到增加。

（6）终止。若满足终止条件，则结束；否则 $N_c=N_c+1$，转至步骤（2）进行下一代进化。终止条件可指定进化的代数，也可限定运行时间，或设定最短路径的下限。

（7）输出结果。

【例 7-4】设有 $n$ 个城市 $C=(C_1, C_2, \cdots, C_n)$，任意两个城市 $i$, $j$ 之间的距离为 $d_{ij}$，求一条经过每个城市的路径 $\pi=\{\pi_1, \pi_2, \cdots, \pi_n\}$，使距离最小。

根据题意，在编辑器中编写蚁群算法求解 TSP 程序，代码如下。

```
clear,clc, clf
x=[41 37 54 25 7 2 68 71 54 83 64 18 22 83 91 25 24 58 71 74 87 18 13 82 62 58 45 41 44 4]';
y=[94 84 67 62 64 99 58 44 62 69 60 54 60 46 38 38 42 69 71 78 76 40 40 7 32 35 21 26 35 50]';
%系统默认位置（x(n),y(n)）为第 n 个点
C=[x y];                          %n 个城市的坐标，n×2 矩阵
NC_max=50;                        %最大迭代次数
m=30;                             %蚂蚁个数
Alpha=1.4;                        %表征信息素重要程度的参数
Beta=2.2;                         %表征启发式因子重要程度的参数
```

```
Rho=0.15;                                           %信息素挥发系数
Q=10^6;                                             %信息素增加强度系数
%%%%%%变量初始化%%%%%%
n=size(C,1);                                        %问题的规模（城市个数）
D=zeros(n,n);                                       %完全图的赋权邻接矩阵
for i=1:n
    for j=1:n
        if i~=j
            D(i,j)=((C(i,1)-C(j,1))^2+(C(i,2)-C(j,2))^2)^0.5;
        else
            D(i,j)=eps;
            %i=j 时不计算，应该为 0，但后面的启发因子应取倒数，用 eps（浮点相对精度）表示
        end
        D(j,i)=D(i,j);                             %对称矩阵
    end
end
Eta=1./D;                                          %Eta 为启发因子，这里设为距离的倒数
Tau=ones(n,n);                                     %Tau 为信息素矩阵
Tabu=zeros(m,n);                                   %存储并记录路径的生成
NC=1;                                              %迭代计数器，记录迭代次数
R_best=zeros(NC_max,n);                            %各代最优路径
L_best=inf.*ones(NC_max,1);                        %各代最优路径的长度
L_ave=zeros(NC_max,1);                             %各代路径的平均长度

while NC<=NC_max                                   %停止条件之一：达到最大迭代次数
    %%%%%%将 m 只蚂蚁放到 n 个城市上%%%%%%
    Randpos=[];                                    %随即存取
    for i=1:(ceil(m/n))
        Randpos=[Randpos,randperm(n)];
    end
    Tabu(:,1)=(Randpos(1,1:m))';
    %%%%%%m 只蚂蚁按概率函数选择下一座城市，完成各自的周游%%%%%%
    for j=2:n                                      %所在城市不计算
        for i=1:m
            visited=Tabu(i,1:(j-1));              %记录已访问的城市，避免重复访问
            J=zeros(1,(n-j+1));                    %待访问的城市
            P=J;                                   %待访问城市的选择概率分布
            Jc=1;
            for k=1:n
                if length(find(visited==k))==0    %开始时置 0
                    %if isempty(find(visited==k, 1))   MATLAB 推荐用该语句代替上一语句
                    J(Jc)=k;
                    Jc=Jc+1;                       %访问的城市个数加 1
                end
            end
            %计算待选城市的概率分布
```

```
            for k=1:length(J)
                P(k)=(Tau(visited(end),J(k))^Alpha)*(Eta(visited(end),J(k))^Beta);
            end
            P=P/(sum(P));
            %按概率原则选取下一个城市
            Pcum=cumsum(P);                          %cumsum()为元素累加,即求和
            Select=find(Pcum>=rand);                 %若计算的概率大于原来的概率,就选择这条路线
            to_visit=J(Select(1));
            Tabu(i,j)=to_visit;
        end
    end
    if NC>=2
        Tabu(1,:)=R_best(NC-1,:);
    end
    %%%%%%记录本次迭代最优路径%%%%%%
    L=zeros(m,1);                                     %开始距离为0,m*1列向量
    for i=1:m
        R=Tabu(i,:);
        for j=1:(n-1)
            L(i)=L(i)+D(R(j),R(j+1));                 %原距离加上第j个城市到第j+1个城市的距离
        end
        L(i)=L(i)+D(R(1),R(n));                       %一轮下来后走过的距离
    end
    L_best(NC)=min(L);                               %取最小距离
    pos=find(L==L_best(NC));
    R_best(NC,:)=Tabu(pos(1),:);                     %此轮迭代后的最优路径
    L_ave(NC)=mean(L);                              %此轮迭代后的平均距离
    NC=NC+1;                                         %迭代继续
    %%%%%%更新信息素%%%%%%
    Delta_Tau=zeros(n,n);                           %开始时信息素为n*n的0矩阵
    for i=1:m
        for j=1:(n-1)
            Delta_Tau(Tabu(i,j),Tabu(i,j+1))=Delta_Tau(Tabu(i,j),Tabu(i,j+1))+
Q/L(i);
            %此次循环在路径(i,j)上的信息素增量
        end
        Delta_Tau(Tabu(i,n),Tabu(i,1))=Delta_Tau(Tabu(i,n),Tabu(i,1))+Q/L(i);
        %此次循环在整个路径上的信息素增量
    end
    Tau=(1-Rho).*Tau+Delta_Tau;                     %考虑信息素挥发,更新后的信息素
    %%%%%%禁忌表清零%%%%%%
    Tabu=zeros(m,n);                                %直到最大迭代次数
end
%%%%%%结果%%%%%%
Pos=find(L_best==min(L_best));                       %找到最优路径(非0为真)
Shortest_Route=R_best(Pos(1),:);                     %最大迭代次数后最优路径
```

```
Shortest_Length=L_best(Pos(1));                    %最大迭代次数后最短距离

subplot(1,2,1);                                    %绘制第1个子图形
DrawRoute(C,Shortest_Route);                       %绘制路线图的子函数
subplot(1,2,2);                                    %绘制第2个子图形
plot(L_best,'b--');
hold on,grid on
plot(L_ave,'r-');title('平均距离和最短距离')
legend('最短距离','平均距离')

%%%%%%绘制路线图%%%%%%
function DrawRoute(C,R)
N=length(R);
scatter(C(:,1),C(:,2));
hold on
plot([C(R(1),1),C(R(N),1)],[C(R(1),2),C(R(N),2)],'g');
hold on,grid on
for ii=2:N
    plot([C(R(ii-1),1),C(R(ii),1)],[C(R(ii-1),2),C(R(ii),2)],'g');
    hold on
end
title('TSP 优化结果 ')
end
```

运行程序，结果如图7-10所示。可以看出，通过蚁群算法得到的旅行商路径无重叠。

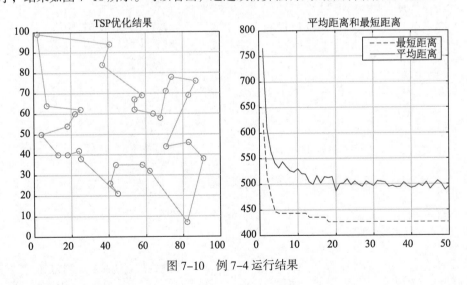

图7-10 例7-4运行结果

在命令行窗口中输入以下语句。

```
>> Shortest_Route
Shortest_Route =
    3    9   18   19   20   21   10    7   11    8   14   15   24   27   28   29   26   25
   16   17   22   23   30   12   13    4    5    6    1    2
```

```
>> Shortest_Length
Shortest_Length =
    445.1517
```

这表示最短路径为 $3 \rightarrow 9 \rightarrow 18 \rightarrow 19 \rightarrow 20 \rightarrow 21 \rightarrow 10 \rightarrow 7 \rightarrow 11 \rightarrow 8 \rightarrow 14 \rightarrow 15 \rightarrow 24 \rightarrow 27 \rightarrow 28 \rightarrow 29 \rightarrow 26 \rightarrow 25 \rightarrow 16 \rightarrow 17 \rightarrow 22 \rightarrow 23 \rightarrow 30 \rightarrow 12 \rightarrow 13 \rightarrow 4 \rightarrow 5 \rightarrow 6 \rightarrow 1 \rightarrow 2$；最短路径的长度为 445.1517。

## 7.4  本章小结

蚁群算法是受自然界中蚁群搜索食物行为启发而提出的一种智能优化算法。本章首先对蚁群算法的起源、基本原理、自适应蚁群算法等做了简单介绍，然后介绍了如何用 MATLAB 实现蚁群算法编程，最后重点介绍了蚁群算法在路径规划和旅行商问题中的应用。

# 第 8 章

# 粒子群算法

粒子群优化（Particle Swarm Optimization，PSO）算法是近年发展起来的一种新的进化算法，又称为粒子群算法。该算法以其实现容易、精度高、收敛快等优点引起了学术界的重视，并且在解决实际问题中展示了其优越性。本章主要讲解粒子群算法的原理及其在 MATLAB 中的实现方法。

**学习目标**

（1）了解粒子群算法的发展。

（2）掌握粒子群算法的基本原理。

（3）掌握粒子群算法在 MATLAB 中的实现。

## 8.1 粒子群算法基础

PSO 算法属于进化算法的一种，从随机解出发，通过迭代寻找最优解，通过适应度评价解的品质，但它比遗传算法规则更为简单，没有遗传算法的"交叉"（Crossover）和"变异"（Mutation）操作，通过追随当前搜索到的最优值寻找全局最优。

### 8.1.1 粒子群算法的起源

1995 年，美国电气工程师 Eberhart 和社会心理学家 Kenndy 基于鸟群觅食行为提出了粒子群优化算法，简称粒子群算法。该算法概念简明、实现方便、收敛速度快、参数设置少，是一种高效的搜索算法。

PSO 算法模拟鸟群随机搜寻食物的捕食行为。假设在搜索食物区域里只有一块食物，所有小鸟都不知道食物在什么地方，所以 Kenndy 等认为鸟之间存在着互相交换信息，通过估计自身的适应度，它们知道当前的位置离食物还有多远，所以搜索目前离食物最近的鸟的周围区域是找到食物最简单有效的办法，通过鸟之间的集体协作使群体达到最优。

PSO 算法就是从这种模型中得到启示并用于解决优化问题。在 PSO 中每个优化问题的潜在解都可以想象成搜索空间中的一只鸟，称为"粒子"。粒子主要追随当前的最优粒子在解空间中搜索，PSO 初始化为一群随机粒子（随机解），然后通过迭代找到最优解。

在每次迭代中，粒子通过跟踪两个"极值"更新自己，一个极值就是粒子本身所找到的最优解，这个解叫作个体极值 $p_{best}$；另一个极值是整个种群目前找到的最优解，这个极值是全局极值 $g_{best}$。

这两个最优变量使鸟在某种程度上朝着这些方向靠近，此外，也可以不用整个种群而只用其中一部分作为粒子的邻居，那么所有邻居的极值就是局部极值，粒子始终跟随这两个极值变更自己的位置和速度，直到找到最优解。

到目前为止，粒子群算法的发展得到众多领域学者的关注和研究，成为解决许多问题的热点算法的研究重点。随着研究的深入，对 PSO 算法的改进也非常多，有增强算法自适应性的改进、增强收敛性的改进、增强种群多样性的改进、增强局部搜索的改进、与全局优化算法相结合、与确定性的局部优化算法相融合等。

以上所述是对于算法改进目的的讨论，实际改进中应用的方法，有基于参数的改进，即对 PSO 算法的迭代公式的形式做改进；还有从粒子的行为模式进行改进，即粒子之间的信息交流方式，如拓扑结构的改进、全局模式与局部模式相结合的改进等；还有基于算法融合的粒子群算法的改进，算法融合可以通过引入其他算法的优点弥补 PSO 算法的缺点，设计出更适合问题求解的优化算法。

## 8.1.2 粒子群算法的发展趋势

粒子群算法是一个非常简单的算法，且能够有效地优化各种函数。从某种程度上说，该算法介于遗传算法和进化规划之间。该算法非常依赖于随机的过程，这也是和进化规划的相似之处，算法中朝全局最优和局部最优靠近的调整非常类似于免疫遗传算法中的交叉算子。该算法还使用了适应值的概念，这是所有进化计算方法所共有的特征。

粒子群算法的主要研究内容包括寻找全局最优点和较高的收敛速度两个方向。目前，粒子群算法的发展趋势主要如下。

（1）粒子群优化算法的改进。粒子群优化算法在解决空间函数的优化问题和单目标优化问题上应用得比较多，如何应用于离散空间优化问题和多目标优化问题将是粒子群优化算法的主要研究方向。如何充分结合其他进化类算法，发挥优势，改进粒子群优化算法的不足也是值得研究的。

（2）粒子群优化算法的理论分析。粒子群优化算法提出的时间不长，数学分析很不成熟和系统，存在许多不完善和未涉及的问题，对算法运行行为、收敛性、计算复杂性的分析比较少。如何指导参数的选择和设计，如何设计适应值函数，如何提高算法在解空间搜索的效率，算法收敛以及对算法模型本身的研究都需要在理论上进行更深入的研究。这些都是粒子群优化算法的研究方向之一。

（3）粒子群优化算法的生物学基础。如何根据群体进行行为完善算法，将群体智能引入算法中，借鉴生物群体进化规则和进化的智能性也是学者关注的问题。

（4）粒子群优化算法与其他进化类算法的比较研究。与其他进化算法的融合，如何让将其他进化算法的优点和粒子群优化算法相结合，构造出有特色、有实用价值的混合算法是当前算法改进的一个重要方向。

（5）粒子群优化算法的应用。算法的有效性必须在应用中才能体现，广泛开拓粒子群优化算法的应用领域也对深入研究粒子群优化算法非常的有意义。

## 8.1.3 粒子群算法的特点

粒子群算法的本质是一种随机搜索算法，它是一种新兴的智能优化技术，是群体智能一个新的分支，也是对简单社会系统的模拟。该算法能以较大的概率收敛于全局最优解，适合在动态、多目标优化环境中寻优，与传统的优化算法相比具有更快的计算速度和更好的全局搜索能力。

粒子群算法具有以下特点。

（1）粒子群算法是基于群体智能理论的优化算法，通过群体中粒子间的合作与竞争产生的群体智能指导优化搜索。与其他进化算法比较，粒子群（PSO）算法是一种更为高效的并行搜索算法。

（2）PSO 算法与遗传算法（GA）有很多共同之处，两者都是随机初始化种群，使用适应值评价个体的优劣程度和进行一定的随机搜索。但 PSO 算法是根据自己的速度决定搜索，没有 GA 的明显交叉和变异。与遗传算法比较，PSO 算法保留了基于种群的全局搜索策略，但是其采用的速度–位移模型操作简单，避免了复杂的遗传操作。

（3）由于每个粒子在算法结束时仍然保持着其个体极值，因此，将 PSO 算法用于调度和决策问题时可以给出多种有意义的选择方案。而基本遗传算法在结束时，只能得到最后一代个体的信息，前面迭代的信息没有保留。

（4）PSO 算法特有的记忆使其可以动态地跟踪当前的搜索情况并调整其搜索策略。PSO 算法有良好的机制能有效地平衡搜索过程的多样性和方向性。

（5）在收敛的情况下，由于所有粒子都向最优解的方向飞去，所以粒子趋向同一化（失去了多样性），使后期收敛速度明显变慢，以致算法收敛到一定精度时无法继续优化。因此，很多学者都致力于提高 PSO 算法的性能。

（6）PSO 算法对种群大小不十分敏感，即种群数目下降时性能下降也不是很大。

## 8.1.4　粒子群算法的应用

粒子群算法提供了一种求解复杂系统优化问题的通用框架，它不依赖于问题的具体领域，对问题的种类有很强的适应性，所以广泛应用于很多学科。粒子群算法的一些主要应用领域如下。

（1）约束优化。随着问题的增多，约束优化问题的搜索空间也急剧变换，有时在目前的计算机上用枚举法很难甚至不可能求出其精确最优解。粒子群算法是解决该类问题的最佳工具之一。实践证明，粒子群算法对于约束优化中的规划、离散空间组合问题的求解非常有效。

（2）函数优化。函数优化是粒子群算法的经典应用领域，也是对粒子群算法进行性能评价的常用算例。

（3）机器人智能控制。机器人是一类复杂的难以精确建模的人工系统，而粒子群算法可用于此类机器人群搜索，如机器人的控制与协调、移动机器人路径规划。所以，机器人智能控制理所当然地成为粒子群算法的一个重要应用领域。

（4）电力系统领域。在电力系统领域中有种类多样的问题，根据目标函数特性和约束类型，许多与优化相关的问题需要求解。PSO 算法在电力系统方面的应用有配电网扩展规划、检修计划、机组组合等。随着粒子群优化理论研究的深入，PSO 算法还将在电力市场竞价交易等其他领域发挥巨大的应用潜在力。

（5）工程设计问题。在许多情况下所建立起来的数学模型难以精确求解，即使经过一些简化之后可以进行求解，也会因简化得太多而使求解结果与实际相差甚远。现在粒子群算法已成为解决复杂调度问题的有效工具，在电路与滤波器设计、神经网络训练、控制器设计与优化、任务分配等方面，粒子群算法都得到了有效的应用。

（6）通信领域。PSO 算法在通信领域的应用包括路由选择及移动通信基站布置优化。在顺序码分多址连接方式（DS–CDMA）通信系统中使用 PSO 算法，可获得可移植的有力算法并提供并行处理能力，比传统的算法具有显著的优越性。PSO 算法还应用到天线阵列控制和偏振模色散补偿等方面。

（7）交通运输领域。在物流配送供应领域中要求以最少的车辆数、最短的车辆总行程完成货物的派送任务；在交通控制领域，城市交通问题是困扰城市发展、制约城市经济建设的重要因素。

## 8.2　基本粒子群算法

PSO 算法起源于对简单社会系统的模拟，具有很好的生物社会背景且易理解、参数少、易实现，对非线性、多峰问题均具有较强的全局搜索能力，在科学研究与工程实践中得到了广泛关注。

### 8.2.1　基本原理

前面提到，PSO 算法中每个优化问题的潜在解都是搜索空间中的一个粒子，所有粒子都有一个由被优化的函数决定的适值（Fitness Value），每个粒子还有一个速度决定它们"飞行"的方向和距离，然后粒子们就追随当前的最优粒子在解空间中搜索。

粒子位置的更新方式如图 8-1 所示。其中，$x$ 表示粒子起始位置，$v$ 表示粒子"飞行"的速度，$p$ 表示搜索到的粒子的最优位置。

PSO 初始化为一群随机粒子（随机解），然后通过迭代找到最优解。在每次迭代中，粒子通过跟踪两个极值更新自己，一个极值就是粒子本身所找到的最优解，这个解称为个体极值；另一个极值是整个种群目前找到的最优解，这个极值是全局极值。另外，也可以不用整个种群而只用其中一部分作为粒子的邻居，那么在所有邻居中的极值就是局部极值。

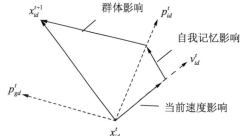

图 8-1　每代粒子位置的更新方式

假设在一个 $D$ 维目标搜索空间中，有 $N$ 个粒子组成一个群落，其中第 $i$ 个粒子表示为一个 $D$ 维向量，记为

$$\boldsymbol{X}_i = \left( x_{i1}, x_{i2} \cdots, x_{iD} \right), \quad i = 1, 2, \cdots, N$$

第 $i$ 个粒子的"飞行"速度也是一个 $D$ 维向量，记为

$$\boldsymbol{V}_i = \left( v_{i1}, v_{i2} \cdots, v_{iD} \right), \quad i = 1, 2, \cdots, N$$

第 $i$ 个粒子迄今为止搜索到的最优位置称为个体极值，记为

$$p_{\text{best}} = \text{best} \left( p_{i1}, p_{i2} \cdots, p_{iD} \right), \quad i = 1, 2, \cdots, N$$

整个粒子群迄今为止搜索到的最优位置为全局极值，记为

$$g_{\text{best}} = \text{best} \left( p_{g1}, p_{g2} \cdots, p_{gD} \right)$$

在找到这两个最优值时，粒子根据以下公式更新自己的速度和位置。

$$v_{id}\left( t+1 \right) = \omega v_{id}\left( t \right) + c_1 r_1 \left( t \right) \left[ p_{id}\left( t \right) - x_{id}\left( t \right) \right] + c_2 r_2 \left( t \right) \left[ p_{gd} - x_{id}\left( t \right) \right]$$

$$x_{id}\left( t+1 \right) = x_{id}\left( t \right) + v_{id}\left( t+1 \right)$$

其中，$c_1$ 和 $c_2$ 为学习因子，也称为加速常数（Acceleration Constant）；$r_1$ 和 $r_2$ 为[0,1]范围内的均匀随机数，增加粒子飞行的随机性；$d = 1, 2, \cdots, D$；$\omega$ 为惯性权重；$v_{id}$ 为粒子的速度，且 $v_{id} \in \left( -v_{\max}, v_{\max} \right)$，$v_{\max}$ 为常数，由用户设定限制粒子的速度，它由以下 3 部分组成。

（1）第 1 部分为"惯性（Inertia）"或"动量（Momentum）"部分，反映了粒子的运动"习惯（Habit）"，代表粒子有维持自己先前速度的趋势。

（2）第 2 部分为"认知（Cognition）"部分，反映了粒子对自身历史经验的记忆（Memory）或回忆（Remembrance），代表粒子有向自身历史最佳位置逼近的趋势。

（3）第 3 部分为"社会（Social）"部分，反映了粒子间协同合作与知识共享的群体历史经验，代表粒子有向群体或邻域历史最佳位置逼近的趋势。

由于粒子群算法具有高效的搜索能力，有利于得到多目标意义下的最优解；通过代表整个解集种群，按并行方式同时搜索多个非劣解，也即搜索到多个 Pareto 最优解。同时，粒子群算法的通用性比较好，适合处理多种类型的目标函数和约束，并且容易与传统的优化方法结合，从而改进自身的局限性，更高效地解决问题。因此，将粒子群算法应用于解决多目标优化问题具有很大的优势。

### 8.2.2　算法构成要素

基本粒子群算法构成要素主要包括 3 方面。

（1）粒子群编码方法。基本粒子群算法使用固定长度的二进制符号串表示群体中的个体，其等位基因是由二值符号集{0,1}所组成的。初始群体中各个个体的基因值可用均匀分布的随机数生成。

（2）个体适应度评价。通过确定局部最优迭代达到全局最优收敛，得出结果。

（3）基本粒子群算法的运行参数。基本粒子群算法有以下 7 个运行参数需要提前设定。

① $r$：粒子群算法的种子数。对于粒子群算法的种子数值，可以随机生成，也可以固定为一个初始的数值，要求能涵盖目标函数的范围。

② $N$：粒子群群体大小，即群体中所含个体的数量，一般取 20～100。在变量较多时可以取 100 以上。

③ max_$d$：粒子群算法的最大迭代次数，也是终止条件数。

④ $r_1,r_2$：两个在[0,1]变化的加速度权重系数，随机产生。

⑤ $c_1,c_2$：加速常数，随机取 2 左右的值。

⑥ $w$：惯性权重。

⑦ vk，xk：一个粒子的速度和位移数值，用粒子群算法迭代出每组数值。

### 8.2.3　算法参数设置

PSO 算法最大的一个优点是不需要调节太多的参数，但是算法中少数几个参数却直接影响着算法的性能和收敛性。由于 PSO 算法的理论研究依然处于初始阶段，所以算法的参数设置在很大程度上还依赖于经验。

PSO 算法控制参数主要包括群体规模 $N$、粒子长度 $l$、粒子范围$[-x_{max},x_{max}]$、粒子最大速度 $v_{max}$、惯性权重 $\omega$、加速常数 $c_1$ 和 $c_2$。

（1）群体规模 $N$：通常取 20～40。实验表明，对于大多数问题，30 个粒子就可以取得很好的结果；对于较难或特殊类别的问题，$N$ 可以取到 100～200。粒子数目越多，算法搜索的空间范围就越大，也就越容易发现全局最优解，但算法运行的时间也越长。

（2）粒子长度 $l$：即每个粒子的维数，由具体优化问题而定。

（3）粒子范围$[-x_{max},x_{max}]$：粒子范围由具体优化问题决定，通常将问题的参数取值范围设置为粒子的范围。同时，粒子每维也可以设置不同的范围。

（4）粒子最大速度 $v_{max}$：粒子最大速度决定了粒子在一次飞行中可以移动的最大距离。如果 $v_{max}$ 太大，粒子可能会飞过好解；如果 $v_{max}$ 太小，粒子不能在局部好区间之外进行足够的搜索，导致陷入局部最优值。通常设定 $v_{max}=k\cdot x_{max}$，$0.1\leqslant k\leqslant1$，每维都采用相同的设置方法。

（5）惯性权重 $\omega$：使粒子保持运动惯性，使其有扩展搜索空间的趋势，有能力探索新的区域。$\omega$ 取值范围通常为[0.2,1.2]。早期的实验将 $\omega$ 固定为 1,动态惯性权重因子能够获得比固定值更为优越的寻优结果，使算法在全局搜索前期有较高的探索能力以得到合适的种子。

动态惯性权重因子可以在 PSO 搜索过程中线性变化，也可根据 PSO 性能的某个测度函数而动态改变，如模糊规则系统。目前采用较多的动态惯性权重因子是线性递减权值策略，如下所示。

$$f_\omega = f_{max} - \frac{f_{max} - f_{min}}{max\_d}$$

其中，$max\_d$ 为最大进化代数；$f_{max}$ 为初始惯性值；$f_{min}$ 为迭代至最大代数时的惯性权值。经典取值为 $f_{max}=0.8$，$f_{min}=0.2$。

（6）加速常数 $c_1$ 和 $c_2$：代表每个粒子的统计加速项的权重。低的值允许粒子在被拉回之前可以在目标区域外徘徊，而高的值则导致粒子突然冲向或越过目标区域。$c_1$ 和 $c_2$ 是固定常数，早期实验中一般取 2。有些文献也采取了其他取值，但一般都限定 $c_1$ 和 $c_2$ 相等并且取值范围为 $[0,4]$。

### 8.2.4　算法基本流程

基本粒子群算法流程如图 8-2 所示，具体过程如下。

（1）初始化粒子群，包括群体规模 $N$、每个粒子的位置 $x_i$ 和速度 $v_i$。

（2）计算每个粒子的适应度值 Fit[$i$]。

（3）对于每个粒子，比较它的适应度值 Fit[$i$] 和个体极值 $p_{best}$，如果 Fit[$i$]>$p_{best}$，则用 Fit[$i$] 替换 $p_{best}$。

（4）对于每个粒子，比较它的适应度值 Fit[$i$] 和全局极值 $g_{best}$，如果 Fit[$i$]>$g_{best}$，则用 Fit[$i$] 替换 $g_{best}$。

（5）根据公式 $x_{id} = x_{id} + v_{id}$ 和 $v_{id} = \omega v_{id} + c_1 r_1 (p_{id} - x_{id}) + c_2 r_2 (p_{gd} - x_{id})$ 更新粒子的位置 $x_i$ 和速度 $v_i$。

（6）如果满足结束条件（误差足够小或到达最大循环次数）则退出，否则返回步骤（2）。

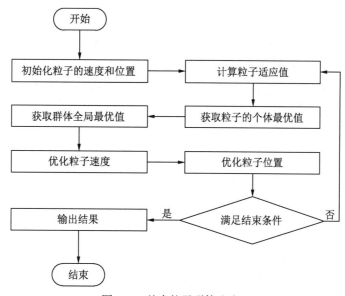

图 8-2　基本粒子群算法流程

### 8.2.5　MATLAB 实现

在编辑器中编写基本粒子群算法的优化函数。

```
function[xm,fv]=PSO(fitness,N,c1,c2,w,M,D)
%%%%%%给定初始化条件%%%%%%
%fitness 为待优化的目标函数，N 为初始化群体个体数目，c1 为学习因子 1，c2 为学习因子 2
%w 为惯性权重，M 为最大迭代次数，D 为搜索空间维数

%%%%%%%初始化种群的个体(可以在这里限定位置和速度的范围) %%%%%%%
format long;
for i=1:N
    for j=1:D
        x(i,j)=randn;                          %随机初始化位置
        v(i,j)=randn;                          %随机初始化速度
    end
end

%%%%%%%先计算各粒子的适应度，并初始化 p(i)和 pg%%%%%%
for i=1:N
    p(i)=fitness(x(i,:));
    y(i,:)=x(i,:);
end
pg=x(N,:);                                     %pg 为全局最优
for i=1:(N-1)
    if fitness(x(i,:)) < fitness(pg)
        pg=x(i,:);
    end
end

%%%%%%%进入主要循环，按照公式依次迭代，直到满足精度要求%%%%%%
for t=1:M
    for i=1:N                                  %更新速度、位移
        v(i,:)=w*v(i,:)+c1*rand*(y(i,:)-x(i,:))+c2*rand*(pg-x(i,:));
        x(i,:)=x(i,:)+v(i,:);
        if fitness(x(i,:)) < p(i)
            p(i)=fitness(x(i,:));
            y(i,:)=x(i,:);
        end
        if p(i)<fitness(pg)
            pg=y(i,:);
        end
    end
    Pbest(t)=fitness(pg);
end

%%%%%%%给出计算结果%%%%%%
disp('**********************************************')
disp('目标函数取最小值时的自变量：')
xm=pg'
disp('目标函数的最小值为：')
fv=fitness(pg)
disp('**********************************************')
```

将上面的函数保存到 MATLAB 可搜索路径中，即可调用该函数。再定义不同的目标函数和其他输入量，就可以用粒子群算法求解不同问题。

粒子群算法使用的函数有很多种，下面介绍两个常用的适应度函数。

### 1. Griewank()函数

Griewank()函数的程序代码如下。

```
function y=Griewank(x)
%输入 x，给出相应的 y 值，在 x=(0,0,…,0)处有全局极小点 0
[row,col]=size(x);
if row>1
    error('输入的参数错误');
end
y1=1/4000*sum(x.^2);
y2=1;
for h=1:col
    y2=y2*cos(x(h)/sqrt(h));
end
y=y1-y2+1;
y=-y;
```

绘制 Griewank()函数图像的 DrawGriewank()函数程序代码如下。

```
function DrawGriewank()
x=[-8:0.1:8];
y=x;
[X,Y]=meshgrid(x,y);
[row,col]=size(X);
for l=1:col
  for h=1:row
      z(h,l)=Griewank([X(h,l),Y(h,l)]);
  end
end
surf(X,Y,z);
shading interp
```

运行程序，可以得到如图 8-3 所示的 Griewank()函数图像。

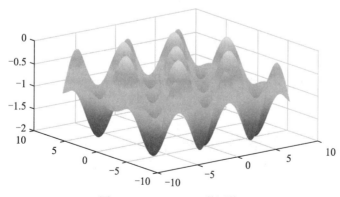

图 8-3　Griewank()函数图像

### 2. Rastrigin()函数

Rastrigin()函数的程序代码如下。

```
function y=Rastrigin(x)
%输入 x，给出相应的 y 值，在 x=(0,0,…,0)处有全局极小点 0
[row,col]=size(x);
if row>1
    error('输入的参数错误');
end
y=sum(x.^2-10*cos(2*pi*x)+10);
y=-y;
```

绘制 Rastrigin()函数图像的 DrawRastrigin()函数程序代码如下。

```
function DrawRastrigin()
x=[-4:0.05:4];
y=x;
[X,Y]=meshgrid(x,y);
[row,col]=size(X);
for l=1:col
    for h=1:row
        z(h,l)=Rastrigin([X(h,l),Y(h,l)]);
    end
end
surf(X,Y,z);
shading interp
```

运行程序，可以得到如图 8-4 所示的 Rastrigin()函数图像。

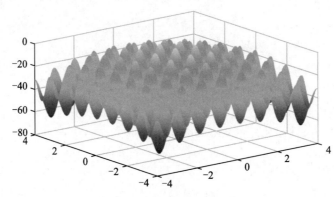

图 8-4　Rastrigin()函数图像

【例 8-1】利用基本粒子群算法求解以下函数的最小值。

$$f(x) = \sum_{i=1}^{30} \left( x_i^2 + x_i - 6 \right)$$

利用 PSO 算法求解最小值，需要首先确认不同迭代步数对结果的影响。设定本例函数的最小点均为 0，粒子群规模为 50，惯性权值为 0.5，学习因子 1 为 1.5，学习因子 2 为 2.5，迭代步数分别取 100，1000，10000。

（1）在编辑器中建立目标函数。

```
function F=fitness(x)
F=0;
for i=1:30
    F=F+x(i)^2+x(i)-6;
end
```

（2）在命令行窗口中依次输入以下语句。

```
>> clear, clc
>> x=zeros(1,30);
>> [xm1,fv1]=PSO(@fitness,50,1.5,2.5,0.5,100,30);
>> [xm2,fv2]=PSO(@fitness,50,1.5,2.5,0.5,1000,30);
>> [xm3,fv3]=PSO(@fitness,50,1.5,2.5,0.5,10000,30);
```

运行程序，比较目标函数取最小值时的自变量，如表 8-1 所示。可以看出，迭代步数不一定与获得解的精度成正比，即迭代步数越大，获得解的精度不一定越高。这是因为 PSO 算法是一种随机算法，同样的参数也会计算出不同的结果。

表 8-1　比较不同迭代步数下的目标函数值和最小值

| 变　量 | 取　值 | | |
| --- | --- | --- | --- |
| | 迭代步数为 100 | 迭代步数为 1000 | 迭代步数为 10000 |
| $x_1$ | −0.203470374827947 | −0.322086628880754 | −0.435569044575185 |
| $x_2$ | 0.0614316795653017 | −0.236499213027137 | −0.456597706978179 |
| $x_3$ | −0.432057786059138 | −0.174672457595542 | −0.272548635326235 |
| $x_4$ | −0.562337192754589 | −0.323434573711674 | −0.410028636513352 |
| $x_5$ | 0.216285572045985 | −0.559755785428548 | −0.478395017745105 |
| $x_6$ | −0.448174496712675 | −0.500724696101979 | −0.438617720718304 |
| $x_7$ | 0.0101008034620691 | −0.334601378057723 | −0.624351586431356 |
| $x_8$ | −0.359780035841033 | −0.599261558115410 | −0.542835397138839 |
| $x_9$ | −0.244678550463580 | −0.689138008554286 | −0.243113131019114 |
| $x_{10}$ | −0.316139905200595 | −0.0694954358421096 | −0.143940233374031 |
| $x_{11}$ | −0.408639179789461 | −0.259841700046576 | −0.706252186322252 |
| $x_{12}$ | −0.642619836410718 | −0.246141170661282 | −0.00781653355911016 |
| $x_{13}$ | −0.522925465434690 | −0.449585957090094 | −0.334838983888102 |
| $x_{14}$ | −0.203441587074036 | −0.406235920268046 | −0.104353647362726 |
| $x_{15}$ | −0.563308887343590 | 0.0891778287549033 | −0.438931696076205 |
| $x_{16}$ | −0.301808274435673 | −0.0303852886125965 | −0.177440809228911 |
| $x_{17}$ | −0.709768167671245 | −0.552156841443132 | −0.621428723324555 |
| $x_{18}$ | −0.420233565717631 | −0.354652539291389 | −0.321409146325643 |
| $x_{19}$ | −0.0649786155553592 | −0.473586592491481 | −0.340215630334193 |
| $x_{20}$ | 0.0835405545618331 | −0.542947832512436 | −0.435868961230739 |
| $x_{21}$ | −0.677113366792996 | −0.571165888709759 | −0.402359314141048 |
| $x_{22}$ | −0.288800585542166 | −0.235227313009656 | −0.663112621839921 |

续表

| 变 量 | 取 值 | | |
|---|---|---|---|
| | 迭代步数为 100 | 迭代步数为 1000 | 迭代步数为 10000 |
| $x_{23}$ | −0.423115455971755 | −0.783184021012424 | −0.243847375888005 |
| $x_{24}$ | −0.483611573904200 | −0.610977611626016 | −0.372767988055409 |
| $x_{25}$ | −0.296101193584627 | −0.0762667490397894 | −0.588328193723098 |
| $x_{26}$ | −0.364523672340500 | −0.389593896038030 | −0.310699752647837 |
| $x_{27}$ | −0.217234643531979 | −0.152204938081090 | −0.474445660596261 |
| $x_{28}$ | 0.0562371091188502 | −0.812638082215613 | −0.0836301944341218 |
| $x_{29}$ | −0.507805752603469 | −0.661787823700067 | −0.0284228008093966 |
| $x_{30}$ | −0.0208750670471909 | −0.145197593442009 | −0.397530666505423 |
| 目标函数最小值fv | −184.692117109108 | −184.692117109108 | −184.692117109108 |

在上述参数的基础上，保持惯性权重为 0.5，学习因子 1 为 1.5，学习因子 2 为 2.5，迭代步数为 100 不变，粒子群规模分别取 10，100，500，在命令行窗口中依次输入以下语句。

```
>> x=zeros(1,30);
>> [xm1,fv1]=PSO(@fitness,10,1.5,2.5,0.5,100,30);
>> [xm2,fv2]=PSO(@fitness,100,1.5,2.5,0.5,100,30);
>> [xm3,fv3]=PSO(@fitness,500,1.5,2.5,0.5,100,30);
```

比较目标函数取最小值时的自变量，如表 8-2 所示。可以看出，粒子群规模越大，获得解的精度不一定越高。

表 8-2  比较不同粒子群规模下的目标函数值和最小值

| 变 量 | 取 值 | | |
|---|---|---|---|
| | 粒子群规模为 10 | 粒子群规模为 100 | 粒子群规模为 500 |
| $x_1$ | −0.461280538391346 | −0.568652265006235 | −0.490268156078420 |
| $x_2$ | −0.408370995746921 | −0.452788770991822 | −0.495317061863384 |
| $x_3$ | −0.0288416005345963 | −0.388174768325847 | −0.508017090877808 |
| $x_4$ | −0.0552338567227231 | −0.401507545198533 | −0.517007413849568 |
| $x_5$ | 0.0738166644789645 | −0.551259879300365 | −0.477354073247202 |
| $x_6$ | −0.280868118500682 | −0.233393064263199 | −0.496014962954584 |
| $x_7$ | −0.429600925039530 | −0.271896675443476 | −0.489607302876620 |
| $x_8$ | −0.409562596099239 | −0.547844449351226 | −0.493034422510953 |
| $x_9$ | 0.281766017074388 | −0.380278337003657 | −0.491570275741791 |
| $x_{10}$ | −0.587883598964542 | −0.408568766862200 | −0.505298045536549 |
| $x_{11}$ | −0.749463199823461 | −0.626782730867803 | −0.503117287033364 |
| $x_{12}$ | 0.0779478416748528 | −0.349408282182953 | −0.494031258256908 |
| $x_{13}$ | −0.758300631146907 | −0.583408316780879 | −0.500060685658700 |
| $x_{14}$ | 0.180131709578965 | −0.375383139040645 | −0.511709156436812 |

| 变　　量 | 取　　值 | | |
|---|---|---|---|
| | 粒子群规模为 10 | 粒子群规模为 100 | 粒子群规模为 500 |
| $x_{15}$ | −0.564532674933458 | −0.490162739466452 | −0.517812810910794 |
| $x_{16}$ | −0.0637266236855537 | −0.555105474483478 | −0.504355035662881 |
| $x_{17}$ | 0.501801473477060 | −0.560793363305467 | −0.511495990026503 |
| $x_{18}$ | 0.583049171640106 | −0.641197096800355 | −0.519087838941761 |
| $x_{19}$ | 0.423066993306820 | −0.594790333100089 | −0.497402575677108 |
| $x_{20}$ | 0.463031353118403 | −0.517368663564588 | −0.506039272612501 |
| $x_{21}$ | −0.226652573205321 | −0.647922715489912 | −0.493311227454402 |
| $x_{22}$ | −0.340694973324611 | −0.493043901761973 | −0.492860555794895 |
| $x_{23}$ | 0.303590596927068 | −0.445059333754872 | −0.499654192041048 |
| $x_{24}$ | −0.0372694887364219 | −0.602557014069339 | −0.494888427804042 |
| $x_{25}$ | −0.119240515687260 | −0.439982689177553 | −0.519431562496152 |
| $x_{26}$ | 0.511293600728549 | −0.260811072394469 | −0.493925264779633 |
| $x_{27}$ | 0.115534647931772 | −0.738686510406502 | −0.488810925337222 |
| $x_{28}$ | 0.559536823964912 | −0.494057140638969 | −0.489181575636495 |
| $x_{29}$ | 0.446461621552828 | −0.378395529426522 | −0.498224198470959 |
| $x_{30}$ | −0.359535394729040 | −0.402673857684666 | −0.514332244824747 |
| 目标函数最小值fv | −176.440172293181 | −187.045295621546 | −187.496699775657 |

综合以上不同迭代步数和不同粒子群规模运算得到的结果可知，在粒子群算法中，要想获得高精度的解，关键在于各参数之间的合适搭配。

## 8.3　权重改进的粒子群算法

在粒子群算法中，惯性权重 $\omega$ 是最重要的参数。增大 $\omega$ 值可以提高算法的全局搜索能力，减小 $\omega$ 值可以提高算法的局部搜索能力。设计合理的惯性权重是避免陷入局部最优并高效搜索的关键。常见的 PSO 算法有自适应权重法、随机权重法和线性递减权重法等。

### 8.3.1　自适应权重法

粒子适应度是反映粒子当前位置优劣的一个参数。对应某些具有较高适应度的粒子 $p_i$，在 $p_i$ 所在的局部区域可能存在能够更新全局最优的点 $p_x$，即 $p_x$ 表示的解优于全局最优。

为了使全局最优能够迅速更新，从而迅速找到 $p_x$，应该减小粒子 $p_i$ 惯性权重以增强其局部寻优能力；而对于适应度较低的粒子，当前位置较差，所在区域存在优于全局最优解的概率较低，为了跳出当前的区域，应当增大惯性权重，增强全局搜索能力。

下面介绍两种自适应修改权重的方法。

**1. 根据早熟收敛程度和适应值进行调整**

根据群中的早熟收敛程度和个体适应值，可以确定惯性权重的变化。

设粒子 $p_i$ 的适应值为 $f_i$，最优粒子适应度为 $f_m$，则粒子群的平均适应值为 $f_{avg} = \dfrac{1}{n}\sum_{i=1}^{n} f_i$；将优于平均适应值的粒子适应值求平均（记为 $f'_{avg}$），定义 $\Delta = \left| f_m - f'_{avg} \right|$。

根据 $f_i$、$f_m$、$f_{avg}$ 将群体分为 3 个子群，分别进行不同的自适应操作。惯性权重的调整如下。

（1）如果 $f_i$ 优于 $f'_{avg}$，那么 $\omega = \omega - (\omega - \omega_{min}) \cdot \left| \dfrac{f_i - f'_{avg}}{f_m - f'_{avg}} \right|$。

（2）如果 $f_i$ 优于 $f'_{avg}$，且次于 $f_m$，则惯性权重不变。

（3）如果 $f_i$ 次于 $f'_{avg}$，则 $\omega = 1.5 - \dfrac{1}{1 + k_1 \cdot \exp(-k_2 \cdot \Delta)}$。其中，$k_1$、$k_2$ 为控制参数，$k_1$ 用来控制 $\omega$ 的上限，$k_2$ 主要用来控制 $\omega = 1.5 - \dfrac{1}{1 + k_1 \cdot \exp(-k_2 \cdot \Delta)}$ 的调节能力。

当算法停止时，如果粒子的分布分散，则 $\Delta$ 比较大，$\omega$ 变小，此时算法局部搜索能力加强，从而使群体趋于收敛；如果粒子的分布聚集，则 $\Delta$ 比较小，$\omega$ 变大，使粒子具有较强的探查能力，从而有效地跳出局部最优。

### 2. 根据全局最优点的距离进行调整

一些学者认为惯性权重的大小还与其距全局最优点的距离有关，并提出各个不同粒子惯性权重不仅随迭代次数的增加而递减，还随距全局最优点距离的增加而递增，即权重 $\omega$ 根据粒子的位置不同而动态变化。

当粒子目标值分散时，减小惯性权重；当粒子目标值一致时，增加惯性权重。

根据全局最优点的距离调整算法的基本步骤如下。

（1）随机初始化种群中各个粒子的位置和速度。

（2）评价每个粒子的适应度，将粒子的位置和适应值存储在粒子的个体极值 $p_{best}$ 中，将所有 $p_{best}$ 中最优适应值的个体位置和适应值保存在全局极值 $g_{best}$ 中。

（3）更新粒子位移和速度。

$$x_{i,j}(t+1) = x_{i,j}(t) + v_{i,j}(t+1)\ ,\quad j = 1, 2, \cdots, d$$
$$v_{i,j}(t+1) = \omega \cdot v_{i,j}(t) + c_1 r_1 [p_{i,j} - x_{i,j}(t)] + c_2 r_2 [p_{g,j} - x_{i,j}(t)]$$

（4）更新权重，目前大多采用的非线性动态惯性权重系数公式如下所示。

$$\omega = \begin{cases} \omega_{min} - \dfrac{(\omega_{max} - \omega_{min}) \cdot (f - f_{min})}{f_{avg} - f_{min}}\ , & f \leqslant f_{avg} \\[3mm] \omega_{max}\ , & f > f_{avg} \end{cases}$$

其中，$f$ 表示粒子实时的目标函数值；$f_{avg}$ 和 $f_{min}$ 分别表示当前所有粒子的平均值和最小目标值。可以看出，惯性权重随着粒子目标函数值的改变而改变。

（5）将每个粒子的适应值与粒子的最好位置比较，如果相近，则将当前值作为粒子最好的位置。比较当前所有 $p_{best}$ 和 $g_{best}$，更新 $g_{best}$。

（6）当算法达到其停止条件，则停止搜索并输出结果；否则返回到步骤（3）继续搜索。

在编辑器中编写自适应权重的优化函数 PSO_adaptation()。

```
function [xm,fv]=PSO_adaptation(fitness,N,c1,c2,wmax,wmin,M,D)
%fitness 为待优化的目标函数，N 为初始化群体个体数目，c1 为学习因子 1，c2 为学习因子 2
%wmax 为惯性权重最大值，wmin 为惯性权重最小值，M 为最大迭代次数，D 为搜索空间维数
```

```matlab
% xm 为目标函数取最小值时的自变量，fv 为目标函数最小值
format short;

%%%%%%初始化种群的个体%%%%%%
for i=1:N
    for j=1:D
        x(i,j)=randn;
        v(i,j)=randn;
    end
end

%%%%%%先计算各个粒子的适应度%%%%%%
for i=1:N
    p(i)=fitness(x(i,:));
    y(i,:)=x(i,:);
end
pg=x(N,:);                              %pg 表示全局最优
for i=1:(N-1)
    if fitness(x(i,:))<fitness(pg)
        pg=x(i,:);
    end
end

%%%%%%进入主要循环%%%%%%
for t=1:M
    for j=1:N
        fv(j)=fitness(x(j,:));
    end
    fvag=sum(fv)/N;
    fmin=min(fv);
    for i=1:N
        if fv(i)<=fvag
            w=wmin+(fv(i)-fmin)*(wmax-wmin)/(fvag-fmin);
        else
            w=wmax;
        end
        v(i,:)=w*v(i,:)+c1*rand*(y(i,:)-x(i,:))+c2*rand*(pg-x(i,:));
        x(i,:)=x(i,:)+v(i,:);
        if fitness(x(i,:))<p(i)
            p(i)=fitness(x(i,:));
            y(i,:)=x(i,:);
        end
        if p(i)<fitness(pg)
            pg=y(i,:);
        end
    end
```

```
end
xm=pg';                                    %目标函数取最小值时的自变量
fv=fitness(pg);                            %目标函数最小值
end
```

【例 8-2】用自适应权重法求解以下函数的最小值。其中，粒子数为 50，学习因子均为 2，惯性权重取值为[0.6 0.8]，迭代步数为 100。

$$f(x) = \frac{\sin^2\sqrt{x_1^2 + x_2^2} - \cos\sqrt{x_1^2 + x_2^2} + 1}{\left[1 + 0.1(x_1^2 + x_2^2)\right]^2} - 0.7$$

首先建立目标函数，代码如下。

```
function y=AdaptFunc(x)
   xx=x(1)^2+ x(2)^2;
   sin2x=sin(sqrt(xx));cosx=cos(sqrt('(xx)));
   y=(sin2x^2-cosx+1)/((1+0.1*xx)^2)-0.7;
end
```

在命令行窗口中输入以下语句。

```
>> [xm,fv]=PSO_adaptation(@AdaptFunc,50,2,2,0.8,0.6,100,2)
xm =
   1.0e-04 *
    2.3133
   -0.3301
fv =
   -0.7000
```

## 8.3.2  随机权重法

随机权重法的原理是将标准 PSO 算法中的惯性权重 $\omega$ 设定为随机数，这种处理的优势如下。
（1）当粒子在起始阶段就接近最优点，随机产生的 $\omega$ 可能相对较小，由此可以加快算法的收敛速度。
（2）克服 $\omega$ 线性递减造成的算法不能收敛到最优点的局限。
惯性权重的修改公式如下。

$$\begin{cases} \omega = \mu + \sigma \cdot N(0,1) \\ \mu = \mu_{min} + (\mu_{max} - \mu_{min}) \cdot rand(0,1) \end{cases}$$

其中，N(0, 1)表示标准状态分布的随机数。
随机权重法的计算步骤如下。
（1）随机设置各个粒子的速度和位置。
（2）评价评价每个粒子的适应度,将粒子的位置和适应值存储在粒子的个体极值 $p_{best}$ 中, 将所有 $p_{best}$ 中最优适应值的个体位置和适应值保存在全局极值 $g_{best}$ 中。
（3）更新粒子位移和速度。

$$x_{i,j}(t+1) = x_{i,j}(t) + v_{i,j}(t+1) \ , \ j = 1, 2, \cdots, d$$
$$v_{i,j}(t+1) = \omega \cdot v_{i,j}(t) + c_1 r_1[p_{i,j} - x_{i,j}(t)] + c_2 r_2[p_{g,j} - x_{i,j}(t)]$$

（4）更新权重。
（5）比较每个粒子的适应值与粒子的最优位置，如果相近，则将当前值作为粒子最优的位置。比较当

前所有 $p_{\text{best}}$ 和 $g_{\text{best}}$，更新 $g_{\text{best}}$。

（6）当算法达到其停止条件时，则停止搜索并输出结果；否则返回到步骤（3）继续搜索。

在编辑器中编写随机权重的优化函数 PSO_rand()。

```
function [xm,fv]=PSO_rand(fitness,N,c1,c2,wmax,wmin,rande,M,D)
%fitness 为待优化的目标函数，N 为初始化群体个体数目，c1 为学习因子 1，c2 为学习因子 2，
%rande 为随机权重方差
%wmax 为惯性权重最大值，wmin 为惯性权重最小值，M 为最大迭代次数，D 为搜索空间维数
%xm 为目标函数取最小值时的自变量，fv 为目标函数最小值
format short;

%%%%%%初始化种群的个体%%%%%%
for i=1:N
    for j=1:D
        x(i,j)=randn;
        v(i,j)=randn;
    end
end

%%%%%%先计算各个粒子的适应度，并初始化p(i)和pg%%%%%%
for i=1:N
    p(i)=fitness(x(i,:));
    y(i,:)=x(i,:);
end
pg=x(N,:);                              %pg 为全局最优
for i=1:(N-1)
    if fitness(x(i,:))<fitness(pg)
        pg=x(i,:);
    end
end

%%%%%%进入主要循环，按照公式依次迭代%%%%%%
for t=1:M
    for i=1:N
        miu=wmin+(wmax-wmin)*rand();
        w=miu+rande*randn();
        v(i,:)=w*v(i,:)+c1*rand*(y(i,:)-x(i,:))+c2*rand*(pg-x(i,:));
        x(i,:)=x(i,:)+v(i,:);
        if fitness(x(i,:))<p(i)
            p(i)=fitness(x(i,:));
            y(i,:)=x(i,:);
        end
        if p(i)<fitness(pg)
            pg=y(i,:);
        end
    end
```

```
         Pbest(t)=fitness(pg);
end
xm=pg';
fv=fitness(pg);
end
```

【例 8-3】用随机权重法求解例 8-2 中函数的最小值。其中，粒子数为 50，学习因子均为 2，惯性权重取值为[0.6 0.8]，随机权重平均值的方差为 0.3，迭代步数为 100。

在命令行窗口中输入以下语句。

```
>> [xm,fv]=PSO_rand(@AdaptFunc,50,2,2,0.8,0.6,0.3,100,2)
xm =
   1.0e-04 *
   1.0750
   0.6361
fv =
  -0.7000
```

### 8.3.3　线性递减权重法

针对 PSO 算法容易早熟及后期容易在全局最优解附近产生振荡现象，线性递减权重法被提出，即令惯性权重依照线性从大到小递减，权重更新公式为

$$\omega = \omega_{\max} - \frac{t \cdot (\omega_{\max} - \omega_{\min})}{t_{\max}}$$

其中，$\omega_{\max}$ 为惯性权重最大值；$\omega_{\min}$ 为惯性权重最小值；$t$ 为当前迭代步数。

随机权重法的计算步骤如下所示。

（1）随机设置各个粒子的速度和位置。

（2）评价每个粒子的适应度，将粒子的位置和适应值存储在粒子的个体极值 $p_{\text{best}}$ 中，将所有 $p_{\text{best}}$ 中最优适应值的个体位置和适应值保存在全局极值 $g_{\text{best}}$ 中。

（3）更新粒子位移和速度。

$$x_{i,j}(t+1) = x_{i,j}(t) + v_{i,j}(t+1) \ , \ j = 1,2,\cdots,d$$
$$v_{i,j}(t+1) = \omega \cdot v_{i,j}(t) + c_1 r_1 [p_{i,j} - x_{i,j}(t)] + c_2 r_2 [p_{g,j} - x_{i,j}(t)]$$

（4）更新权重。

（5）比较每个粒子的适应值与粒子的最优位置，如果相近，则将当前值作为粒子最优的位置。比较当前所有 $p_{\text{best}}$ 和 $g_{\text{best}}$，更新 $g_{\text{best}}$。

（6）当算法达到其停止条件，则停止搜索并输出结果；否则返回到步骤（3）继续搜索。

在编辑器中编写线性递减权重的优化函数 PSO_lin()。

```
function [xm,fv]=PSO_lin(fitness,N,c1,c2,wmax,wmin,M,D)
%fitness 为待优化的目标函数，N 为初始化群体个体数目，c1 为学习因子 1，c2 为学习因子 2
%wmax 为惯性权重最大值，wmin 为惯性权重最小值，M 为最大迭代次数，D 为搜索空间维数
%xm 为目标函数取最小值时的自变量，fv 为目标函数最小值
format short;

%%%%%%初始化种群的个体%%%%%%
```

```
for i=1:N
    for j=1:D
        x(i,j)=randn;
        v(i,j)=randn;
    end
end
```

%%%%%%先计算各个粒子的适应度，并初始化 p(i) 和 pg%%%%%%
```
for i=1:N
    p(i)=fitness(x(i,:));
    y(i,:)=x(i,:);
end
pg=x(N,:);                                          %pg 为全局最优
for i=1:(N-1)
    if fitness(x(i,:))<fitness(pg)
        pg=x(i,:);
    end
end
```

%%%%%%主循环，按照公式依次迭代%%%%%%
```
for t=1:M
    for i=1:N
        w=wmax-(t-1)*(wmax-wmin)/(M-1);
        v(i,:)=w*v(i,:)+c1*rand*(y(i,:)-x(i,:))+c2*rand*(pg-x(i,:));
        x(i,:)=x(i,:)+v(i,:);
        if fitness(x(i,:))<p(i)
            p(i)=fitness(x(i,:));
            y(i,:)=x(i,:);
        end
        if p(i)<fitness(pg)
            pg=y(i,:);
        end
    end
    Pbest(t)=fitness(pg);
end
xm = pg';
fv = fitness(pg);
end
```

【例8-4】用随机权重法求解以下函数的最小值。其中，粒子数为50，学习因子均为2，惯性权重取值为[0.4 0.8]，迭代步数为1000。

$$f(x) = 20(x_1^2 - x_2)^2 - (1-x_1)^2 + 3(1+x_2)^2 + 0.3$$

首先建立目标函数。

```
function y=LinFunc(x)
    y=20*((x(1)^2-x(2))^2) - (1-x(1))^2 + 3*(1+x(2))^2 + 0.3;
end
```

在命令行窗口中输入以下语句。

```
>> [xm,fv]=PSO_lin(@LinFunc,50,2,2,0.8,0.4,1000,2)
xm =
   -0.2233
   -0.0871
fv =
   1.6789
```

以上结果说明，用线性递减权重的方法得到了精确的最优点。需要注意的是，惯性权重并不是对所有问题都有效，需要具体分析最合适的方法。

例如，使用线性递减权重法求例 8-2 中的函数，在命令行窗口中输入以下语句。

```
>> [xm,fv]=PSO_lin(@AdaptFunc,50,2,2,0.8,0.4,1000,2)
xm =
   1.0e+03 *
   6.3128
   4.2944
fv =
   -0.7000
```

## 8.4　混合粒子群算法

混合粒子群算法就是将其他进化算法、传统优化算法或其他技术应用到 PSO 算法中，用于提高粒子多样性，增强粒子的全局探索能力，或者提高局部开发能力，增强收敛速度与精度。常用的混合粒子群算法主要有以下两种。

（1）利用其他优化技术自适应调整收缩因子、惯性权值、加速常数等。

（2）将 PSO 算法与其他进化算法操作算子或其他技术结合。

下面将分别介绍基于杂交、自然选择、免疫和模拟退火的混合粒子群算法。

### 8.4.1　基于杂交的混合粒子群算法

基于杂交的混合粒子群算法是借鉴遗传算法中杂交的概念，在每次迭代中，根据杂交概率选取指定数量的粒子放入杂交池内，池内的粒子随机两两杂交，产生同样数目的子代粒子，并用子代粒子代替父代粒子。子代位置由父代位置进行交叉得到，即

$$nx = i \cdot mx(1) + (1-i) \cdot mx(2)$$

其中，mx 表示父代粒子的位置；nx 表示子代粒子的位置；$i$ 为 0~1 的随机数。

子代的速度为

$$nv = \frac{mv(1) + mv(2)}{|mv(1) + mv(2)|} |mv|$$

其中，mv 表示父代粒子的速度；nv 表示子代粒子的速度。

基于杂交的混合粒子群算法步骤如下。

（1）随机设置各个粒子的速度和位置。

（2）评价每个粒子的适应度，将粒子的位置和适应值存储在粒子的个体极值 $p_{\text{best}}$ 中，将所有 $p_{\text{best}}$ 中最优适应值的个体位置和适应值保存在全局极值 $g_{\text{best}}$ 中。

（3）更新粒子位移和速度。

$$x_{i,j}(t+1)=x_{i,j}(t)+v_{i,j}(t+1)\ ,\ j=1,2,\cdots,d$$

$$v_{i,j}(t+1)=\omega\cdot v_{i,j}(t)+c_1r_1[p_{i,j}-x_{i,j}(t)]+c_2r_2[p_{g,j}-x_{i,j}(t)]$$

（4）将每个粒子的适应值与粒子的最优位置比较，如果相近，则将当前值作为粒子最优的位置。比较当前所有 $p_{\text{best}}$ 和 $g_{\text{best}}$，更新 $g_{\text{best}}$。

（5）根据杂交概率选取指定数量的粒子，并将其放入杂交池中，池中的粒子随机两两杂交产生同样数目的子代粒子，子代的位置和速度计算式为

$$\begin{cases} nx=i\cdot mx(1)+(1-i)\cdot mx(2) \\ nv=\dfrac{mv(1)+mv(2)}{|mv(1)+mv(2)|}|mv| \end{cases}$$

其中，保持 $p_{\text{best}}$ 和 $g_{\text{best}}$ 不变。

（6）当算法达到其停止条件，则停止搜索并输出结果；否则返回到步骤（3）继续搜索。

在编辑器中编写基于杂交的混合粒子群算法优化函数 PSO_breed()。

```
function [xm,fv]=PSO_breed(fitness,N,c1,c2,w,bc,bs,M,D)
%fitness 为待优化的目标函数，N 为初始化群体个体数目，c1 为学习因子1，c2 为学习因子2
%w 为惯性权重，M 为最大迭代次数，D 为搜索空间维数
%bc 为杂交概率，bs 为杂交池的大小比例
%xm 为目标函数取最小值时的自变量，fv 为目标函数最小值
format short;

%%%%%%初始化种群的个体%%%%%%
for i=1:N
    for j=1:D
        x(i,j)=randn;                    %随机初始化位置
        v(i,j)=randn;                    %随机初始化速度
    end
end

%%%%%%先计算各个粒子的适应度，并初始化p(i)和pg%%%%%%
for i=1:N
    p(i)=fitness(x(i,:));
    y(i,:)=x(i,:);
end
pg = x(N,:);                             %pg 为全局最优
for i=1:(N-1)
    if fitness(x(i,:))<fitness(pg)
        pg=x(i,:);
    end
end

%%%%%%进入主要循环，按照公式依次迭代%%%%%%
for t=1:M
```

```
    for i=1:N
        v(i,:)=w*v(i,:)+c1*rand*(y(i,:)-x(i,:))+c2*rand*(pg-x(i,:));
        x(i,:)=x(i,:)+v(i,:);
        if fitness(x(i,:))<p(i)
            p(i)=fitness(x(i,:));
            y(i,:)=x(i,:);
        end
        if p(i)<fitness(pg)
            pg=y(i,:);
        end
        r1=rand();
        if r1<bc
            numPool=round(bs*N);
            PoolX=x(1:numPool,:);
            PoolVX=v(1:numPool,:);
            for i=1:numPool
                seed1=floor(rand()*(numPool-1))+1;
                seed2=floor(rand()*(numPool-1))+1;
                pb=rand();
                childx1(i,:)=pb*PoolX(seed1,:)+(1-pb)*PoolX(seed2,:);
                childv1(i,:)=(PoolVX(seed1,:)+PoolVX(seed2,:))*norm(PoolVX
(seed1,:))/ ...
                        norm(PoolVX(seed1,:)+PoolVX(seed2,:));
            end
            x(1:numPool,:)=childx1;
            v(1:numPool,:)=childv1;
        end
    end
end
xm=pg';
fv=fitness(pg);
end
```

【例 8-5】使用基于杂交的混合粒子群算法，求解以下函数的最小值，其中 $-10 \leqslant x_i \leqslant 10$。粒子数为 50，学习因子均为 2，惯性权重为 0.8，杂交概率为 0.8，杂交池比例为 0.1，迭代步数为 1000。

$$f(x) = \frac{1}{1 + \sum_{i=1}^{5} \dfrac{i}{1 + (x_i + 1)^2}} + 0.5$$

首先建立目标函数，代码如下。

```
function y=BreedFunc(x)
y=0;
for i=1:5
    y=y+i/(1+(x(i)+1)^2);
end
y=1/(1+y)+0.5;
end
```

在命令行窗口中输入以下语句。

```
>> [xm,fv]=PSO_breed(@BreedFunc,50,2,2,0.8,0.8,0.1,100,5)
xm =
  -0.9847
  -0.9963
  -0.9965
  -1.0010
  -0.9988
fv =
  0.5625
```

以上结果表明，基于杂交的混合粒子群算法精度也比较高。

## 8.4.2　基于自然选择的混合粒子群算法

基于自然选择的混合粒子群算法是借鉴自然选择的机理，在每次迭代中，根据粒子群适应值将粒子群排序，用群体中最好的一半粒子替换最差的一半粒子，同时保留原来每个个体所记忆的历史最优值。

算法步骤如下。

（1）随机设置各个粒子的速度和位置。

（2）评价每个粒子的适应度，将粒子的位置和适应值存储在粒子的个体极值 $p_{best}$ 中，将所有 $p_{best}$ 中最优适应值的个体位置和适应值保存在全局极值 $g_{best}$ 中。

（3）更新粒子位移和速度。

$$x_{i,j}(t+1) = x_{i,j}(t) + v_{i,j}(t+1) \ , \ j=1,2,\cdots,d$$
$$v_{i,j}(t+1) = w \cdot v_{i,j}(t) + c_1 r_1 [p_{i,j} - x_{i,j}(t)] + c_2 r_2 [p_{g,j} - x_{i,j}(t)]$$

（4）将每个粒子的适应值与粒子的最优位置比较，如果相近，则将当前值作为粒子最优的位置。比较当前所有 $p_{best}$ 和 $g_{best}$，更新 $g_{best}$。

（5）根据适应值对粒子群排序，用群体中最好的一半粒子替换最差的一半粒子，同时保留原来每个个体所记忆的历史最优值。

（6）当算法达到其停止条件，则停止搜索并输出结果；否则返回步骤（3）继续搜索。

在编辑器中编写基于自然选择的混合粒子群算法优化函数 PSO_nature()。

```
function [xm,fv]=PSO_nature(fitness,N,c1,c2,w,M,D)
%fitness 为待优化的目标函数，N 为初始化群体个体数目，c1 为学习因子 1，c2 为学习因子 2
%w 为惯性权重
%M 为最大迭代次数，D 为搜索空间维数（未知数个数）
%xm 为目标函数取最小值时的自变量，fv 为目标函数最小值
format short;

%%%%%%初始化种群的个体%%%%%%
for i=1:N
    for j=1:D
        x(i,j)=randn;                          %初始化位置
        v(i,j)=randn;                          %初始化速度
    end
end
```

```
%%%%%先计算各粒子的适应度，并初始化p(i)和pg%%%%%%
for i=1:N
    p(i)=fitness(x(i,:));
    y(i,:)=x(i,:);
end
pg=x(N,:);                                          %pg 为全局最优
for i=1:(N-1)
    if fitness(x(i,:))<fitness(pg)
        pg=x(i,:);
    end
end
%%%%%%主循环，按照公式依次迭代%%%%%%
for t=1:M
    for i=1:N
        v(i,:)=w*v(i,:)+c1*rand*(y(i,:)-x(i,:))+c2*rand*(pg-x(i,:));
        x(i,:)=x(i,:)+v(i,:);
        fx(i) = fitness(x(i,:));
        if fx(i)<p(i)
            p(i)=fx(i);
            y(i,:)=x(i,:);
        end
        if p(i)<fitness(pg)
            pg=y(i,:);
        end
    end
    [sortf,sortx]=sort(fx);
    exIndex=round((N-1)/2);
    x(sortx((N-exIndex+1):N))=x(sortx(1:exIndex));     %替换位置
    v(sortx((N-exIndex+1):N))=v(sortx(1:exIndex));     %替换速度
end
xm=pg';
fv=fitness(pg);
end
```

【例 8-6】使用基于自然选择的混合粒子群算法求解以下函数的最小值，其中 $-10 \leqslant x_i \leqslant 10$。粒子数为 50，学习因子均为 2，惯性权重为 0.9，迭代步数为 1000。

$$f(x) = \frac{1}{0.3 + \sum_{i=1}^{5} \dfrac{i-1}{(x_i+1)^2}}$$

首先建立目标函数，代码如下。

```
function y=natureFunc(x)
y=0;
for i=1:5
    y=y+(i-1)/((x(i)+1)^2);
end
y=1/(0.3+y);
end
```

在命令行窗口中输入以下语句。

```
>> [xm,fv]=PSO_nature(@natureFunc,50,2,2,0.8,100,5)
xm =
  -12.9810
    2.0203
   -1.0000
   -2.4691
   -0.0005
fv =
   3.8064e-10
```

以上结果表明，基于自然选择的混合粒子群算法精度也非常高。

### 8.4.3 基于免疫的混合粒子群算法

基于免疫的混合粒子群算法是在免疫算法的基础上采用粒子群优化对抗体群体进行更新，可以克服免疫算法收敛速度慢的缺点。算法流程如图 8-5 所示，算法步骤如下。

（1）确定学习因子 $c_1$ 和 $c_2$、粒子（抗体）群体个数 $M$。

（2）由逻辑回归分析映射产生 $M$ 个粒子（抗体）$x_i$ 及其速度 $v_i$，其中 $i=1, 2, \cdots, M$，最后形成初始粒子（抗体）群体 $P_0$。

（3）生产免疫记忆粒子（抗体）：计算当前粒子（抗体）群体 $P$ 中粒子（抗体）的适应值并判断算法是否满足结束条件，如果满足，则结束并输出结果，否则继续运行。

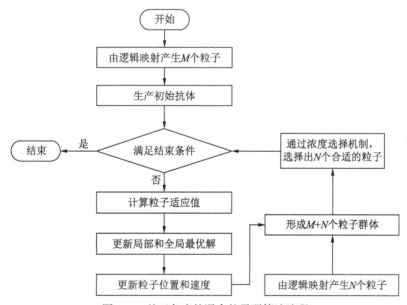

图 8-5 基于免疫的混合粒子群算法流程

（4）更新局部和全局最优解，并根据以下公式更新粒子位置和速度。

$$x_{i,j}(t+1) = x_{i,j}(t) + v_{i,j}(t+1) \ , \ j=1,2,\cdots,d$$
$$v_{i,j}(t+1) = w \cdot v_{i,j}(t) + c_1 r_1[p_{i,j} - x_{i,j}(t)] + c_2 r_2[p_{g,j} - x_{i,j}(t)]$$

（5）由逻辑映射产生 $N$ 个新的粒子（抗体）。

（6）基于浓度的粒子（抗体）选择：用群体中相似抗体百分比计算产生 $N+M$ 个新粒子（抗体）的概率，根据概率大小选择 $N$ 个粒子（抗体）形成粒子（抗体）群 $P$。然后转入步骤（3）。

在编辑器中编写基于免疫的混合粒子群算法优化函数 PSO_immu()。

```matlab
function [x,y,Result]=PSO_immu(func,N,c1,c2,w,MaxDT,D,eps,DS,replaceP,minD,Psum)
format long;
%%%%%%给定初始化条件%%%%%%
%c1=2;                                        %学习因子1
%c2=2;                                        %学习因子2
%w=0.8;                                       %惯性权重
%MaxDT=100;                                   %最大迭代次数
%D=2;                                         %搜索空间维数（未知数个数）
%N=100;                                       %初始化群体个体数目
%eps=10^(-10);                                %设置精度(在已知最小值时用)
%DS=8;                                        %每隔DS次循环就检查最优个体是否变优
%replaceP=0.5;                                %粒子的概率大于replaceP将被免疫替换
%minD=1e-10;                                  %粒子间的最小距离
%Psum=0;                                      %个体最佳的和
range=100;
count = 0;
%%%%%%初始化种群的个体%%%%%%
for i=1:N
    for j=1:D
        x(i,j)=-range+2*range*rand;          %随机初始化位置
        v(i,j)=randn;                        %随机初始化速度
    end
end

%%%%%%先计算各个粒子的适应度，并初始化p(i)和pg%%%%%%
for i=1:N
    p(i)=feval(func,x(i,:));
    y(i,:)=x(i,:);
end
pg=x(1,:);                                    %pg 为全局最优
for i=2:N
    if feval(func,x(i,:))<feval(func,pg)
        pg=x(i,:);
    end
end
%%%%%%主循环，按照公式依次迭代，直到满足精度要求%%%%%%
for t=1:MaxDT
    for i=1:N
        v(i,:)=w*v(i,:)+c1*rand*(y(i,:)-x(i,:))+c2*rand*(pg-x(i,:));
        x(i,:)=x(i,:)+v(i,:);
        if feval(func,x(i,:))<p(i)
            p(i)=feval(func,x(i,:));
            y(i,:)=x(i,:);
```

```
        end
        if p(i)<feval(func,pg)
            pg=y(i,:);
            subplot(1,2,1);
            bar(pg,0.25);
            axis([0 3 -40 40 ]);
            title(['Iteration',num2str(t)]);pause(0.1);
            subplot(1,2,2);
            plot(pg(1,1),pg(1,2),'rs','MarkerFaceColor','r','MarkerSize',8)
            hold on;
            plot(x(:,1),x(:,2),'k.');
            set(gca,'Color','g')
            hold off;
            grid on;
            axis([-100 100 -100 100 ]) ;
            title(['Global Min =',num2str(p(i))]);
            xlabel(['Min_x=',num2str(pg(1,1)),'Min_y=',num2str(pg(1,2))]);


        end
    end
    Pbest(t)=feval(func,pg) ;
%       if Foxhole(pg,D)<eps                      %如果结果满足精度要求，则跳出循环
%           break;
%       end
%%%%%开始进行免疫%%%%%
    if t>DS
        if mod(t,DS)==0 && (Pbest(t-DS+1)-Pbest(t))<1e-020
        %如果连续 DS 代数，群体中的最优没有明显变优，则进行免疫
            %在函数测试的过程中发现，经过一定代数的更新，个体最优不完全相等，但变化非常非常小
            for i=1:N                              %先计算出个体最优的和
                Psum=Psum+p(i);
            end

            for i=1:N                              %免疫程序

                for j=1:N                          %计算每个个体与个体 i 的距离
                    distance(j)=abs(p(j)-p(i));
                end
                num=0;
                for j=1:N                          %计算与第 i 个个体距离小于 minD 的个数
                    if distance(j)<minD
                        num=num+1;
                    end
                end
                PF(i)=p(N-i+1)/Psum;               %计算适应度概率
                PD(i)=num/N;                       %计算个体浓度

                a=rand;                            %随机生成计算替换概率的因子
                PR(i)=a*PF(i)+(1-a)*PD(i);         %计算替换概率
            end
```

```
            for i=1:N
                if PR(i)>replaceP
                    x(i,:)=-range+2*range*rand(1,D);
                    count=count+1;
                end
            end
        end
    end
end

%%%%%%最后给出计算结果%%%%%%
x=pg(1,1);
y=pg(1,2);
Result=feval(func,pg);
end

%%%%%%算法结束%%%%%%
function probabolity(N,i)
PF=p(N-i)/Psum;                                    %适应度概率
disp(PF);
for jj=1:N
    distance(jj)=abs(P(jj)-P(i));
end
num=0;
for ii=1:N
    if distance(ii)<minD
        num=num+1;
    end
end
PD=num/N;                                          %个体浓度
PR=a*PF+(1-a)*PD;                                  %替换概率
end
```

【例 8-7】使用基于免疫的混合粒子群算法，求解以下函数的最小值，其中 $-10 \leqslant x_i \leqslant 10$。粒子数为 50，学习因子均为 2，替换概率为 0.6，迭代步数为 100。

$$f(x) = \frac{\cos\sqrt{x_1^2+x_2^2}-1}{\left[1+(x_1^2-x_2^2)\right]^2} + 0.5$$

首先建立目标函数，代码如下。

```
function y=immuFunc(x)
    y=(cos(x(1)^2+x(2)^2)-1)/((1+(x(1)^2-x(2)^2))^2)+0.5;
end
```

在命令行窗口中输入以下语句。

```
>> [xm,fv]=PSO_immu (@immuFunc,50,2,2,0.8,100,5,0.0000001,10,0.6,
0.0000000000000000001,0)
xm =
  -0.435217377468095
```

```
fv =
    -1.090764082405167
```

得到目标函数取最小值时的自变量 xm 变化图，如图 8-6 所示。

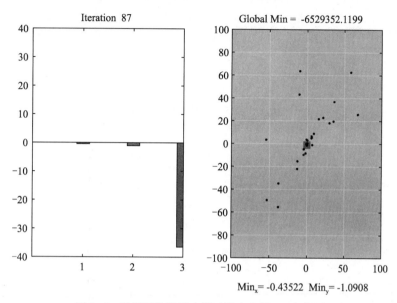

Min$_x$= -0.43522　Min$_y$= -1.0908

图 8-6　目标函数取最小值时的自变量 xm 变化图

### 8.4.4　基于模拟退火的混合粒子群算法

基于模拟退火的混合粒子群算法在搜索过程中具有突跳的能力，可以有效避免搜索陷入局部极小解。算法步骤如下。

（1）随机设置各个粒子的速度和位置。

（2）评价每个粒子的适应度，将粒子的位置和适应值存储在粒子的个体极值 $p_{\text{best}}$ 中，将所有 $p_{\text{best}}$ 中最优适应值的个体位置和适应值保存在全局极值 $g_{\text{best}}$ 中。

（3）确定初始温度。

（4）根据以下公式确定当前温度下各粒子 $p_i$ 的适应值。

$$\text{TF}(p_i) = \frac{\text{e}^{-(f(p_i)-f(p_g))/t}}{\sum\limits_{i=1}^{N} \text{e}^{-(f(p_i)-f(p_g))/t}}$$

（5）从所有 $p_i$ 中确定全局最优的替代值 $p_i'$，并根据以下公式更新各粒子的位置和速度。

$$x_{i,j}(t+1) = x_{i,j}(t) + v_{i,j}(t+1) \ ,\quad j=1,2,\cdots,d$$

$$v_{i,j}(t+1) = \varphi\{v_{i,j}(t) + c_1 r_1 [p_{i,j} - x_{i,j}(t)] + c_2 r_2 [p_{g,j} - x_{i,j}(t)]\}$$

$$\varphi = \frac{2}{2 - (c_1 + c_2) - \sqrt{(c_1 + c_2)^2 - 4(c_1 + c_2)}}$$

（6）计算粒子目标值，并更新 $p_{\text{best}}$ 和 $g_{\text{best}}$，然后进行退火操作。

（7）当算法达到其停止条件时，则停止搜索并输出结果；否则返回到步骤（4）继续搜索。

（8）初始温度和退火方式对算法有一定的影响，一般采用如下初始温度和退火方式。

$$t_{k+1} = \lambda t_k, t_0 = f(p_g)/\ln 5$$

在编辑器中编写基于模拟退火的混合粒子群算法优化函数 PSO_lambda()。

```matlab
function [xm,fv]=PSO_lambda(fitness,N,c1,c2,lambda,M,D)
format long;
%N 为初始化群体个体数目
%c1 为学习因子 1
%c2 为学习因子 2
%lambda 为退火常数惯性权重
%M 为最大迭代次数
%D 为搜索空间维数
%%%%%%初始化种群的个体%%%%%%
for i=1:N
    for j=1:D
        x(i,j)=randn;                        %初始化位置
        v(i,j)=randn;                        %初始化速度
    end
end
%%%%%%先计算各个粒子的适应度，并初始化p(i)和pg%%%%%%
for i=1:N
    p(i)=fitness(x(i,:));
    y(i,:)=x(i,:);
end
pg=x(N,:);                                   %pg 为全局最优
for i=1:(N-1)
    if fitness(x(i,:))<fitness(pg)
        pg=x(i,:);
    end
end
%%%%%%主循环，按照公式依次迭代%%%%%%
T =-fitness(pg)/log(0.2);
for t=1:M
    groupFit=fitness(pg);
    for i=1:N
        Tfit(i)=exp(-(p(i)-groupFit)/T);
    end
    SumTfit=sum(Tfit);
    Tfit=Tfit/SumTfit;
    pBet=rand();
    for i=1:N
        ComFit(i)=sum(Tfit(1:i));
        if pBet<=ComFit(i)
            pg_plus=x(i,:);
            break;
        end
    end
    C=c1+c2;
    ksi=2/abs(2-C-sqrt(C^2-4*C));
    for i=1:N
```

```
            v(i,:)=ksi*(v(i,:)+c1*rand*(y(i,:)-x(i,:))+c2*rand*(pg_plus-x(i,:)));
            x(i,:)=x(i,:)+v(i,:);
            if fitness(x(i,:))<p(i)
                p(i)=fitness(x(i,:));
                y(i,:)=x(i,:);
            end
            if p(i)<fitness(pg)
                pg=y(i,:);
            end
        end
        T=T*lambda;
        Pbest(t)=fitness(pg);
    end
    xm=pg';
    fv=fitness(pg);
```

【例 8-8】使用基于模拟退火的混合粒子群算法，求解以下函数的最小值，其中 $-10 \leqslant x_i \leqslant 10$。粒子数为 50，学习因子均为 2，退火常数为 0.5，迭代步数为 100。

$$f(x) = \frac{1}{0.7 + \sum_{i=1}^{5} \frac{i+2}{(x_i-1)^2+0.5}}$$

首先建立目标函数，代码如下。

```
function y=lambdaFunc(x)
y=0;
for i=1:5
    y=y+(i+2)/(((x(i)-1)^2)+0.5);
end
y=1/(0.7+y);
```

在命令行窗口中输入以下语句。

```
>> [xm,fv]=PSO_lamda(@lambdaFunc,50,2,2,0.5,100,5)
xm =
    1.814532522705427
    1.669344110734507
    0.912442817927282
    1.045716794351236
    0.837420691707699
fv =
    0.023477527185062
```

以上结果表明，基于模拟退火的混合粒子群算法精度也非常高。

## 8.5 本章小结

本章首先介绍了粒子群算法的基础，包括其研究内容、特点和应用领域等；其次对基本粒子群算法的原理、流程等内容做了详细介绍，并介绍了多种权重改进粒子群算法；最后针对粒子群不同的混合对象，举例说明了粒子群算法的各种混合应用。

# 第9章

**CHAPTER 9**

# 小 波 分 析

小波分析是当前应用数学和工程学科中一个迅速发展的领域，小波变换是空间（时间）和频率的局部变换，因而能有效地从信号中提取信息。MATLAB 小波分析工具箱提供了一个可视化小波分析工具，是一个很好的算法研究和工程设计、仿真、应用平台，特别适合信号和图像分析、综合去噪、压缩等领域的研究人员。本章重点介绍小波分析的基本理论、MATLAB 常用小波分析函数、小波分析工具箱和小波分析算法的工程应用。

**学习目标**

（1）了解小波分析的概念。

（2）熟练运用小波分析函数。

（3）熟悉 MATLAB 小波分析工具箱。

（4）掌握小波算法的工程应用。

## 9.1 傅里叶变换到小波分析

小波分析属于时频分析的一种。传统的信号分析是建立在傅里叶（Fourier）变换的基础上的。但是，傅里叶变换使用的是一种全局的变换，即要么完全在时域，要么完全在频域，它无法表述信号的时频局域性质，但是时频局域性质恰恰是非平稳信号最根本和最关键的性质。

为了分析和处理非平稳信号，人们对傅里叶变换进行了推广乃至根本性的革命，提出并发展了小波变换、分数阶傅里叶变换、线性调频小波变换、循环统计量理论和调幅-调频信号分析等。其中，短时傅里叶变换和小波变换也是因传统的傅里叶变换不能够满足信号处理的要求而产生的。

小波变换是一种信号的时间-尺度（时间-频率）分析方法，具有多分辨率分析（Multi-resolution Analysis）的特点，而且在时、频两域都具有表征信号局部特征的能力，是一种窗口大小固定不变但形状可变，时间窗和频率窗都可以改变的时频局部化分析方法。

### 9.1.1 傅里叶变换

傅里叶变换是众多科学领域（特别是信号处理、图像处理、量子物理等）重要的应用工具之一。从实用的观点看，当人们考虑傅里叶分析时，通常是指（积分）傅里叶变换和傅里叶级数。

函数 $f(t) \in L_1(R)$ 的连续傅里叶变换定义为

$$F(\omega) = \int_{-\infty}^{+\infty} e^{-i\omega t} f(t) dt$$

$F(\omega)$ 的傅里叶逆变换定义为

$$f(t) = \frac{1}{2\pi} \int_{-\infty}^{+\infty} \mathrm{e}^{-\mathrm{i}\omega t} F(\omega) \mathrm{d}t$$

为了计算傅里叶变换，需要用数值积分，即取 $f(t)$ 在 $R$ 上的离散点上的值计算这个积分。在实际应用中，我们希望在计算机上实现信号的频谱分析和其他方面的处理工作，对信号的要求是在时域和频域应是离散的，且都应是有限长的。下面给出离散傅里叶变换（Discrete Fourier Transform，DFT）的定义。

给定实的或复的离散时间序列 $f_0, f_1, \cdots, f_{N-1}$，设该序列绝对可积，即满足

$$\sum_{n=0}^{N-1} |f_n| < \infty$$

则序列 $\{f_n\}$ 的离散傅里叶变换为

$$X(k) = F(f_n) = \sum_{n=0}^{N-1} f_n \mathrm{e}^{-\mathrm{i}\frac{2\pi k}{N}n}$$

序列 $\{X(k)\}$ 的离散傅里叶逆变换（Inverse Discrete Fourier Transform，IDFT）为

$$f_n = \frac{1}{N} \sum_{k=0}^{N-1} X(k) \mathrm{e}^{\mathrm{i}\frac{2\pi k}{N}n}, k = 0, 1, \cdots, N-1$$

$n$ 相当于对时域的离散化，$k$ 相当于频域的离散化，且它们都是以 $N$ 点为周期的。离散傅里叶变换序列 $\{X(k)\}$ 是以 $2p$ 为周期的，且具有共轭对称性。

若 $f(t)$ 是实轴上以 $2p$ 为周期的函数，即 $f(t) \in L_2(0, 2p)$，则 $f(t)$ 可以表示为傅里叶级数形式，即

$$f(t) = \sum_{n=-\infty}^{\infty} C_n \mathrm{e}^{\mathrm{i}\pi nt/p}$$

其中，$C_n$ 为傅里叶展开系数。

傅里叶变换是时域与频域互相转化的工具，从物理意义上讲，傅里叶变换的实质是把 $f(t)$ 这个波形分解成许多不同频率的正弦波的叠加和。这样就可将对原函数 $f(t)$ 的研究转化为对其权系数，即其傅里叶变换 $F(\omega)$ 的研究。

从傅里叶变换中可以看出，这些标准基是由正弦波及其高次谐波组成的，因此它在频域内是局部化的。

【例 9-1】在某工程实际应用中，一个信号的主要成分是 30Hz 和 400Hz 的正弦信号，该信号被白噪声污染，现对该信号进行采样，采样频率为 1000Hz。通过傅里叶变换对其频率成分进行分析。

该问题实质上是利用傅里叶变换对信号进行频域分析。在编辑器中编写代码如下。

```
clear,clc
t=0:0.001:1;                          %时间间隔为 0.001，说明采样频率为 1000Hz
x=sin(2*pi*30*t)+sin(2*pi*400*t);     %产生主要频率为 30Hz 和 400Hz 的信号
f=x+3.4*randn(1,length(t));           %在信号中加入白噪声
subplot(121); plot(f);                %画出原始信号的波形图
ylabel('幅值');xlabel('时间');title('原始信号');
y=fft(f,1024);                        %对原始信号进行 DFT，采样点个数为 1024
p=y.*conj(y)/1024;                    %计算功率谱密度
ff=1000*(0:511)/1024;                 %计算变换后不同点所对应的频率值
subplot(122); plot(ff,p(1:512));      %画出信号的频谱图
ylabel('功率谱密度');xlabel('频率');title('信号功率谱图');
```

运行程序，结果如图 9-1 所示。

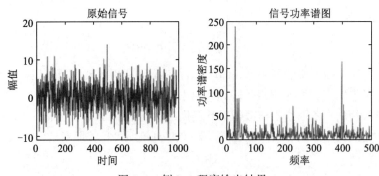

图 9-1  例 9-1 程序输出结果

原始信号中看不出任何频域的性质，但从信号功率谱图中可以明显地看出该信号是由频率为 30Hz 和 400Hz 的正弦信号和频率分布广泛的白噪声信号组成的，也可以明显地看出信号的频率特性。

虽然傅里叶变换能够将信号的时域特征和频域特征联系起来，能分别从信号的时域和频域观察，但不能把二者有机地结合起来。这是因为信号的时域波形中不包含任何频域信息，而其傅里叶谱是信号的统计特性。

从其表达式中也可以看出，它是整个时间域内的积分，没有局部化分析信号的功能，完全不具备时域信息。也就是说，对于傅里叶谱中的某一频率，不能知道这个频率是何时产生的。这样在信号分析中就面临一对最基本的矛盾——时域和频域的局部化矛盾。

在实际的信号处理过程中，尤其是对非平稳信号的处理，信号在任意时刻附近的频域特征都很重要。例如，柴油机缸盖表面的振动信号就是由撞击或冲击产生的，是一个瞬变信号，单从时域或频域分析是不够的。

这就促使人们去寻找一种新方法，能将时域和频域结合起来描述观察信号的时频联合特征，构成信号的时频谱。这就是所谓的时频分析法，也称为时频局部化方法。

## 9.1.2  小波分析

小波分析方法是一种窗口大小（即窗口面积）固定，但形状可变，时间窗和频率窗都可改变的时频局部化分析方法，即在低频部分具有较高的频率分辨率和较低的时间分辨率，在高频部分具有较高的时间分辨率和较低的频率分辨率，所以被誉为数学显微镜。正是这种特性，使小波变换具有对信号的自适应性。

小波分析被看作调和分析这一数学领域半个世纪以来的工作结晶，已经广泛地应用于信号处理、图像处理、量子场论、地震勘探、语音识别与合成、音乐、雷达、CT 成像、彩色复印、流体湍流、天体识别、机器视觉、机械故障诊断与监控、分型和数字电视等科技领域。

原则上讲，传统上使用傅里叶变换的地方，都可以用小波分析取代。小波分析优于傅里叶变换的地方是它在时域和频域同时具有良好的局部化性质。

设 $y(t) \in L_2(R)$，$L_2(R)$ 表示平方可积的实数空间，即能量有限的信号空间，$y(t)$ 的傅里叶变换为 $Y(\omega)$。若 $Y(\omega)$ 满足允许条件（Admissible Condition）

$$C_\psi = \int_R \frac{\left| \hat{\psi}(\omega) \right|}{|\omega|} \mathrm{d}\omega < \infty$$

称 $y(t)$ 为一个基本小波或母小波（Mother Wavelet）。将母函数 $y(t)$ 经伸缩和平移后，就可以得到一个小波序列。

对于连续的情况，小波序列为

$$\psi_{a,b}(t) = \frac{1}{\sqrt{|a|}}\psi\left(\frac{t-b}{a}\right), \quad a,b \in R, \ a \neq 0$$

其中，$a$ 为伸缩因子；$b$ 为平移因子。

对于离散的情况，小波序列为

$$\psi_{j,k}(t) = 2^{-j/2}\psi(2^{-j}t-k), \quad j,k \in Z$$

对于任意函数 $f(t) \in L_2(R)$ 的连续小波变换为

$$W_f(a,b) = <f,\psi_{a,b}> = |a|^{-1/2}\int_R f(t)\overline{\Delta\psi\left(\frac{t-b}{a}\right)}dt$$

其逆变换为

$$f(t) = \frac{1}{C_\psi}\int_{R^+}\int_R \frac{1}{a^2}W_f(a,b)\psi\left(\frac{t-b}{a}\right)dadb$$

小波变换的时频窗口特性与短时傅里叶变换的时频窗口不一样。其窗口形状为两个矩形 $[b-a\Delta\psi,$ $b+a\Delta\psi]$，$[(\pm\omega_0-\Delta\psi)/a, (\pm\omega_0+\Delta\psi)/a]$，窗口中心为 $(b, \pm\omega_0/a)$，时窗和频窗宽分别为 $a\Delta\psi$ 和 $\Delta\psi/a$。其中，$b$ 仅影响窗口在相平面时间轴上的位置，而 $a$ 不仅影响窗口在频率轴上的位置，也影响窗口的形状。

这样，小波变换对不同的频率在时域上的采样步长是调节性的：在低频时，小波变换的时间分辨率较低，而频率分辨率较高；在高频时，小波变换的时间分辨率较高，而频率分辨率较低，这正符合低频信号变化缓慢而高频信号变化迅速的特点。这便是它优于经典的傅里叶变换与短时傅里叶变换的地方。

**注意：** 总体来说，小波变换比短时傅里叶变换具有更好的时频窗口特性。

【例 9-2】比较小波分析和傅里叶变换分析信号的去除噪声能力。

在编辑器中编写如下代码。

```
clear,clc
snr=4;                                          %设置信噪比
init=2055615866;                                %设置随机数初值
mg('default');
[si,xi]=wnoise(1,11,snr,init);                  %产生矩形波信号和含白噪声信号
lev=5;
xd=wden(xi,'heursure','s','one',lev,'sym8');
subplot(231);plot(si);
axis([1 2048 -15 15]); title('原始信号');
subplot(232);plot(xi);
axis([1 2048 -15 15]); title('含噪声信号');
ssi=fft(si);
ssi=abs(ssi);
xxi=fft(xi);
absx=abs(xxi);
subplot(233);plot(ssi);
title('原始信号的频谱');
subplot(234);plot(absx);
title('含噪信号的频谱');                          %进行低通滤波
indd2=200:1800;
```

```
xxi(indd2)=zeros(size(indd2));
xden=ifft(xxi);                                        %进行傅里叶逆变换
xden=real(xden);
xden=abs(xden);
subplot(235);plot(xd);
axis([1 2048 -15 15]); title('小波去噪后的信号');
subplot(236);plot(xden);
axis([1 2048 -15 15]); title('傅里叶分析去噪后的信号');
```

运行程序，结果如图 9-2 所示。

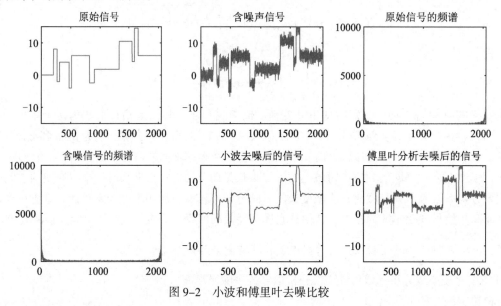

图 9-2　小波和傅里叶去噪比较

## 9.2　Mallat 算法

Stephane Mallat 利用多分辨分析的特征构造了快速小波变换算法，即 Mallat 算法，下面进行介绍。

### 9.2.1　Mallat 算法原理

假定选择了空间 $W_m$ 和函数 $\phi_{0n}$，且 $\phi_{0n}$ 是正交的，设相伴的正交小波基为

$$\left\{ \psi_{m,n}(t) = \frac{1}{\sqrt{2m}} \psi\left(\frac{t-2_n^m}{2^m}\right), (m,n) \in Z^2 \right\}$$

把初始序列 $C^0 = (C_n^0)_{n \in Z} \in I^2(Z)$ 分解到对应于不同频带空间的层。

由数据列 $C^0 \in L^2(Z)$ 可构成函数 $f$，即

$$f = \sum_n C_n^0 \phi_{0n}$$

它的每个分支分别对应于正交基 $\phi_{1n}$、$\psi_{1n}$，被扩展为

$$P_1 f = \sum_k C_k^1 \phi_{1k}$$

$$Q_1 f = \sum_k D_k^1 \psi_{1k}$$

序列 $C^1$ 表示原数据列 $C^0$ 的平滑形式，而 $D^1$ 表示 $C^0$ 和 $C^1$ 之间的信息差，序列 $C^1$ 和 $D^1$ 可作为 $C^0$ 的函数，由于 $\phi_{1k}$ 是 $V_1$ 的正交基，有

$$C_k^1 = <\phi_{1k}, P_1 f> = <\phi_{1k}, f> = \sum_n C_n^0 <\phi_{1k}, \phi_{0n}>$$

其中

$$<\phi_{1k}, \phi_{0n}> = 2^{-1/2} \int \phi\left(\frac{x}{2} - k\right) \phi(x - n) \mathrm{d}x = 2^{-1/2} \int \phi\left(\frac{x}{2}\right) \phi(x - (n - 2k)) \mathrm{d}x$$

还可以写作

$$C_k^1 = \sum_n h(n - 2k) C_n^0, \text{简写为} C^1 = HC^0$$

其中

$$h(n) = 2^{-1/2} \int \phi\left(\frac{1}{2}x\right) \phi(x - n) \mathrm{d}x$$

注意，这里的 $h(n)$ 包括正规化因子 $2^{-1/2}$。类似地，有

$$D_k^1 = \sum_n g(n - 2k) C_n^0, \text{简写为} D^1 = GC^0$$

其中

$$g(n) = 2^{-1/2} \int \phi\left(\frac{1}{2}x\right) \phi(x - n) \mathrm{d}x$$

$H$、$G$ 是从 $L^2(Z)$ 到自身的有界算子，即

$$(H_a)_k = \sum_n h(n - 2k) a_n$$
$$(G_a)_k = \sum_n g(n - 2k) a_n$$

对这个过程进行迭代，由于 $P_1 f \in V_1 = V_2 \oplus W_2$，有

$$P_1 f = P_2 f + Q_2 f$$
$$P_2 f = \sum_k C_k^2 \phi_{2k}$$
$$Q_2 f = \sum_k D_k^2 \psi_{2k}$$

因此，可以得到

$$C_k^2 = <\phi_{2k}, P_2 f> = <\phi_{2k}, P_2 f> = \sum C_n^2 <\phi_{2k}, \phi_{2n}>$$

从而可以验证 $\phi_{jn} > h(n - 2k)$ 与 $j$ 无关，由此可得

$$C_k^1 = \sum_n h(n - 2k) C_n^1, \text{简写为} C^2 = HC^1$$

类似地，有 $D^2 = GC^1$。

此式显然可根据需要多次迭代，在每步都可看到

$$P_{j-1} f = P_j f + Q_j f = \sum_k C_k^j \phi_{jk} + \sum_k D_k^j \varphi_{jk}$$

其中，$C^j = HC^{j-1}$，$D^j = GC^{j-1}$。

上述为 Mallat 算法的分解过程。迭代 $C^j$ 是原始 $C^0$ 越来越低的分解形式，每次迭代的采样点比前一步减少一半，$D^j$ 包含了 $C^j$ 和 $C^{j-1}$ 之间的信息差。

Mallat 算法可在有限的 $L$ 步分解后停止，即把 $C^0$ 分解为 $D^1$，$D^2$，…，$D^L$ 和 $C^L$。若初始 $C^0$ 有 $N$ 个

非零元，则在分解中非零元的总数（不算边的影响）为 $\dfrac{N}{2}+\dfrac{N}{4}+\cdots+\dfrac{N}{2^{L-1}}+\dfrac{N}{2^L}=N$。这说明，在每步中，Mallat 算法都保持非零元总数不变。

Mallat 算法的分解部分如下。

若已知 $C^j$ 和 $D^j$，则

$$P_{j-1}f = P_j f + Q_j f = \sum_k C_k^j \phi_{jk} + \sum_k D_k^j \varphi_{jk}$$

因此有

$$C^{j-1} = H^* C^j + G^* D^j$$

重构算法也是一个树状算法，而且与分解算法用同样的滤波系数。算法的分解和重构结构如图 9-3 和图 9-4 所示。

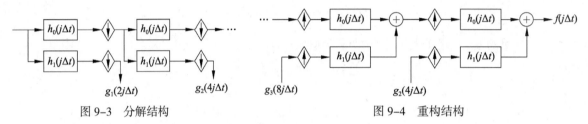

图 9-3    分解结构          图 9-4    重构结构

## 9.2.2    常用小波函数介绍

与标准傅里叶变换相比，小波分析中所用到的小波函数具有不唯一性，即小波函数 $y(x)$ 具有多样性。但小波分析在工程应用中的一个十分重要的问题是最优小波基的选择问题，这是因为用不同的小波基分析同一个问题会产生不同的结果。目前，主要是通过用小波分析方法处理信号的结果与理论结果的误差判定小波基的好坏，并由此选定小波基。

根据不同的标准，小波函数具有不同的类型，这些标准通常如下。

（1）$y$、$Y$、$f$ 和 $F$ 的支撑长度：即当时间或频率趋向无穷大时，$y$、$Y$、$f$ 和 $F$ 从一个有限值收敛到 0 的速度。

（2）对称性：它在图像处理中对于避免移相是非常有用的。

（3）$y$ 和 $f$（如果存在）的消失矩阶数：它对于压缩是非常有用的。

（4）正则性：它对信号或图像的重构获得较好的平滑效果是非常有用的。

但是，在众多小波基函数（也称为核函数）的家族中，有一些小波函数被实践证明是非常有用的。我们可以通过 waveinfo() 函数获得工具箱中的小波函数的主要性质，小波函数 $y$ 和尺度函数 $f$ 可以通过 wavefun() 函数计算，滤波器可以通过 wfilters() 函数产生。

MATLAB 中常用的小波函数如下。

（1）RbioNr.Nd 小波。RbioNr.Nd 小波是 Reverse 双正交小波。在 MATLAB 中输入 waveinfo('rbio') 可以获得该函数的主要性质。

（2）Gaus 小波。Gaus 小波是从高斯函数派生来的，表达式为

$$f(x) = C_p e^{-x^2}$$

其中，整数 $p$ 是参数，由 $p$ 的变化导出一系列的 $f(p)$，它满足

$$\left\| f^{(p)} \right\|^2 = 1$$

在 MATLAB 中输入 waveinfo('gaus')可以获得该函数的主要性质。

（3）Dmey 小波。Dmey 小波是 Meyer 函数的近似，它可以进行快速小波变换。在 MATLAB 中输入 waveinfo('dmey')可以获得该函数的主要性质。

（4）Cgau 小波。Cgau 小波是复数形式的 Gaus 小波，它是从复数的高斯函数中构造出来的，表达式为

$$f(x) = C_p \mathrm{e}^{-\mathrm{i}x} \mathrm{e}^{-x^2}$$

其中，整数 $p$ 是参数，由 $p$ 的变化导出一系列的 $f(p)$，它满足

$$\|f(p)\|^2 = 1$$

在 MATLAB 中输入 waveinfo('cgau')可以获得该函数的主要性质。

（5）Cmor 小波。Cmor 是复数形式的 Morlet 小波，表达式为

$$\psi(x) = \sqrt{\pi f_\mathrm{b}}\, \mathrm{e}^{2\mathrm{i}\pi f_\mathrm{c} x} \mathrm{e}^{\frac{x}{f_\mathrm{b}}}$$

其中，$f_\mathrm{b}$ 为带宽参数；$f_\mathrm{c}$ 为小波中心频率。

在 MATLAB 中输入 waveinfo('cmor')可以获得该函数的主要性质。

（6）Fbsp 小波。Fbsp 是复频域 B 样条小波，表达式为

$$\psi(x) = \sqrt{f_\mathrm{b}} \left[ \sin\left( \frac{f_\mathrm{b} x}{m} \right) \right]^m \mathrm{e}^{2\mathrm{i}\pi f_\mathrm{c} x}$$

其中，$m$ 为整数型参数；$f_\mathrm{b}$ 为带宽参数；$f_\mathrm{c}$ 为小波中心频率。

在 MATLAB 中输入 waveinfo('fbsp')可以获得该函数的主要性质。

（7）Shan 小波。Shan 小波是复数形式的 Shannon 小波。在 B 样条频率小波中，令参数 $m=1$，就得到了 Shan 小波，表达式为

$$\psi(x) = \sqrt{f_\mathrm{b}}\, \sin(f_\mathrm{b} x) \mathrm{e}^{2\mathrm{j}\pi f_\mathrm{c} x}$$

其中，$f_\mathrm{b}$ 为带宽参数；$f_\mathrm{c}$ 为小波中心频率。

在 MATLAB 中输入 waveinfo('shan')可以获得该函数的主要性质。

### 9.2.3　Mallat 算法示例

小波分析一般按照以下 4 步进行。

（1）根据问题的需求，选择或设计小波母函数，及其重构小波函数。

（2）确定小波变换的类型和维度（选择离散栅格小波变换还是序列小波变换，问题是一维的还是多维的）。

（3）选择恰当的 MATLAB 函数对信号进行小波变换，对结果进行显示、分析和处理。

（4）如果对变换结果进行了处理，可选择恰当的 MATLAB 函数对信号重建（重构）。

【例 9-3】用 Mallat 算法进行小波谱分析。

在编辑器中编写程序代码。

（1）定义频率分别为 5Hz 和 10Hz 的正弦波。

```
clear; clc; clf
f1=5;                                  %频率1
f2=10;                                 %频率2
fs=2*(f1+f2);                          %采样频率
Ts=1/fs;                               %采样间隔
N=12;                                  %采样点数
n=1:N;
```

```
y=sin(2*pi*f1*n*Ts)+sin(2*pi*f2*n*Ts);        %正弦波混合
figure(1)
plot(y); title('两个正弦信号')
figure(2)
stem(abs(fft(y))); title('混合信号频谱')
```

运行程序，两个正弦信号混合效果如图 9-5 所示，信号频谱如图 9-6 所示。

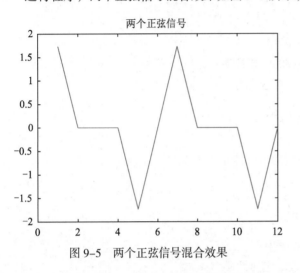

图 9-5　两个正弦信号混合效果

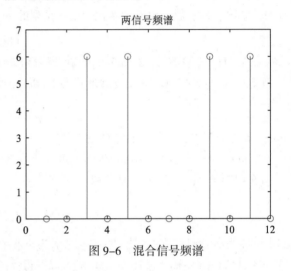

图 9-6　混合信号频谱

（2）对所定义的波形进行小波滤波器谱分析。

```
h=wfilters('db6','l');                        %低通
g=wfilters('db6','h');                        %高通
h=[h,zeros(1,N-length(h))];                   %补零（圆周卷积，且增大分辨率便于观察）
g=[g,zeros(1,N-length(g))];                   %补零（圆周卷积，且增大分辨率便于观察）
figure(3);
stem(abs(fft(h))); title('低通滤波器图')
figure(4);
stem(abs(fft(g))); title('高通滤波器图')
```

运行程序，低通和高通滤波器波形如图 9-7 和图 9-8 所示。

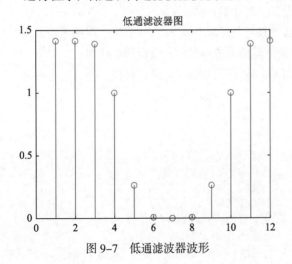

图 9-7　低通滤波器波形

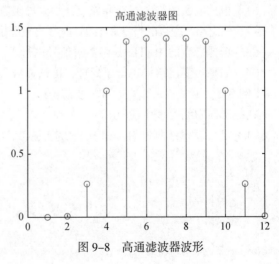

图 9-8　高通滤波器波形

（3）选择 Mallat 分解算法（圆周卷积的快速傅里叶变换实现）对波形进行处理。

```
sig1=ifft(fft(y).*fft(h));              %低通(低频分量)
sig2=ifft(fft(y).*fft(g));              %高通(高频分量)
figure(5);                              %信号图
subplot(2,1,1)
plot(real(sig1)); title('分解信号1')
subplot(2,1,2)
plot(real(sig2)); title('分解信号2')
figure(6);                              %频谱图
subplot(2,1,1)
stem(abs(fft(sig1))); title('分解信号1频谱')
subplot(2,1,2)
stem(abs(fft(sig2))); title('分解信号2频谱')
```

运行程序，分解信号及其频谱如图 9-9 和图 9-10 所示。

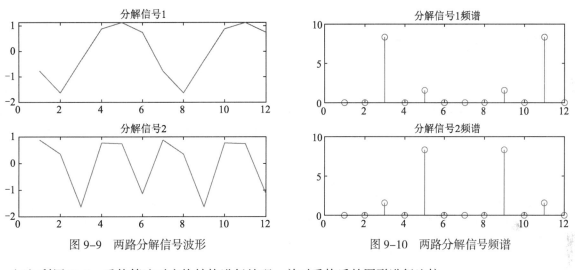

图 9-9　两路分解信号波形　　　　　　　　　图 9-10　两路分解信号频谱

（4）利用 Mallat 重构算法对变换结构进行处理，并对重构后的图形进行比较。

```
sig1=dyaddown(sig1);                    %2抽取
sig2=dyaddown(sig2);                    %2抽取
sig1=dyadup(sig1);                      %2插值
sig2=dyadup(sig2);                      %2插值
sig1=sig1(1,[1:N]);                     %去掉最后一个零
sig2=sig2(1,[1:N]);                     %去掉最后一个零
hr=h(end:-1:1);                         %重构低通
gr=g(end:-1:1);                         %重构高通
hr=circshift(hr',1)';                   %位置调整圆周右移一位
gr=circshift(gr',1)';                   %位置调整圆周右移一位
sig1=ifft(fft(hr).*fft(sig1));          %低频
sig2=ifft(fft(gr).*fft(sig2));          %高频
sig=sig1+sig2;                          %源信号
figure(7);
subplot(2,1,1);plot(real(sig1)); title('重构低频信号');
subplot(2,1,2);plot(real(sig2)); title('重构高频信号');
figure(8);
```

```
subplot(2,1,1);stem(abs(fft(sig1))); title('重构低频信号频谱');
subplot(2,1,2);stem(abs(fft(sig2))); title('重构高频信号频谱');
figure(9)
plot(real(sig),'r','linewidth',1.5);
hold on;
plot(y); title('重构信号与原始信号比较');grid on
legend('重构信号','原始信号')
```

运行程序，重构信号及其频谱如图 9-11~图 9-13 所示。可以看出，重构信号与原始信号基本吻合，说明小波分析结果是有效的。

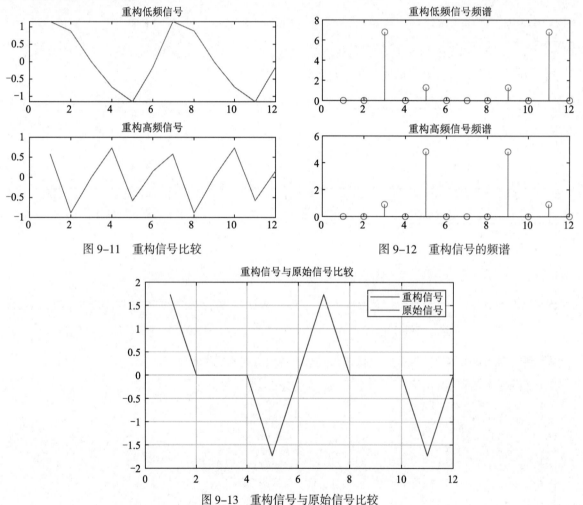

图 9-11　重构信号比较　　　　　　　　图 9-12　重构信号的频谱

图 9-13　重构信号与原始信号比较

## 9.3　小波分析在信号处理中的应用

下面通过示例介绍小波分析在信号处理中的应用，包括信号压缩、信号去噪和信号分离等。

### 9.3.1　信号压缩

对一维信号进行压缩，可以选用小波分析和小波包分析两种手段，主要包括以下几个步骤。

（1）信号的小波（或小波包）分解。

（2）对高频系数进行阈值量化处理。对第 1 层到第 $N$ 层的高频系数，均可选择不同的阈值，并且用硬阈值进行系数的量化。

（3）对量化后的系数进行小波（或小波包）重构。

下面给出一个具体的实例，以便使读者对小波分析在信号压缩中的应用有一个较直观的印象。

【例 9-4】利用小波分析对给定信号进行压缩处理。

使用 wdcbm()函数获取信号压缩阈值，然后使用 wdencmp()函数实现信号压缩。

```
load nelec;                                       %加载信号
index=1:512;
x=nelec(index);
[c,l]=wavedec(x,5,'haar');                        %用 Haar 小波对信号进行 5 层分解
alpha=1.4;
[thr,nkeep]=wdcbm(c,l,alpha);                     %获取信号压缩的阈值
[xd,cxd,lxd,perf0,perfl2]=wdencmp('lvd',c,l,'haar',5,thr,'s');   %对信号进行压缩
subplot(2,1,1);plot(index,x); title('初始信号');
subplot(2,1,2);plot(index,xd); title('经过压缩处理的信号');
```

程序运行，结果如图 9-14 所示。

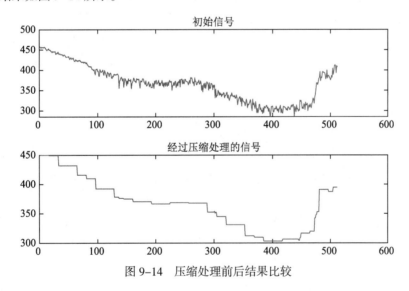

图 9-14　压缩处理前后结果比较

信号的压缩与去噪相比，主要差别在第 2 步。一般地，有两种比较有效的信号压缩方法，第 1 种方法是对信号进行小波尺度的扩展，并且保留绝对值最大的系数。在这种情况下，可以选择使用全局阈值，此时仅输入一个参数即可。第 2 种方法是根据分解后各层的效果确定某层的阈值，且每层的阈值可以是互不相同的。

## 9.3.2　信号去噪

信号去噪实质上是抑制信号中的无用部分，增强信号中的有用部分的过程。一般地，一维信号去噪的过程可分为以下 3 步。

（1）一维信号的小波分解。选择一个小波并确定分解的层次，然后进行分解计算。

（2）小波分解高频系数的阈值量化。对各个分解尺度下的高频系数选择一个阈值进行软阈值量化处理。

（3）一维小波重构。根据小波分解的最底层低频系数和各层高频系数进行一维小波重构。

这 3 个步骤中，最关键的是如何选择阈值以及进行阈值量化。在某种程度上，它关系到信号去噪的质量。

总体上，对于一维离散信号，其高频部分所影响的是小波分解的第 1 层细节，其低频部分所影响的是小波分解的最深层和低频层。如果对一个仅由白噪声所组成的信号进行分析，则可得出这样的结论：高频系数的幅值随着分解层次的增加而迅速衰减，且其方差也有同样的变化趋势。

MATLAB 小波分析工具箱中用于信号去噪的一维小波函数是 wdencmp()。

小波分析进行去噪处理一般有以下 3 种方法。

（1）默认阈值去噪处理。该方法利用 ddencmp() 函数生成信号的默认阈值，然后利用 wdencmp() 函数进行去噪处理。

（2）给定阈值去噪处理。在实际的去噪处理过程中，阈值往往可通过经验公式获得，且这种阈值比默认阈值的可信度更高。在进行阈值量化处理时可利用 wthresh() 函数。

（3）强制去噪处理。该方法是将小波分解结构中的高频系数全部置为 0，即滤掉所有高频部分，然后对信号进行小波重构。这种方法比较简单，且去噪后的信号比较平滑，但是容易丢失信号中的有用成分。

【例 9-5】利用小波分析对污染信号进行去噪处理以恢复原始信号。

在 MATLAB 命令行窗口中输入以下语句。

```matlab
load leleccum;                              %加载采集的信号 leleccum.mat
s=leleccum(1:1500);                         %将信号中第 1~1500 个采样点赋给 s
ls=length(s);
%画出原始信号
subplot(2,2,1);
plot(s);title('原始信号');grid;
%用 db1 小波对原始信号进行 3 层分解并提取系数
[c,l]=wavedec(s,3,'db1');
ca3=appcoef(c,l,'db1',3);
cd3=detcoef(c,l,3);
cd2=detcoef(c,l,2);
cd1=detcoef(c,l,1);
%对信号进行强制性去噪处理并图示结果
cdd3=zeros(1,length(cd3));
cdd2=zeros(1,length(cd2));
cdd1=zeros(1,length(cd1));
c1=[ca3 cdd3 cdd2 cdd1];
s1=waverec(c1,l,'db1');
subplot(2,2,2);
plot(s1);title('强制去噪后的信号');grid;
%用默认阈值对信号进行去噪处理并图示结果
%用 ddencmp() 函数获得信号的默认阈值,用 wdencmp() 函数实现去噪过程
[thr,sorh,keepapp]=ddencmp('den','wv',s);
s2=wdencmp('gbl',c,l,'db1',3,thr,sorh,keepapp);
subplot(2,2,3);
plot(s2);
title('默认阈值去噪后的信号');grid;
```

```
%用给定的阈值进行去噪处理
cd1soft=wthresh(cd1,'s',2.65);
cd2soft=wthresh(cd2,'s',1.53);
cd3soft=wthresh(cd3,'s',1.76);
c2=[ca3 cd3soft cd2soft cd1soft];
s3=waverec(c2,l,'db1');
subplot(2,2,4);
plot(s3);title('给定阈值去噪后的信号');grid
```

运行程序，信号去噪结果如图 9-15 所示。

从得到的结果来看，应用强制去噪处理后的信号较为光滑，但是它很有可能丢失了信号中的一些有用成分；默认阈值去噪和给定阈值去噪这两种处理方法在实际中应用得更广泛一些。

在实际的工程应用中，大多数信号可能包含许多尖峰或突变，而且噪声信号也并不是平稳的白噪声。对这种信号进行去噪处理时，传统的傅里叶变换完全是在频域中对信号进行分析，它不能给出信号在某个时间点上的变化情况，因此分辨不出信号在时间轴上的任何一个突变。

但是，小波分析能同时在时、频域内对信号进行分析，所以它能有效地区分信号中的突变部分和噪声，从而实现对非平稳信号的去噪。

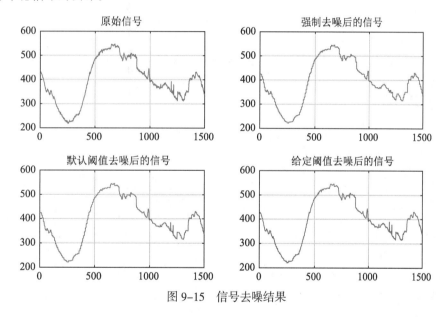

图 9-15　信号去噪结果

下面通过一个实例考查小波分析对非平稳信号的去噪。

【例 9-6】利用小波分析对含噪余弦波进行去噪。

在命令行窗口中输入以下语句。

```
N=100;
t=1:N;
x=cos(0.5*t);                              %生成余弦信号
load noissin;                             %加噪声
ns=noissin;
%显示波形
subplot(3,1,1);plot(t,x);title('原始余弦信号');
subplot(3,1,2);plot(ns);title('含噪余弦波');
```

```
%小波去噪
xd=wden(ns,'minimaxi','s','one',4,'db3');
subplot(3,1,3);plot(xd);title('去噪后的波形信号');
```

运行程序，结果如图 9-16 所示。

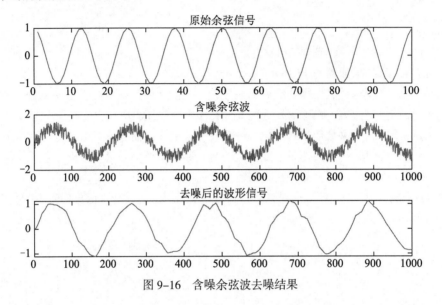

图 9-16　含噪余弦波去噪结果

## 9.3.3　信号分离

下面通过两个例子说明小波分析在分离信号的不同成分中的应用。

【例 9-7】利用小波分析分离正弦加噪信号。

```
clear, clc;
load noissin;                          %加载原始信号 noissin
s=noissin;
figure;
subplot(6,1,1);plot(s);
ylabel('s');
%使用 db5 小波对信号进行 5 层分解
[C,L]=wavedec(s,5,'db5');
for i=1:5
    %对分解的第 5 层到第 1 层的低频系数进行重构
    A=wrcoef('A',C,L,'db5',6-i);
    subplot(6,1,i+1); plot(A);
    ylabel(['A',num2str(6-i)]);
end
figure;
subplot(6,1,1);plot(s);
ylabel('s');
for i=1:5
    %对分解的第 5 层到第 1 层的高频系数进行重构
    D=wrcoef('D',C,L,'db5',6-i);
    subplot(6,1,i+1);plot(D);
```

```
    ylabel(['D',num2str(6-i)]);
end
```

运行程序，结果如图 9-17 和图 9-18 所示。

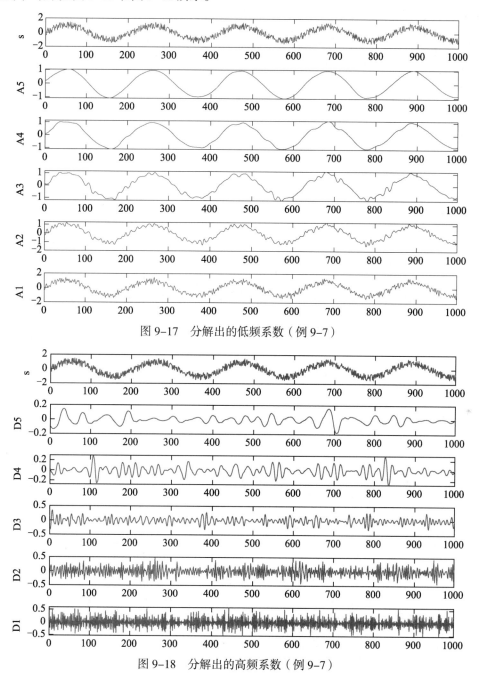

图 9-17 分解出的低频系数（例 9-7）

图 9-18 分解出的高频系数（例 9-7）

【例 9-8】通过小波变换分析一个叠加了白噪声的斜坡信号，说明如何分离这两种信号。

```
clear, clc;
load wnoislop;                          %加载原始信号 wnoislop
s=wnoislop;
```

```
figure;
subplot(7,1,1);plot(s);
ylabel('s');axis tight;
%使用 db5 小波对信号进行 6 层分解
[C,L]=wavedec(s,6,'db5');
for i=1:6
    %对分解的第 6 层到第 1 层的低频系数进行重构
    a=wrcoef('a',C,L,'db5',7-i);
    subplot(7,1,i+1); plot(a);
    axis tight;
    ylabel(['a',num2str(7-i)]);
end
figure;
subplot(7,1,1);plot(s);
ylabel('s'); axis tight;
for i=1:6
    %对分解的第 6 层到第 1 层的高频系数进行重构
    d=wrcoef('d',C,L,'db5',7-i);
    subplot(7,1,i+1);plot(d);
    ylabel(['d',num2str(7-i)]);
    axis tight;
end
```

运行程序，结果如图 9-19 和图 9-20 所示。

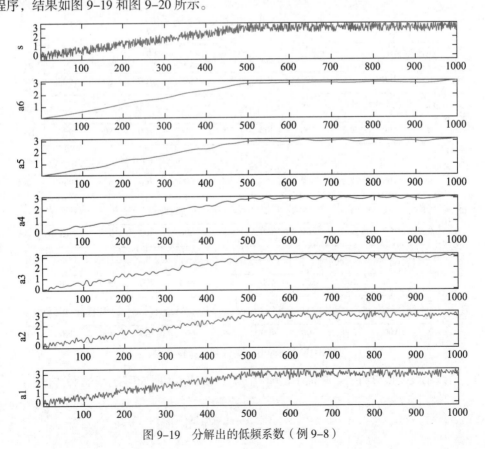

图 9-19　分解出的低频系数（例 9-8）

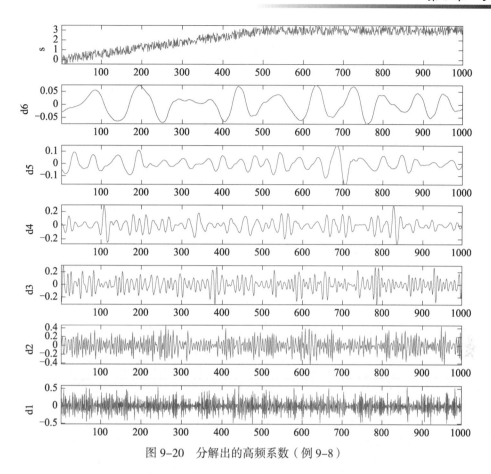

图 9-20  分解出的高频系数（例 9-8）

## 9.4  小波变换在图像处理中的应用

一般来说，小波变换在图像处理中主要应用在图像分析、图像压缩、图像特征提取、图像融合等方面。

### 9.4.1  图像压缩

基于离散余弦变换的图像压缩算法的基本思想是在频域对信号进行分解，去除信号点之间的相关性，并找出重要系数，滤除次要系数，以达到压缩的效果，但该方法在处理过程中并不能提供时域信息，在比较关心时域特性时显得无能为力。

在这个方面，小波分析就优越得多，由于小波分析固有的时频特性，我们可以在时、频两个方向对系数进行处理，这样就可以对我们感兴趣的部分提供不同的压缩精度。

#### 1．图像局部压缩

小波变换的图像压缩技术采用多尺度分析，因此可根据各自的重要程度对不同层次的系数进行不同的处理，图像经小波变换后，并没有实现压缩，只是对整幅图像的能量进行了重新分配。

【例 9-9】利用小波变换的时频局部化特性对图像进行压缩。

```
load tire
[ca1,ch1,cv1,cd1]=dwt2(X,'sym4');          %使用 sym4 小波对信号进行一层小波分解
codca1=wcodemat(ca1,192);
codch1=wcodemat(ch1,192);
codcv1=wcodemat(cv1,192);
codcd1=wcodemat(cd1,192);
codx=[codca1,codch1,codcv1,codcd1];        %将 4 个系数图像组合为一幅图像
rca1=ca1;                                   %复制原图像的小波系数
rch1=ch1;
rcv1=cv1;
rcd1=cd1;
rch1(33:97,33:97)=zeros(65,65);            %将 3 个细节系数的中部置零
rcv1(33:97,33:97)=zeros(65,65);
rcd1(33:97,33:97)=zeros(65,65);
codrca1=wcodemat(rca1,192);
codrch1=wcodemat(rch1,192);
codrcv1=wcodemat(rcv1,192);
codrcd1=wcodemat(rcd1,192);
codrx=[codrca1,codrch1,codrcv1,codrcd1];   %将处理后的系数图像组合为一幅图像
rx=idwt2(rca1,rch1,rcv1,rcd1,'sym4');      %重建处理后的系数
subplot(221);
image(wcodemat(X,192)),colormap(map);title('原始图像');
subplot(222);
image(codx),colormap(map);title('一层分解后各层系数图像');
subplot(223);
image(wcodemat(rx,192)),colormap(map);title('压缩图像');
subplot(224);
image(codrx),colormap(map);title('处理后各层系数图像');
per=norm(rx)/norm(X);                      %求压缩信号的能量成分
per =1.0000
err=norm(rx-X);                            %求压缩信号与原信号的标准差
```

运行程序，结果如图 9-21 所示。

### 2．图像数字水印压缩

数字水印是信息隐藏技术的一个重要研究方向。数字水印技术基本上具有以下几个特点。

（1）安全性：数字水印的信息应是安全的，难以篡改或伪造，当然数字水印同样对重复添加有很强的抵抗性。

（2）隐蔽性：数字水印应是不可知觉的，而且应不影响被保护数据的正常使用，不会降质。

（3）鲁棒性：在经历多种无意或有意的信号处理过程后，数字水印仍能保持部分完整性并能被准确鉴别。

（4）水印容量：载体在不发生形变的前提下可嵌入的水印信息量。

目前数字水印算法主要是基于空域和变换域的，其中基于变换域的技术可以嵌入大量比特的数据而不会导致可察觉的缺陷，成为数字水印技术的主要研究技术，它通过改变频域一些系数的值，采用类似扩频图像的技术隐藏数字水印信息。小波变换因其优良的多分辨率分析特性，广泛应用于图像处理，小波域数

字水印的研究非常有意义。

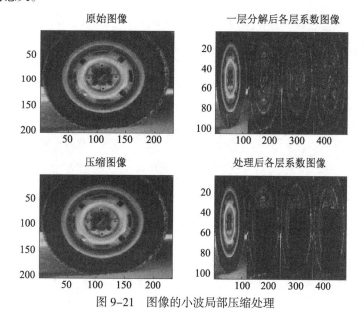

图 9-21 图像的小波局部压缩处理

【例 9-10】小波域数字水印示例。

```
clear,clc,clf;
load cathe_1
I=X;
%小波函数
type='db1';
%二维离散 Daubechies 小波变换
[CA1,CH1,CV1,CD1]=dwt2(I,type);
C1=[CH1 CV1 CD1];
%系数矩阵大小
[length1,width1]=size(CA1);
[M1,N1]=size(C1);
%定义阈值 T1
T1=50;
alpha=0.2;
%在图像中加入水印
for counter2=1:1:N1
    for counter1=1:1:M1
        if(C1(counter1,counter2)>T1)
            marked1(counter1,counter2)=randn(1,1);
            NEWC1(counter1, counter2)=double(C1(counter1,counter2))+...
                alpha*abs(double(C1(counter1,counter2)))*marked1(counter1,counter2);
        else
            marked1(counter1,counter2)=0;
            NEWC1(counter1,counter2)=double(C1(counter1,counter2));
        end
    end
```

```
end
%重构图像
NEWCH1=NEWC1(1:length1,1:width1);
NEWCV1=NEWC1(1:length1,width1+1:2*width1);
NEWCD1=NEWC1(1:length1,2*width1+1:3*width1);
R1=double(idwt2(CA1,NEWCH1,NEWCV1,NEWCD1,type));
watermark1=double(R1)-double(I);
subplot(2,2,1);                                    %设置原始图像位置
image(I); axis('square'); title('原始图像');
subplot(2,2,2);                                    %设置变换后的图像位置
imshow(R1/250); axis('square');title('小波变换后图像');axis on
subplot(2,2,3);                                    %设置水印图像位置
imshow(watermark1*10^16);axis('square'); title('水印图像');axis on
%水印检测
newmarked1=reshape(marked1, M1*N1, 1);
%检测阈值
T2=60;
for counter2=1:1:N1
    for counter1=1:1:M1
        if(NEWC1(counter1,counter2)>T2)
            NEWC1X(counter1,counter2)=NEWC1(counter1,counter2);
        else
            NEWC1X(counter1,counter2)=0;
        end
    end
end
NEWC1X=reshape(NEWC1X,M1*N1,1);
correlation1=zeros(1000,1);
for corrcounter=1:1:1000
    if(corrcounter==500)
        correlation1(corrcounter,1)=NEWC1X'*newmarked1/(M1*N1);
    else
        rnmark=randn(M1*N1,1);
        correlation1(corrcounter,1)=NEWC1X'*rnmark/(M1*N1);
    end
end
%计算阈值
originalthreshold=0;
for counter2=1:1:N1
    for counter1=1:1:M1
        if(NEWC1(counter1,counter2)>T2)
            originalthreshold=originalthreshold+abs(NEWC1(counter1,counter2));
        end
    end
end
originalthreshold=originalthreshold*alpha/(2*M1*N1);
corrcounter=1000;
originalthresholdvector=ones(corrcounter,1)*originalthreshold;
```

```
subplot(2,2,4);
plot(correlation1,'-');
hold on;
plot(originalthresholdvector,'--');
title('原始的加水印图像');xlabel('水印');ylabel('检测响应');
```

运行程序，结果如图 9-22 所示。

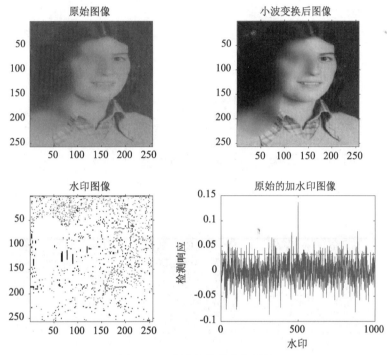

图 9-22 小波变换的水印效果

## 9.4.2 图像边缘检测

小波分析因其在处理非平稳信号中的独特优势而成为信号处理中的一个重要研究方向。如今，随着小波理论体系的不断完善，小波以其时频局部化特性和多尺度特性在图像边缘检测领域备受青睐。

【例 9-11】利用小波分析检测图像边缘。

```
clear,clc,clf;
load cathe_1;
subplot(2,3,1);image(X);colormap(map);title('原始图像');axis square;
%添加噪声
init=2055615866;
randn('seed',init);
x1=X+20*randn(size(X));
subplot(2,3,2);image(x1);colormap(map);title('添加噪声');axis square;
%用 db5 小波对图像 X 进行一层小波分解
w=wpdec2(x1,1,'db5');
%重构图像近似部分
R=wprcoef(w,[1 0]);
```

```
subplot(2,3,3);image(R);colormap(map);title('近似部分');axis square;
%原始图像边缘检测
W1=edge(X,'sobel');
subplot(2,3,4);imshow(W1);title('X 的边缘');axis on;
%带噪声图像边缘检测
W2=edge(x1,'sobel');
subplot(2,3,5);imshow(W2);title('x1 的边缘');axis on;
%图像近似部分的边缘检测
W3=edge(R,'sobel');
subplot(2,3,6);imshow(W3);title('R 边缘');axis on;
```

运行程序，结果如图 9-23 所示。

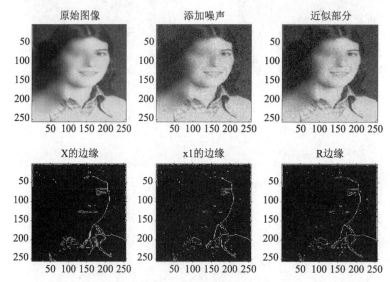

图 9-23　小波边缘检测效果

### 9.4.3　图像增强

图像增强问题主要通过时域和频域两种处理方法来解决。这两种方法具有很明显优势和劣势，时域方法方便快速，但会丢失很多点之间的相关信息；频域方法可以很详细地分离出点之间的相关，计算量大得多。小波变换是多尺度多分辨率的分解方式，可以将噪声和信号在不同尺度上分开。根据噪声分布的规律可以达到图像增强的目的。

**1．小波图像去噪处理**

二维信号用二维小波变换的去噪步骤如下。

（1）二维信号的小波分解。

（2）对高频系数进行阈值量化。

（3）二维小波的重构。

以上 3 个步骤，重点是如何选取阈值并进行阈值的量化。

【例 9-12】对图像进行小波图像去噪处理，图像所含的噪声主要是白噪声。

```
load woman;
subplot(221);image(X);colormap(map);title('原始图像');axis square
```

```
init=2055615866;randn('seed',init)                %产生含噪图像
x=X+38*randn(size(X));
subplot(222);image(x);colormap(map);title('含白噪声图像');axis square;
[c,s]=wavedec2(x,2,'sym4');                        %用 sym4 小波对 x 进行二层小波分解
a1=wrcoef2('a',c,s,'sym4');                        %提取小波分解中第 1 层的低频图像
subplot(223);image(a1);title('第 1 次去噪');axis square;
a2=wrcoef2('a',c,s,'sym4',2);                      %提取小波分解中第 2 层的低频图像
subplot(224);image(a2);title('第 2 次去噪');axis square;
```

运行程序，结果如图 9-24 所示。

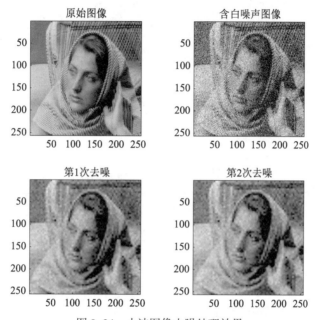

图 9-24　小波图像去噪处理效果

　　可以看出，第 1 次去噪已经滤除了大部分的高频噪声，但图像中还是含有很多高频噪声；第 2 次去噪是在第 1 次去噪的基础上，再次滤除其中的高频噪声。从去噪结果可以看出，它具有较好的去噪效果。

### 2. 小波变换应用于图像的融合

　　基于小波变换的图像融合算法流程如下。首先，对已配准的原始图像进行小波分解，相当于使用一组高低通滤波器进行滤波，分离出高频信息和低频信息；其次，对每层分解得到的高频信息和低频信息依据所得到的信息特点，采取不同的融合策略，在各自的变换域进行特征信息抽取，分别进行融合；最后，采用第 1 步的小波变换的重构算法对处理后的小波系数进行反变换重建图像，即可得到融合图像。

　　【例 9-13】利用小波变换将两幅图像融合在一起。

```
load woman;                                        %调入第 1 幅模糊图像
X1=X;                                              %复制
load wbarb;                                        %调入第 2 幅模糊图像
X2=X;                                              %复制
XFUS=wfusimg(X1,X2,'sym4',5,'max','max');          %基于小波分解的图像融合
subplot(131);
image(X1);colormap(map);title('woman');axis square;
```

```
subplot(132);
image(X2);colormap(map);title('wbarb'); axis square;
subplot(133);
image(XFUS);colormap(map);title('融合图像');axis square;
```

运行程序，结果如图 9-25 所示。

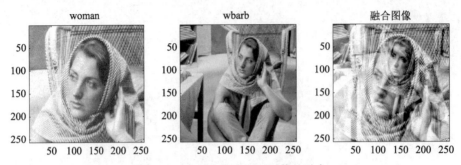

图 9-25　小波变换应用于图像的融合

## 9.5　小波 App 简介

小波 App，即 Wavelet Toolbox Graphical User Interface，它是小波工具箱的一个重要组成部分。通过小波 App，用户不需要使用任何函数，更不需要编写任何程序，就可以形象直观地了解 MATLAB 的强大小波分析功能。

在命令行窗口中输入 waveletAnalyzer 命令，出现如图 9-26 所示的小波工具箱界面。

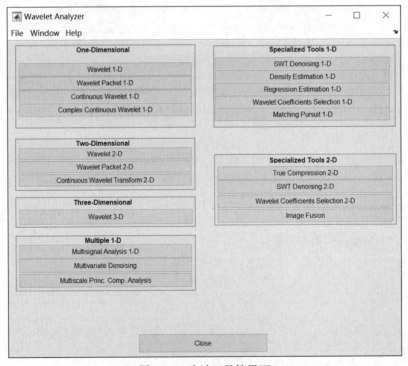

图 9-26　小波工具箱界面

小波 App 的功能非常丰富,主要功能如表 9-1 所示。

表 9-1  小波App的主要功能

| 主 要 功 能 | 子 功 能 | 主 要 功 能 | 子 功 能 |
|---|---|---|---|
| 一维小波分析 | 一维离散小波分析 | 一维小波分析专用工具 | 一维小波变换密度估计 |
| | 一维小波包变换 | | 一维小波变换回归估计 |
| | 一维连续小波分析 | | 一维小波系数选取 |
| | 一维连续复小波变换 | | 一维FBM产生 |
| 二维小波分析 | 二维离散小波变换 | 二维小波分析专用工具 | 二维平稳小波去噪 |
| | 二维离散小波包变换 | | 二维小波系数选择 |
| 一维小波分析专用工具 | 一维平稳小波去噪 | | 图像融合 |

**注意:**在小波分析 App 中,在执行一维小波回归估计、一维小波密度估计、一维小波系数选取和二维小波系数选取时,要在命令行窗口中将延拓模式修改为对称填充方式。

```
>> dwtmode('sym');
```

而这些工具使用结束后,要使用下面的命令将延拓模式切换为默认的"补零"模式。

```
>> dwtmode('zpd');
```

通过对连续小波分析工具模块的学习,能利用小波工具箱软件轻松地解决实际问题,下面通过示例介绍有关操作。

【例 9-14】利用一维连续小波分析工具分析正弦曲线噪声信号。

(1)启动小波工具箱,在命令行窗口中输入 waveletAnalyzer 命令,出现小波分析工具箱界面。

(2)单击 Continuous Wavelet 1-D 按钮,进入一维连续小波分析界面。

(3)加载信号源。执行 File→Load Signal 菜单命令,在弹出的 Load Signal 对话框中选择 noissin.mat 文件(此文件位于安装目录 toolbox/wavelet/wavelet 下)。单击"打开"按钮,信号加载完成,如图 9-27 所示。

(4)实现连续小波变换。如图 9-28 所示,选择 db4 小波,尺度设置为 1～48。

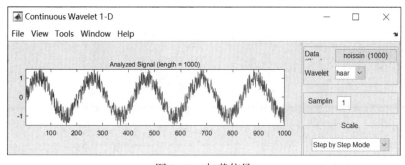

图 9-27  加载信号

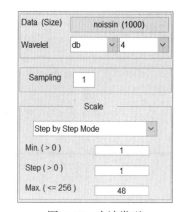

图 9-28  小波类型

(5)单击 Analyze 按钮,将显示对应尺寸 $a=24$ 的系数图和最大尺度图,如图 9-29 所示。

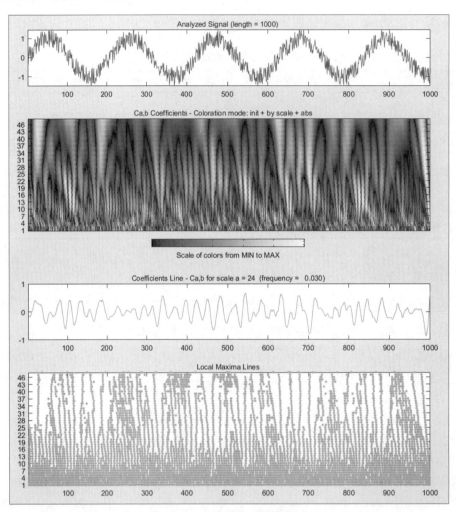

图 9-29　小波变换系数效果图

（6）右击系数图可以观看小波系数行，如图 9-30 所示。此外，还可以单击 Refresh Maxima Lines 按钮，显示从尺度 1 到所选尺度的小波系数的最大值。在小波系数图中单击可以选择放大的范围。

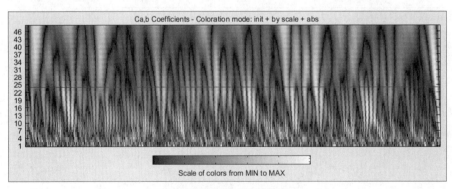

图 9-30　观看小波系数行

（7）Selected Axes 的作用是选择所要显示的坐标系，如图 9-31 所示，选中最后两幅图。

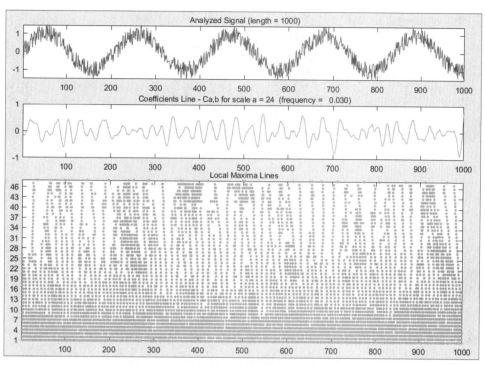

图 9-31　图形数目显示

（8）显示水平放大信号，可以通过单击左下方 X+按钮实现，如图 9-32 所示。

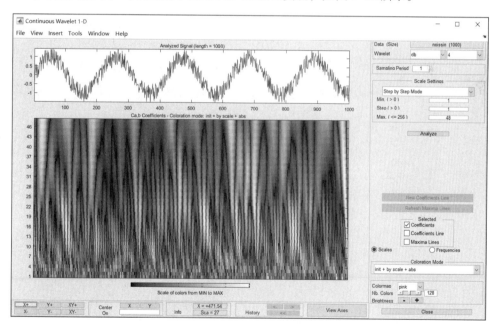

图 9-32　水平放大信号

（9）观察系数图。图 9-33 和图 9-34 所示为在 Coloration Mode 菜单下的不同显示效果图。

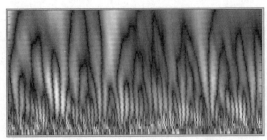

图 9-33　系数效果图（1）

图 9-34　系数效果图（2）

　　其他工具的操作与一维连续小波分析工具十分类似，由于篇幅有限，这里就不再介绍，感兴趣的读者可以自己尝试。

## 9.6　本章小结

　　本章主要介绍了傅里叶变换和小波变换及其常用函数的相关知识，小波分析中 Mallat 算法的原理及其应用，小波分析在信号处理、图像处理中的应用；重点介绍了小波分析在信号压缩和信号去噪、图像压缩、边缘检测、图像增强方面的应用。

　　小波 App 是小波工具箱的一个重要组成部分。通过小波 App，用户不需要使用任何函数，更不需要编写任何程序，就可以形象直观地了解 MATLAB 的强大小波分析功能。限于篇幅，本章只对小波 App 进行了简单的介绍，读者如果感兴趣，可以自行查阅相关资料。

第 10 章
CHAPTER 10

# 神经网络算法

人工神经网络（Artificial Neural Networks，ANN）简称神经网络（Neural Networks，NN），它是一种模拟动物神经网络行为特征，进行分布式并行信息处理的算法数学模型。人工神经网络算法依靠系统的复杂程度，通过调整内部大量节点之间相互连接的关系，从而达到处理信息的目的。随着神经网络算法和 MATLAB 的发展，MATLAB 给出的神经网络工具箱越来越全面，极大提高了神经网络算法的应用。

**学习目标**

（1）了解神经网络的特点和构成。

（2）掌握 MATLAB 神经网络工具箱的使用方法。

（3）掌握 Simulink 神经网络工具箱的使用方法。

## 10.1 神经网络基础

人工神经网络就是模拟人思维的第 2 种方式。这是一个非线性动力学系统，其特色在于信息的分布式存储和并行协同处理。虽然单个神经元的结构极其简单，功能有限，但大量神经元构成的网络系统所能实现的行为却是极其丰富多彩的。

### 10.1.1 人工神经网络的发展

1943 年，心理学家 McCulloch 和数理逻辑学家 Pitts 在分析和总结神经元基本特性的基础上首先提出神经元的数学模型。此模型沿用至今，并且直接影响着这一领域研究的进展。因此，他们两人可称为人工神经网络研究的先驱。

1945 年，冯·诺依曼领导的设计小组试制成功存储程序式电子计算机，标志着电子计算机时代的开始。1948 年，他在研究工作中比较了人脑结构与存储程序式计算机的根本区别，提出了以简单神经元构成的再生自动机网络结构。但是，由于指令存储式计算机技术的发展非常迅速，迫使他放弃了神经网络研究的新途径，继续投身于指令存储式计算机技术的研究，并在此领域作出了巨大贡献。虽然，冯·诺依曼的名字是与普通计算机联系在一起的，但他也是人工神经网络研究的先驱之一。

20 世纪 50 年代末，Rosenblatt 设计制作了"感知器"，它是一种多层的神经网络。这项工作首次把人工神经网络的研究从理论探讨付诸工程实践。当时，世界上许多实验室仿效制作感知器，分别应用于文字识别、声音识别、声呐信号识别和学习记忆问题的研究。

然而，这次人工神经网络的研究高潮未能持续很久，许多人陆续放弃了这方面的研究工作，这是因为当时数字计算机的发展处于全盛时期，许多人误以为数字计算机可以解决人工智能、模式识别、专家系统等方面的一切问题，使感知器的工作得不到重视。

当时的电子技术工艺水平比较落后，主要的元件是电子管或晶体管，利用它们制作的神经网络体积庞大，价格昂贵，要制作在规模上与真实相似的神经网络是完全不可能的。

在 20 世纪 60 年代初期，Widrow 提出了自适应线性元件网络，这是一种连续取值的线性加权求和阈值网络。后来，在此基础上发展了非线性多层自适应网络。当时，这些工作虽未标出神经网络的名称，而实际上就是一种人工神经网络模型。

1968 年，一本名为《感知器》的著作指出线性感知器功能是有限的，它不能解决如异感这样的基本问题，而且多层网络还不能找到有效的计算方法，这些论点促使大批研究人员对于人工神经网络的前景失去信心。20 世纪 60 年代末期，人工神经网络的研究陷入了低潮。

随着人们对感知器兴趣的衰退，神经网络的研究沉寂了相当长的时间。20 世纪 80 年代初期，模拟与数字混合的超大规模集成电路制作技术提高到新的水平，完全付诸实用化；此外，数字计算机的发展在若干应用领域遇到困难。这一背景预示向人工神经网络寻求出路的时机已经成熟。

美国物理学家 Hopfield 分别于 1982 年和 1984 年在美国科学院院刊上发表了两篇关于人工神经网络研究的论文，引起了巨大的反响。人们重新认识到神经网络的威力以及付诸应用的现实性。随即，一大批学者和研究人员围绕着 Hopfield 提出的方法展开了进一步的工作，形成了人工神经网络的研究热潮。

### 10.1.2  人工神经网络研究内容

神经网络的研究内容相当广泛，反映了多学科交叉技术领域的特点。目前，主要的研究工作集中在以下几方面。

（1）生物原型研究。从生理学、心理学、解剖学、脑科学、病理学等生物科学方面研究神经细胞、神经网络、神经系统的生物原型结构及其功能机理。

（2）建立理论模型。根据生物原型的研究，建立神经元、神经网络的理论模型，包括概念模型、知识模型、物理化学模型、数学模型等。

（3）网络模型与算法研究。在理论模型研究的基础上构造具体的神经网络模型，以实现计算机模拟或准备制作硬件，包括网络学习算法的研究。这方面的工作也称为技术模型研究。

神经网络用到的算法就是向量乘法，并且广泛采用符号函数及其各种逼近。并行、容错、可以硬件实现以及自我学习特性，是神经网络的几个基本优点，也是神经网络计算方法与传统方法的区别所在。

（4）人工神经网络应用系统。在网络模型与算法研究的基础上，利用人工神经网络组成实际的应用系统，如完成某种信号处理或模式识别的功能、构造专家系统、制成机器人等。

纵观当代新兴科学技术的发展历史，人类在征服宇宙空间、基本粒子、生命起源等科学技术领域的进程中历经了崎岖不平的道路。我们也会看到，探索人脑功能和神经网络的研究将伴随着重重困难的克服而日新月异。

### 10.1.3  人工神经网络研究方向

神经网络的研究可以分为理论研究和应用研究两大方面。其中，理论研究又可分为以下两类。

（1）利用神经生理与认知科学研究人类思维和智能机理。

（2）利用神经基础理论的研究成果，用数理方法探索功能更加完善、性能更加优越的神经网络模型，深入研究网络算法和性能，如稳定性、收敛性、容错性、鲁棒性等；开发新的网络数理理论，如神经网络动力学、非线性神经场等。

应用研究也可分为以下两类。

（1）神经网络的软件模拟和硬件实现的研究。

（2）神经网络在各领域中应用的研究。这些领域主要包括模式识别、信号处理、知识工程、专家系统、优化组合、机器人控制等。

随着神经网络理论本身以及相关理论、相关技术的不断发展，神经网络的应用定将更加深入。

## 10.1.4　人工神经网络发展趋势

人工神经网络特有的非线性适应性信息处理能力克服了传统人工智能方法对于直觉（如模式、语音识别、非结构化信息处理）方面的缺陷，使之在神经专家系统、模式识别、智能控制、组合优化、预测等领域得到成功应用。

人工神经网络与其他传统方法相结合，将推动人工智能和信息处理技术不断发展。近年来，人工神经网络正向模拟人类认知的道路上更加深入发展，与模糊系统、遗传算法、进化机制等结合，形成计算智能，成为人工智能的一个重要方向，将在实际应用中得到发展。

将信息几何应用于人工神经网络的研究，为人工神经网络的理论研究开辟了新的途径。神经计算机的研究发展很快，已有产品进入市场。光电结合的神经计算机为人工神经网络的发展提供了良好条件。

神经网络在很多领域已得到了很好的应用，但其需要研究的方面还很多。其中，具有分布式存储、并行处理、自学习、自组织和非线性映射等优点的神经网络与其他技术的结合以及由此而来的混合方法和混合系统，已经成为一大研究热点。

由于其他方法也有它们各自的优点，所以将神经网络与其他方法相结合，取长补短，继而可以获得更好的应用效果。目前，这方面工作有神经网络与模糊逻辑、专家系统、遗传算法、小波分析、混沌、粗集理论、分形理论、证据理论和灰色系统等的融合。

下面主要就神经网络与小波分析、混沌、粗集理论、分形理论的融合进行分析。

### 1. 与小波分析的结合

1981 年，法国地质学家 Morlet 在寻求地质数据时，通过对傅里叶变换和加窗傅里叶变换的异同、特点和函数构造进行创造性的研究，首次提出了"小波分析"的概念，建立了以他的名字命名的 Morlet 小波。1986 年以来，由于 Meyer、Mallat 和 Daubechies 等的奠基工作，小波分析迅速发展为一门新兴学科。Meyer 所著的《小波与算子》、Daubechies 所著的《小波十讲》是小波研究领域最权威的著作。

小波变换是对傅里叶分析方法的突破。它不但在时域和频域同时具有良好的局部化性质，而且对低频信号在频域和对高频信号在时域都有很好的分辨率，从而可以聚集到对象的任意细节。

小波分析相当于一个数学显微镜，具有放大、缩小和平移功能，通过检查不同放大倍数下的变化研究信号的动态特性。因此，小波分析已成为地球物理、信号处理、图像处理、理论物理等诸多领域的强有力工具。

小波神经网络将小波变换良好的时频局域化特性和神经网络的自学习功能相结合，因而具有较强的逼近能力和容错能力。在结合方法上，可以将小波函数作为传递函数构造神经网络形成小波网络，或者小波变换作为前馈神经网络的输入前置处理工具，即以小波变换的多分辨率特性对过程状态信号进行处理，实现信噪分离，并提取出对加工误差影响最大的状态特性，作为神经网络的输入。

　　小波神经网络在电机故障诊断、高压电网故障信号处理与保护研究、轴承等机械故障诊断以及许多方面都有应用。将小波神经网络应用于感应伺服电机的智能控制，使该系统具有良好的跟踪控制性能和鲁棒性；利用小波神经网络进行心血管疾病的智能诊断，小波层进行时频域的自适应特征提取，前向神经网络用来进行分类，正确分类率达到 94%。

　　小波神经网络虽然应用于很多方面，但仍存在一些不足。从提取精度和小波变换实时性的要求出发，有必要根据实际情况构造一些适应应用需求的特殊小波基，以便在应用中取得更好的效果。另外，在应用中的实时性要求，也需要结合数字信号处理的发展，开发专门的处理芯片，从而满足这方面的要求。

### 2. 混沌神经网络

　　混沌的第 1 个定义是 20 世纪 70 年代才被 Li-Yorke 首次提出的。由于它具有广泛的应用价值，自出现以来就受到各方面的普遍关注。混沌是一种确定的系统中出现的无规则运动，是存在于非线性系统中的一种较为普遍的现象。混沌运动具有遍历性、随机性等特点，能在一定的范围内按其自身规律不重复地遍历所有状态。混沌理论所决定的是非线性动力学混沌，目的是揭示貌似随机的现象背后可能隐藏的简单规律，以求发现一大类复杂问题普遍遵循的共同规律。

　　1990 年，Aihara、Takabe 和 Toyoda 等根据生物神经元的混沌特性首次提出混沌神经网络模型，将混沌学引入神经网络中，使人工神经网络具有混沌行为，更加接近实际的人脑神经网络，因而混沌神经网络被认为是可实现真实世界计算的智能信息处理系统之一，成为神经网络的主要研究方向之一。

　　与常规的离散型 Hopfield 神经网络相比，混沌神经网络具有更丰富的非线性动力学特性，主要表现为：在神经网络中引入混沌动力学行为；混沌神经网络的同步特性；混沌神经网络的吸引子。

　　神经网络实际应用中，当网络输入发生较大变异时，应用网络的固有容错能力往往感到不足，经常会发生失忆现象。混沌神经网络动态记忆属于确定性动力学运动，记忆发生在混沌吸引子的轨迹上，通过不断地运动（回忆过程），联想到记忆模式。特别对于那些状态空间分布的较接近或发生部分重叠的记忆模式，混沌神经网络总能通过动态联想记忆加以重现和辨识，而不发生混淆，这是混沌神经网络所特有的性能，它将大大改善 Hopfield 神经网络的记忆能力。混沌吸引子的吸引域存在，形成了混沌神经网络固有容错功能。这将对复杂的模式识别、图像处理等工程应用发挥重要作用。

　　混沌神经网络受到关注的另一个原因是其存在于生物体真实神经元及神经网络中，并且起到一定的作用，动物学的电生理实验已证实了这一点。

　　混沌神经网络由于其复杂的动力学特性，在动态联想记忆、系统优化、信息处理、人工智能等领域受到人们极大的关注。针对混沌神经网络具有联想记忆功能，但其搜索过程不稳定的问题，研究人员提出了一种控制方法可以对混沌神经网络中的混沌现象进行控制，研究了混沌神经网络在组合优化问题中的应用。

　　为了更好地应用混沌神经网络的动力学特性，并对其存在的混沌现象进行有效控制，仍需对混沌神经网络的结构进行进一步改进和调整，以及对混沌神经网络算法的进一步研究。

### 3. 粗糙集理论

　　粗糙集（Rough Sets）理论于 1982 年由波兰华沙理工大学教授 Pawlak 首先提出，它是一个分析数据的数学理论，研究不完整数据、不精确知识的表达、学习、归纳等方法。粗糙集理论是一种新的处理模糊和不确定性知识的数学工具，其主要思想就是在保持分类能力不变的前提下，通过知识约简，导出问题的决策或分类规则。粗糙集理论已被成功应用于机器学习、决策分析、过程控制、模式识别与数据挖掘等领域。

　　目前粗糙集与神经网络的结合已应用于语音识别、专家系统、数据挖掘、故障诊断等领域，将神经网络和粗糙集用于声源位置的自动识别，将神经网络和粗糙集用于专家系统的知识获取中，取得比传统专家系统更好的效果，其中粗糙集进行不确定和不精确数据的处理，神经网络进行分类工作。

虽然粗糙集与神经网络的结合已应用于许多领域的研究，为使这一方法发挥更大的作用，还需考虑如下问题：模拟人类抽象逻辑思维的粗糙集理论方法与模拟形象直觉思维的神经网络方法更加有效的结合；二者集成的软件和硬件平台的开发，提高其实用性。

#### 4. 与分形理论的结合

自哈佛大学数学系教授 Mandelbrot 于 20 世纪 70 年代中期引入分形概念，分形几何学（Fractal Geometry）已经发展成为科学的方法论——分形理论，且被誉为开创了 20 世纪数学重要阶段。分形现已被广泛应用于自然科学和社会科学的几乎所有领域，成为现今国际上许多学科的前沿研究课题之一。

由于在许多学科中的迅速发展，分形已成为一门描述自然界中许多不规则事物的规律性的学科，已被广泛应用在生物学、地球地理学、天文学、计算机图形学等各领域。

用分形理论解释自然界中那些不规则、不稳定和具有高度复杂结构的现象，可以收到显著的效果，而将神经网络与分形理论相结合，充分利用神经网络非线性映射、计算能力、自适应等优点，可以取得更好的效果。

分形神经网络的应用领域有图像识别、图像编码、图像压缩和机械设备系统的故障诊断等。分形图像压缩/解压缩方法具有高压缩率和低遗失率的优点，但运算能力不强，由于神经网络具有并行运算的特点，将神经网络用于分形图像压缩/解压缩中，提高了原有方法的运算能力。

将神经网络与分形相结合用于果实形状的识别，首先利用分形得到几种水果轮廓数据的不规则性，然后利用 3 层神经网络对这些数据进行辨识，继而对其不规则性进行评价。

分形神经网络已取得了许多应用，但仍有些问题值得进一步研究：分形维数的物理意义；分形的计算机仿真和实际应用研究。随着研究的不断深入，分形神经网络必将得到不断的完善，并取得更好的应用效果。

## 10.2 神经网络的结构及学习

人工神经网络的构筑理念是受到生物（人或其他动物）神经网络功能的运作启发而产生的。人工神经网络通常是通过一个基于数学统计学类型的学习方法（Learning Method）得以优化，所以人工神经网络也是数学统计学方法的一种实际应用。

通过统计学的标准数学方法能够得到大量可以用函数表达的局部结构空间；另外，在人工智能学的人工感知领域，我们通过数学统计学的应用可以解决人工感知方面的决定问题（也就是说，通过统计学的方法，人工神经网络能够类似人一样具有简单的决定能力和简单的判断能力），这种方法比正式的逻辑学推理演算更具有优势。

### 10.2.1 神经网络结构

人工神经网络模型主要考虑网络连接的拓扑结构、神经元的特征、学习规则等。目前，已有近 40 种神经网络模型，其中有反向传播网络、感知器、自组织映射、Hopfield 网络、玻耳兹曼机、适应谐振理论等。根据连接的拓扑结构，神经网络模型可以分为以下几类。

#### 1. 前向网络

网络中各神经元接受前一级的输入，并输出到下一级，网络中没有反馈，可以用一个有向无环图表示。

这种网络实现信号从输入空间到输出空间的变换，它的信息处理能力来自简单非线性函数的多次复合。

图 10-1 所示为两层前向神经网络，该网络只有输入层和输出层，其中 $x$ 为输入，$W$ 为权值，$y$ 为输出。输出层神经元为计算节点，其传递函数取符号函数 $f$。该网络一般用于线性分类。

图 10-2 所示为多层前向神经网络，该网络有一个输入层、一个输出层和多个隐含层，其中隐含层和输出层神经元为计算节点。多层前向神经网络传递函数可以取多种形式。如果所有计算节点都取符号函数，则该网络称为多层离散感知器。

前向网络结构简单，易于实现。反向传播网络是一种典型的前向网络。

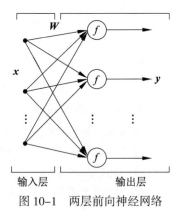

图 10-1　两层前向神经网络

**2. 反馈网络**

网络内神经元间有反馈，可以用一个无向完备图表示。这种神经网络的信息处理是状态的变换，可以用动力学系统理论处理。系统的稳定性与联想记忆功能有密切关系。Hopfield 网络、玻耳兹曼机均属于这种类型。

以两层前馈神经网络模型（输入层为 $n$ 个神经元）为例，反馈神经网络结构如图 10-3 所示。

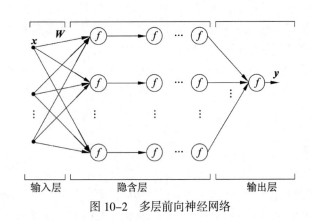

图 10-2　多层前向神经网络

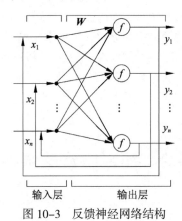

图 10-3　反馈神经网络结构

## 10.2.2　神经网络学习

学习是神经网络研究的一个重要内容，它的适应性是通过学习实现的。根据环境的变化，对权值进行调整，改善系统的行为。

由 Hebb 提出的 Hebb 学习规则为神经网络的学习算法奠定了基础。Hebb 学习规则认为学习过程最终发生在神经元之间的突触部位，突触的联系强度随着突触前后神经元的活动而变化。

在此基础上，人们提出了各种学习规则和算法，以适应不同网络模型的需要。有效的学习算法使神经网络能够通过连接权值的调整，构造客观世界的内在表示，形成具有特色的信息处理方法，信息存储和处理体现在网络的连接中。

根据学习环境不同，神经网络的学习方式可分为监督学习和非监督学习。

（1）在监督学习中，将训练样本的数据加到网络输入端，同时将相应的期望输出与网络输出相比较，得到误差信号，以此控制权值连接强度的调整，经多次训练后收敛到一个确定的权值。当样本情况发生变化时，经学习可以修改权值以适应新的环境。使用监督学习的神经网络模型有反向传播网络、感知器等。

（2）在非监督学习中，事先不给定标准样本，直接将网络置于环境之中，学习阶段与工作阶段成为一体。此时，学习规律的变化服从连接权值的演变方程。

下面根据神经网络模型的不同，介绍常用的 5 种神经网络学习规则。

### 1. 感知器学习规则

如果一个单层感知器神经网络可以表示一个具有线性可分性的函数，那么接下来的问题是如何找到合适的权值和阈值，使感知器输出、输入之间满足这样的函数关系。不断调整权值和阈值的过程称为"训练"。

神经网络在训练的过程中具有了把输入空间映射到输出空间的能力，这个过程称为神经网络的"学习"。调整权值和阈值的算法称为学习规则。

感知器的学习是一种有教师学习方式，其学习规则称为 $\delta$ 规则。若以 $t$ 表示目标输出，$a$ 表示实际输出，则误差表示为

$$e = t - a$$

网络训练的目的就是使 $t \to a$。当 $e=0$ 时，得到最优的网络权值和阈值；当 $e>0$ 时，说明得到的实际输出小于目标输出，应增大网络权值和阈值；当 $e<0$ 时，说明得到的实际输出大于目标输出，应减小网络权值和阈值。

一般感知器的传输函数为阈值型函数，网络的输出 $a$ 只可能为 0 或 1，所以，只要网络表达的函数是线性可分的，则函数经过有限次迭代后，将收敛到正确的权值和阈值，使 $e=0$。

从 $\delta$ 规则中可以看出，感知器神经网络的训练需要提供训练样本集，每个样本由神经网络的输入向量和输出向量构成，$n$ 个训练样品构成的训练样本集为

$$\{p_1, t_1\}, \{p_2, t_2\}, \cdots, \{p_n, t_n\}$$

每步学习过程，对于各层感知器神经元的权值和阈值进行调整的算法可表示为

$$W(k+1) = W(k) + ep^{\mathrm{T}}$$
$$b(k+1) = b(k) + e$$

其中，$e$ 为误差向量；$W$ 为权值向量；$b$ 为阈值向量；$p$ 为输入向量；$k$ 表示第 $k$ 步学习过程。

如果输入向量的取值范围很大，一些输入值太大，而一些输出值太小，则按照

$$W(k+1) = W(k) + ep^{\mathrm{T}}$$

学习的时间会变长。为了解决这一问题，权值调整可以采用归一化算法，即

$$W(k+1) = W(k) + e\frac{p^{\mathrm{T}}}{\|p\|}$$

$$\|p\| = \sqrt{\sum_{i=1}^{n} p_i^2}$$

其中，$n$ 为输入向量元素的个数。

训练是不断学习的过程。单层感知器网络只能解决线性可分的分类问题，所以要求网络的输入模式是线性可分的。在这种情况下，上述学习过程反复进行，通过有限的步数，网络实际输出与期望输出的误差将减小到零，此时，也就完成了网络的训练过程。

训练的结果使网络的训练样本模式分布记忆在权值和阈值中，当给定网络一个输入模式时，网络将根据 $\{p_1, t_1\}, \{p_2, t_2\}, \cdots, \{p_n, t_n\}$ 得到网络的输出。

【例 10-1】用单个感知器神经元完成下列分类，并写出训练的迭代过程，画出最终的分类示意图。

$$\left\{ \boldsymbol{p}_1 = \begin{bmatrix} 2 \\ 2 \end{bmatrix}, t_1 = 0 \right\}, \left\{ \boldsymbol{p}_2 = \begin{bmatrix} 1 \\ -2 \end{bmatrix}, t_2 = 1 \right\}, \left\{ \boldsymbol{p}_3 = \begin{bmatrix} -2 \\ 2 \end{bmatrix}, t_3 = 0 \right\}, \left\{ \boldsymbol{p}_4 = \begin{bmatrix} -1 \\ 0 \end{bmatrix}, t_4 = 1 \right\}$$

根据题意可知，神经元有两个输入，传输函数为阈值型函数，图 10-4 所示为感知器神经元结构。

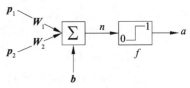

图 10-4　感知器神经元结构

（1）初始化

$$\boldsymbol{W}(0) = [0\ 0],\ \boldsymbol{b}(0) = 0$$

（2）第 1 次迭代

$$a = f(n) = f[\boldsymbol{W}(0)\boldsymbol{p}_1 + \boldsymbol{b}(0)] = f\left([0\ 0]\begin{bmatrix} 2 \\ 2 \end{bmatrix} + 0\right) = f(0) = 1$$

$$e = t_1 - a = 0 - 1 = -1$$

因为输出 $a$ 不等于目标 $t_1$，所以需要调整权值和阈值。

（3）第 2 次迭代，以第 2 个输入样本作为输入向量，以调整后的权值和阈值进行计算，即

$$a = f(n) = f[\boldsymbol{W}(1)\boldsymbol{p}_2 + \boldsymbol{b}(1)] = f\left([-2\ -2]\begin{bmatrix} 1 \\ -2 \end{bmatrix} + (-1)\right) = f(1) = 1$$

$$e = t_2 - a = 1 - 1 = 0$$

因为输出 $a$ 等于目标 $t_2$，所以不需要调整权值和阈值。

$$\boldsymbol{W}(2) = \boldsymbol{W}(1) = [-2\ -2]$$
$$\boldsymbol{b}(2) = \boldsymbol{b}(1) = -1$$

（4）第 3 次迭代。以第 3 个输入样本作为输入向量，以 $\boldsymbol{W}(2)$ 和 $\boldsymbol{b}(2)$ 进行计算，即

$$a = f(n) = f[\boldsymbol{W}(2)\boldsymbol{p}_3 + \boldsymbol{b}(2)] = f\left([-2\ -2]\begin{bmatrix} -2 \\ 2 \end{bmatrix} + (-1)\right) = f(-1) = 0$$

$$e = t_3 - a = 0 - 0 = 0$$

因为输出 $a$ 等于目标 $t_3$，所以不需要调整权值和阈值。

$$\boldsymbol{W}(3) = \boldsymbol{W}(2) = [-2\ -2]$$
$$\boldsymbol{b}(3) = \boldsymbol{b}(2) = -1$$

（5）第 4 次迭代。以第 4 个输入样本作为输入向量，以 $\boldsymbol{W}(3)$ 和 $\boldsymbol{b}(3)$ 进行计算，即

$$a = f(n) = f[\boldsymbol{W}(3)\boldsymbol{p}_4 + \boldsymbol{b}(3)] = f\left([-2\ -2]\begin{bmatrix} -1 \\ 0 \end{bmatrix} + (-1)\right) = f(1) = 1$$

$$e = t_4 - a = 1 - 1 = 0$$

因为输出 $a$ 等于目标 $t_4$，所以不需要调整权值和阈值。

$$\boldsymbol{W}(4) = \boldsymbol{W}(3) = [-2\ -2]$$
$$\boldsymbol{b}(4) = \boldsymbol{b}(3) = -1$$

（6）以后各次迭代又从第 1 个输入样本开始，以前一次的权值和阈值进行计算，一直到调整后的权值和阈值对所有输入样本的输出误差为零。

从以上各步骤可以看出，$\boldsymbol{W} = [-2\ -2]$，$\boldsymbol{b} = -1$ 对所有输入样本的输出误差均为零，所以其为最终的权值和阈值。

（7）因为 $n > 0$ 时，$a = 1$；$n \le 0$ 时，$a = 0$，所以在分类时可以用 $n = 0$ 作为分界，该神经元最终的分类如图 10-5 所示。其边界由以下边界方程决定。

$$n = \boldsymbol{Wp} + \boldsymbol{b} = [-2\ -2]\begin{bmatrix} p_1 \\ p_2 \end{bmatrix} + (-1) = -2p_1 - 2p_2 - 1 = 0$$

**2．BP神经网络学习规则**

基本 BP 神经网络算法包括两方面：信号的前向传播和误差的反向传播，即计算实际输出时按从输入到输出的方向进行，而权值和阈值的修正从输出到输入的方向进行。

BP 网络是一种多层前馈神经网络，由输入层、隐含层和输出层组成。图 10-6 所示为一个典型的 3 层 BP 神经网络结构，层与层之间采用全互连方式，同一层之间不存在相互连接，隐含层可以有一层或多层。

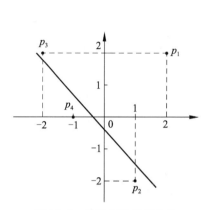

图 10-5　神经元最终的分类

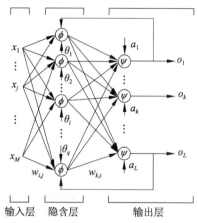

图 10-6　典型的 3 层 BP 神经网络结构

图 10-6 中，$x_j$ 表示输入层第 $j$ 个节点的输入，$j=1,2,\cdots,M$；$w_{i,j}$ 表示隐含层第 $i$ 个节点到输入层第 $j$ 个节点之间的权值；$\theta_i$ 表示隐含层第 $i$ 个节点的阈值；$\phi$ 表示隐含层的激励函数；$w_{k,i}$ 表示输出层第 $k$ 个节点到隐含层第 $i$ 个节点之间的权值，$i=1,2,\cdots,q$；$a_k$ 表示输出层第 $k$ 个节点的阈值，$k=1,2,\cdots,L$；$\psi$ 表示输出层的激励函数；$o_k$ 表示输出层第 $k$ 个节点的输出。

层与层之间有两种信号在流通：一种是工作信号，它是施加输入信号后向前传播直到在输出端产生实际输出的信号，是输入和权值的函数；另一种是误差信号，网络实际输出与期望输出间的差值即为误差，它由输出端开始逐层向后传播。

根据图 10-6 所示参数，BP 神经网络算法的计算过程如下所示。

（1）信号的前向传播过程。

隐含层第 $i$ 个节点的输入 $\mathrm{net}_i$ 为

$$\mathrm{net}_i = \sum_{j=1}^{M} w_{ij} x_j + \theta_i$$

隐含层第 $i$ 个节点的输出 $o_i$ 为

$$o_i = \phi(\mathrm{net}_i) = \phi\left(\sum_{j=1}^{M} w_{ij} x_j + \theta_i\right)$$

输出层第 $k$ 个节点的输入 $\mathrm{net}_k$ 为

$$\mathrm{net}_k = \sum_{i=1}^{q} w_{ki} y_i + a_k = \sum_{i=1}^{q} w_{ki} \phi\left(\sum_{j=1}^{M} w_{ij} x_j + \theta_i\right) + a_k$$

输出层第 $k$ 个节点的输出 $o_k$ 为

$$o_k = \psi(\text{net}_k) = \psi\left(\sum_{i=1}^{q} w_{ki} y_i + a_k\right) = \psi\left[\sum_{i=1}^{q} w_{ki} \phi\left(\sum_{j=1}^{M} w_{ij} x_j + \theta_i\right) + a_k\right]$$

（2）误差的反向传播过程。

误差的反向传播，即首先由输出层开始逐层计算各层神经元的输出误差，然后根据误差梯度下降法调节各层的权值和阈值，使修改后的网络的最终输出能接近期望值。

对于每个样本 $p$ 的二次型误差准则函数为

$$E_p = \frac{1}{2} \sum_{k=1}^{L} (T_k - o_k)^2$$

系统对 $P$ 个训练样本的总误差准则函数为

$$E_p = \frac{1}{2} \sum_{p=1}^{P} \sum_{k=1}^{L} (T_k^p - o_k^p)^2$$

根据误差梯度下降法依次修正输出层权值的修正量 $\Delta w_{ki}$、输出层阈值的修正量 $\Delta a_k$、隐含层权值的修正量 $\Delta w_{ij}$ 和隐含层阈值的修正量 $\Delta \theta_i$。

$$\Delta w_{ki} = -\eta \frac{\partial E}{\partial w_{ki}}; \Delta a_k = -\eta \frac{\partial E}{\partial a_k}; \Delta w_{ij} = -\eta \frac{\partial E}{\partial w_{ij}}; \Delta \theta_i = -\eta \frac{\partial E}{\partial \theta_i}$$

输出层权值调整公式为

$$\Delta w_{ki} = -\eta \frac{\partial E}{\partial w_{ki}} = -\eta \frac{\partial E}{\partial \text{net}_k} \frac{\partial \text{net}_k}{\partial w_{ki}} = -\eta \frac{\partial E}{\partial o_k} \frac{\partial o_k}{\partial \text{net}_k} \frac{\partial \text{net}_k}{\partial w_{ki}}$$

输出层阈值调整公式为

$$\Delta a_k = -\eta \frac{\partial E}{\partial a_k} = -\eta \frac{\partial E}{\partial \text{net}_k} \frac{\partial \text{net}_k}{\partial a_k} = -\eta \frac{\partial E}{\partial o_k} \frac{\partial o_k}{\partial \text{net}_k} \frac{\partial \text{net}_k}{\partial a_k}$$

隐含层权值调整公式为

$$\Delta w_{ij} = -\eta \frac{\partial E}{\partial w_{ij}} = -\eta \frac{\partial E}{\partial \text{net}_i} \frac{\partial \text{net}_i}{\partial w_{ij}} = -\eta \frac{\partial E}{\partial y_i} \frac{\partial y_i}{\partial \text{net}_i} \frac{\partial \text{net}_i}{\partial w_{ij}}$$

隐含层阈值调整公式为

$$\Delta \theta_i = -\eta \frac{\partial E}{\partial \theta_i} = -\eta \frac{\partial E}{\partial \text{net}_i} \frac{\partial \text{net}_i}{\partial \theta_i} = -\eta \frac{\partial E}{\partial y_i} \frac{\partial y_i}{\partial \text{net}_i} \frac{\partial \text{net}_i}{\partial \theta_i}$$

又因为

$$\frac{\partial E}{\partial o_k} = -\sum_{p=1}^{P} \sum_{k=1}^{L} (T_k^p - o_k^p)$$

$$\frac{\partial \text{net}_k}{\partial w_{ki}} = y_i; \frac{\partial \text{net}_k}{\partial a_k} = 1; \frac{\partial \text{net}_i}{\partial w_{ij}} = x_j; \frac{\partial \text{net}_i}{\partial \theta_i} = 1$$

$$\frac{\partial E}{\partial y_i} = -\sum_{p=1}^{P} \sum_{k=1}^{L} (T_k^p - o_k^p) \psi'(\text{net}_k) w_{ki}$$

$$\frac{\partial y_i}{\partial \text{net}_i} = \phi'(\text{net}_i)$$

$$\frac{\partial o_k}{\partial \text{net}_k} = \psi'(\text{net}_k)$$

所以最后得到

$$\Delta w_{ki} = \eta \sum_{p=1}^{P} \sum_{k=1}^{L} (T_k^p - o_k^p) \psi'(\mathrm{net}_k) y_i$$

$$\Delta a_k = \eta \sum_{p=1}^{P} \sum_{k=1}^{L} (T_k^p - o_k^p) \psi'(\mathrm{net}_k)$$

$$\Delta w_{ij} = \eta \sum_{p=1}^{P} \sum_{k=1}^{L} (T_k^p - o_k^p) \psi'(\mathrm{net}_k) w_{ki} \phi'(\mathrm{net}_i) x_j$$

$$\Delta \theta_i = \eta \sum_{p=1}^{P} \sum_{k=1}^{L} (T_k^p - o_k^p) \psi'(\mathrm{net}_k) w_{ki} \phi'(\mathrm{net}_i)$$

　　BP 神经网络算法流程图如图 10-7 所示。

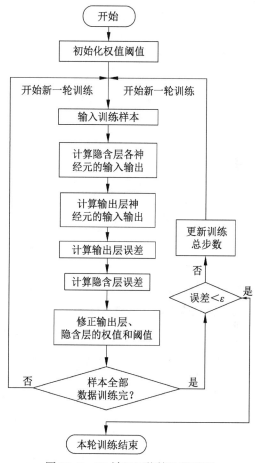

　　BP 算法因其简单、易行、计算量小、并行性强等优点，目前是神经网络训练采用最多也是最成熟的训练算法之一。算法的实质是求解误差函数的最小值问题，由于采用非线性规划中的最速下降方法，按误差函数的负梯度方向修改权值，因而通常存在学习效率低、收敛速度慢、易陷入局部极小状态的缺点。

　　针对以上问题，一般常用 3 种方式对 BP 算法进行改进。

　　1）附加动量法

　　附加动量法使网络在修正其权值时，不仅考虑误差在梯度上的作用，而且考虑在误差曲面上变化趋势的影响。在没有附加动量的作用下，网络可能陷入浅的局部极小值，利用附加动量的作用有可能滑过这些极小值。

　　该方法是在反向传播法的基础上在每个权值（或阈值）的变化上加上一项正比于前次权值（或阈值）变化量的值，并根据反向传播法产生新的权值（或阈值）变化。

　　带有附加动量因子的权值和阈值调节公式为

$$\Delta w_{ij}(k+1) = (1-\mathrm{mc}) \eta \delta_i p_j + \mathrm{mc} \Delta w_{ij}(k)$$

$$\Delta b_i(k+1) = (1-\mathrm{mc}) \eta \delta_i + \mathrm{mc} \Delta b_i(k)$$

其中，$k$ 为训练次数；mc 为动量因子，一般取 0.95 左右。

　　附加动量法的实质是将最后一次权值（或阈值）变化的影响通过一个动量因子传递。当动量因子取值为零时，权值（或阈值）的变化仅是根据梯度下降法产生。

图 10-7　BP 神经网络算法流程图

　　当动量因子取值为 1 时，新权值（或阈值）的变化则是设置为最后一次权值（或阈值）的变化，依梯度法产生的变化部分则被忽略。

　　当增加了动量项后，促使权值的调节向着误差曲面底部的平均方向变化。当网络权值进入误差曲面底部的平坦区时，$\delta_i$ 将变得很小，这时有

$$\Delta w_{ij}(k+1) = \Delta w_{ij}(k)$$

而 $\Delta w_{ij} = 0$ 的出现有助于使网络从误差曲面的局部极小值中跳出。

　　根据附加动量法的设计原则，当修正的权值在误差中导致太大的增长结果时，新的权值应被取消而不被采用，同时动量作用停止下来，使网络不进入较大误差曲面；当新的误差变化率对其旧值超过一个事先

设定的最大误差变化率时，也要取消所计算的权值变化。最大误差变化率可以是任何大于或等于 1 的值，通常取值为 1.04。所以，在进行附加动量法的训练程序设计时，必须加入条件判断以正确使用其权值修正公式。

训练程序设计中采用动量法的判断条件为

$$mc = \begin{cases} 0, & E(k) > E(k-1) \times 1.04 \\ 0.95, & E(k) < E(k-1) \\ mc, & \text{其他} \end{cases}$$

其中，$E(k)$ 为第 $k$ 步误差平方和。

2）自适应学习速率

对于一个特定的问题，学习速率通常是凭经验或实验获取，但即使这样，对训练开始初期功效较好的学习速率，不一定对后来的训练合适。为了解决这个问题，需要在训练过程中自动调节学习速率。

通常调节学习速率的准则是：检查权值是否真正降低了误差函数，如果确实如此，则说明所选学习速率小了，可以适当增加一个量；如果不是，而产生了过调，那么就应该减少学习速率的值。下面给出了一个自适应学习速率的调整公式。

$$\eta(k+1) = \begin{cases} 1.05\eta(k), & E(k+1) < E(k) \\ 0.7\eta(k), & E(k+1) > 1.04E(k) \\ \eta(k), & \text{其他} \end{cases}$$

其中，$E(k)$ 为第 $k$ 步误差平方和。

初始学习速率 $\eta(0)$ 的选取范围可以有很大的随意性。

3）动量-自适应学习速率调整算法

当采用前述的动量法时，BP 算法可以找到全局最优解，而当采用自适应学习速率时，BP 算法可以缩短训练时间，采用这两种方法也可以训练神经网络，该方法称为动量-自适应学习速率调整算法。

### 3. RBF神经网络学习规则

径向基函数（Radial Basis Function，RBF）神经网络的基本思想是：用 RBF 作为隐单元的"基"构成隐含层空间，这样就可以将输入向量直接（即不需要通过权接）映射到隐空间。

当 RBF 的中心点确定后，这种映射关系也就确定了。而隐含层空间到输出空间的映射是线性的，即网络的输出是隐单元输出的线性加权和。此处的权即为网络可调参数。

由此可见，从总体上看，网络由输入到输出的映射是非线性的，而网络输出对可调参数而言却又是线性的。这样网络的权就可由线性方程直接解出，从而大大加快学习速度并避免局部极小问题。

RBF 神经网络学习算法需要求解的参数有 3 个：基函数的中心、方差和隐含层到输出层的权值。根据 RBF 函数中心选取方法的不同，RBF 网络有多种学习方法，如随机选取中心法、自组织选取中心法、有监督选取中心法和正交最小二乘法等。

下面将介绍自组织选取中心的 RBF 神经网络学习方法。该方法由两个阶段组成：一是自组织学习阶段，此阶段为无教师学习过程，求解隐含层基函数的中心与方法；二是有教师学习阶段，此阶段求解隐含层到输出层之间的权值。

RBF 神经网络中常用的 RBF 函数是高斯函数，因此 RBF 神经网络的激活函数可表示为

$$R\left(\boldsymbol{x}_p - \boldsymbol{c}_i\right) = \exp\left(-\frac{1}{2\sigma^2}\left\|\boldsymbol{x}_p - \boldsymbol{c}_i\right\|^2\right)$$

其中，$\|\boldsymbol{x}_p - \boldsymbol{c}_i\|$ 为欧氏范数；$\boldsymbol{c}$ 为高斯函数的中心；$\sigma$ 为高斯函数的方差。

RBF 神经网络的输出为

$$y_j = \sum_{i=1}^{h} \omega_{ij} \exp\left(-\frac{1}{2\sigma^2}\|\boldsymbol{x}_p - \boldsymbol{c}_i\|^2\right)$$

其中，$\boldsymbol{x}_p = (x_1^p, x_2^p, \cdots, x_m^p)$ 为第 $p$ 个输入样本，$p = 1,2,\cdots,P$ 表示样本总数；$\boldsymbol{c}_i$ 为网络隐含层节点的中心；$\omega_{ij}$ 为隐含层到输出层的连接权值；$i = 1,2,\cdots,h$ 为隐含层的节点数；$y_j$ 为与输入样本对应的网络的第 $j$ 个输出节点的实际输出。

设 $d$ 为样本的期望输出值，那么基函数的方差可表示为

$$\sigma = \frac{1}{p}\sum_{j}^{m}\|d_j - y_j\boldsymbol{c}_i\|^2$$

学习算法（基于 $K$-均值聚类方法求解基函数中心 $\boldsymbol{c}$）具体步骤如下。

（1）网络初始化。随机选取 $h$ 个训练样本作为聚类中心 $\boldsymbol{c}_i$ ($i = 1,2,\cdots,h$)。

（2）将输入的训练样本集合按最近邻规则分组。按照 $\boldsymbol{x}_p$ 与中心为 $\boldsymbol{c}_i$ 之间的欧氏距离将 $\boldsymbol{x}_p$ 分配到输入样本的各个聚类集合 $\vartheta_p$ ($p = 1,2,\cdots,P$) 中。

（3）重新调整聚类中心。计算各聚类集合 $\vartheta_p$ 中训练样本的平均值，即新的聚类中心 $\boldsymbol{c}_i$，如果新的聚类中心不再发生变化，则所得到的 $\boldsymbol{c}_i$ 即为 RBF 神经网络最终的基函数中心，否则返回步骤（2），进入下一轮中心求解。

（4）求解方差 $\sigma_i$。该 RBF 神经网络的基函数为高斯函数，因此方差 $\sigma_i$ 的计算式为

$$\sigma_i = \frac{c_{\max}}{\sqrt{2h}}, \quad i = 1,2,\cdots,h$$

其中，$c_{\max}$ 为所选取中心之间的最大距离。

（5）计算隐含层和输出层之间的权值。隐含层至输出层之间神经元的连接权值可以用最小二乘法直接计算得到，计算式为

$$\omega = \exp\left(\frac{h}{c_{\max}^2}\|\boldsymbol{x}_p - \boldsymbol{c}_i\|^2\right), \quad p = 1,2,\cdots,P, \quad i = 1,2,\cdots,h$$

上述方法是在网络结构尽可能简单（即隐含层单元数尽可能小）的前提下，通过优化 RBF 的参数，特别是 RBF 的中心改善网络的性能，这些方法可以实现无限逼近效果，但计算起来较为复杂。

另一种方法是通过增加网络结构单元来实现，即中心固定增加隐含层的神经元。这时网络只有输出层权值为一个自由参数，它可以用线性优化策略进行调整。这种方法可以同时实现网络结构（即隐含层单元数）和逼近精度的最佳组合，隐含层单元数根据用户的误差精度要求对应设定。

但这种方法的效果与输入的样本数有关，在有限样本的前提下，增加隐含层单元最多只能是达到样本的数目，再继续增加则不会改善网络的性能。

#### 4. Hopfield神经网络学习规则

网络学习的过程实际上是权值调整的过程。Hopfield 神经网络可以分为离散 Hopfield 神经网络和连续 Hopfield 神经网络。下面分别介绍这两种神经网络的学习规格。

1）离散 Hopfield 神经网络学习规则

在离散 Hopfield 神经网络的训练过程中，运用的是海布学习规则：当神经元输入与输出节点的状态相

同时，从第 $j$ 个到第 $i$ 个神经元之间的连接强度则增强，否则减弱。海布学习规则是一种无指导的死记式学习算法。

离散型 Hopfield 神经网络的学习目的是对具有 $q$ 个不同的输入样本组 $P_{r\times q}=[P_1, P_2,\cdots,P_q]$，通过调节计算有限的权值矩阵 $W$，系统能够收敛到各自输入样本向量本身。当 $k=1$ 时，对于第 $i$ 个神经元，由海布学习规则可得网络权值对输入向量的学习关系式为

$$w_{ij} = \alpha p_j^1 p_i^1$$

其中，$\alpha>0$；$i=1,2,\cdots,r$；$j=1,2,\cdots,r$。在实际学习规则的运用中，一般取 $\alpha=1$ 或 $1/r$。这个学习关系式表明了海布学习规则：神经元输入 $P$ 与输出 $A$ 的状态相同（即同时为正或为负）时，从第 $j$ 个到第 $i$ 个神经元之间的连接强度 $w_{ij}$ 则增强（即为正）；神经元输入 $P$ 与输出 $A$ 的状态不相同（即一个为正另一个为负）时，$w_{ij}$ 则减弱（即为负）。

对于求出的权值 $w_{ij}$ 是否能够保证 $a_i=p_j$，可以取 $\alpha=1$。我们来验证一下，对于第 $i$ 个输出节点，有

$$a_i^1 = \operatorname{sgn}(\sum_{j=1}^r w_{ij} p_j^1) = \operatorname{sgn}(\sum_{j=1}^r p_j^1 p_i^1 p_j^1) = \operatorname{sgn}(p_i^1) = p_i^1$$

因为 $p_i$ 和 $a_i$ 值均取二值 $\{-1,1\}$，所以当其为正值时，即为 1；为负值时，即为 –1。同符号值相乘时，输出必为 1。

由 $\operatorname{sgn}(p_i^1)$ 可以看出，不一定需要 $\operatorname{sgn}(p_i^1)$ 的值，只要符号函数 $\operatorname{sgn}(\cdot)$ 中的变量符号与 $p_i^1$ 的符号相同，即能保证 $\operatorname{sgn}(\cdot)=p_i^1$。这个符号相同的范围就是一个稳定域。

当 $k=1$ 时，海布学习规则能够保证 $a_i^1=p_i^1$ 成立，使网络收敛到自己。现在的问题是：对于同一权向量 $W$，网络不仅要能使一组输入状态收敛到其稳态值，而且要能同时记忆多个稳态值，即同一个网络权向量必须能够记忆多组输入样本，使其同时收敛到不同对应的稳态值。

根据海布学习规则的权值设计方法，当 $k$ 由 1 增加到 2，直至 $q$ 时，则是在原有设计出的权值的基础上，增加一个新量 $p_j^k p_i^k$，$k=2,3,\cdots,q$，所以对网络所有输入样本记忆权值的设计公式为

$$w_{ij} = \alpha \sum_{k=1}^q t_j^k t_i^k$$

离散 Hopfield 神经网络的设计目的是使任意输入向量经过网络循环最终收敛到网络所记忆的某个样本上。

因为 Hopfield 网络有 $w_{ij}=w_{ji}$，所以完整的 Hopfield 网络权值设计公式应为

$$w_{ij} = \alpha \sum_{\substack{k=1\\i\neq j}}^q t_j^k t_i^k$$

采用海布学习规则设计记忆权值，是因为设计简单，并可以满足 $w_{ij}=w_{ji}$ 的对称条件，从而可以保证网络在异步工作时收敛。

在同步工作时，网络或收敛，或出现极限环为 2。在设计网络权值时，与前向网络不同的是令初始权值 $w_{ij}=0$，每当一个样本出现时，都在原权值上加上一个修正量，即 $w_{ij}=w_{ij}+t_j^k t_i^k$。

对于第 $k$ 个样本，当第 $i$ 个神经元输出与第 $j$ 个神经元输入同时兴奋或同时抑制时，$t_j^k t_i^k>0$；当 $t_j^k$ 和 $t_i^k$ 中一个兴奋、一个抑制时，$t_j^k t_i^k<0$。这就与海布提出的生物神经细胞之间的作用规律相同。

在神经网络工具箱中有关采用海布公式求解网络权矩阵变化的函数为 learnh() 和 learnhd()，后者为带有衰减学习速率的函数，如下所示。

```
dW=learnh(P,A,lr);
dW=learnhd(W,P,A,lr,dr)    %简单情况，lr 可以选择 1；对于复杂应用，取 lr=0.1~0.5, dr=lr/3
```

2）连续 Hopfield 神经网络

Hopfield 神经网络可以推广到输入和输出都取连续数值的情形。这时网络的基本结构不变，状态输出方程形式上也相同。

若定义网络中第 $i$ 个神经元的输入总和为 $n_i$，输出状态为 $a_i$，则网络的状态转移方程可写为

$$a_i = f(\sum_{j=1}^{r} w_{ij} p_j + b_i)$$

其中，神经元的激活函数 $f$ 为 S 形函数，即

$$f = \tanh[\lambda(n_i + b_i)]$$

连续 Hopfield 神经网络的 tanh 激活函数的图形可以由以下 MATLAB 程序实现。

```
x=-5:0.01:5;
y=tanh(x);
plot(x,y), grid on
```

tanh 函数图形如图 10-8 所示。

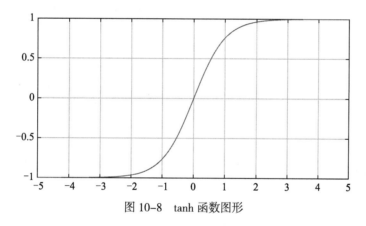

图 10-8　tanh 函数图形

#### 5. 联想学习规则

格劳斯贝格提出了两种类型的神经元模型：内星和外星，用来解释人类和动物的学习现象。内星可以被训练来识别一个向量；而外星可以被训练来产生向量。

由 $r$ 个输入构成的格劳斯贝格内星模型如图 10-9 所示。

由 $r$ 个输出构成的格劳斯贝格外星模型如图 10-10 所示。

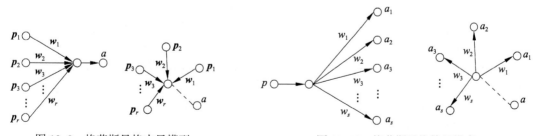

图 10-9　格劳斯贝格内星模型　　　　图 10-10　格劳斯贝格外星模型

可以清楚地看出，内星是通过联接权向量 $W$ 接受一组输入信号 $P$；而外星则是通过联接权向量向外输出一组信号 $A$。

它们之所以被称为内星和外星，主要是因为其网络的结构像星形，且内星的信号流向星的内部，外星的信号流向星的外部。下面分别详细讨论两种神经元模型的学习规则及其功效。

1）内星学习规则

实现内星输入/输出转换的激活函数是硬限制函数。可以通过内星及其学习规则训练某一神经元节点只响应特定的输入向量 $P$，它是借助调节网络权向量 $W$ 近似于输入向量 $P$ 来实现的。

在图10-9所示的单内星中对权值修正的格劳斯贝格内星学习规则为

$$\Delta w_{1j} = \text{lr} \cdot (p_j - w_{1j}) \cdot a, \quad j = 1, 2, \cdots, r$$

可以看出，内星神经元联接强度的变化 $\Delta w_{1j}$ 是与输出成正比的。如果内星输出 $a$ 被某一外部方式维护高值时，那么通过不断反复地学习，权值将能够逐渐趋近于输入 $p_j$ 的值，并驱使 $\Delta w_{1j}$ 逐渐减少，直至最终达到 $w_{1j} = p_j$，从而使内星权向量学习了输入向量 $P$，达到了用内星识别一个向量的目的。

另外，如果内星输出保持为低值时，网络权向量被学习的可能性较小，甚至不能被学习。

现在来考虑当不同的输入向量 $p_1$ 和 $p_2$ 分别出现在同一内星时的情况。

首先，为了训练的需要，必须将每个输入向量都进行单位归一化处理，即对每个输入向量 $p_q$（$q = 1, 2$），用 $\dfrac{1}{\sqrt{\sum\limits_{j=1}^{r} (p_j^q)^2}}$ 乘以每个输入元素，因此所得的用来进行网络训练的新输入向量具有单位 1 的模值。

当第 1 个向量 $p_1$ 输入内星后，网络经过训练，最终达到 $W = (p_1)^T$。此后，向内星输入另一个输入向量 $p_2$，此时内星的加权输入和为新向量 $p_2$ 与已学习过向量 $p_1$ 的点积，即

$$N = W \cdot p_2 = (p_1)^T \cdot p_2 = \|p_1\| \|p_2\| \cos\theta_{12} = \cos\theta_{12}$$

其中，$\theta_{12}$ 为 $p_1$ 和 $p_2$ 之间的夹角。

因为输入向量的模已被单位化为 1，所以内星的加权输入和等于输入向量 $p_1$ 和 $p_2$ 之间夹角的余弦。

根据不同的情况，内星的加权输入和可分为以下几种情况。

（1）$p_2 = p_1$，即有 $\theta_{12} = 0$，此时，内星加权输入和为 1。

（2）$p_2 \neq p_1$，随着 $p_2$ 向着 $p_1$ 的离开方向移动，内星加权输入和将逐渐减少，直到 $p_2$ 与 $p_1$ 垂直，即 $\theta_{12} = 90°$ 时，内星加权输入和为 0。

（3）当 $p_2 = -p_1$，即 $\theta_{12} = 180°$ 时，内星加权输入和达到最小值-1。

由此可见，对于一个已训练过的内星网络，当输入端再次出现该学习过的输入向量时，内星产生 1 的加权输入和；而与学习过的向量不相同的输入出现时，所产生的加权输入和总是小于 1。

如果将内星的加权输入和送入一个具有略大于-1 偏差的二值型激活函数时，对于一个已学习过或接近于已学习过的向量输入，同样能够使内星的输出为 1，而其他情况下的输出均为 0。

所以，在求内星加权输入和公式中的权值 $W$ 与输入向量 $P$ 的点积，反映了输入向量与网络权向量之间的相似度，当相似度接近 1 时，表明输入向量 $P$ 与权向量相似，并通过进一步学习，能够使权向量对其输入向量具有更大的相似度，当多个相似输入向量输入内星，最终的训练结果是使网络的权向量趋向于相似输入向量的平均值。

内星网络中的相似度由偏差 $b$ 控制，由设计者在训练前选定，典型的相似度值为 $b = -0.95$，这意味着输入向量与权向量之间的夹角小于 18°48'。若选 $b = -0.9$ 时，则其夹角扩大为 25°48'。

一层具有 $s$ 个神经元的内星，可以用相似的方式进行训练，权值修正公式为

$$\Delta w_{ij} = \text{lr} \cdot (p_j - w_{ij}) \cdot a$$

神经网络工具箱中内星学习规则的执行，通过learnis()函数完成上述权向量的修正过程，如下所示。

```
dW=learnis(W,P,A,lr);
W=W+dW;
```

一层 s 个内星神经元可以作为一个 r 到 1 的解码器。另外，内星通常被嵌在具有外星或其他元件构成的大规模网络中以达到某种特殊的目的。

下面给出有关训练内星网络例子。

【例 10-2】设计内星网络，进行向量 **P**[0.2 0.6;0.4 0.3;0.5 0.3;0.7 0.6]，**T**[1 0]的分类辨识。

与感知器分类功能不同，内星是根据期望输出值，在本例中是通过迫使网络在第 1 个输入向量出现时输出为 1，同时迫使网络在第 2 个输入向量出现时输出为 0，而使网络的权向量逼近期望输出为 1 的第 1 个输入向量。

对网络进行初始化处理。

```
clear,clc
P=[0.2 0.6;0.4 0.3;0.5 0.3;0.7 0.6];
T=[1 0];
[R,Q]=size(P);
[S,Q]=size(T);
W=zeros(S,R);
max_epoch=10;
lp.lr=0.2;
```

**注意**：权向量在此进行了零初始化，这里的学习速率的选择也具有任意性，当输入向量较少时，学习速率可以选择较大值以加快学习收敛速度。

另外，因为本例中所给输入向量已是归一化后的值，所以不用再作处理。设计训练内星网络的程序如下。

```
for epoch=1:(max_epoch)
    for q=1:Q
        A=T(q);
        dW=learnis(W,P(:,q),[],[],A,[],[],[],[],[],lp,[]);
        W=W+dW;
    end
end
W
```

经过 10 次循环计算后，得到的权向量为

```
W=
    0.1785    0.3571    0.4463    0.6248
```

而当 lr=0.5 时，其结果为

```
W=
    0.1998    0.3996    0.4995    0.6993
```

由此可见，学习速率较低时，在相同循环次数下，其学习精度较低。但当输入向量较多时，较大的学习速率可能产生波动，所以要根据具体情况确定参数值。

2）外星学习规则

外星网络的激活函数是线性函数，它被用来学习回忆一个向量，其网络输入 **P** 也可以是另一个神经元

模型的输出。外星被训练在一层 $s$ 个线性神经元的输出端产生一个特别的向量 $A$。所采用的方法与内星识别向量时的方法极其相似。

对于一个外星，其学习规则为

$$\Delta w_{i1} = \text{lr} \cdot (a_i - w_{i1}) \cdot p_j$$

与内星不同，外星联接强度的变化 $\Delta w$ 是与输入向量 $P$ 成正比的。这意味着当输入向量保持高值，如接近 1 时，每个权值 $w_{ij}$ 将趋于输出 $a_i$ 值，若 $p_j=1$，则外星使权值产生输出向量。

当 $p_j=0$ 时，网络权值得不到任何学习与修正。

当有 $r$ 个外星相并联，每个外星与 $s$ 个线性神经元相连组成一层外星时，每当某个外星的输入节点被置为 1 时，与其相连的权值到 $w_{ij}$ 就会被训练成对应的线性神经元的输出向量 $A$，权值修正方式为

$$\Delta W = \text{lr} \cdot (A - W) \cdot P$$

其中，$W$ 为 $s \times r$ 权值列向量；lr 为学习速率；$A$ 为 $s \times q$ 外星输出向量；$P$ 为 $r \times q$ 外星输入向量。

神经网络工具箱中实现外星学习与设计的函数为 learnos()，其调用过程如下。

```
dW=learnos(W,A,P,lr);
W=W+dW;
```

【例 10-3】给定两元素的输入向量以及与它们相关的四元素目标向量 $T$[0.2 0.6;0.4 0.3;0.5 0.3;0.7 0.6] 和 $P$[1 0]，设计一个外星网络实现有效的向量获得，外星没有偏差。

该网络的每个目标向量强迫为网络的输出，输入只有 0 或 1。网络训练的结果是使其权矩阵趋于所对应的输入为 1 时的目标向量。

同样，网络被零权值初始化。

```
clear,clc
T=[0.2 0.6;0.4 0.3;0.5 0.3;0.7 0.6];
P=[1 0];
[R,Q]=size(P);
[S,Q]=size(T);
W=zeros(S,R);
max_epoch=10;
lp.lr=0.3;
```

下面根据外星学习规则进行训练。

```
for epoch=1:(max_epoch)
    for q=1:Q
        A=T(:,q);
        dW=learnos(W,P(:,q),[],[],A,[],[],[],[],[],lp,[]);
        W=W+dW;
    end
end
W
```

一旦训练完成，当外星工作时，对于设置输入为 1 的向量，将能够回忆起被记忆在网络中的第 1 个目标向量的近似值。

```
Ptest=[1];
A=purelin(W*Ptest)
A=
```

```
0.1944
0.3887
0.4859
0.6802
```

由此可见，此外星已学习回忆起了第 1 个向量。

内星与外星之间的对称性是非常有用的。对一组输入和目标训练一个内星层，与将其输入和目标相对换训练一个外星层的结果是相同的，即它们之间的权矩阵的结果是相互转置的。

3）Kohonen 学习规则

Kohonen 学习规则是由内星规则发展而来的。对于值为 0 或 1 的内星输出，只对输出为 1 的内星权矩阵进行修正，即学习规则只应用于输出为 1 的内星上，内星学习规则中的 $a_i$ 取值为 1，则可导出 Kohonen 学习规则为

$$\Delta w_{ij} = \mathrm{lr} \cdot (p_j - w_{ij})$$

Kohonen 学习规则实际上是内星学习规则的一个特例，但它比采用内星规则进行网络设计要节省更多的学习，因而常常用来替代内星学习规则。

在 MATLAB 工具箱中，在调用 Kohonen 学习规则函数 learnk() 时，一般通过先寻找输出为 1 的行向量，然后仅对与该行向量相连的权矩阵进行修正，具体方法如下。

```
i=find(A==1);
dW=learnk(W,P,i,1r);
W=W+dW;
```

一般情况下，Kohonen 学习规则训练速度能比内星学习规则提高 1~2 个数量级。

4）阈值学习规则

竞争网络的一些神经元权值向量和输入向量的偏差过大，导致其不能赢得竞争，从而使其权值得不到学习训练，这样的神经元称为死神经元，这是竞争网络的一个局限性。

为了防止这种现象发生，可以运用阈值调节实现神经元竞争成功，将正的阈值和负的距离量相加，从而提高赢得竞争的概率。

阈值学习规则首先需要保留神经元的输出均值，它应该等于输出为 1 的神经元在所有神经元中所占的比例。MATLAB 提供了 learncon() 学习函数，用于修正阈值，从而使活跃的神经元阈值越来越小，不活跃的神经元阈值越来越大。learncon() 学习函数的调用格式为

```
[dB,LS] = learncon(B,P,Z,N,A,T,E,gW,gA,D,LP,LS)
Info=learncon(code)
```

learncon() 函数的学习速率一般与 learnk() 函数是同等量级的或者更小，这样能保证得到准确的均值。

随着不活跃神经元的阈值超过活跃神经元的阈值，输入空间也会增加。输入空间的增加会导致不活跃神经元产生响应，并且向更多的输入量运动，最后这些神经元逐渐具有和其他神经元一样的活动频率。

## 10.2.3　MATLAB 在神经网络中的应用

激活函数是神经网络的一个重要特征。对于多层神经网络，可以将前一层的输出作为后一层的输入，层层计算，最终得到神经网络的输出。

在 MATLAB 神经网络工具箱中，对于给定输出矩阵 $P$、权矩阵 $W$ 和偏差矩阵 $B$ 的单层神经网络，在选用相应的激活函数后，就可以求出网络的输出矩阵 $A$。

**注意：** 对于单层神经网络，所有运算均直接以矩阵的形式完成。

常用的 MATLAB 单层神经元激活函数如下。

### 1. hardlim()函数

hardlim()函数的功能是输出范围为{0,1}的硬限制函数，调用格式为

```
A=hardlim(N,FP)                    %N 为输入向量，FP 为功能参数（可省略）
```

例如，通过以下程序代码可以得到如图 10-11 所示的 hardlim()函数图形。

```
n=-5:0.1:5;
a=hardlim(n);
plot(n,a);grid on
```

如果需要在一个网络中使用该函数作为传递函数，可以使用以下程序。

```
net.layers{i}.transferFcn='hardlim';
```

### 2. hardlims()函数

hardlims()函数的功能是输出一个值为{-1,1}的二值函数，调用格式为

```
A=hardlims(N,FP)                   %N 为输入向量，FP 为功能参数（可省略）
```

例如，通过以下程序代码可以得到如图 10-12 所示的 hardlims()函数图形。

```
n=-5:0.1:5;
a=hardlims(n);
plot(n,a);grid on
```

如果需要在一个网络中使用该函数作为传递函数，可以使用以下程序。

```
net.layers{i}.transferFcn='hardlims';
```

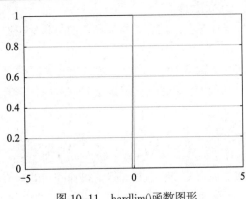

图 10-11 hardlim()函数图形

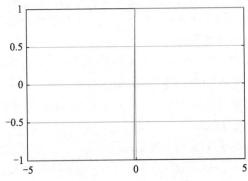

图 10-12 hardlims()函数图形

### 3. purelin()函数

purelin()函数是一个斜率为 1 的线性函数，调用格式为

```
A=purelin(N,FP)                    %N 为输入向量，FP 为功能参数（可省略）
```

例如，通过以下程序代码可以得到如图 10-13 所示的 purelin()函数图形。

```
n=-5:0.1:5;
a=purelin(n);
```

```
plot(n,a);grid on
```
如果需要在一个网络中使用该函数作为传递函数，可以使用以下程序。

```
net.layers{i}.transferFcn='purelin';
```

### 4．logsig()函数

logsig()函数为对数 S 形传递函数，调用格式为

```
A=logsig(N,FP)                          %N 为输入向量，FP 为功能参数（可省略）
```

例如，通过以下程序代码可以得到如图 10-14 所示的 logsig()函数图形。

```
n=-5:0.1:5;
a=logsig(n);
plot(n,a);grid on
```

如果需要在一个网络中使用该函数作为传递函数，可以使用以下程序。

```
net.layers{i}.transferFcn='logsig';
```

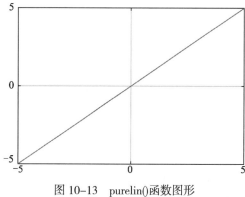

图 10-13　purelin()函数图形

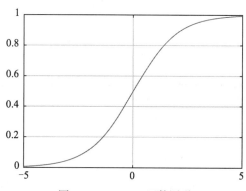

图 10-14　logsig()函数图形

### 5．tansig()函数

tansig()函数是一个双正切函数，调用格式为

```
A=tansig(N,FP)                          %N 为输入向量，FP 为功能参数（可省略）
```

例如，通过以下程序代码可以得到如图 10-15 所示的 tansig()函数图形。

```
n=-5:0.1:5;
a=tansig(n);
plot(n,a);grid on
```

如果需要在一个网络中使用该函数作为传递函数，可以
使用以下程序。

```
net.layers{i}.transferFcn='tansig';
```

【例 10-4】一个具有 logsig()激活函数的单层网络，输入向
量有 3 组，每组有 3 个分量，输出向量有 4 个神经元。假定
输入向量和权向量均取值为 1，现使用 MATLAB 计算神经网
络的输出。

在编辑器中输入以下语句。

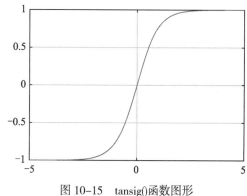

图 10-15　tansig()函数图形

```
clear,clc
a=3;                                %列数
b=3;                                %行数
c=4;                                %神经元个数
W=ones(c,b);
B=ones(c,a);
P=ones(b,a);
x=W*P+B;                            %计算神经网络加权输入
A=logsig(x)                         %计算神经网络输出
```

运行程序，结果如下。

```
A =
    0.9820    0.9820    0.9820
    0.9820    0.9820    0.9820
    0.9820    0.9820    0.9820
    0.9820    0.9820    0.9820
```

## 10.3  神经网络工具箱

MATLAB 和 Simulink 包含进行神经网络应用设计和分析的许多工具箱函数。最新的神经网络工具箱几乎完整地概括了现有的神经网络的最新成果。对于各种网络模型，神经网络工具箱集成了多种学习算法，为用户提供了极大的方便。

### 10.3.1  神经网络工具箱函数

神经网络理论的初学者可以利用该工具箱深刻理解各种算法的内在实质；神经网络的应用者即使不了解算法的本质，也可以直接应用功能丰富的函数实现自己的想法；对于研究者，该工具箱强大的扩充功能将令其工作游刃有余。最关键的是，丰富的函数可以节约大量的编程时间。

神经网络工具箱几乎包括了现有神经网络的最新成果，神经网络工具箱模型包括感知器、线性网络、BP 网络、径向基函数网络、竞争型神经网络、自组织网络、学习向量量化网络和反馈网络。

一些比较重要的神经网络工具箱函数如表 10-1 所示。下面介绍通用的神经网络工具函数，对它们的使用方法、注意事项等进行说明。

#### 1. 通用神经网络工具箱函数

MATLAB 神经网络工具箱中，有些通用函数几乎可以用于所有种类的神经网络，如神经网络训练函数 train()、神经网络仿真函数 sim()等。下面介绍几个通用函数的基本功能及其使用方法。

1）神经网络初始化函数 init()

利用神经网络初始化函数 init()可以对一个已经存在的神经网络参数进行初始化，即修正该网络的权值和偏值等参数，调用格式为

```
net=init(NET)              %NET 为没有初始化的神经网络；net 为经过初始化的神经网络
```

【例 10-5】建立一个感知器神经网络，训练后再对其进行初始化，查看程序运行过程中的结果。

首先使用 configure()函数建立一个感知器神经网络，在编辑器中输入以下代码。

```
clear, clc
x=[0 1 0 1; 0 0 1 1];
t=[0 0 0 1];
net=perceptron;
net=configure(net,x,t);
net.iw{1,1}
net.b{1}
```

表 10-1　一些比较重要的神经网络工具箱函数

| 类型 | 名称 | 说　明 | 类型 | 名称 | 说　明 |
|---|---|---|---|---|---|
| 创建函数 | newp() | 创建感知器网络 | 学习函数 | learnp() | 感知器学习函数 |
| | newlin() | 创建一个线性层 | | learnwh() | Widrow-Hoff学习规则 |
| | newcf() | 创建一个多层前馈BP网络 | | learngdm() | 带动量项的BP学习规则 |
| | newrb() | 设计一个径向基网络 | | learncon() | Conscience阈值学习函数 |
| | newgrnn() | 设计一个广义回归神经网络 | | learnpn() | 标准感知器学习函数 |
| | newc() | 创建一个竞争层 | | learngd() | BP学习规则 |
| | newhop() | 创建一个Hopfield递归网络 | | learnk() | Kohonen权学习函数 |
| | newlind() | 设计一个线性层 | | learnsom() | 自组织映射权学习函数 |
| | newff() | 创建一个前馈BP网络 | 训练函数 | trainwb() | 网络权与阈值的训练函数 |
| | newfftd() | 创建一个前馈输入延迟BP网络 | | traingd() | 梯度下降的BP算法训练函数 |
| | newrbe() | 设计一个严格的径向基网络 | | traingdx() | 梯度下降/动量和自适应学习速率的BP算法训练函数 |
| | newpnn() | 设计一个概率神经网络 | | traingdm() | 梯度下降/动量的BP算法训练函数 |
| | newsom() | 创建一个自组织特征映射 | | traingda() | 梯度下降/自适应学习速率的BP算法训练函数 |
| | newelm() | 创建一个Elman递归网络 | | trainlm() | Levenberg-Marquardt的BP算法训练函数 |
| 应用函数 | sim() | 仿真一个神经网络 | 绘图函数 | plotes | 绘制误差曲面 |
| | adapt() | 神经网络的自适应化 | | plotep | 绘制权和阈值在误差曲面上的位置 |
| | init() | 初始化一个神经网络 | | plotsom | 绘制自组织映射图 |
| | train() | 训练一个神经网络 | | | |

运行程序，结果如下。

```
ans =
    0    0
ans =
    0
```

上述结果表示建立的感知器权值和偏值均为默认值 0。

再用常用的 train() 函数对建立的感知器神经网络进行训练。

```
%%%%%%训练所建立的神经网络%%%%%%
net=train(net,x,t);
```

```
net.iw{1,1}
net.b{1}
```

感知器神经网络训练过程如图 10-16 所示。经过训练后，感知器神经网络的权值和偏值分别如下。

```
ans =
     1     2
ans =
    -3
```

图 10-16  感知器神经网络训练过程

从以上结果可知，感知器神经网络的权值和偏值已经发生改变。对完成训练的感知器神经网络再次初始化，在编辑器中输入以下代码。

```
%%%%%初始化训练后的感知器神经网络%%%%%
net=init(net);
net.iw{1,1}
net.b{1}
```

运行程序，结果如下。

```
ans =
     0     0
ans =
     0
```

此时，感知器神经网络的权值和偏值重新被初始化，即神经网络权值和偏值变为 0。

2）单层神经网络初始化函数 initlay()

initlay()函数是对层–层结构神经网络进行初始化，即修正该网络的权值和偏值，调用格式为

```
net=initlay(NET)        %NET 为没有初始化的神经网络；net 为经过初始化的神经网络
```

3）神经网络单层权值和偏值初始化函数 initwb()

initwb()函数可以对神经网络的某一层权值和偏值进行初始化修正，该神经网络的每层权值和偏值按照预先设定的修正方式来完成，调用格式为

```
net=initwb(NET,i)       %NET 为没有初始化的神经网络；i 为需要进行权值和偏值进行修正的；net 是
                        %第 i 层经过初始化的神经网络
```

4）神经网络训练函数 train()

train()函数可以训练一个神经网络，是一种通用的学习函数。训练函数不断重复地把一组输入向量应用到某个神经网络，实时更新神经网络的权值和偏值，当神经网络训练达到设定的最大学习步数、最小误差梯度或误差目标等条件后，停止训练。函数调用格式为

```
[net,tr,Y,E]=train(NET,X,T,Xi,Ai)    %NET 为需要训练的神经网络；X 为神经网络的输入；T 为
                                     %训练神经网络的目标输出，默认值为 0；Xi 为初始输入延
                                     %时，默认值为 0；Ai 为初始的层延时，默认值为 0；net
                                     %为完成训练的神经网络；tr 为神经网络训练的步数；Y 为
                                     %神经网络的输出；E 为网络训练误差
```

在调用该训练函数之前，需要首先设定训练函数、训练步数、训练目标误差等参数，如果这些参数没有设定，train()函数将调用系统默认的训练参数对神经网络进行训练。

**5）神经网络仿真函数 sim()**

神经网络完成训练后，其权值和偏值也确认了。sim()函数可以检测已经完成训练的神经网络的性能，调用格式为

```
[Y,Xf,Af,E]=sim(net,X,Xi,Ai,T)    %net 为要训练的网络；X 为神经网络的输入；Xi 为初始输入延
                                   %时，默认值为 0；Ai 为初始的层延时，默认值为 0；T 为训练
                                   %神经网络的目标输出，默认值为 0；Y 为神经网络的输出；Xf
                                   %为最终输入延时；Af 为最终的层延时；E 为网络误差
```

**6）神经网络输入的和函数 netsum()**

神经网络输入的和函数 netsum()是通过某层的加权输入和偏值相加作为该层的输入，调用格式为

```
N=netsum({Z1,Z2,...,Zn},FP)    %Zi 为 S×Q 维矩阵
```

例如，使用 netsum()函数将两个权值和一个偏值相加，代码如下。

```
z1=[1 2 4; 3 4 1]
z2=[-1 2 2; -5 -6 1]
b=[0; -1]
n=netsum({z1,z2,concur(b,3)})
```

运行程序，得到神经网络输入，如下所示。

```
n =
     0     4     6
    -3    -3     1
```

**7）权值点积函数 dotprod()**

dotprod()函数计算神经网络输入向量与权值的点积，可以得到加权输入，调用格式为

```
Z=dotprod(W,P,FP)    %W 为权值矩阵；P 为输入向量；FP 为功能参数（可省略）
                     %Z 为权值矩阵与输入向量的点积
```

例如，利用 dotprod()函数求得一个点积，代码如下。

```
W=rand(4,3);
P=rand(3,1);
Z=dotprod(W,P)
```

运行程序，结果如下。

```
Z =
    0.3732
    0.4010
    0.4149
    0.3629
```

**8）神经网络输入的积函数 netprod()**

netprod()函数是将神经网络某层加权输入和偏值相乘的结果作为该层的输入，调用格式为

```
N = netprod({Z1,Z2,...,Zn})    %Zi 为 Z×Q 维矩阵
```

例如，利用 netprod()函数求得一个点积。

```
Z1=[1 2 4;3 4 1];
Z2=[-1 2 2; -5 -6 1];
B=[0;-1];
Z={Z1,Z2,concur(B,3)};
N=netprod(Z)
```

运行程序，结果如下。

```
N =
     0     0     0
    15    24    -1
```

### 2. 感知器MATLAB函数

在神经网络工具箱中有大量与感知器相关的函数。表 10-2 给出了部分感知器函数。

表 10-2　感知器函数及其功能

| 名　称 | 说　明 |
|---|---|
| plotpv() | 绘制样本点函数 |
| plotpc() | 绘制分类线函数 |
| learnp() | 感知器学习函数 |
| mae() | 平均绝对误差性能函数 |

1）绘制样本点函数 plotpv()

plotpv()函数可以在坐标图中绘制出样本点及其类别，不同类别使用不同的符号，调用格式为

```
plotpv(P,T)                    %P 为 n 个二维或三维样本矩阵；T 表示各个样本点的类别
```

例如，利用以下代码可以得到如图 10-17 所示的样本分类图。

```
p=[0 0 1 1; 0 1 0 1];
t=[0 0 0 1];
plotpv(p,t), grid on
```

从图 10-17 中可以看出，除了点（1，1）用加号表示之外，其他 3 个点均用圆点表示。

2）绘制分类线函数 plotpc()

plotpc()函数在已知的样本分类图中，画出样本分类线，调用格式为

```
plotpc(W,B)      %W 和 B 分别为神经网络的
                 %权矩阵和偏差向量
```

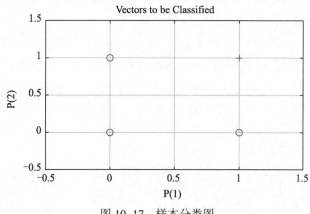

图 10-17　样本分类图

3）感知器学习函数 learnp()

感知器学习规则为调整网络的权值和偏值，使感知器平均绝对误差最小，以便对网络输入向量正确分类。感知器学习函数 learnp()只能训练单层网络，调用格式为

```
[dW,LS]=learnp(P,T,E)            %P 为输入向量矩阵；T 为目标向量；E 为误差向量；dW 和 LS 分别为
                                 %权值和偏值变化矩阵
```

4）平均绝对误差性能函数 mae()

mae()函数可以获得神经网络的平均绝对误差，调用格式为

```
perf=mae(E,Y,X,FP)          %E 为感知器输出误差矩阵；Y 为感知器的输出向量
                            %X 为感知器的权值和偏值向量
```

【例 10-6】利用 mae()函数求解一个神经网络的平均绝对误差。

首先利用 configure()函数建立一个神经网络，然后再用 mae()函数求解神经网络的平均绝对误差。在编辑器中输入以下代码。

```
clear, clc
net=perceptron;
net=configure(net,0,0);
p=[-10 -5 0 5 10];
t=[0 0 1 1 1];
y=net(p);
e=t-y;
perf=mae(e)
```

运行程序，得到网络平均绝对误差为

```
perf =
    0.4000
```

### 3. 线性神经网络函数

MATLAB 神经网络工具箱提供了大量的线性神经网络工具箱函数。下面介绍一些线性神经网络函数及其基本功能。

1）误差平方和性能函数 sse()

线性神经网络学习规则为调整其权值和偏值，使网络误差的平方和最小。误差平方和性能函数 sse()的调用格式为

```
perf=sse(net,t,y,ew)        %net 为建立的神经网络；t 为目标向量；y 为网络输出向量
                            %ew 为权值误差；perf 为误差平方和
```

例如，利用以下代码可以得到一个神经网络，并求得误差平方和。

```
clear, clc
[x,t]=simplefit_dataset;
net=fitnet(10);
net.performFcn='sse';
net=train(net,x,t);
y=net(x);
e=t-y;
perf=sse(net,t,y)
```

运行程序，得到误差平方和为

```
perf =
    7.8987e-04
```

2）计算线性层最大稳定学习速率函数 maxlinlr()

maxlinlr()函数用于计算用 Widrow-Hoff 准则训练出的线性神经网络的最大稳定学习速率，调用格式为

```
lr=maxlinlr(P,'bias')       %P 为输入向量；bias 为神经网络的偏值；lr 为学习速率
```

**注意：**一般而言，学习速率越大，网络训练所需要的时间越短，网络收敛速度越快，但神经网络学习越不稳定，所以在选取学习速率时要注意平衡时间和神经网络稳定性的影响。

例如，利用以下代码可以得到网络的学习速率。

```
P=[1 2 -4 7; 0.1 3 10 6];
lr=maxlinlr(P,'bias')
```

运行程序，得到网络的学习速率为

```
lr =
    0.0067
```

3）网络学习函数 learnwh()

learnwh()函数称为最小方差准则学习函数，调用格式为

```
[dW,LS]=learnwh(W,P,Z,N,A,T,E,gW,gA,D,LP,LS)
        %W 为权值矩阵；P 为输入向量；Z 为权值输入向量；N 为神经网络输入向量
        %A 为神经网络输出向量；T 为目标向量；E 为误差向量；gW 为权值梯度向量；gA 为输出梯度向量
        %D 为神经元间隔；LP 为学习函数；LS 为学习状态；dW 为神经网络的权值调整值
```

例如，利用以下代码可以获得神经网络权值调整值。

```
clear,clc
p=rand(2,1);
e=rand(3,1);
lp.lr=0.5;
dW=learnwh([],p,[],[],[],[],e,[],[],[],lp,[])
```

运行程序，得到权值调整值为

```
dW =
    0.1018    0.1125
    0.2449    0.2706
    0.1969    0.2175
```

4）线性神经网络设计函数 newlind()

newlind()函数可以设计出能够直接使用的线性神经网络，调用格式为

```
net=newlind(P,T,Pi)              %P 为输入向量；T 为目标向量；Pi 为神经元起始状态参数
                                 %net 为建立的线性神经网络
```

**【例 10-7】**利用 newlind()函数建立一个线性神经网络，并测试其性能。

在编辑器中输入以下语句。

```
clear,clc
P={1 2 1 3 3 2};
Pi={1 3};
T={5.0 6.1 4.0 6.0 6.9 8.0};
net=newlind(P,T,Pi);             %根据设置的参数，建立线性神经网络
Y=sim(net,P,Pi)                  %检测上一步建立的神经网络性能
```

运行程序，结果如下。

```
Y =
  1×6 cell 数组
    {[4.9824]}    {[6.0851]}    {[4.0189]}    {[6.0054]}    {[6.8959]}    {[8.0122]}
```

在调用 newlind() 函数时，Pi 可以省略。例 10-7 中，如果不使用 Pi，代码如下。

```
clear,clc
P={1 2 1 3 3 2};
T={5.0 6.1 4.0 6.0 6.9 8.0};
net=newlind(P,T);
Y=sim(net,P)
```

运行程序，结果如下。

```
Y =
  1×6 cell 数组
    {[5.0250]}    {[6]}    {[5.0250]}    {[6.9750]}    {[6.9750]}    {[6]}
```

**4. BP神经网络函数**

神经网络工具箱提供了大量的 BP 神经网络函数，下面介绍一些常用的 BP 神经网络函数及其基本功能。

1）均方误差性能函数 mse()

BP 神经网络学习规则是不断调整神经网络的权值和偏值，使网络输出的均方误差最小。均方误差性能函数 mse() 调用格式为

```
perf=mse(net,t,y,ew)              %net 为建立的神经网络; t 为目标向量; y 为网络输出向量
                                  %ew 为所有权值和偏值向量; perf 为均方误差
```

例如，利用以下代码，使用 mse() 函数可以求均方误差。

```
[x,t]=bodyfat_dataset;
net=feedforwardnet(10);
net.performParam.regularization=0.01;
net.performFcn='mse';
net=train(net,x,t);
y=net(x);
perf=perform(net,t,y);
perf=mse(net,x,t,'regularization',0.01)
```

运行程序，结果如下。

```
perf =
   3.9749e+03
```

2）误差平方和函数 sumsqr()

sumsqr() 函数用于计算输入向量误差平方和，调用格式为

```
[s,n]=sumsqr(x)                   %x 为输入向量; s 为有限值的平方和; n 为有限值的个数
```

例如，利用以下代码，使用 sumsqr() 函数可以求误差平方和。

```
m=sumsqr([1 2;3 4]);
[m,n]=sumsqr({[1 2; NaN 4],[4 5; 2 3]})
```

运行程序，结果如下。

```
m =
    75
n =
     7
```

3）计算误差曲面函数 errsurf()

errsurf()函数可以计算单输入神经元输出误差平方和，调用格式为

```
errsurf(P,T,WV,BV,F)    %P 为输入向量；T 为目标向量；WV 为权值矩阵；BV 为偏值矩阵；F 为传输函数
```

例如，利用以下代码，使用 errsurf()函数可以求误差平方和。

```
p=[-6.0 -6.1 -4.1];
t=[+0.0 +0.1 +.97];
wv=-0.5:.5:0.5; bv=-2:2:2;
es=errsurf(p,t,wv,bv,'logsig')
```

运行程序，结果如下。

```
es =
    1.1543    0.7384    0.9168
    1.6451    0.6309    0.7379
    1.7854    1.3934    0.3305
```

4）绘制误差曲面图函数 plotes()

利用 plotes()函数可以绘制误差曲面图，调用格式为

```
plotes(WV,BV,ES,V)    %WV 为权值矩阵；BV 为偏值矩阵；ES 为误差曲面，V 为期望的视角
```

例如，利用以下代码，使用 plotes()函数可以绘制误差曲面图。

```
p=[-6.0 -6.1 -4.1 -4.0 +4.0 +4.1 +6.0 +6.1];
t=[+0.0 +0.0 +.97 +.99 +.01 +.03 +1.0 +1.0];
wv=-1:.1:1;
bv=-2.5:.25:2.5;
es=errsurf(p,t,wv,bv,'logsig');
plotes(wv,bv,es,[60 30])
```

运行程序，得到的误差曲面图如图 10-18 所示。

5）在误差曲面图上绘制权值和偏值的位置

plotep()函数能在由 plotes()函数产生的误差曲面图上画出对应的单输入网络权值与偏差的位置，调用格式为

```
h=plotep(W,B,e)     %W 为权值矩阵；B 为偏值向量（阈值）；e 为输出误差
h=plotep(W,B,e,H)   %H 为权值和阈值在上一时刻的位置信息向量；h 为当前的权值和阈值位置信息向量
```

例如，利用以下代码，使用 plotep()函数可以在误差曲面图上绘制权值和偏值的位置。

```
clear, clc,clf
P=[1.0 -1.2];                    %输入向量
T=[0.5 1.0];                     %目标向量
wr=-4:0.4:4; br=wr;
ES=errsurf(P,T,wr,br,'logsig');
plotes(wr,br,ES,[60 30])
net=newlind(P,T);               %设计线性网络
A=sim(net,P);                   %对训练后的网络进行仿真
SSE=sumsqr(T-A);                %求平均误差的和，其中 T-A 为神经元误差
plotep(net.IW{1,1},net.b{1},SSE)
```

运行程序，得到权值和偏值在误差曲面上的位置，如图 10-19 所示。

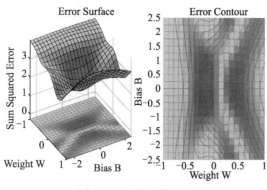
图 10-18 误差曲面图

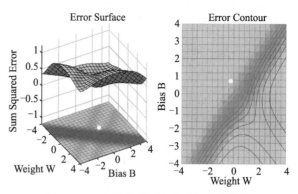
图 10-19 在误差曲面上显示权值和偏值

#### 5. 径向基神经网络函数

MATLAB 神经网络工具箱提供了大量的径向基神经网络函数。一些常用的径向基神经网络函数及其基本功能如表 10-3 所示。

表 10-3  径向基神经网络函数及其基本功能

| 名　　称 | 功　　能 |
| --- | --- |
| dist() | 计算向量间的距离函数 |
| radbas() | 径向基传输函数 |
| newrb() | 建立径向基神经网络函数 |
| newrbs() | 建立严格径向基神经网络函数 |
| newgrnn() | 建立广义回归径向基神经网络函数 |
| ind2vec() | 将数据索引向量变换为向量组 |
| vec2ind() | 将向量组变换为数据索引向量 |
| newpnn() | 建立一个概率径向基神经网络 |

1）计算向量间的距离函数 dist()

大多数神经网络的输入可以通过表达式 $Y = W * X + B$ 得到，其中 $W$ 和 $B$ 分别为神经网络的权向量和偏值向量。但有些神经元的输入可以由 dist() 函数计算。该函数是一个欧氏距离权值函数，它对输入进行加权，得到被加权的输入。

dist() 函数的调用格式为

```
Z=dist(W,P,FP)          %W 为神经网络的权值矩阵；P 为输入向量
D=dist(pos)             %Z 和 D 均为输出距离矩阵；pos 为神经元位置参数矩阵
```

例如，定义一个神经网络的权值矩阵和输入向量，并计算向量间距离，代码如下。

```
W=rand(4,3);
P=rand(3,1);
Z=dist(W,P)
```

运行结果为

```
Z =
   0.2581
```

```
    0.4244
    1.0701
    0.1863
```

下面定义一个二层神经网络，且每层神经网络包含 3 个神经元。用 dist()函数计算该神经网络所有神经元之间的距离。

```
pos=rand(2,3);
D=dist(pos)
```

运行程序，结果如下。

```
D =
         0    0.4310    0.1981
    0.4310         0    0.3454
    0.1981    0.3454         0
```

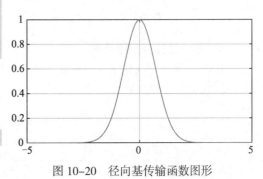

图 10-20  径向基传输函数图形

2）径向基传输函数 radbas()

radbas()函数作用于径向基神经网络输入矩阵的每个输入量，调用格式为

```
A=radbas(N)  %N 为网络的输入矩阵；A 为函数的输出矩阵
```

例如，利用以下代码可以得到图 10-20 所示的径向基传输函数图形。

```
n=-5:0.1:5;
a=radbas(n);
plot(n,a),grid on
```

通过以下代码可以将第 i 层径向基神经网络的传输函数修改为 radbas()。

```
net.layers{i}.transferFcn='radbas';
```

3）建立径向基神经网络函数 newrb()

利用 newrb()函数可以重新创建一个径向基神经网络，调用格式为

```
net=newrb(P,T,goal,spread,MN,DF)    %P 为输入向量；T 为目标向量；goal 为均方误差
                                    %spread 为径向基函数的扩展速度；MN 为神经元的最大数目
                                    %DF 为两次显示之间所添加的神经元数目
                                    %net 为生成的径向基神经网络
```

【例 10-8】利用 newrd()函数建立径向基神经网络，实现函数逼近。

根据神经网络函数编写代码如下。

```
close,clear,clc
X=0:0.1:2;                          %神经网络输入值
T=cos(X*pi);                        %神经网络目标值
%%%%%绘出此函数上的采样点%%%%%
figure(1)
plot(X,T,'+');
title('待逼近的函数样本点');xlabel('输入值');ylabel('目标值');grid on
%%%%%建立网络并仿真%%%%%%
n=-4:0.1:4;
a1=radbas(n);
```

```
a2=radbas(n-1.5);
a3=radbas(n+2);
a=a1+1*a2+0.5*a3;
figure(2);
plot(n,a1,n,a2,n,a3,n,a,'x');
title('径向基函数的加权和');xlabel('输入值');ylabel('输出值');grid on
%径向基函数网络隐含层中每个神经元的权重和阈值指定了相应的径向基函数的位置和宽度
%每个线性输出神经元都由这些径向基函数的加权和组成
net=newrb(X,T,0.03,2);                      %设置平方和误差参数为 0.03
X1=0:0.01:2;
y=sim(net,X1);
figure(3);
plot(X1,y,X,T,'+');
title('仿真结果');xlabel('输入');ylabel
('网络输出及目标输出');grid on
legend('网格输出','目标输出','Location',
'north')
```

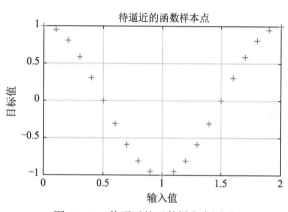

图 10-21　待逼近的函数样本点图形

运行程序，待逼近的函数样本点图形如图 10-21 所示，建立的径向基传递函数加权和如图 10-22 所示，建立的径向基神经网络仿真结果如图 10-23 所示。

利用 newrb() 函数建立的径向基神经网络，能够在给定的误差目标范围内找到能解决问题的最小网络。因为径向基神经网络需要更多的隐含层神经元完成训练，所有径向基神经网络不可以取代其他前馈网络。

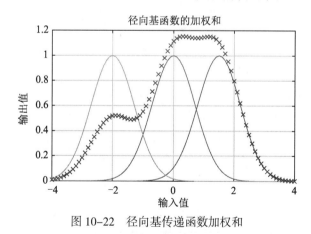

图 10-22　径向基传递函数加权和

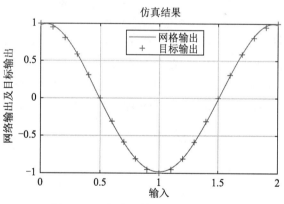

图 10-23　径向基神经网络仿真结果

4）建立严格径向基神经网络函数 newrbe()
建立严格径向基神经网络的函数是 newrbe()，调用格式为

```
net=newrbe(P,T,spread)              %P 为输入向量；T 为目标向量；net 为生成的神经网络
                                    %spread 为径向基函数的扩展速度，默认值为 1
```

利用 newrbe() 函数建立的径向基神经网络可以不经过训练而直接使用。

例如，通过以下代码可以建立一个径向基神经网络。

```
P=[1 2 3];
T=[2.0 4.1 5.9];
net=newrbe(P,T);
P=2;
Y=sim(net,P)
```

运行程序，结果如下。

```
Y =
    4.1000
```

由以上结果可以看出，建立的径向基神经网络正确地预测了输出值。

5）建立广义回归径向基神经网络函数 newgrnn()

广义回归径向基网络常用于函数的逼近，训练速度快，非线性映射能力强。newgrnn()函数调用格式为

```
net=newgrnn(P,T,spread)       %P 为输入向量；T 为目标向量；net 为生成的神经网络
                              %spread 为径向基函数的扩展速度，默认值为 1
```

一般来说，spread 取值越小，神经网络逼近效果越好，但逼近过程越不平滑。

例如，使用以下代码可以建立广义回归径向基神经网络。

```
P=[1 2 3];
T=[2.0 4.1 5.9];
net=newgrnn(P,T);
Y=sim(net,P)
```

运行程序，结果如下。

```
Y =
    2.8280    4.0250    5.1680
```

6）向量变换函数 ind2vec()

ind2vec()函数能够对向量进行变换，调用格式为

```
vec=ind2vec(ind)              %ind 为 n 维数据索引行向量；vec 为 m 行 n 列的稀疏矩阵
```

例如，在命令行窗口中输入以下语句。

```
>> ind=[1 3 2 3]
ind =
     1    3    2    3
>> vec=ind2vec(ind)
vec =
   (1,1)        1
   (3,2)        1
   (2,3)        1
   (3,4)        1
```

7）向量组变换为数据索引向量函数 vec2ind()

vec2ind()函数是对向量进行行变换，调用格式为

```
ind=vec2ind(vec)              %vec 为 m 行 n 列的稀疏矩阵；ind 为 n 维数据索引行向量
```

例如，在命令行窗口中输入以下语句。

```
>> vec=[1 0 0 0; 0 0 1 0; 0 1 0 1]
vec =
     1     0     0     0
     0     0     1     0
     0     1     0     1
>> ind=vec2ind(vec)
ind =
     1     3     2     3
```

8）概率径向基函数 newpnn()

newpnn()函数建立的径向基神经网络具有训练速度快、结构简单等特点，适合解决模式分类问题。利用 newpnn()函数建立一个概率径向基神经网络，调用格式为

```
net=newpnn(P,T,spread)    %P 为输入向量；T 为目标向量；spread 为径向基函数的扩展速度
                          %net 为新生成的网络
```

该函数建立的网络可以不经过训练直接使用。

例如，利用以下代码可以建立一个概率径向基神经网络，并进行仿真。

```
P=[1 2 3 4 5 6 7];
Tc=[1 2 3 2 2 3 1];
T=ind2vec(Tc)             %将类别向量转换为神经网络可以使用的目标向量
net=newpnn(P,T);
Y=sim(net,P);
Yc=vec2ind(Y)            %将仿真结果转换为类别向量
```

运行程序，结果如下。

```
T =
   (1,1)        1
   (2,2)        1
   (3,3)        1
   (2,4)        1
   (2,5)        1
   (3,6)        1
   (1,7)        1
Y =
     1     0     0     0     0     0     1
     0     1     0     1     1     0     0
     0     0     1     0     0     1     0
Yc =
     1     2     3     2     2     3     1
```

### 6. 自组织神经网络函数

神经网络工具箱为用户提供了大量的自组织神经网络工具箱函数。表 10-4 中介绍了一些常用的自组织神经网络函数及其基本功能。

表 10-4　自组织神经网络函数及其功能

| 名　称 | 功　能 |
|---|---|
| newc() | 建立一个竞争神经网络 |
| compet() | 竞争传输函数 |
| nngenc() | 产生一定类别的样本向量 |
| plotsom() | 绘制自组织网络权值向量 |
| learnk() | Kohonen 权值学习规则函数 |
| learnh() | Hebb 权值学习规则函数 |
| negdist() | 计算输入向量加权值 |

1）建立竞争神经网络函数 newc()

利用 newc() 函数可以建立一个竞争神经网络，调用格式为

```
net=newc(P,S)              %P 为决定输入列向量最大值和最小值取值范围的矩阵
                           %S 为神经网络中神经元的个数；net 为建立的竞争神经网络
```

例如，在命令行窗口中输入以下语句。

```
>> P=[1 8 1 9;2 4 1 6];
>> net=newc([-1 1;-1 1],3);
>> net=train(net,P);
>> y=sim(net,P),
y =
     1     0     0     0
     0     1     0     1
     0     0     1     0
>> yc=vec2ind(y)
yc =
     1     2     3     2
```

运行程序，可以得到竞争神经网络训练，如图 10-24 所示。

2）竞争传输函数 compet()

compet() 函数可以对竞争神经网络的输入进行转换，使网络中有最大输入值的神经元的输出为 1，其余神经元的输出为 0。其调用格式为

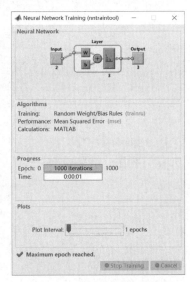

图 10-24　竞争神经网络训练

```
A=compet(N)              %A 为输出向量矩阵；N 为输入向量
```

例如，在命令行窗口中输入以下语句，可以得到输入和输出向量图形，如图 10-25 所示。

```
>> n=[0;1;-0.5;0.5];
>> a=compet(n);
>> subplot(2,1,1),bar(n),ylabel('n'),title('输入向量')
>> subplot(2,1,2),bar(a),ylabel('a'),title('输出向量')
```

从图 10-25 中可以看出，输入向量的第 2 个值最大，为 1，此时对应的输出值为 1，其余输出值为 0。

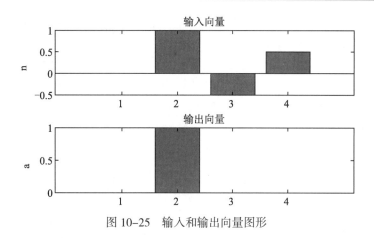

图 10-25　输入和输出向量图形

3）产生一定类别的样本向量函数 nngenc()

nngenc()函数的调用格式为

```
x=nngenc(bounds,clusters,points,std_dev);      %x 为产生具有一定类别的样本向量
                                               %bounds 为类中心的范围；clusters 为类别数目
                                               %points 为每类的样本点数目
                                               %std_dev 为每类的样本点的标准差
```

例如，在命令行窗口中输入以下语句。

```
% 创建输入样本向量
bounds=[0 1; 0 1];                             %类中心的范围
clusters=3;                                    %类的种类
points=5;                                      %每个类的点数
std_dev=0.05;                                  %每个样本点的标准差
x=nngenc(bounds,clusters,points,std_dev);
%绘制输入样的样本向量形
plot(x(1,:),x(2,:),'+r');
title('输入向量');xlabel('x(1)');ylabel('x(2)');
```

运行程序，结果如图 10-26 所示。可以看出，输入样本被分为 3 类，每类包含 5 个样本点。

4）绘制自组织网络权值向量函数 plotsom()

plotsom()函数在神经网络的每个神经元权向量对应坐标处画点，并用实线连接神经元权值点，调用格式为

```
plotsom(pos)                                   %pos 为表示 N 维坐标点的 N×S 维矩阵
```

例如，在命令行窗口中输入以下语句。

```
>> pos=randtop(2,2);                           %随机分配神经元对应坐标点
>> plotsom(pos)
```

运行程序，结果如图 10-27 所示。

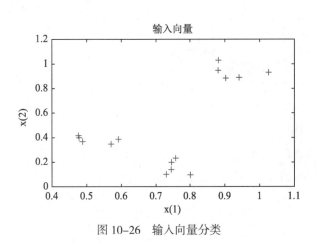

图 10-26　输入向量分类

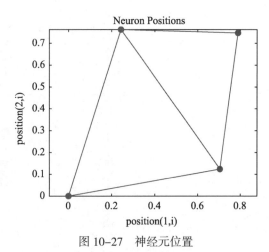

图 10-27　神经元位置

5）Kohonen 学习规则函数 learnk()

learnk()函数根据 Konohen 学习规则计算神经网络的权值变化矩阵，调用格式为

```
[dW,LS] = learnk(W,P,Z,N,A,T,E,gW,gA,D,LP,LS)
                %dW 为权值变化矩阵；输出 LS 为新的学习状态；W 为权值矩阵；P 为输入向量
                %Z 为权值输入向量；N 为神经网络输入向量；T 为目标向量；E 为误差向量
                %gW 为性能参数梯度；gA 为性能参数的输出梯度；D 为神经元距离矩阵
                % LP 为学习速率（默认为 0.01）；输入 LS 为学习状态
```

例如，在命令行窗口中输入以下语句。

```
>> clear,clc
>> p=rand(2,1);
>> a=rand(3,1);
>> w=rand(3,2);
>> lp.lr=0.5;
>> dW=learnk(w,p,[],[],a,[],[],[],[],[],lp,[])
dW =
    0.2811   -0.3572
    0.0255   -0.4420
    0.0943   -0.3787
```

6）Hebb 权值学习规则函数 learnh()

Hebb 权值学习规则函数的原理是 $\Delta w(i,j) = \eta \cdot y(i) \cdot x(j)$，即第 $j$ 个输入和第 $i$ 个神经元之间的权值变化量神经元输入与输出的乘积成正比。learnh()函数的调用格式为

```
[dW,LS]=learnh(W,P,Z,N,A,T,E,gW,gA,D,LP,LS)            %各参数的含义与 learnk()函数相同
```

例如，在命令行窗口中输入以下语句。

```
>> clear,clc
>> p=rand(2,1);
>> a=rand(3,1);
>> w=rand(3,2);
>> lp.lr=0.5;
>> dW=learnh([],p,[],[],a,[],[],[],[],[],lp,[])
dW =
    0.0395    0.0005
```

```
   0.2245    0.0029
   0.3538    0.0046
```

7）计算输入向量加权值函数 negdist()

negdist() 函数的调用格式为

```
Z=negdist(W,P)                    %Z 为负向量距离矩阵；W 为权值函数；P 为输入矩阵
```

例如，在命令行窗口中输入以下语句。

```
>> clear,clc
>> W=rand(4,3);
>> P=rand(3,1);
>> Z=negdist(W,P)
Z =
   -0.6175
   -0.7415
   -0.6476
   -0.1927
```

## 10.3.2 神经网络工具箱 App

（1）在 MATLAB 命令行窗口中输入 nnstart，可以打开
MATLAB 提供的神经网络图形用户界面，如图 10-28 所示。

（2）单击 Fitting app 按钮，打开神经网络工具箱，如图 10-29
所示。也可以在 MATLAB 命令行窗口中直接输入 nftool 直接打开
神经网络工具箱。

（3）单击 Next 按钮，弹出如图 10-30 所示的 Neural Fitting
(nftool) 对话框。在 Input 和 Targets 下拉列表中可以分别选择神经
网络的输入和目标值，也可以单击 Load Example Data Set 按钮导
入 MATLAB 提供的神经网络示例。

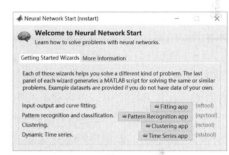

图 10-28 神经网络图形用户界面

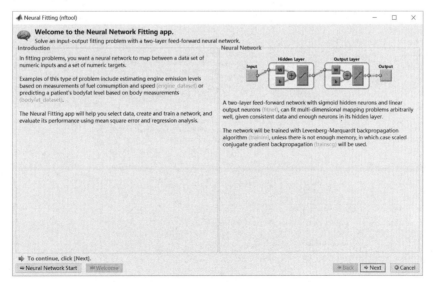

图 10-29 神经网络工具箱

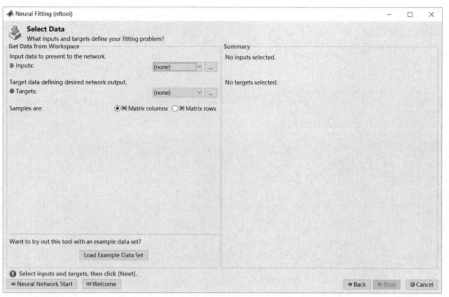

图 10-30　输入值及目标值选择

（4）单击 Load Example Data Set 按钮，弹出如图 10-31
所示的对话框。

（5）选择 Chemical 后单击 Import 按钮，回到输入值及目
标值选择对话框，继续单击 Next 按钮，弹出如图 10-32 所示
的界面。在该界面中可以设置训练和测试的样本比例。

（6）设置完成后，单击 Next 按钮，建立如图 10-33 所示
的神经网络结构。本神经网络共 3 层，分别为输入层、输出
层和隐含层。其中，隐含层神经元数目可以在图中修改。

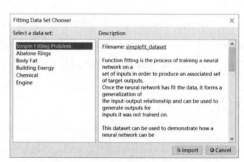

图 10-31　MATLAB 示例输入选择

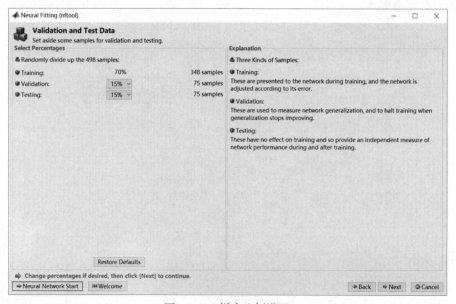

图 10-32　样本比例设置

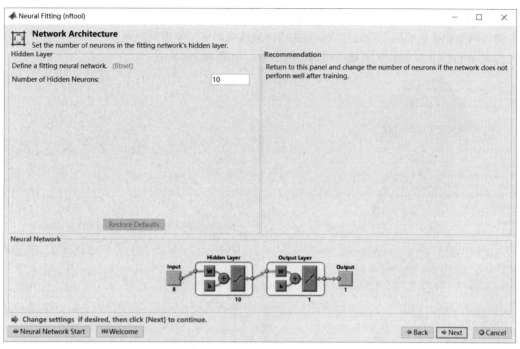

图 10-33 神经网络隐含层神经元数目选择

（7）确定神经网络隐含层神经元后，单击 Next 按钮，确定神经网络结构，可以选择是否训练神经网络，如图 10-34 所示。

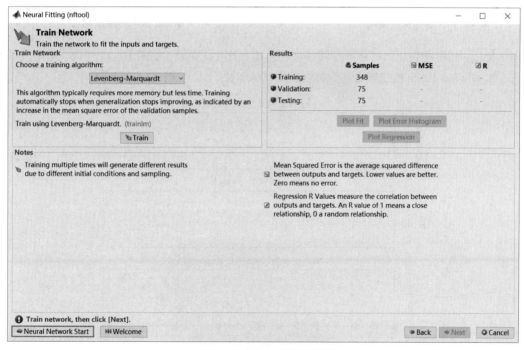

图 10-34 神经网络的确定

（8）单击 Train 按钮，选择训练之前确定的神经网络，如图 10-35 所示。

（9）神经网络训练完成后，可以在 Plots 选项区域内选择所需要看到的图形。其中，单击 Performance 按钮可以得到 MATLAB 提供的示例神经网络训练结果，如图 10-36 所示。

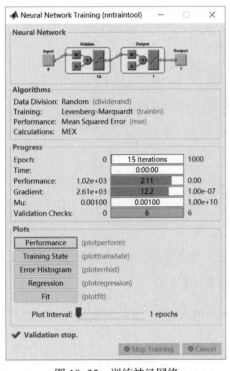

图 10-35　训练神经网络

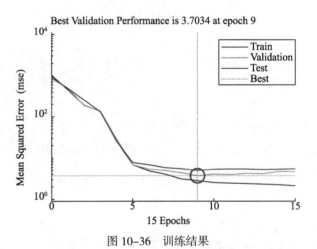

图 10-36　训练结果

单击 Training State 按钮可以得到神经网络训练过程参数变化曲线，如图 10-37 所示。也可以单击 Error Mistogram、Regression 和 Fit 按钮查看其他神经网络训练参数。

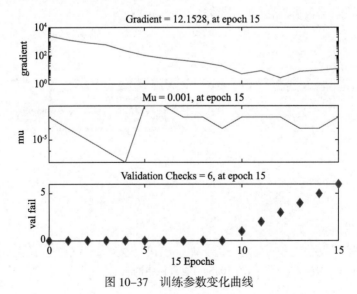

图 10-37　训练参数变化曲线

（10）训练完成后，还可以在 Neural Fitting(nftool)对话框中连续两次单击 Next 按钮，得到如图 10-38 所示的界面。

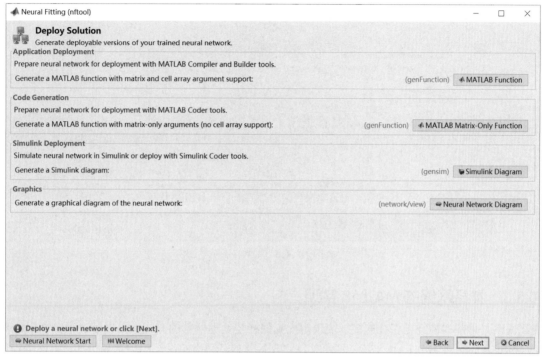

图 10-38　显示神经网络训练的结果

单击 Simulink Diagram 按钮，可以弹出如图 10-39 所示的训练好的神经网络 Simulink 模型。

单击 Neural Network Diagram 按钮，可以得到如图 10-40 所示的神经网络结构图。

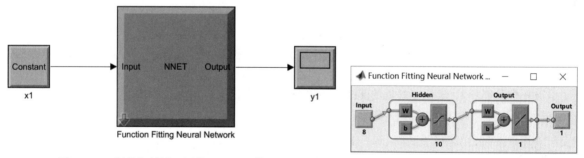

图 10-39　训练好的神经网络 Simulink 模型　　　　　图 10-40　建立的神经网络结构图

（11）训练完成后，还可以在 Neural Fitting(nftool)对话框中单击 Next 按钮，得到如图 10-41 所示的保存结果界面。在 Save Data to Workspace 选项区域可以选择将哪些数据保存到 MATLAB 的 Workspace 中。

MATLAB 有很多人性化的设计，可以为使用者节省时间，限于篇幅，这里只能选择部分进行说明，更多的还需要读者自己去挖掘。

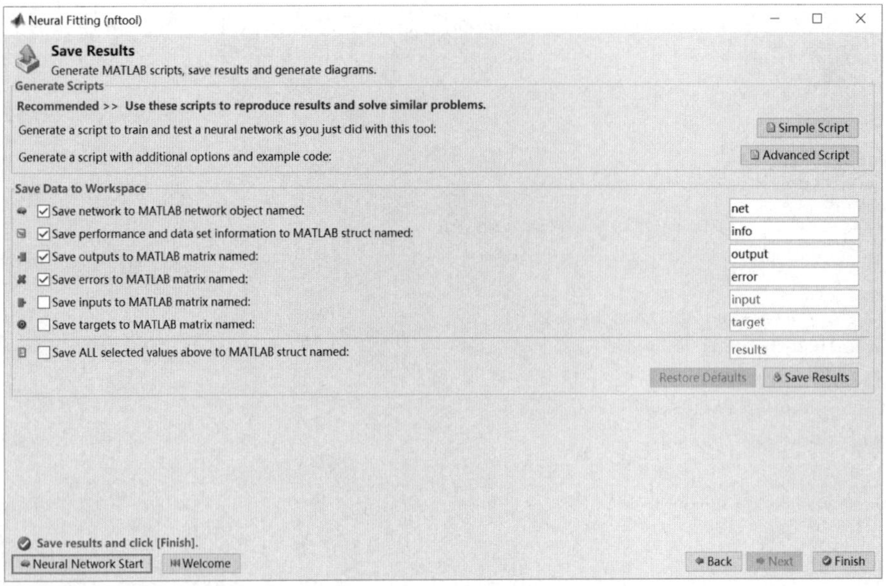

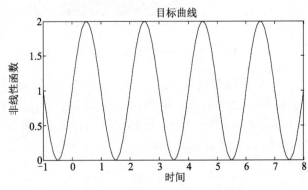

图 10-41　保存结果

### 10.3.3　神经网络的 MATLAB 实现

神经网络是由基本神经元相互连接，能模拟人脑的神经处理信息的方式，可以解决很多利用传统方法无法解决的难题。利用 MATLAB 及其工具箱可以完成各种神经网络的设计、训练和仿真，提高工作效率。下面将应用 MATLAB 编写代码解决 4 种神经网络的问题，体现其方便性和简易性。

**1．BP神经网络在函数逼近中的应用**

BP 神经网络有很强的映射能力，主要用于模式识别分类、函数逼近、函数压缩等。下面将通过实例说明 BP 神经网络在函数逼近方面的应用。

【例 10-9】设计一个 BP 神经网络，逼近函数 $g(x) = 1 + \sin\left(k \cdot \dfrac{\pi x}{2}\right)$，实现对该非线性函数的逼近。其中，分别令 $k$=2，3，6 进行仿真，通过调节参数得出信号的频率与隐含层节点之间、隐含层节点与函数逼近能力之间的关系。

假设频率参数 $k$=2，绘制要逼近的非线性函数的目标曲线。MATLAB 代码如下。

```
clear,clc
k=2;
p=[-1:.05:8];
t=1+sin(k*pi/2*p);
plot(p,t,'-');
title('目标曲线');xlabel('时间');ylabel
('非线性函数');
```

运行程序，目标曲线如图 10-42 所示

用 newff()函数建立 BP 网络结构。隐含层神经元数目 $n$ 可以改变，暂设为 $n$=5，输出层有一个神经元。选择隐含层和输出层神经元传递函数分别为

图 10-42　逼近的非线性函数曲线

tansig()和 purelin()函数，网络训练采用 Levenberg–Marquardt 算法 trainlm()函数。

```
n=5;
%net=newff(minmax(p),[n,1],{'tansig''purelin'},'trainlm');        %旧语法
net=newff(p,t,[n],{'tansig''purelin'},'trainlm');                  %新语法
%对于初始网络，可以应用 sim()函数观察网络输出
y1=sim(net,p);
figure;
plot(p,t,'-',p,y1,':')
title('未训练网络的输出结果');xlabel('时间');ylabel('仿真输出—原函数');
legend('目标曲线','未经过训练的网格输出曲线','Location','southeast');
```

运行程序，得到网络输出曲线与原函数的比较图，如图 10-43 所示。

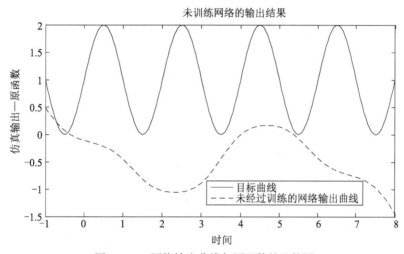

图 10-43　网络输出曲线与原函数的比较图

因为使用 newff()函数建立函数网络时，权值和阈值的初始化是随机的，所以网络输出结构很差，根本达不到函数逼近的目的，每次运行的结果也不同。

应用 train()函数对网络进行训练之前，需要预先设置网络训练参数。将训练时间设置为 200，训练精度设置为 0.4，其余参数使用默认值。训练神经网络的 MATLAB 代码如下。

```
net.trainParam.epochs=200;
              %网络训练时间设置为 200
net.trainParam.goal=0.2;
              %网络训练精度设置为 0.2
net=train(net,p,t); %开始训练网络
```

训练后得到的误差变化过程如图 10-44 所示。可以看出，神经网络运行 37 步后，网络输出误差达到设定的训练精度。

对训练好的网络进行仿真。

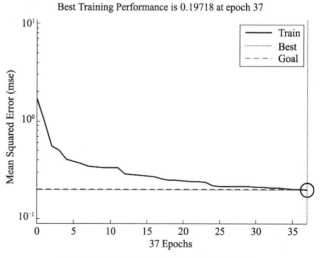

图 10-44　训练后得到的误差变化过程

```
y2=sim(net,p);
figure;plot(p,t,'-',p,y1,':',p,y2,'--')
title('训练后网络的输出结果');xlabel('时间');ylabel('仿真输出');
```

绘制网络输出曲线，并与原始非线性函数曲线和未训练网络的输出结果曲线相比较，比较结果如图 10-45 所示。

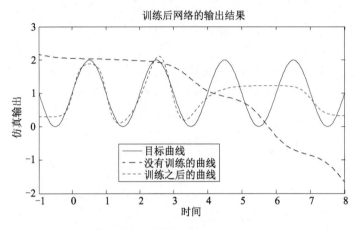

图 10-45　训练后网络的输出结果

可以看出，相对于没有训练的曲线，经过训练之后的曲线与原始的目标曲线更接近。这说明经过训练后，BP 神经网络对非线性函数的逼近效果比较好。

改变非线性函数的频率和 BP 函数隐含层神经元的数目，对于函数逼近的效果有一定的影响。

网络非线性程度越高，对于 BP 神经网络的要求越高，则相同的网络逼近效果要差一些；隐含层神经元的数目对于网络逼近效果也有一定影响，一般来说，隐含层神经元数目越多，BP 神经网络逼近非线性函数的能力越强。

下面通过改变频率参数和非线性函数的隐含层神经元数目进行比较证明。

（1）频率参数设为 $k=2$，当隐含层神经元数目分别取 $n=3$ 和 $n=10$ 时，得到训练后网络的输出结果如图 10-46 和图 10-47 所示。

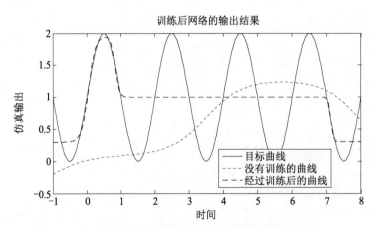

图 10-46　当 $n=3$ 时训练后网络的输出结果（$k=2$）

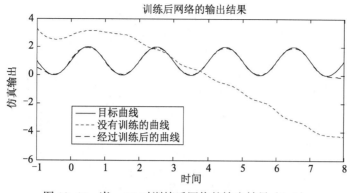

图 10-47 当 $n=10$ 时训练后网络的输出结果（$k=2$）

可以看出，当 $n=10$ 时，经过训练后的曲线基本与目标曲线重合；当 $n=3$ 时，经过训练后的曲线基本不与目标曲线重合。这说明增加隐含层的神经元个数可以提高 BP 神经网络预测的准确性。

（2）频率参数设为 $k=3$，当隐含层神经元数目分别取 $n=3$ 和 $n=10$ 时，得到训练后网络的输出结果如图 10-48 和图 10-49 所示。

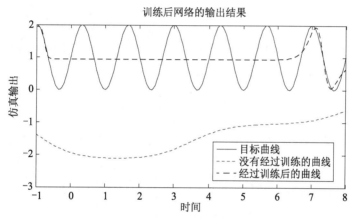

图 10-48 当 $n=3$ 时训练后网络的输出结果（$k=3$）

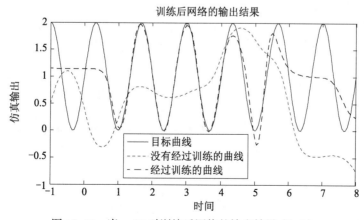

图 10-49 当 $n=10$ 时训练后网络的输出结果（$k=3$）

（3）频率参数设为 $k=6$，当隐含层神经元数目分别取 $n=3$ 和 $n=10$ 时，得到训练后网络的输出结果如

图 10-50 和图 10-51 所示。

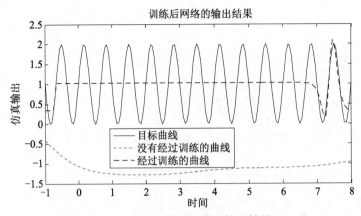

图 10-50　当 $n=3$ 时训练后网络的输出结果（$k=6$）

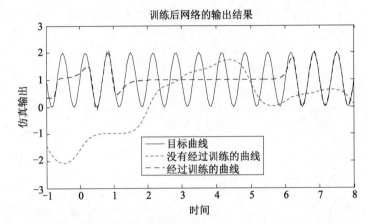

```
net=newff(minmax(x),[1,s(i),1],{'tansig','tansig','purelin'},'trainlm');
net.trainparam.epochs=2000;          %训练步数最大为 2000
net.trainparam.goal=0.00001;         %设定目标误差为 0.00001
net=train(net,x,y1);                 %进行函数训练
y2=sim(net,x);                       %对训练后的神经网络进行仿真
%求欧氏距离，判定隐含层神经元个数和网络性能
err=y2-y1;
res(i)=norm(err);
end
```

根据 BP 神经网络的 MATLAB 设计，可以得出以下通用 MATLAB 程序，由于各种 BP 学习算法采用了不同的学习函数，所以只需要更改学习函数即可。

```
x=-4:0.01:4;
y1=sin((1/2)*pi*x)+sin(pi*x);
%trainlm()函数可以选择替换
net=newff(minmax(x),[1,15,1],{'tansig','tansig','purelin'},'trainlm');
net.trainparam.epochs=2000;
net.trainparam.goal=0.00001;
net=train(net,x,y1);
y2=sim(net,x);
err=y2-y1;
res=norm(err);
%绘图
plot(x,y1);
hold on
plot(x,y2,'r+');
```

**注意：** 各种不确定因素可能对网络训练有不同程度的影响，产生不同的效果。

下面在程序中更换不同的学习算法，得到误差曲线和训练后网络仿真输出结果。

1）trainlm 算法

trainlm 算法训练仿真得到的网络误差曲线和网络仿真曲线如图 10-52 所示。

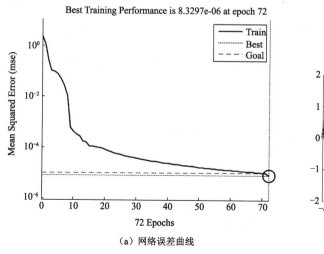
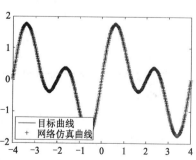

（a）网络误差曲线　　　　　　　　　　　（b）网络仿真曲线

图 10-52　trainlm 算法网络误差曲线与网络仿真曲线

2）traingdm 算法

traingdm 算法训练仿真得到的网络误差曲线和网络仿真曲线如图 10-53 所示。

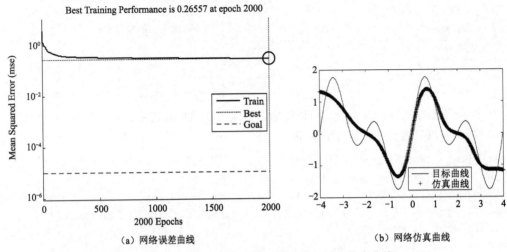

（a）网络误差曲线 　　　　　（b）网络仿真曲线

图 10-53　traingdm 算法网络误差曲线与网络仿真曲线

3）trainrp 算法

trainrp 算法训练仿真得到的网络误差曲线和网络仿真曲线如图 10-54 所示。

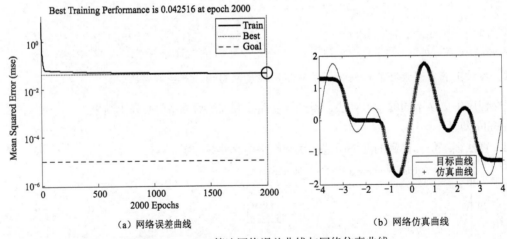

（a）网络误差曲线 　　　　　（b）网络仿真曲线

图 10-54　trainrp 算法网络误差曲线与网络仿真曲线

4）traingdx 算法

traingdx 算法训练仿真得到的网络误差曲线和网络仿真曲线如图 10-55 所示。

5）traincgf 算法

traincgf 算法训练仿真得到的网络误差曲线和网络仿真曲线如图 10-56 所示。

## 2. RBF神经网络在函数曲线拟合中的应用

RBF 神经网络具有良好的推广能力，在对具有复杂函数关系的问题进行泛函逼近时，具有较高的精确度。

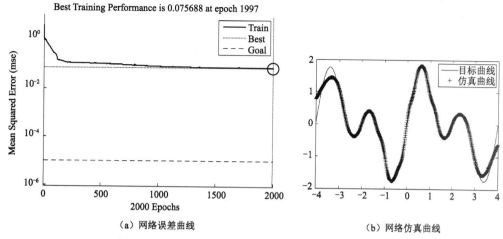

（a）网络误差曲线　　　　　　　　　　（b）网络仿真曲线

图 10-55　traingdx 算法网络误差曲线与网络仿真曲线

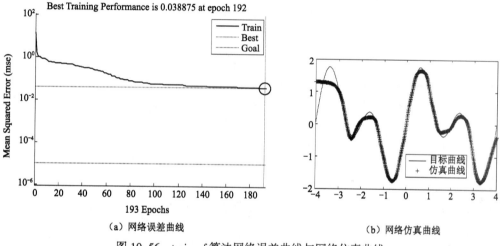

（a）网络误差曲线　　　　　　　　　　（b）网络仿真曲线

图 10-56　traincgf 算法网络误差曲线与网络仿真曲线

曲线拟合是一种用连续曲线近似地刻画或比拟平面上离散点组所表示的坐标之间的函数关系的数据处理方法，是一种用解析表达式比较离散数据的方法。RBF 神经网络在完成函数拟合任务时速度最快，结构也比较简单。

【例 10-10】用 RBF 神经网络拟合未知函数 $y = 30 + x_1^2 - 5\cos(2\pi x_1) + 3x_2^2 - 5\cos(2\pi x_2)$。

首先随机产生输入变量 $x_1$，$x_2$，并根据产生的输入变量和未知函数求得输出变量 $y$。将输入变量 $x_1$，$x_2$ 和输出变量 $y$ 作为 RBF 神经网络的输入数据和输出数据，建立近似和精确 RBF 神经网络进行回归分析，并评价拟合效果。

使用 exaceRBF 神经网络实现非线性的函数回归，MATLAB 程序如下。

```
clear, clc
%%%%%%%产生输入变量 x1, x2%%%%%%%
x1=-1:0.01:1;
x2=-1:0.01:1;
y=30+x1.^2-5*cos(2*pi*x1)+3*x2.^2-5*cos(2*pi*x2);    %产生输出变量 y
net=newrbe([x1;x2],y);                               %建立 RBF 网络
```

```
t=sim(net,[x1;x2]);                                         %网络仿真
%绘制拟合效果图
figure(1)
plot3(x1,x2,y,'rd');
hold on;
plot3(x1,x2,t,'b-.');
view(100,25)
title('RBF神经网络的拟合效果'),xlabel('x1'),ylabel('x2'),zlabel('y')
grid on
```

运行程序，仿真输出结果如图 10-57 所示。

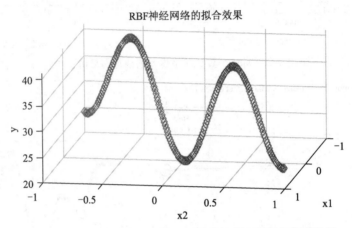

图 10-57　exaceRBF 神经网络实现非线性的函数回归仿真结果

下面再用 approximateRBF 神经网络对例 10-10 中的函数进行拟合。MATLAB 程序如下。

```
clear, clc
%%%%%%产生输入变量 x1, x2%%%%%%
x=rand(2,200);
%将 x 转换到[-1 1]
x=(x-0.5)*1*2;
x1=x(1,:);
x2=x(2,:);
y=30+x1.^2-5*cos(2*pi*x1)+3*x2.^2-5*cos(2*pi*x2);         %产生输出变量 y
net=newrb(x,y);                      %建立 RBF 网络,采用 approximateRBF 神经网络,spread 为默认值

%%%%%建立测试样本%%%%%
[n,m]=meshgrid(-1:0.1:1);
row=size(n);
tx1=n(:); tx1=tx1';
tx2=m(:); tx2=tx2';
tx=[tx1;tx2];
t=sim(net,tx);                                              %网络仿真

%%%%%%绘制三维图%%%%%%
%网络仿真得到的函数图像
```

```
p=reshape(t,row);
subplot(1,3,1)
mesh(n,m,p);zlim([0,50])
title('仿真结果图像')
%目标函数图像
[x1,x2]=meshgrid(-1:0.1:1);
y=30+x1.^2-5*cos(2*pi*x1)+3*x2.^2-5*cos(2*pi*x2);
subplot(1,3,2)
mesh(x1,x2,y);zlim([0,50])
title('目标函数图像')
%目标函数图像和仿真函数图像的误差图像
subplot(1,3,3)
mesh(x1,x2,y-p);zlim([-0.1,0.05])
title('误差图像'),set(gcf,'position',[400 ,280,880,390])
```

拟合结果如图 10–58 所示。

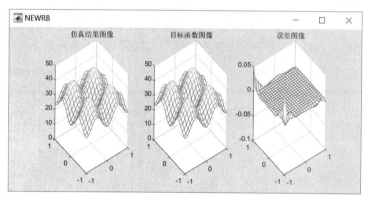

图 10–58　用 approximateRBF 神经网络对例 10–10 中的函数进行拟合的结果

在软件运行过程中,MATLAB 的 Command Window 会显示 RBF 网络仿真输出和目标函数值之间的差值,如下所示。

```
NEWRB, neurons = 0, MSE = 22.7583
NEWRB, neurons = 50, MSE = 0.00373226
NEWRB, neurons = 100, MSE = 3.53569e-08
NEWRB, neurons = 150, MSE = 7.01826e-09
NEWRB, neurons = 200, MSE = 6.67364e-09
```

可以看出,RBF 神经网络的仿真结果可以很好地逼近该非线性函数,由误差图像可以看出,RBF 神经网络预测在数据的边缘处误差较大,但对其他数据有很好的拟合效果。

### 3. Hopfield神经网络在稳定平衡点中的应用

Hopfield 神经网络常用的学习算法是 Hebb 学习规则,多用于在控制系统设计中求解约束优化问题,另外在系统辨识中也有应用。

【例 10-11】设有 3 列的目标向量,利用 newhop()函数建立具有两个稳定点的 Hopfield 神经网络。

```
clear, clc
T=[-1 1; 1 -1;-1 -1];                    %定义具有 3 列的目标向量
%绘制两个稳定点的 Hopfield 神经网络稳定空间图形
```

```
axis([-1 1 -1 1 -1 1])
set(gca,'box','on'); axis manual;  hold on;
plot3(T(1,:),T(2,:),T(3,:),'r*')
title('Hopfield神经网络状态空间')
xlabel('a(1)');ylabel('a(2)');zlabel('a(3)');
view([37.5 30]);
```

运行程序，得到两个稳定点的 Hopfield 神经网络稳定空间图形，如图 10-59 所示。

```
%利用 newhop()函数创建 Hopfield 神经网络
net=newhop(T);
a={rands(3,1)};                          % 定义随机起始点
%Hopfield仿真参数设定
[y,Pf,Af]=net({1 10},{},a);
%在稳定空间内设定一个活动点
record=[cell2mat(a) cell2mat(y)];
start=cell2mat(a);
hold on
plot3(start(1,1),start(2,1),start(3,1),'bx', record(1,:),record(2,:),record(3,:))
```

运行程序，得到在稳定空间内设定一个活动点的图形，如图 10-60 所示。

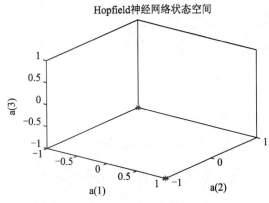

图 10-59　Hopfield 神经网络稳定空间图形

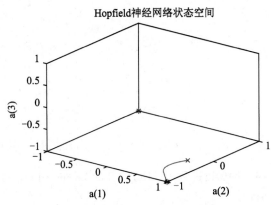

图 10-60　在稳定空间内设定一个活动点

```
%重复模拟20个初始点
color='rgbmy';
for i=1:20
    a={rands(3,1)};
    [y,Pf,Af]=net({1 10},{},a);
    record=[cell2mat(a) cell2mat(y)];
    start=cell2mat(a);
    plot3(start(1,1),start(2,1),start(3,1),'kx', ...
        record(1,:),record(2,:),record(3,:),color(rem(i,5)+1))
end
```

运行程序，重复模拟20个起始点得到的稳定空间，得到如图 10-61 所示的图形。

```
%使用向量 P 的每列仿真 Hopfield 神经网络
P=[1 -1 -0.5 1 1; 0 0 0 0 0; -1 1 0.5 -1 -1];
cla
```

```
plot3(T(1,:),T(2,:),T(3,:),'r*')
color='rgbmy';
for i=1:5
    a={P(:,i)};
    [y,Pf,Af]=net({1 10},{},a);
    record=[cell2mat(a) cell2mat(y)];
    start=cell2mat(a);
    plot3(start(1,1),start(2,1),start(3,1),'kx', ...
        record(1,:),record(2,:),record(3,:),color(rem(i,5)+1))
end
```

运行程序，使两个目标稳定点之间的起始点都进入稳定空间中心，如图 10-62 所示。

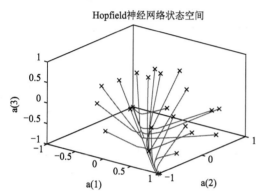

图 10-61    重复模拟 20 个起始点
得到的稳定空间

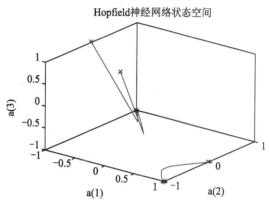

图 10-62    两个目标稳定点之间的起始点
都进入稳定空间中心

### 4. 自组织特征映射神经网络在数据分类中的应用

自组织特征映射（Self-Organizing Feature Maps, SOFM 或 SOM）神经网络是无教师学习网络，通常作为一种样本特征检测器，在样本排序、样本分类和样本检测方面有广泛应用。

【例 10-12】随机设定 9 个数据样本，每个样本包含 8 个数据，设计一个 SOM 神经网络，对不同特性的数据进行分类。

用 rand()函数随机产生 9 个数据样本，然后进行网络的设计及仿真。

```
%%%%%%建立神经网络%%%%%%
clear, clc
m=9; n=8;                          % 设定样本数据
P=rand(m,n);
for i=1:m
    for j=1:n
        if P(i,j)>0.7
            P(i,j)=1;
        else
            P(i,j)=0;
        end
    end
end
P=P';                              %转置后符合神经网络的输入格式
```

```
net=newsom(minmax(P),[6 7]);                  %建立 SOM 神经网络,竞争层为 6×7=42 个神经元
figure
plotsom(net.layers{1}.positions)
```

运行程序，神经元的位置如图 10-63 所示。

建立好神经网络后，分别设定 8 种训练步数，其中训练 5、20、40 和 80 步神经网络的代码如下。

```
%%%%%建立好神经网络后，分别设定 8 种训练步数%%%%%
a=[5 20 40 80 160 320 640 1280];              %8 种训练步数
yc=rands(9,9);                                %随机初始化一个向量
figure
for i=1:4
    net.trainparam.epochs=a(i);              %训练步数依次为 5、20、40、80
    net=train(net,P);                        %训练网络和查看分类
    y=sim(net,P);                            %仿真网络
    yc(i,:)=vec2ind(y);
    subplot(2,2,i);
    plotsom(net.IW{1,1},net.layers{1}.distances)
end
```

训练 5、20、40 和 80 步神经网络，得到权值变化如图 10-64 所示。

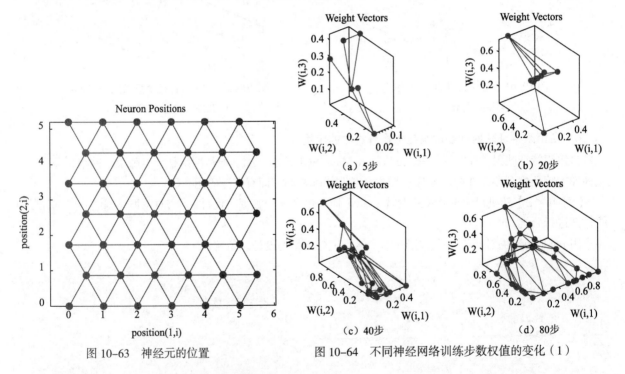

图 10-63　神经元的位置　　　　　图 10-64　不同神经网络训练步数权值的变化（1）

训练 160、320、640 和 1280 步神经网络的代码如下。

```
figure
for i=5:8
    net.trainparam.epochs=a(i);              %训练步数依次为 160、320、640、1280
    net=train(net,P);                        %训练网络和查看分类
    y=sim(net,P);                            %仿真网络
```

```
    yc(i,:)=vec2ind(y);
    subplot(2,2,i-4);
    plotsom(net.IW{1,1},net.layers{1}.distances)
end
```

训练 160、320、640 和 1280 步神经网络，得到权值变化如图 10-65 所示。

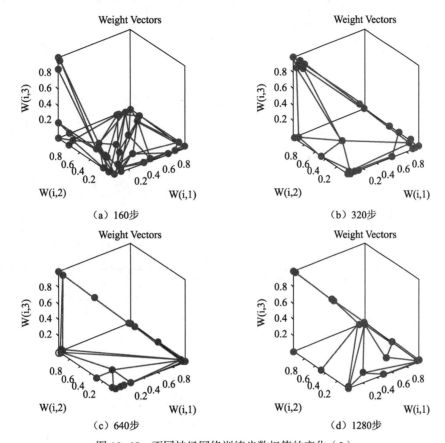

（a）160步　　　　　　　　　　　　（b）320步

（c）640步　　　　　　　　　　　　（d）1280步

图 10-65　不同神经网络训练步数权值的变化（2）

其中，训练步数为 1280 时，用输入样本仿真得到的输出为

```
>> yc
yc =
    6.0000   12.0000    4.0000   37.0000    6.0000    4.0000    3.0000    4.0000
 4.0000
    6.0000    5.0000    6.0000   37.0000   12.0000   25.0000   31.0000   25.0000
37.0000
   24.0000    6.0000   18.0000    2.0000   24.0000   38.0000    1.0000   38.0000
37.0000
    7.0000    6.0000    5.0000   42.0000    1.0000   37.0000   36.0000   31.0000
39.0000
    3.0000   25.0000   21.0000   40.0000    1.0000    5.0000   37.0000   12.0000
36.0000
   13.0000    5.0000   16.0000   36.0000    1.0000   37.0000   12.0000   26.0000
```

```
40.0000
   13.0000     5.0000    16.0000    36.0000     1.0000    37.0000    12.0000    26.0000
40.0000
   18.0000    36.0000     6.0000    28.0000     4.0000    37.0000    41.0000    25.0000
7.0000
    0.5509    -0.1369    -0.7369    -0.6004     0.7372    -0.3038    -0.1409    -0.4424
-0.1014
```

由 yc 的值可以知道，样本 3、6、7 和 8 的特性相同（值均为 4），样本 1 和 5 的特性相同（值均为 6）。网络训练完成后，设定测试样本仿真网络。

```
%网络用于分类预测
t=[0.8712 1.0000 0.1858 -0.4915 0.4918 0.7111
0.5345 0.7941]';        %测试样本输入
r=sim(net,t);           %网络仿真
rr=vec2ind(r)           %将单值向量转换为索引向量
figure
plotsomtop(net)         %查看网络拓扑学结构
```

网络拓扑学结构如图 10-66 所示，竞争层神经元有 6 × 7=42 个。

```
figure
plotsomnd(net)          %查看临近神经元之间的距离情况
```

临近神经元之间的距离如图 10-67 所示，菱形表示神经元，菱形之间的连线表示神经元直接的连接，每个菱形周围的灰度表示神经元之间距离的远近，灰度越深说明神经元之间的距离越远。

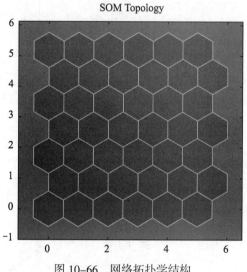

图 10-66　网络拓扑学结构

```
figure
plotsomhits(net,P)                               %查看每个神经元的分类情况
```

每个神经元的分类情况如图 10-68 所示，图中标 1 的神经元表示竞争胜利的神经元。

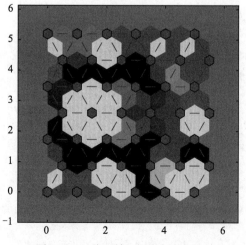

图 10-67　临近神经元之间的距离

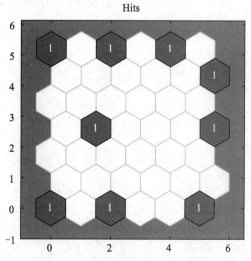

图 10-68　每个神经元的分类情况

## 10.4　Simulink 神经网络控制工具箱

神经网络在系统辨识和动态系统控制中已经得到了非常成功的使用。由于神经网络具有全局逼近能力，其在对非线性系统建模和对一般情况下的非线性控制器的实现等方面应用比较普遍。

下面介绍 3 种在神经网络工具箱的控制系统（Control Systems）模块中利用 Simulink 实现的常用神经网络结构，它们常用于预测和控制，并在对应的神经网络工具箱中给出了实现方法。

这 3 种神经网络结构分别是神经网络模型预测控制（NN Predictive Controller）、反馈线性化控制（NARMA-L2 Controller）和模型参考控制（Model Reference Controller）。

使用神经网络进行控制时，通常有两个步骤：系统辨识和控制设计。

在系统辨识阶段，主要任务是对需要控制的系统建立神经网络模型；在控制设计阶段，主要使用神经网络模型设计（训练）控制器。在本节将要介绍的 3 种控制网络结构中，系统辨识阶段是相同的，而控制设计阶段则各不相同。

对于神经网络模型预测控制，系统模型用于预测系统未来的行为，并且找到最优的算法，用于选择控制输入，以优化未来的性能。

对于反馈线性化控制，控制器仅仅是将系统模型进行重整。

对于模型参考控制，控制器是一个神经网络，它被训练以用于控制系统，使系统跟踪一个参考模型，这个神经网络系统模型在控制器训练中起辅助作用。

### 10.4.1　神经网络模型预测控制

神经网络预测控制器使用非线性神经网络模型预测未来模型性能。控制器计算控制输入，而控制输入在未来一段指定的时间内最优化模型性能。模型预测第 1 步是建立神经网络模型（系统辨识）；第 2 步是使用控制器预测未来神经网络性能。

（1）系统辨识。模型预测的第 1 步就是训练神经网络未来表示网络的动态机制。模型输出与神经网络输出之间的预测误差作为神经网络的训练信号，该过程如图 10-69 所示。

神经网络模型利用当前输入和当前输出预测神经未来输出值。神经网络模型结构如图 10-70 所示，该网络可以批量在线训练。

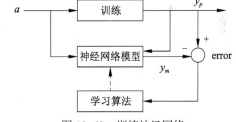

图 10-69　训练神经网络

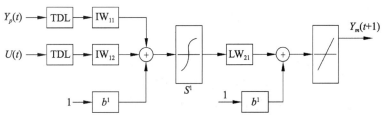

图 10-70　神经网络模型结构

（2）模型预测。模型预测方法是基于水平后退的方法，神经网络模型预测在指定时间内预测模型响应。预测使用数字最优化程序确定控制信号，最优化如下性能准则函数。

$$J = \sum_{j=1}^{N_2}[y_r(t+j) - y_m(t+j)]^2 + \rho\sum_{j=1}^{N_u}[u(t+j-1) - u(t+j-2)]^2$$

其中，$N_2$ 为预测时域长度；$N_u$ 为控制时域长度；$u(t)$ 为控制信号；$y_r$ 为期望响应；$y_m$ 为网络模型响应；$\rho$ 为控制量加权系数。

图 10-71 描述了模型预测控制的过程。控制器由神经网络模型和最优化模块组成，最优化模块确定 $u$（通过最小化 $J$），最优 $u$ 值作为神经网络模型的输入，控制器模块可用 Simulink 实现。

在 MATLAB 神经网络工具箱中实现的神经网络预测控制器使用了一个非线性系统模型，用于预测系统未来的性能。

接下来这个控制器将计算控制输入，用于在某个未来的时间区间优化系统的性能。进行模型预测控制，首先要建立系统的模型，然后使用控制器预测未来的性能。

下面结合神经网络工具箱中提供的一个演示实例，介绍 Simulink 的实现过程。

### 1. 问题描述

要讨论的问题基于一个搅拌器，如图 10-72 所示。

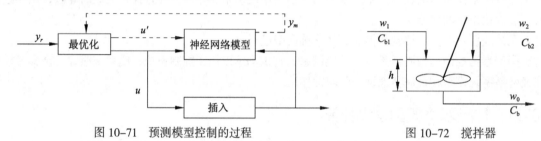

图 10-71　预测模型控制的过程　　　　　　图 10-72　搅拌器

对于这个系统，其动力学模型为

$$\frac{dh(t)}{dt} = W_1(t) + W_2(t) - 0.2\sqrt{h(t)}$$

$$\frac{dC_b(t)}{dt} = [C_{b1} - C_b(t)]\frac{W_1(t)}{h(t)} + [C_{b2} - C_b(t)]\frac{W_2(t)}{h(t)} - \frac{k_1 C_b(t)}{[1 + k_2 C_b(t)]^2}$$

其中，$h(t)$ 为液面高度；$C_b(t)$ 为产品输出浓度；$w_1(t)$ 为浓缩液 $C_{b1}$ 的输入流速；$w_2(t)$ 为稀释液 $C_{b2}$ 的输入流速；输入浓度设定为 $C_{b1}$=24.9，$C_{b2}$=0.1；消耗常量设置为 $k_1$=1，$k_2$=1。

控制的目标是通过调节流速 $w_2(t)$ 保持产品浓度。为了简化演示过程，不妨设 $w_1(t)$=0.1。在本例中不考虑液面高度 $h(t)$。

MATLAB 神经网络工具箱中提供了这个演示实例。

### 2. 建立模型

在命令行窗口中输入 predcstr 命令，调用 Simulink，打开如图 10-73 所示的模型窗口。

其中，NN Predictive Controller（神经网络预测控制）模块和 X(2Y) Graph 模块由 Neural Network Blockset（神经网络模块集）中的 Control Systems（控制系统）模块库复制而来；Plant（Continuous Stirred Tank Reactor）模块包含了搅拌器系统的 Simulink 模型。双击该模块，可以得到具体的 Simulink 实现，此处不深入讨论。

NN Predictive Controller 模块的 Control Signal 端连接到搅拌器系统模型的输入端，同时搅拌器系统模型的输出端连接到 NN Predictive Controller 模块的 Plant Output 端，参考信号连接到 NN Predictive Controller 模块的 Reference 端。

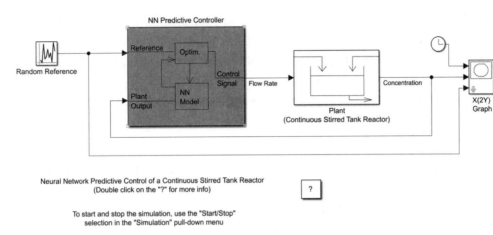

图 10-73　搅拌器模型

双击 NN Predictive Controller 模块，弹出 Neural Network Predictive Control 对话框（神经网络预测控制器

参数设置），如图 10-74 所示。该对话框用于设计模型预测控制器，有多项参数可以调整，可以改变预测控制算法中的有关参数。将鼠标移到相应的位置，就会出现对这一参数的说明。

**3. 系统辨识**

单击 Plant Identification 按钮，弹出 Plant Identification 对话框（模型辨识参数设置），用于设置系统辨识的参数，如图 10-75 所示。

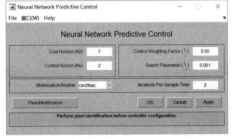

图 10-74　神经网络模型预测控制器参数设置

**4. 系统仿真**

在 Simulink 模型窗口中，执行 Modeling→Setup→Model Setting 菜单命令，在弹出的 Configuration Parameters 对话框中设置相应的仿真参数，然后单击"开始"按钮进行仿真。仿真过程需要一段时间。当仿真结束时，将显示系统的输出和参考信号，如图 10-76 所示。

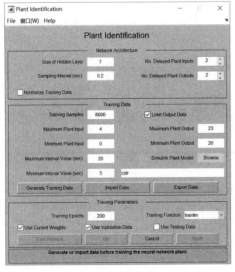

图 10-75　系统辨识参数设置（1）

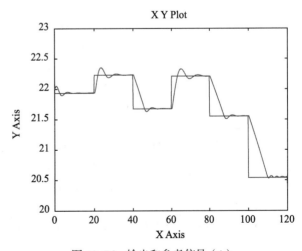

图 10-76　输出和参考信号（1）

### 5. 数据保存

执行 File→Save 菜单命令，可以将设计好的网络训练数据保存到工作空间或文件中。

神经网络预测控制是使用神经网络系统模型预测系统未来的行为。优化算法用于确定控制输入，这个控制输入优化了系统在一个有限时间段中的性能。

系统训练仅需要对于静态网络的成批训练算法，当然，训练速度非常快。

## 10.4.2　反馈线性化控制

反馈线性化控制（NARMA–L2）的中心思想是通过去掉非线性，将一个非线性系统转换为线性系统。

辨识 NARMA–L2 模型与模型预测控制一样，反馈线性化控制的第 1 步就是辨识被控制的系统。通过训练一个神经网络表示系统的前向动态机制，首先选择一个模型结构以供使用。

一个用来代表一般的离散非线性系统的标准模型是非线性自回归移动平均模型（Nonlinear Auto Regressive Moving Average，NARMA），表示为

$$y(k+d) = N[y(k), y(k-1), \cdots, y(k-n+1), u(k), u(k-1), \cdots, u(k-n+1)]$$

其中，$u(k)$ 为系统的输入；$y(k)$ 为系统的输出。在辨识阶段，训练神经网络使其近似等于非线性函数 $N()$。

如果希望系统输出跟踪一些参考曲线 $y(k+d)=y_r(k+d)$，下一步就是建立一个如下形式的非线性控制器。

$$u(k) = G[y(k), y(k-1), \cdots, y(k-n+1), y_r(k+d), u(k-1), \cdots, u(k-n+1)]$$

使用该类控制器的问题是,如果想训练一个神经网络用来产生函数 $G$（最小化均方差），必须使用动态反馈，且该过程相当慢。由 Narendra 和 Mukhopadhyay 提出的一个解决办法是使用近似模型代表系统。

在这里使用的控制器模型是 NARMA–L2 近似模型，即

$$\hat{y}(k+d) = f[y(k), y(k-1), \cdots, y(k-n+1), u(k-1), \cdots, u(k-n+1)] + g[y(k), y(k-1), \cdots, y(k-n+1), u(k-1), \cdots, u(k-n+1)]u(k)$$

该模型是并联形式，控制器输入 $u(k)$ 没有包含在非线性系统中。这种形式的优点是能解决控制器输入使系统输出跟踪参考曲线 $y(k+d)=y_r(k+d)$。

最终的控制器形式为

$$u(k) = \frac{y_r(k+d) - f[y(k), y(k-1), \cdots, y(k-n+1), u(k-1), \cdots, u(k-n+1)]}{g[y(k), y(k-1), \cdots, y(k-n+1), u(k-1), \cdots, u(k-n+1)]}$$

直接使用该等式会引起实现问题，因为基于输出 $y(k)$ 的同时必须同时得到 $u(k)$，所以采用以下模型。

$$y(k+d) = f[y(k), y(k-1), \cdots, y(k-n+1), u(k-1), \cdots, u(k-n+1)] + g[y(k), y(k-1), \cdots, y(k-n+1), u(k-1), \cdots, u(k-n+1)]u(k+1)$$

其中，$d \geq 2$。

利用 NARMA–L2 模型，可得到如下 NARMA-L2 控制器。

$$u(k+1) = \frac{y_r(k+d) - f[y(k), y(k-1), \cdots, y(k-n+1), u(k), u(k-1), \cdots, u(k-n+1)]}{g[y(k), y(k-1), \cdots, y(k-n+1), u(k), u(k-1), \cdots, u(k-n+1)]}$$

其中，$d \geq 2$。

下面利用 NARMA–L2 模型控制分析磁悬浮控制系统。

### 1. 问题描述

有一块磁铁，被约束在垂直方向上运动，在其下方有一块电磁铁，通电以后，电磁铁就会对其上的磁铁产生小电磁力作用，如图 10-77 所示。目标是通过控制电磁铁，使其上的磁铁保持悬浮在空中，不会掉下来。

建立该问题的动力学方程为

$$\frac{\mathrm{d}^2 y(t)}{\mathrm{d}t^2} = -g + \frac{\alpha i^2(t)}{My(t)} - \frac{\beta}{M}\frac{\mathrm{d}y(t)}{\mathrm{d}t}$$

其中，$y(t)$ 为磁铁离电磁铁的距离；$i(t)$ 为电磁铁中的电流；$M$ 为磁铁的质量；$g$ 为重力加速度；$\beta$ 为黏性摩擦系数，它由磁铁所在的容器的材料决定；$\alpha$ 为场强常数，它由电磁铁上所绕的线圈圈数和磁铁的强度所决定。

MATLAB 的神经网络工具箱中提供了该演示实例。

### 2. 建立模型

在命令行窗口中输入 narmamaglev 命令，调用 Simulink，打开如图 10-78 所示的模型。

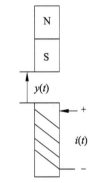

图 10-77　磁悬浮控制系统

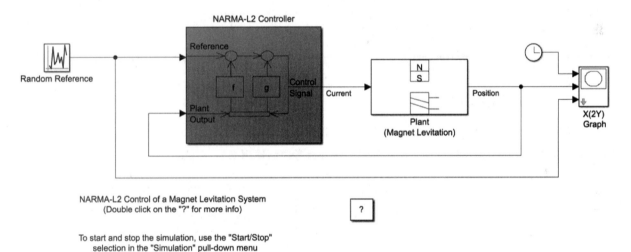

图 10-78　磁悬浮控制模型

双击 NARMA–L2 Controller 模块，弹出如图 10-79 所示的 Plant Identification 对话框，进行相关参数设置。

### 3. 系统仿真

在 Simulink 模型窗口中，执行 Modeling→Setup→Model Setting 菜单命令，在弹出的 Configuration Parameters 对话框中设置相应的仿真参数，然后单击"开始"按钮进行仿真。

仿真过程需要一段时间。当仿真结束时，将显示系统的输出和参考信号，如图 10-80 所示。

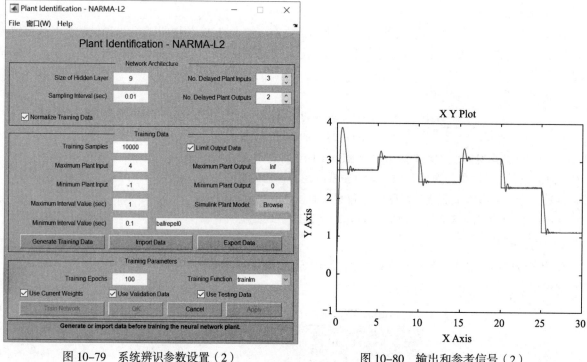

图 10-79　系统辨识参数设置（2）　　　图 10-80　输出和参考信号（2）

### 10.4.3　模型参考控制

神经模型参考控制采用两个神经网络：一个控制器网络和一个实验模型网络，如图 10-81 所示。首先辨识出实验模型，然后训练控制器，使实验输出跟随参考模型输出。

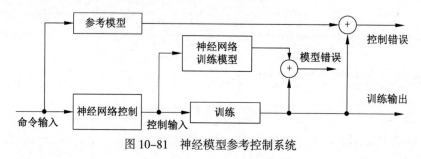

图 10-81　神经模型参考控制系统

图 10-82 所示为神经网络实验模型的详细情况，每个网络由两层组成，并且可以选择隐含层的神经元数目。

有 3 组控制器输入：延迟的参考输入、延迟的控制输出和延迟的系统输出。对于每个输入，可以选择延迟值。通常，随着系统阶次的增加，延迟的数目也增加。对于神经网络系统模型，有两组输入：延迟的控制器输出和延迟的系统输出。

下面结合 MATLAB 神经网络工具箱中提供的一个实例，介绍神经网络控制器的训练过程。

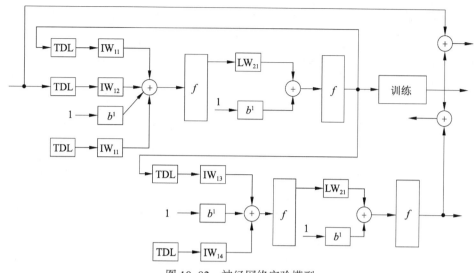

图 10-82 神经网络实验模型

### 1. 问题描述

图 10-83 所示为一个简单的单连接机械臂，目的是控制它的运动。

建立它的运动方程式，如下所示。

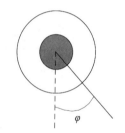

$$\frac{d^2\varphi}{dt^2} = -10\sin\varphi - 2\frac{d\varphi}{dt} + u$$

其中，$\varphi$ 为机械臂的角度；$u$ 为直流电机的转矩。目标是训练控制器，使机械臂能够跟踪参考模型，即

图 10-83 简单的单连接机械臂

$$\frac{d^2 y_r}{dt^2} = -9y_r - 6\frac{dy_r}{dt} + 9r$$

其中，$y_r$ 代表参考模型的输出；$r$ 代表参考信号。

### 2. 模型建立

MATLAB 的神经网络工具箱提供了这个演示实例。控制器的输入包含了两个延迟参考输入、两个延迟系统输出和一个延迟控制器输出，采样间隔为 0.05s。

在命令行窗口中输入 mrefrobotarm 命令，调用 Simulink，打开如图 10-84 所示的机械臂模型。

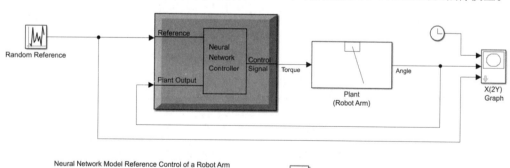

图 10-84 机械臂模型

双击模型参考控制模块，弹出 Model Reference Control 对话框，如图 10-85 所示，用于训练模型参考神经网络的参数设置。

单击 Plant Identification 按钮，弹出 Plant Identification 对话框，如图 10-86 所示，用于设置系统辨识参数。

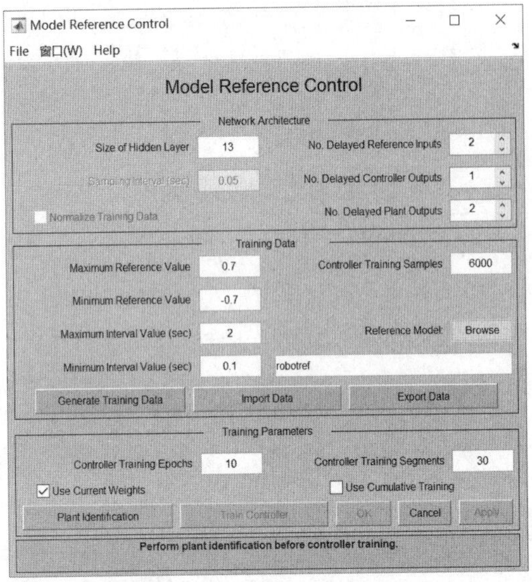

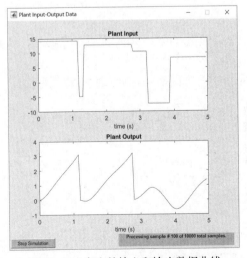

图 10-85　模型参考控制参数设置

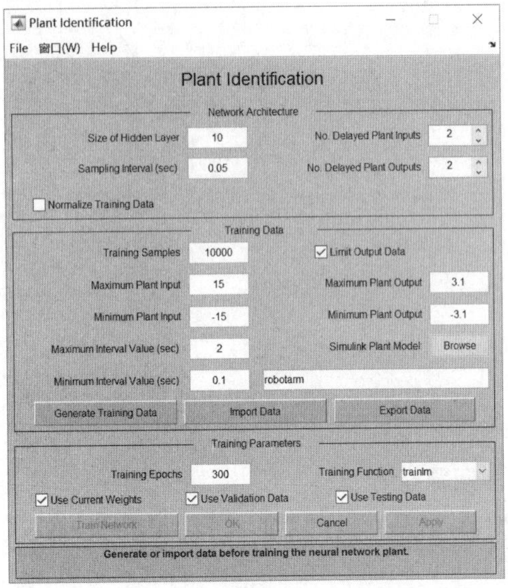

图 10-86　系统辨识参数设置（3）

当系统模型神经网络辨识完成后，首先在 Model Reference Control 对话框中单击 Generate Training Data 按钮，程序就会提供一系列输入随机阶跃信号，对控制器产生训练数据，同时根据这些数据计算输出，输入和输出图形如图 10-87 所示。

单击 Stop Simulation 按钮，出现如图 10-88 所示的图像。单击 Accept Data 按钮，表示神经网络接收这些数据。

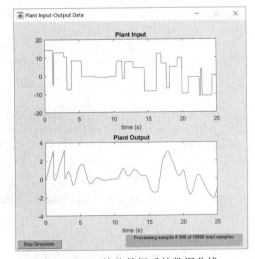

图 10-87　产生的输入和输出数据曲线

图 10-88　接收数据后的数据曲线

单击 Plant Identification 对话框中的 Train Network 按钮，对控制器进行训练。训练框图如图 10-89 所示，控制器训练结束后会给出如图 10-90 所示的训练误差等参数。

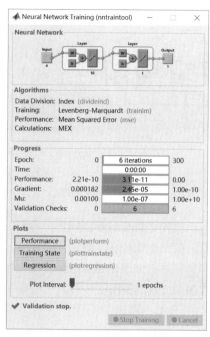

图 10-89　网络训练框图

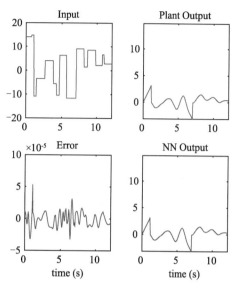

图 10-90　网络输入、输出及其误差曲线

训练控制器需要的时间比训练系统模型多得多。这是因为控制器必须使用动态反馈算法。

如果需要使用新的数据继续训练，可以在单击 Train Controller 按钮之前再次单击 Generate Training Data 按钮或 Import Data 按钮（确认选中 Use Current Weights）。另外，如果系统模型不够准确，也会影响控制器的训练。

在 Model Reference Control 对话框中单击 OK 按钮，将训练好的神经网络控制器权值导入 Simulink 模型，并返回到 Simulink 模型窗口。

### 3. 系统仿真

单击"开始"按钮进行仿真，仿真结束后会显示系统的输出和参考信号，如图 10-91 所示。

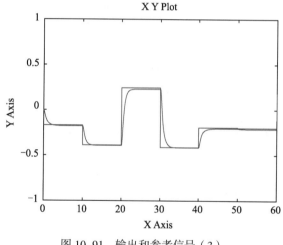

图 10-91　输出和参考信号（3）

## 10.5　本章小结

本章首先讲解了神经网络的发展和学习，并重点介绍了神经网络的结构及其学习规则。为了适应神经网络算法的需要，MATLAB 提供了大量的神经网络算法函数。本章通过案例详细说明了 MATLAB 神经网络工具箱和 Simulink 神经网络控制工具箱的应用。

# 第 11 章

# 模糊逻辑控制

模糊逻辑控制（Fuzzy Logic Control，FLC）是以模糊集合论、模糊语言变量和模糊逻辑控制推理为基础的一种计算机数字控制技术，利用模糊数学的基本思想和理论的控制方法。在传统的控制领域，控制系统动态模式的精确与否是影响控制优劣的最主要关键，系统动态的信息越详细，越能达到精确控制的目的。本章将简单介绍模糊逻辑控制理论，重点介绍模糊逻辑控制的 MATLAB 应用。

**学习目标**
（1）了解模糊逻辑控制的基本概念和应用。
（2）了解 MATLAB 模糊逻辑控制工具箱函数。
（3）熟练掌握模糊逻辑控制在 MATLAB 的应用。

## 11.1  模糊逻辑控制基础

对于复杂的控制系统，由于变量太多，往往难以正确描述系统的动态，于是工程师便利用各种方法简化系统动态，以达成控制的目的，但结果不尽理想。换言之，传统的控制理论对于明确系统有强而有力的控制能力，但对于过于复杂或难以精确描述的系统，则显得无能为力了。因此，学者便尝试以模糊数学解决这些控制问题。

"模糊"是人类感知万物，获取知识，思维推理，决策实施的重要特征。"模糊"比"清晰"所拥有的信息容量更大，内涵更丰富，更符合客观世界。

### 11.1.1  模糊逻辑控制的基本概念

一般控制系统的架构包含 5 个主要部分，即定义变量、模糊化、知识库、逻辑判断和去模糊化，下面对每部分做简单的说明。

（1）定义变量，也就是决定程序被观察的状况及考虑控制的动作。例如，在一般控制问题上，输入变量有输出误差 $E$ 与输出误差变化率 EC，而模糊逻辑控制还将控制变量作为下一个状态的输入 $U$。其中，$E$、EC、$U$ 统称为模糊变量。

（2）模糊化。将输入值以适当的比例转换到论域的数值，利用口语化变量描述测量物理量的过程，根据适合的语言值（Linguistic Value）求该值相对的隶属度，此口语化变量称为模糊子集合（Fuzzy Subsets）。

（3）知识库。知识库包括数据库（Database）和规则库（Rulebase）两部分，其中数据库提供处理模糊数据的相关定义；而规则库则借由一群语言控制规则描述控制目标和策略。

（4）逻辑判断。模仿人类下判断时的模糊概念，运用模糊逻辑控制和模糊推论法进行推论，得到模糊逻辑控制信号。该部分是模糊逻辑控制器的精髓所在。

（5）去模糊化（Defuzzify）。将推论所得到的模糊值转换为明确的控制信号，作为系统的输入值。

## 11.1.2　模糊逻辑控制原理

模糊逻辑控制是以模糊集合理论、模糊语言和模糊逻辑控制为基础的控制，它是模糊数学在控制系统中的应用，是一种非线性智能控制。

模糊逻辑控制通常用"if 条件，then 结果"的形式表现，它是利用人的知识对控制对象进行控制的一种方法，所以又通俗地称为语言控制。

一般无法以严密的数学表示的控制对象模型，即可利用人的经验和知识很好地控制。因此，利用人的智力，模糊地进行系统控制的方法就是模糊逻辑控制。

模糊逻辑控制的基本原理如图 11-1 所示。

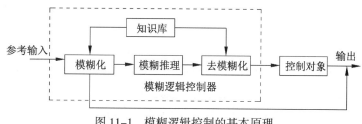

图 11-1　模糊逻辑控制的基本原理

模糊逻辑控制系统原理框图的核心部分为模糊逻辑控制器。

模糊逻辑控制器的控制规律由计算机的程序实现，实现一步模糊逻辑控制算法的过程是：微机采样获取被控制量的精确值，然后将此量与给定值比较得到误差信号 $E$。

一般选误差信号 $E$ 作为模糊逻辑控制器的一个输入量，把 $E$ 的精确值进行模糊量化变成模糊量，误差 $E$ 的模糊量可用相应的模糊语言表示，从而得到误差 $E$ 的模糊语言集合的一个子集 $e$（实际上是一个模糊向量）。

再由 $e$ 和模糊逻辑控制规则 $R$（模糊关系）根据推理的合成规则进行模糊决策，得到模糊逻辑控制量 $u$ 为

$$u = e \cdot R$$

其中，$u$ 为一个模糊量。为了对被控对象施加精确的控制，还需要将模糊量 $u$ 进行去模糊化处理转换为精确量。得到精确数字量后，经数模转换为精确的模拟量送给执行机构，对被控对象进行一步控制。然后，进行第 2 次采样，完成第 2 步控制。如此循环下去，最终实现对被控对象的模糊逻辑控制。

## 11.1.3　模糊逻辑控制器设计包括的内容

利用 MATLAB 实现模糊逻辑控制器的设计，需要包括以下 6 方面的内容。

（1）确定模糊逻辑控制器的输入变量和输出变量（即控制量）。

（2）设计模糊逻辑控制器的控制规则。

（3）确立模糊化和去模糊化（又称为清晰化）的方法。

（4）选择模糊逻辑控制器的输入变量和输出变量的论域并确定模糊逻辑控制器的参数（如量化因子、

比例因子）。

（5）模糊逻辑控制器的软硬件实现。

（6）合理选择模糊逻辑控制算法的采样时间。

### 11.1.4　模糊逻辑控制规则设计

控制规则是模糊逻辑控制器的核心，它的正确与否直接影响到控制器的性能，其数目的多少也是衡量控制器性能的一个重要因素，下面对控制规则进一步探讨。

控制规则的设计是设计模糊逻辑控制器的关键，一般包括 3 部分设计内容：选择描述输入/输出变量的词集、定义各模糊变量的模糊子集和建立模糊逻辑控制器的控制规则。

（1）选择描述输入/输出变量的词集。模糊逻辑控制器的控制规则表现为一组模糊条件语句，在条件语句中描述输入输出变量状态的一些词汇（如"正大""负小"等）的集合，称为这些变量的词集（也可以称为变量的模糊状态）。

选择较多的词汇描述输入/输出变量，可以使制定控制规则方便，但是控制规则相应变得复杂；选择词汇过少，使描述变量变得粗糙，导致控制器的性能变坏。一般情况下选择 7 个词汇，但也可以根据实际系统需要选择 3 个或 5 个语言变量。

针对被控对象，改善模糊逻辑控制结果的目的之一是尽量减小稳态误差。因此，对应于控制器输入/输出误差采用的词集如下。

（负大，负中，负小，零，正小，正中，正大）

用英文首字母缩写为

{NB，NM，NS，ZO，PS，PM，PB}

（2）定义各模糊变量的模糊子集。定义一个模糊子集，实际上就是要确定模糊子集隶属函数曲线的形状。将确定的隶属函数曲线离散化，就得到了有限个点的隶属度，便构成了一个相应的模糊变量的模糊子集。

理论研究显示，在众多隶属函数曲线中，用正态型模糊变量描述进行控制活动时的模糊概念是适宜的。但在实际的工程中，机器对于正态型分布的模糊变量的运算是相当复杂和缓慢的，而对于三角形分布的模糊变量的运算简单、迅速。因此，控制系统的众多控制器一般采用计算相对简单、控制效果迅速的三角形分布。

（3）建立模糊逻辑控制器的控制规则。模糊逻辑控制器的控制规则是基于手动控制策略，而手动控制策略又是人们通过学习、实验和长期经验积累而逐渐形成的存储在操作者头脑中的一种技术知识集合。

手动控制过程一般是通过对被控对象(过程)的一些观测，操作者再根据已有的经验和技术知识，进行综合分析并作出控制决策，调整加到被控对象的控制作用，从而使系统达到预期的目标。

手动控制的作用与自动控制系统中的控制器的作用是基本相同的，不同的是手动控制决策是基于操作系统经验和技术知识，而控制器的控制决策是基于某种控制算法的数值运算。利用模糊集合理论和语言变量的概念，可以把利用语言归纳的手动控制策略上升为数值运算，于是可以采用微型计算机完成这个任务以代替人的手动控制，实现所谓的模糊自动控制。

### 11.1.5　模糊逻辑控制系统的应用领域

模糊逻辑控制以现代控制理论为基础，同时与自适应控制技术、人工智能技术、神经网络技术相结合，在控制领域得到了空前的应用。

（1）Fuzzy-PID 复合控制。Fuzzy-PID 复合控制将模糊技术与常规 PID 控制算法相结合，达到较高的控制精度。当温度偏差较大时，采用 Fuzzy 控制，响应速度快，动态性能好；当温度偏差较小时，采用 PID 控制，静态性能好，满足系统控制精度。因此，它比单个模糊逻辑控制器和单个 PID 调节器都有更好的控制性能。

（2）自适应模糊逻辑控制。该控制方法具有自适应、自学习的能力，能自动地对自适应模糊逻辑控制规则进行修改和完善，提高了控制系统的性能。对于那些具有非线性、大时滞、高阶次的复杂系统有更好的控制性能。

（3）参数自整定模糊逻辑控制，也称为比例因子自整定模糊逻辑控制。这种控制方法对环境变化有较强的适应能力，在随机环境中能对控制器进行自动校正，使控制系统在被控对象特性变化或扰动的情况下仍能保持较好的性能。

（4）专家模糊逻辑控制。模糊逻辑控制与专家系统技术相结合，进一步提高了模糊逻辑控制器智能水平。这种控制方法既保持了基于规则方法的价值和用模糊集处理带来的灵活性，同时把专家系统技术的表达与利用知识的长处结合起来，能够处理更广泛的控制问题。

（5）仿人智能模糊逻辑控制。智能控制（Intelligent Control，IC）算法具有比例模式和保持模式两种基本模式的特点。这两种特点使系统在误差绝对值变化时可处于闭环运行和开环运行两种状态。这就能妥善解决稳定性、准确性、快速性的矛盾，较好地应用于纯滞后对象。

（6）神经模糊逻辑控制。该控制方法以神经网络为基础，利用了模糊逻辑控制具有较强的结构性知识表达能力，即描述系统定性知识的能力、神经网络的强大的学习能力和定量数据的直接处理能力。

（7）多变量模糊逻辑控制。该控制方法适用于多变量控制系统。一个多变量模糊逻辑控制器有多个输入变量和输出变量。

## 11.2　模糊逻辑控制工具箱

MathWorks 公司针对模糊逻辑控制的广泛应用，在 MATLAB 中添加了模糊逻辑控制工具箱。下面主要介绍该工具箱的特点、函数及其应用。

### 11.2.1　功能特点

模糊逻辑控制工具箱具有以下几个特点。

（1）易于使用。模糊逻辑控制工具箱提供了建立和测试模糊逻辑控制系统的一整套功能函数，包括定义语言变量及其隶属度函数、输入模糊推理规则、整个模糊推理系统（Fuzzy Inference System，FIS）的管理以及交互式地观察模糊推理的过程和输出结果。

（2）提供图形化的系统设计界面。在模糊逻辑控制工具箱中包含 5 个图形化的系统设计工具：

① 隶属度函数编辑器，用于通过可视化手段建立语言变量的隶属度函数；

② 模糊推理过程浏览器；

③ 系统输入输出特性曲面浏览器；

④ 模糊推理规则编辑器；

⑤ 模糊推理系统编辑器，用于建立模糊逻辑控制系统的整体框架，包括输入与输出数目、去模糊化方法等。

（3）支持模糊逻辑控制中的高级技术，具体有：

① 模糊推理方法的选择：Sugeno 型推理方法和 Mamdani 型推理方法；

② 用于模式识别的模糊聚类技术；

③ 自适应神经模糊推理系统。

（4）集成的仿真和代码生成功能。模糊逻辑控制工具箱可以通过 Real–Time Workshop 能够生成 ANSI–C 源代码，能够实现与 Simulink 的无缝连接，易于实现模糊系统的实时应用。

（5）独立运行的模糊推理机。在用户完成模糊逻辑控制系统的设计后，可以利用模糊逻辑控制工具箱提供的模糊推理机；将设计结果以 ASCII 码文件保存；实现模糊逻辑控制系统的独立运行或作为其他应用的一部分运行。

## 11.2.2　模糊系统基本类型

在模糊系统中，模糊模型的表示主要有以下两类。

（1）模糊规则的后件是输出量的某一模糊集合，如 NB、PB 等，由于这种表示比较常用，且首次由 Mamdani 采用，因此称它为模糊系统的标准模型或 Mamdani 模型表示。

（2）模糊规则的后件是输入语言变量的函数，典型的情况是输入变量的线性组合。由于该方法是日本学者高木（Takagi）和关野（Sugeno）首先提出来的，因此通常称它为模糊系统的 Takagi–Sugeno（高木–关野）模型，或简称为 Sugeno 模型。

### 1. 基于标准模型的模糊逻辑控制系统

在标准型模糊逻辑控制系统中，模糊规则的前件和后件均为模糊语言值，即具有如下形式。

```
IF x₁ is A₁ and x₂ is A₂ and…and xₙ is Aₙ
THEN y is B
```

其中，$A_i(i=1,2,\cdots,n)$为输入模糊语言值；$B$ 为输出模糊语言值。

基于标准模型的模糊逻辑控制系统原理框图如图 11–2 所示。

模糊规则库由若干 IF–THEN 规则构成。模糊推理机在模糊推理系统中起着核心作用，它将输入模糊集合按照模糊规则映射成输出模糊集合。它提供了一种量化专家语言信息和在模糊逻辑控制原则下系统地利用这类语言信息的一般化模式。

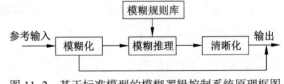

图 11–2　基于标准模型的模糊逻辑控制系统原理框图

### 2. 基于高木-关野（Takagi-Sugeno）模型的模糊逻辑控制系统

高木–关野模糊逻辑控制系统是一类较为特殊的模糊逻辑控制系统，其模糊规则不同于一般的模糊规则形式。

在高木–关野模糊逻辑控制系统中，采用如下形式的模糊规则。

```
IF x₁ is A₁ and x₂ is A₂ and…and xₙ is Aₙ
THEN y = Σⁿᵢ₌₁ cᵢxᵢ
```

$$\text{THEN } y = \sum_{i=1}^{n} c_i x_i$$

其中，$A_i(i=1, 2, \cdots, n)$为输入模糊语言值；$c_i(i=1, 2, \cdots, n)$为真值参数。

可以看出，高木–关野模糊逻辑控制系统的输出量是精确值。这类模糊逻辑控制系统的优点是输出量可用输入值的线性组合来表示，因而能够利用参数估计方法确定系统的参数 $c_i(i=1, 2, \cdots, n)$；同时，可以应用线性控制系统的分析方法近似分析和设计模糊逻辑控制系统。

但是，高木–关野模糊逻辑控制系统也有其缺点，即规则的输出部分不具有模糊语言值的形式，因此不能充分利用专家的控制知识，模糊逻辑控制的各种不同原则在这种模糊逻辑控制系统中应用的自由度也受到限制。

### 11.2.3　模糊逻辑控制系统的构成

标准型模糊逻辑控制系统是模糊逻辑控制系统类型中应用最广泛的系统。MATLAB 模糊逻辑控制工具箱主要针对这一类型的模糊逻辑控制系统提供了分析和设计手段，同时对高木–关野模糊逻辑控制系统也提供了一些相关函数。下面将以标准型模糊逻辑控制系统作为主要讨论对象。

构造一个模糊逻辑控制系统必须明确其主要组成部分。一个典型的模糊逻辑控制系统主要由模糊规则、模糊推理算法、输入变量和输出变量的去模糊化方法、输入与输出语言变量（包括语言值及其隶属度函数）几部分组成。

在 MATLAB 模糊逻辑控制工具箱中构造一个模糊推理系统的步骤如下。

（1）模糊推理系统对应的数据文件，其扩展名为.fis，用于对该模糊系统进行存储、修改和管理。

（2）确定输入、输出语言变量及其语言值。

（3）确定各语言值的隶属度函数，包括隶属度函数的类型和参数。

（4）确定模糊规则。

（5）确定各种模糊运算方法，包括模糊推理方法、模糊化方法、去模糊化方法等。

### 11.2.4　模糊推理系统的建立、修改与存储管理

模糊逻辑控制工具箱把模糊推理系统的各部分作为一个整体，并以文件形式对模糊推理系统进行建立、修改和存储等管理功能。表 11-1 所示为有关模糊推理系统管理的函数及其功能。

表 11-1　有关模糊推理系统管理的函数及其功能

| 序　号 | 函 数 名 称 | 函 数 功 能 |
|:---:|:---:|:---|
| 1 | newfis() | 创建一个新的模糊推理系统 |
| 2 | genfis() | 从数据生成模糊推理系统对象 |
| 3 | mamfis() | 创建Mamdani模糊推理系统 |
| 4 | readfis() | 从磁盘读出存储的模糊推理系统 |
| 5 | getfis() | 获得模糊推理系统的特性数据 |
| 6 | writefis() | 保存模糊推理系统 |
| 7 | showfis() | 显示添加注释了的模糊推理系统 |
| 8 | setfis() | 设置模糊推理系统的特性 |
| 9 | plotfis() | 图形显示模糊推理系统的输入–输出特性 |
| 10 | convertToSugeno() | 将Mamdani型模糊推理系统转换为Sugeno型 |

**1. 创建一个新的模糊推理系统**

创建一个新的模糊推理系统的函数为 newfis()，调用格式为

```
fis=newfis(name)                        %返回具有指定名称的默认 Mamdani 型模糊推理系统
fis=newfis(name,Name,Value)             %返回指定属性的模糊推理系统，属性由一个或多个名称（Name）-
                                        %值（Value）参数对指定
```

【例 11-1】newfis()函数应用示例。在命令行窗口中依次输入以下语句。

```
>> sys=newfis('fis')
sys =
  mamfis - 属性:

                        Name: "fis"
                   AndMethod: "min"
                    OrMethod: "max"
           ImplicationMethod: "min"
           AggregationMethod: "max"
        DefuzzificationMethod: "centroid"
                      Inputs: [0×0 fisvar]
                     Outputs: [0×0 fisvar]
                       Rules: [0×0 fisrule]
     DisableStructuralChecks: 0
     See 'getTunableSettings' method for parameter optimization.
>> sys=newfis('fis','DefuzzificationMethod','bisector','ImplicationMethod','prod')
ys =
  mamfis - 属性:

                        Name: "fis"
                   AndMethod: "min"
                    OrMethod: "max"
           ImplicationMethod: "prod"
           AggregationMethod: "max"
        DefuzzificationMethod: "bisector"
                      Inputs: [0×0 fisvar]
                     Outputs: [0×0 fisvar]
                       Rules: [0×0 fisrule]
     DisableStructuralChecks: 0
     See 'getTunableSettings' method for parameter optimization.
```

### 2. 从数据生成模糊推理系统对象

从数据生成模糊推理系统对象的函数为 genfis()。该函数的特性可以由函数的参数指定，调用格式为

```
fis=genfis(inputData,outputData)            %利用给定的输入数据 inputData 和输出数据
                                            %outputData 的网格划分返回单输出 Sugeno 型模
                                            %糊推理系统 fis
fis=genfis(inputData,outputData,options)    %返回使用指定的输入/输出数据和选项生成的模糊推
                                            %理系统。可以使用网格划分、减法聚类或模糊 c-均
                                            %值（FCM）聚类生成模糊系统
```

【例 11-2】genfis()函数应用示例。在命令行窗口中依次输入以下语句。

```
>> inputData=[rand(10,1) 10*rand(10,1)-5];
>> outputData=rand(10,1);
>> fis=genfis(inputData,outputData)
fis =
  sugfis - 属性:
```

```
                    Name: "fis"
               AndMethod: "prod"
                OrMethod: "max"
       ImplicationMethod: "prod"
       AggregationMethod: "sum"
    DefuzzificationMethod: "wtaver"
                  Inputs: [1×2 fisvar]
                 Outputs: [1×1 fisvar]
                   Rules: [1×4 fisrule]
  DisableStructuralChecks: 0
  See 'getTunableSettings' method for parameter optimization.
```

### 3. 创建Mamdani型模糊推理系统

创建 Mamdani 型模糊推理系统的函数为 mamfis()，调用格式为

```
fis=mamfis                    %使用默认属性值创建 Mamdani 型模糊推理系统
fis=mamfis(Name,Value)        %指定 fis 配置信息或使用 Name-Value（名称-属性值）参数设置对象
                              %属性，请查阅帮助系统
```

在 MATLAB 内存中，模糊推理系统的数据是以矩阵形式存储的。

【例 11-3】mamfis()函数应用示例。在命令行窗口中输入以下语句。

```
>> fis=mamfis("NumInputs",3,"NumOutputs",1)
fis =
 mamfis - 属性:
                    Name: "fis"
               AndMethod: "min"
                OrMethod: "max"
       ImplicationMethod: "min"
       AggregationMethod: "max"
    DefuzzificationMethod: "centroid"
                  Inputs: [1×3 fisvar]
                 Outputs: [1×1 fisvar]
                   Rules: [1×27 fisrule]
  DisableStructuralChecks: 0
  See 'getTunableSettings' method for parameter optimization.
```

### 4. 从磁盘中加载模糊推理系统

从磁盘中加载模糊推理系统的函数为 readfis()，调用格式为

```
fis=readfis                   %打开用于选择和读取.fis 文件的对话框
fis=readfis(fileName)         %从文件名指定的文件中读取 fis
```

【例 11-4】readfis()函数应用示例。在命令行窗口中输入以下语句。

```
>> fis=readfis('tipper')
fis =
 mamfis - 属性:
                    Name: "tipper"
               AndMethod: "min"
                OrMethod: "max"
       ImplicationMethod: "min"
```

```
            AggregationMethod: "max"
        DefuzzificationMethod: "centroid"
                       Inputs: [1×2 fisvar]
                      Outputs: [1×1 fisvar]
                        Rules: [1×3 fisrule]
       DisableStructuralChecks: 0
     See 'getTunableSettings' method for parameter optimization.
```

**5. 获得模糊推理系统的部分或全部属性**

获得模糊推理系统的部分或全部属性的函数为 getfis()，调用格式为

```
getfis(sys)
fisInfo=getfis(sys)
fisInfo=getfis(sys,fisProperty)
varInfo=getfis(sys,varType,varIndex)
varInfo=getfis(sys,varType,varIndex,varProperty)
mfInfo=getfis(sys,varType,varIndex,'mf',mfIndex)
mfInfo=getfis(sys,varType,varIndex,'mf',mfIndex,mfProperty)
```

其中，fisProperty 为要设置的 FIS 特性字符串；varType 为指定语言变量的类型；varProperty 为要设置的变量域名字符串；varIndex 为指定语言变量的编号；mf 为隶属函数的名称；mfIndex 为隶属函数的编号；mfProperty 为要设置的隶属函数域名的字符串。

**说明：** 该函数在 MATLAB 的未来版本中可能被淘汰，更新后采用点表示法，如表 11-2 所示。

表 11-2 getfis()函数新旧格式调用格式对照

| 序 号 | 原调用格式 | 新调用格式 |
|---|---|---|
| 1 | getfis(fis,'andmethod') | fis.AndMethod |
| 2 | getfis(fis,'input',1) | fis.Inputs(1) |
| 3 | getfis(fis,'input',1,'name') | fis.Inputs(1).Name |
| 4 | getfis(fis,'input',2,'mf',1) | fis.Inputs(2).MembershipFunctions(1) |
| 5 | getfis(fis,'input',2,'mf',1, params) | fis.Inputs(2).MembershipFunctions(1).Parameters |

**【例 11-5】** getfis()函数应用示例。利用 getfis()函数获取 type 返回值 fis 的属性。在命令行窗口中依次输入以下语句。

```
>> getfis(fis,'type')                    %旧语法
ans =
    'mamdani'
>> fis.type                              %新语法
ans =
    'mamdani'
```

**6. 将模糊推理系统保存到文件**

将模糊推理系统保存到文件的函数为 writefis()，调用格式为

```
writefis(fis)
writefis(fis,fileName)
writefis(fis,fileName,"dialog")
```

【**例 11-6**】writefis()函数应用示例。在命令行窗口中依次输入以下语句。

```
>> fis=mamfis('Name','tipper');
>> fis=addInput(fis,[0 10],'Name','service');
>> fis=addMF(fis,'service','gaussmf',[1.5 0],'Name','poor');
>> fis=addMF(fis,'service','gaussmf',[1.5 5],'Name','good');
>> fis=addMF(fis,'service','gaussmf',[1.5 10],'Name','excellent');
>> writefis (fis,'myFile');
```

此时在 MATLAB 当前文件夹中会生成一个 myFile.fis 文件，其内容如下。

```
[System]
Name='myFile'
Type='mamdani'
Version=2.0
NumInputs=1
NumOutputs=0
NumRules=0
AndMethod='min'
OrMethod='max'
ImpMethod='min'
AggMethod='max'
DefuzzMethod='centroid'

[Input1]
Name='service'
Range=[0 10]
NumMFs=3
MF1='poor':'gaussmf',[1.5 0]
MF2='good':'gaussmf',[1.5 5]
MF3='excellent':'gaussmf',[1.5 10]

[Rules]
```

**7. 以分行的形式显示模糊推理系统矩阵的所有属性**

以分行的形式显示模糊推理系统矩阵所有属性的函数为 showfis()，调用格式为

```
showfis(fisMat)                    %fisMat 为模糊推理系统在内存中的矩阵表示
```

**说明**：该函数在 MATLAB 的未来版本中可能被淘汰，查看模糊系统 myFIS 属性的函数 showfis(myFIS) 更新为直接采用 myFIS。要查看其他 FIS 属性，可以使用点表示法。例如，查看有关第 1 个输入变量的成员函数的信息，可以在命令行窗口中输入以下语句。

```
myFIS.Inputs(1).MembershipFunctions
```

【**例 11-7**】showfis()函数应用示例。在命令行窗口中依次输入以下语句。

```
>> a=readfis('tipper');
>> showfis(a)
1.  Name            tipper
2.  Type            mamdani
3.  Inputs/Outputs  [2 1]
4.  NumInputMFs     [3 2]
```

```
5.  NumOutputMFs    3
    …                                              %中间省略
42. Rule Connection  2
43.                  1
44.                  2
```

### 8. 设置模糊推理系统属性

设置模糊推理系统属性的函数为 setfis()，调用格式为

```
fis=setfis(fis,fisPropName,fisPropVal)
fis=setfis(fis,varType,varIndex,varPropName,varPropVal)
fis=setfis(fis,varType,varIndex,'mf',mfIndex,mfPropName,mfPropVal)
```

**说明**：该函数在 MATLAB 的未来版本中可能被淘汰，更新后采用点表示法，如表 11-3 所示。

表 11-3　setfis()函数新旧调用格式对照

| 序　号 | 原调用格式 | 新调用格式 |
| --- | --- | --- |
| 1 | fis = setfis(fis,'andmethod','prod') | fis.AndMethod = 'prod' |
| 2 | fis = setfis(fis,'input',1,'name','service') | fis.Inputs(1).Name = "service" |
| 3 | fis = setfis(fis,'input',2,'mf',1,params,[5 10 15]) | fis.Inputs(2).MembershipFunctions(1).Parameters = [5 10 15] |

【例 11-8】setfis()函数应用示例。在命令行窗口中依次输入以下语句。

```
>> fis=readfis('tipper');
>> fis2=setfis(fis,'name','eating');              %旧语法
>> fis2.Inputs(1).Name="eating";                  %新语法
fis2 =
  mamfis - 属性:

                    Name: "eating"
               AndMethod: "min"
                OrMethod: "max"
       ImplicationMethod: "min"
       AggregationMethod: "max"
    DefuzzificationMethod: "centroid"
                  Inputs: [1×2 fisvar]
                 Outputs: [1×1 fisvar]
                   Rules: [1×3 fisrule]
    DisableStructuralChecks: 0
    See 'getTunableSettings' method for parameter optimization.
>> getfis(fis2,'name')                             %旧语法
ans =
    'eating'
>> fis2.Name                                       %新语法
ans =
    "eating"
```

### 9. 绘图表示模糊推理系统

绘图表示模糊推理系统的函数为 plotfis()，调用格式为

```
plotfis(fisMat)                    %fisMat 为模糊推理系统对应的矩阵名称
```

【例 11-9】plotfis()函数应用示例。在命令行窗口中依次输入以下语句，可以以图形形式显示如图 11-3 所示的模糊推理系统。

```
>> fis=readfis('tipper');
>> plotfis(fis)
```

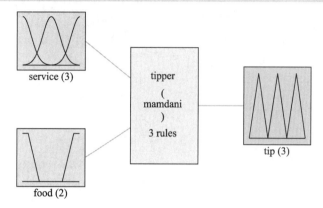

System tipper: 2 inputs, 1 outputs, 3 rules

图 11-3  模糊推理系统图形表示

### 10. 将Mamdani型模糊推理系统转换为Sugeno型

将 Mamdani 型模糊推理系统转换为 Sugeno 型的函数为 convertToSugeno()，调用格式为

```
sugenoFIS=convertToSugeno(mamdaniFIS)
```

convertToSugeno()函数可将 Mamdani 型模糊推理系统转换为零阶的 Sugeno 型模糊推理系统，得到的 Sugeno 型模糊推理系统具有常数隶属度函数，其常数值由原来 Mamdani 型系统得到的隶属度函数的质心确定，并且其前件不变。

**说明**：当前版本及未来版本中采用 convertToSugeno()函数，实现模糊推理系统的转换。在 MATLAB 的旧版本中采用 mam2sug()函数，调用格式如下。

```
sug_fisMat=mam2sug(mam_fisMat)
```

【例 11-10】convertToSugeno()函数应用示例。在编辑器中编写以下代码。

```
mam_fismat=readfis('mam22.fis');
sug_fismat=convertToSugeno(mam_fismat);
subplot(2,2,1)
gensurf(mam_fismat)
title('Mamdani system (Output 1)')
subplot(2,2,2)
gensurf(sug_fismat)
title('Sugeno system (Output 1)')
subplot(2,2,3)
gensurf(mam_fismat,gensurfOptions('OutputIndex',2))
title('Mamdani system (Output 2)')
subplot(2,2,4)
gensurf(sug_fismat,gensurfOptions('OutputIndex',2))
title('Sugeno system (Output 2)')
```

运行程序，输出如图 11-4 所示的图形，可以看出两个系统的输出面类似。

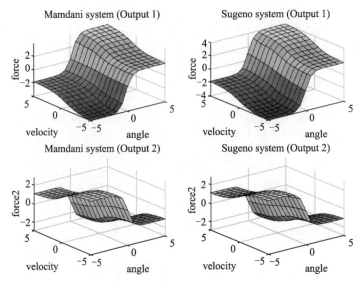

图 11-4  Mamdani 型模糊推理系统转换为 Sugeno 型

## 11.2.5  模糊语言变量及其语言值

专家的控制知识在模糊推理系统中以模糊规则的形式表示。为了直接反映人类自然语言的模糊性特点，在模糊规则的前件和后件中引入语言变量和语言值的概念。

语言变量分为输入语言变量和输出语言变量，输入语言变量是对模糊推理系统输入变量的模糊化描述，通常位于模糊规则的前件中，输出语言变量是对模糊推理系统输出变量的模糊化描述，通常位于模糊规则的后件中。

语言变量具有多个语言值，每个语言值对应一个隶属度函数。语言变量的语言值构成了对输入和输出空间的模糊分割，模糊分割的个数（即语言值的个数）和语言值对应的隶属度函数决定了模糊分割的精细化程度。

模糊分割的个数也决定了模糊规则的个数，模糊分割数越多，控制规则数也越多。因此，在设计模糊推理系统时，应在模糊分割的精细程度与控制规则的复杂性之间取得折中。

MATLAB 模糊逻辑控制工具箱提供了向模糊推理系统添加或删除模糊语言变量及其语言值的函数，如表 11-4 所示。

表 11-4  添加或删除模糊语言变量函数

| 序　号 | 函 数 名 称 | 函 数 功 能 |
|---|---|---|
| 1 | addvar() | 添加模糊语言变量 |
| 2 | rmvar() | 删除模糊语言变量 |

### 1.  向模糊推理系统添加语言变量

向模糊推理系统添加语言变量的函数为 addvar()，调用格式为

```
a=addvar(a,'varType','varName',varBounds)    %varType 为指定语言变量的类型；varName
                                             %为指定语言变量的名称；varBounds 为指定语
                                             %言变量的论域范围
```

说明：该函数在 MATLAB 的未来版本中可能被淘汰，采用如表 11-5 所示的函数替代。

表 11-5　addvar()函数新旧调用格式对照

| 序　号 | 原调用格式 | 新调用格式 |
| --- | --- | --- |
| 1 | fis = addvar(fis,'input', 'service',[0 10]) | fis = addInput(fis,[0 10], 'Name',"service") |
| 2 | fis = addvar(fis,'output', 'tip',[0 30]) | fis = addOutput(fis,[0 30], 'Name',"tip") |

【例 11-11】addvar()函数应用示例。在命令行窗口中依次输入以下语句。

```
%% 旧语法操作
>> fis=newfis('tipper');
>> fis=addvar(fis,'input','service',[0 10]);
>> getfis(fis,'input',1)
ans =
  包含以下字段的 struct:
    Name: 'service'
   NumMFs: 0
    range: [0 10]

%% 新语法操作
>> fis=mamfis;
>> fis=addInput (fis,[0 10],'Name','service');
>> fis.input(1)
  fisvar - 属性:
                Name: "service"
               Range: [0 10]
  MembershipFunctions: [0×0 fismf]
```

### 2. 从模糊推理系统中删除语言变量

从模糊推理系统中删除语言变量的函数为 rmvar()，调用格式为

```
fis2=rmvar(fis,'varType',varIndex)          %fis 为矩阵名称；varType 为用于指定语言变量的
                                            %类型；varIndex 为语言变量的编号
[fis2,errorStr]=rmvar(fis,'varType',varIndex)
```

当一个模糊语言变量正在被当前的模糊规则集使用时，则不能删除该变量。在一个模糊语言变量被删除后，工具箱将会自动地对模糊规则集进行修改，以保证一致性。

说明：该函数在 MATLAB 的未来版本中可能被淘汰，采用如表 11-6 所示的函数替代。

表 11-6　rmvar()函数新旧调用格式对照

| 序　号 | 原调用格式 | 新调用格式 |
| --- | --- | --- |
| 1 | fis = rmvar(fis,'input',1) | fis = removeInput(fis,"service") |
| 2 | fis = rmvar(fis,'output',1) | fis = removeOutput(fis,"tip") |

【例 11-12】rmvar()、removeInput()、removeOutput()函数应用示例。在命令行窗口中依次输入以下语句。

```
%% 旧语法操作
>> fis=newfis('mysys');
```

```
>> fis=addvar(fis,'input','temperature',[0 100]);
>> getfis(fis)
    Name      = mysys
    Type      = mamdani
    NumInputs = 1
    InLabels  =
         temperature
    NumOutputs = 0
    OutLabels =
    NumRules = 0
    AndMethod = min
    OrMethod = max
    ImpMethod = min
    AggMethod = max
    DefuzzMethod = centroid
>> fis=rmvar(fis,'input',1);
>> getfis(fis)
    Name      = mysys
    Type      = mamdani
    NumInputs = 0
    InLabels  =
    NumOutputs = 0
    OutLabels =
    NumRules = 0
    AndMethod = min
    OrMethod = max
    ImpMethod = min
    AggMethod = max
    DefuzzMethod = centroid

%% 新语法操作
>> fis=mamfis;
>> fis=addInput(fis,[0 10],'Name','service');
>> fis=addInput(fis,[0 100],'Name','temperature');
>> fis.input
ans =
  1×2 fisvar 数组 - 属性:
    Name
    Range
    MembershipFunctions
  Details:
          Name          Range         MembershipFunctions

          _____  _____       _____

    1    "service"       0    10        {0×0 fismf}
    2    "temperature"   0    100       {0×0 fismf}
>> fis=removeInput(fis,"service");
>> fis.input
ans =
```

```
fisvar - 属性:
                    Name: "temperature"
                   Range: [0 100]
    MembershipFunctions: [0×0 fismf]
```

### 11.2.6　模糊语言变量的隶属度函数

MATLAB 模糊工具箱提供了如表 11-7 所示的模糊隶属度函数，用于生成特殊情况的隶属函数，包括常用的三角形、高斯型、π形、钟形等隶属函数。

表 11-7　模糊隶属度函数

| 序　号 | 函　数　名 | 函数功能描述 | 序　号 | 函　数　名 | 函数功能描述 |
|---|---|---|---|---|---|
| 1 | pimf() | 建立π形隶属度函数 | 5 | smf() | 建立S形隶属度函数 |
| 2 | gauss2mf() | 建立双边高斯型隶属度函数 | 6 | trapmf() | 生成梯形隶属度函数 |
| 3 | gaussmf() | 建立高斯型隶属度函数 | 7 | trimf() | 生成三角形隶属度函数 |
| 4 | gbellmf() | 生成一般的钟形隶属度函数 | 8 | zmf() | 建立Z形隶属度函数 |

#### 1.　建立π形隶属度函数

建立π形隶属度函数的函数为 pimf()，调用格式为

```
y=pimf(x,params)        %参数 x 指定函数的自变量范围
y=pimf(x,[a b c d])     %[a b c d]决定函数的形状，a 和 b 分别对应曲线下部的左、右两个拐点，b
                        %和 c 分别对应曲线上部的左、右两个拐点
```

π形函数是一种基于样条的函数，由于其形状类似字母π而得名。

【例 11-13】利用 pimf()函数建立π形隶属度函数。在编辑器中编写代码如下。

```
x=0:0.1:10;
y=pimf(x,[1 4 5 10]);
plot(x,y) ;grid on
xlabel('函数输入值');ylabel('函数输出值')
```

运行程序，得到π形隶属度函数曲线，如图 11-5 所示。

#### 2.　建立双边高斯型隶属度函数

建立双边高斯型隶属度函数的函数为 gauss2mf()，调用格式为

```
y=gauss2mf(x,[sig1 c1 sig2 c2])        %参数 sig1、c1、sig2、c2 分别对应左、右半边高斯函
                                       %数的宽度与中心点，c2>c1
```

双边高斯型函数的曲线由两个中心点相同的高斯型函数的左、右半边曲线组合而成。

【例 11-14】利用 gauss2mf()函数建立双边高斯型隶属度函数。在编辑器中编写代码如下。

```
x=[0:0.1:10]';
y1=gauss2mf(x,[2 4 1 8]);
y2=gauss2mf(x,[2 5 1 7]);
y3=gauss2mf(x,[2 6 1 6]);
y4=gauss2mf(x,[2 7 1 5]);
y5=gauss2mf(x,[2 8 1 4]);
plot(x,[y1 y2 y3 y4 y5]);grid on
xlabel('函数输入值');ylabel('函数输出值')
```

运行程序，得到双边高斯型隶属度函数曲线，如图 11-6 所示。

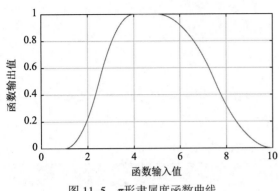

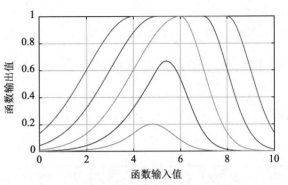

图 11-5　π形隶属度函数曲线　　　　　图 11-6　双边高斯型隶属度函数曲线

### 3. 建立高斯型隶属度函数

建立高斯型隶属度函数的函数为 gaussmf()，调用格式为

```
y=gaussmf(x,[sig c])    %c 决定函数的中心点，sig 决定函数曲线的宽度 σ，x 用于指定变量的论域
```

高斯函数的表达式为

$$y = e^{-\frac{(x-c)^2}{\sigma^2}}$$

【例 11-15】利用 gaussmf()函数建立高斯型隶属度函数。在编辑器中编写代码如下。

```
x=0:0.1:10;
y=gaussmf(x,[2 5]);
plot(x,y);grid on
xlabel('函数输入值');ylabel('函数输出值')
```

运行程序，得到高斯型隶属度函数曲线，如图 11-7 所示。

### 4. 建立一般的钟形隶属度函数

建立一般的钟形隶属度函数的函数为 gbellmf()，调用格式为

```
y=gbellmf(x, [a b c])                      %参数 x 指定变量的论域范围，[a b c]指定钟形函数的形状
```

钟形函数的表达式为

$$y = \frac{1}{1 + \left| \dfrac{x-c}{a} \right|^{2b}}$$

【例 11-16】利用 gbellmf()函数建立一般的钟形隶属度函数。在编辑器中编写代码如下。

```
x=0:0.1:10;
y=gbellmf(x,[2 4 6]);
plot(x,y);grid on
xlabel('函数输入值');ylabel('函数输出值')
```

运行程序，得到一般的钟形隶属度函数曲线，如图 11-8 所示。

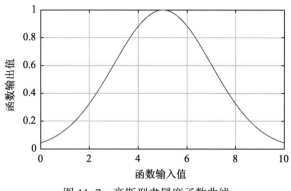

图 11-7　高斯型隶属度函数曲线

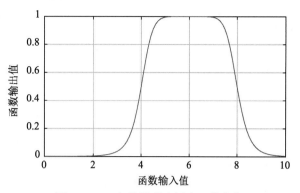

图 11-8　一般的钟形隶属度函数曲线

### 5. 建立S形隶属度函数

建立 S 形隶属度函数的函数为 smf()，调用格式为

```
y=smf(x,[a b])
```

【例 11-17】利用 smf()函数建立 S 形隶属度函数。在编辑器中编写代码如下。

```
x=0:0.1:10;
y=smf(x,[1 8]);
plot(x,y);grid on
xlabel('函数输入值');ylabel('函数输出值')
```

运行程序，得到 S 形隶属度函数曲线，如图 11-9 所示。

### 6. 建立梯形隶属度函数

建立梯形隶属度函数的函数为 trapmf()，调用格式为

```
y=trapmf(x,[a,b,c,d])    %参数 x 指定变量的论域范围，参数 a、b、c 和 d 指定梯形隶属度函数的形状
```

梯形隶属度函数对应的表达式为

$$
f(x,a,b,c,d)=\begin{cases}0, & x<a \\ \dfrac{x-a}{b-a}, & a\leqslant x\leqslant b \\ 1, & b<x<c \\ \dfrac{d-x}{d-c}, & c\leqslant x\leqslant d \\ 0, & d<x\end{cases}
$$

【例 11-18】利用 trapmf()函数建立梯形隶属度函数。在编辑器中编写代码如下。

```
x=0:0.1:10;
y=trapmf(x,[1 5 7 8]);
plot(x,y);grid on
xlabel('函数输入值');ylabel('函数输出值')
```

运行程序，得到梯形隶属度函数曲线，如图 11-10 所示。

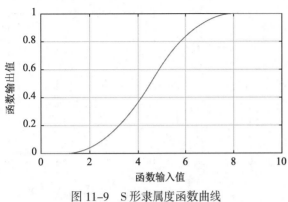

图 11-9　S 形隶属度函数曲线　　　　　图 11-10　梯形隶属度函数曲线

### 7. 建立三角形隶属度函数

建立三角形隶属度函数的函数为 trimf()，调用格式为

```
y=trimf(x,[a,b,c])        %参数 x 指定变量的论域范围，参数 a、b 和 c 指定三角形函数的形状
```

三角形隶属度函数的表达式为

$$f(x,a,b,c)=\begin{cases} 0, & x<a \\ \dfrac{x-a}{b-a}, & a\leqslant x<b \\ \dfrac{c-x}{c-b}, & b\leqslant x<c \\ 0, & c\leqslant x \end{cases}$$

【例 11-19】利用 trimf() 函数建立三角形隶属度函数。在编辑器中编写代码如下。

```
x=0:0.1:10;
y=trimf(x,[3 6 8]);
plot(x,y);grid on
xlabel('函数输入值');ylabel('函数输出值')
```

运行程序，得到三角形隶属度函数曲线，如图 11-11 所示。

### 8. 建立Z形隶属度函数

建立 Z 形隶属度的函数为 zmf()，调用格式为

```
y=zmf(x,[a,b])           %Z 形函数是一种基于样条插值的函数，a 和 b 分别定义样条插值的起点和终点
                         %参数 x 指定变量的论域范围
```

Z 形隶属度函数的表达式为

$$f(x,a,b)=\begin{cases} 1, & x<a \\ 1-2\left(\dfrac{x-a}{b-a}\right)^2, & a\leqslant x<\dfrac{a+b}{2} \\ 2\left(\dfrac{x-b}{b-a}\right)^2, & \dfrac{a+b}{2}\leqslant x<b \\ 0, & b\leqslant x \end{cases}$$

【例 11-20】利用 zmf() 函数建立 Z 形隶属度函数。在编辑器中编写代码如下。

```
x=0:0.1:10;
y=zmf(x,[3 7]);
plot(x,y);grid on
xlabel('函数输入值');ylabel('函数输出值')
```

运行程序，得到 Z 形隶属度函数曲线，如图 11-12 所示。

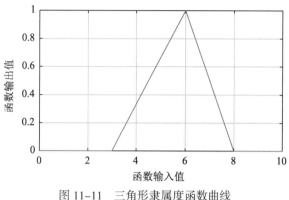

图 11-11  三角形隶属度函数曲线

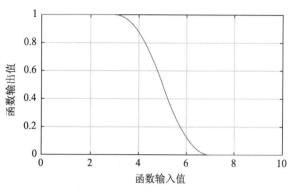

图 11-12  Z 形隶属度函数曲线

## 11.2.7  模糊规则的建立与修改

模糊规则在模糊推理系统中以模糊语言的形式描述人类的经验和知识，规则能否正确地反映人类专家的经验和知识，能否准确地反映对象的特性，直接决定模糊推理系统的性能。模糊规则的这种形式化表示是符合人们通过自然语言对许多知识的描述和记忆习惯的。

MATLAB 模糊逻辑控制工具箱为用户提供了有关对模糊规则建立和操作的函数，如表 11-8 所示。

表 11-8  模糊规则建立和操作的函数

| 序  号 | 函 数 名 | 函 数 功 能 |
|---|---|---|
| 1 | addRule() | 向模糊推理系统添加模糊规则 |
| 2 | showrule() | 显示模糊规则 |

### 1. 向模糊推理系统添加模糊规则

向模糊推理系统添加模糊规则的函数为 addRule()，调用格式为

```
fisOut=addRule(fisIn)              %fisIn 和 fisOut 为添加规则前后模糊推理系统对应的矩阵名称
fisOut=addRule(fisIn,ruleList)     %ruleList 以向量的形式给出需要添加的模糊规则
```

说明：ruleList 以向量的形式给出需要添加的模糊规则，该向量的格式有严格的要求，如果模糊推理系统有 $m$ 个输入语言变量和 $n$ 个输出语言变量，则向量 ruleList 的列数必须为 $m+n+2$，而行数任意。

在 ruleList 的每行中，前 $m$ 个数字表示各输入变量对应的隶属度函数的编号；其后的 $n$ 个数字表示输出变量对应的隶属度函数的编号；第 $m+n+1$ 个数字是该规则适用的权重，权重的值为 $0\sim1$，一般设定为 1；第 $m+n+2$ 个数字为 1 或 2，如果为 1 则表示模糊规则前件的各语言变量之间是"与"的关系，如果为 2 则表示是"或"的关系。

例如，当"输入 1"为"名称 1"，"输入 2"为"名称 3"时，输出为"输出 1"的"状态 2"，则写为 [1 3 2 1 1]。

MATLAB 智能算法（第 2 版）

例如，fisMat 系统有两个输入和一个输出，其中两条模糊规则分别为

```
IF x is X1 and y is Y1 THEN z is Z1
IF x is X1 and y is Y2 THEN z is Z2
```

则可采用如下 MATLAB 语句实现上述两条模糊规则。

```
rulelist=[1 1 1 1 1; 1 2 2 1 1];
fisMat=addRule(fis,rulelist)
```

【例 11-21】addRule()函数应用示例。在编辑器中输入以下代码。

```
fis=readfis('tipper');
fis.Rules=[];
rule1="service==poor|food==rancid=>tip=cheap";
rule2="service==excellent&food~=rancid=>tip=generous";
rules=[rule1 rule2];
fis1=addRule(fis,rules);
Fis1Rules=fis1.Rules

fis=readfis('mam22.fis');
fis.Rules=[];
rule11=[1 2 1 4 1 1];
rule12=[-1 1 3 2 1 1];
rules=[rule11;rule12];
fis2=addRule(fis,rules);
Fis2Rules=fis2.Rules
```

运行程序，可以得到如下结果。

```
FIS1Rules =
  1×2 fisrule 数组 - 属性:
    Description
    Antecedent
    Consequent
    Weight
    Connection
  Details:
                      Description
    _____

    1    "service==poor | food==rancid => tip=cheap (1)"
    2    "service==excellent & food~=rancid => tip=generous (1)"

FIS2Rules =
  1×2 fisrule 数组 - 属性:
    Description
    Antecedent
    Consequent
    Weight
    Connection
  Details:
```

```
                              Description
_____
    1    "angle==small & velocity==big => force=negBig, force2=posBig2 (1)"
    2    "angle~=small & velocity==small => force=posSmall, force2=negSmall2 (1)"
```

### 2.　显示模糊规则

显示模糊规则的函数为 showrule()，调用格式为

```
showrule(fis)                   %显示模糊推理系统 fis 中的规则
showrule(fis,Name,Value)        %参数 Name,Value 是规则显示方式，规则编号可以以向量形式指定多个规则
```

该函数用于显示指定的模糊推理系统的模糊规则，模糊规则可以按 3 种方式显示，即详述方式
（Verbose）、符号方式（Symbolic）和隶属度函数编号方式（Membership Function Index Referencing）。

【例 11-22】showrule() 函数应用示例。在命令行窗口中依次输入以下语句。

```
>> fis=readfis('tipper');
>> showrule(fis,'RuleIndex',[1 3])
ans =
  2×78 char 数组
    '1. If (service is poor) or (food is rancid) then (tip is cheap) (1)       '
    '3. If (service is excellent) or (food is delicious) then (tip is generous) (1)'
```

## 11.2.8　模糊推理计算与去模糊化

在建立好模糊语言变量及其隶属度的值，并构造完成模糊规则之后，就可执行模糊推理计算了。模糊
推理的执行结果与模糊蕴含操作的定义、推理合成规则、模糊规则前件部分的连接词 and 的操作定义等有
关，因而有多种不同的算法。

目前常用的模糊推理合成规则是"极大-极小"合成规则，设 $R$ 表示规则"$X$ 为 $A \rightarrow Y$ 为 $B$"表达的模
糊关系，则当 $X$ 为 $A'$ 时，按照"极大-极小"规则进行模糊推理的结论 $B'$ 计算如下。

$$B' = A' \cdot R = \int_Y \bigvee_{x \in X} \left[ \mu_{A'}(x) \wedge \mu_R(x,y) \right] / y$$

模糊逻辑控制工具箱提供了有关模糊推理计算与去模糊化的函数，如表 11-9 所示。

表 11-9　模糊推理计算与去模糊化的函数

| 序　号 | 函 数 名 称 | 函 数 功 能 |
|---|---|---|
| 1 | evalfis() | 执行模糊推理计算 |
| 2 | defuzz() | 执行去模糊化 |
| 3 | gensurf() | 生成模糊推理系统的输出曲面并显示 |

### 1.　执行模糊推理计算

执行模糊推理计算的函数为 evalfis()，调用格式为

```
output=evalfis(fis,input)          %计算评估已知模糊推理系统 fis 的输入值，并返回结果
output=evalfis(fis,input,options)  %使用指定的评估项评估模糊推理系统
[output,fuzzifiedIn,ruleOut,aggregatedOut,ruleFiring]=evalfis(___)
                                   %返回模糊推理过程的中间结果
```

【例 11-23】evalfis() 函数应用示例。在命令行窗口中依次输入以下语句。

```
>> fis=readfis('tipper');
```

```
>> output1=evalfis(fis,[2 1])
output1 =
    7.0169
>> input=[2 1; 4 5; 7 8];
>> output2=evalfis(fis,input)
output2 =
    7.0169
   14.4585
   20.3414
```

### 2. 执行去模糊化

执行去模糊化的函数为 defuzz()，调用格式为

```
output=defuzz(x,mf,method)        %返回 x 中变量值处隶属函数 mf 的去模糊化输出值
                                  %参数 x 为变量的论域范围；mf 为待去模糊化的模糊集合
                                  %method 为指定的去模糊化方法
```

【例 11-24】defuzz()函数应用示例。在命令行窗口中依次输入以下语句。

```
>> x=-5:0.1:5;
>> mf=trapmf(x,[-8 -6 -2 8]);
>> out=defuzz(x,mf,'centroid')
out =
  -0.8811
```

### 3. 生成模糊推理系统的输出曲面并显示

生成模糊推理系统的输出曲面并显示的函数为 gensurf()，调用格式为

```
gensurf(fis)               %生成模糊推理系统 fis 的输出曲面，fis 为模糊推理系统对应的矩阵
gensurf(fis,options)       %使用指定的选项 options 生成输出曲面
[X,Y,Z]=gensurf(___)       %将三维曲面数据信息存储到矩阵[x,y,z]中，然后可以利用 mesh、surf 等命
                           %令绘图
```

【例 11-25】defuzz()函数应用示例。在命令行窗口中依次输入以下语句。

```
>> fis=readfis('mam22.fis');
>> opt=gensurfOptions('OutputIndex',2);
>> gensurf(fis,opt)
```

运行程序，输出如图 11-13 所示的图形。

【例 11-26】假设一个单输入单输出系统，输入为表示学生成绩好坏的值（0~10），输出为奖学金金额（0~100），有如下 3 条规则。设计一个基于 Mamdani 模型的模糊推理系统，并绘制输入/输出曲线。

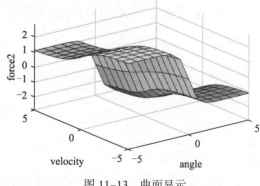

图 11-13　曲面显示

```
    IF 成绩 差      THEN 奖学金  低
    IF 成绩 中等    THEN 奖学金  中等
    IF 成绩 很好    THEN 奖学金  高
```

在编辑器中编写如下代码。

```
clear,clc
fisMat=mamfis('Name','scholarship');
```

```
fisMat=addInput(fisMat,[0 10],'Name','成绩');
fisMat=addOutput(fisMat,[0 100],'Name','奖学金');
fisMat=addMF(fisMat,'成绩','gaussmf',[1.8 0],'Name','差');
fisMat=addMF(fisMat,'成绩','gaussmf',[1.8 5],'Name','中等');
fisMat=addMF(fisMat,'成绩','gaussmf',[1.8 10],'Name','很好');
fisMat=addMF(fisMat,'奖学金','trapmf',[0 0 10 50],'Name','低');
fisMat=addMF(fisMat,'奖学金','trimf',[10 30 80],'Name','中等');
fisMat=addMF(fisMat,'奖学金','trapmf',[50 80 100 100],'Name','高');
rulelist=[1 1 1 1;2 2 1 1; 3 3 1 1];
fisMat=addRule(fisMat,rulelist);
subplot(3,1,1);plotmf(fisMat,'input',1);xlabel('成绩');ylabel('输入隶属度');
subplot(3,1,2);plotmf(fisMat,'output',1);xlabel('奖学金');ylabel('输出隶属度')
subplot(3,1,3);gensurf(fisMat);
```

运行程序，可得如图 11-14 所示的隶属度函数的设定与输入/输出曲线。可以看出，由于隶属度函数的合理选择，模糊系统的输出是输入的严格递增函数，也就是说，奖学金随着成绩的提高而增加。

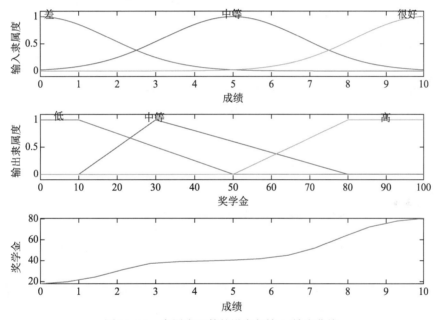

图 11-14　隶属度函数的设定与输入/输出曲线

【例 11-27】某学校选拔过程，要根据学生的数学成绩和身高确定学生能否通过选拔。假设将数学成绩∈[0,100]模糊化为两级：差和好；将学生身高∈[0,10]模糊化为两级：高和正常；将学生通过率∈[0,100]模糊化为 3 级：高、低和正常。模糊规则为

| | |
|---|---|
| IF 数学成绩 is 差 and 身高 is 高 | THEN 通过率 is 高 |
| IF 数学成绩 is 好 and 身高 is 高 | THEN 通过率 is 低 |
| IF 身高 is 正常 | THEN 通过率 is 正常 |

适当选择隶属度函数后，设计一个基于 Mamdani 模型的模糊推理系统，计算当数学成绩和身高分别为 50 和 1.5 以及 80 和 2 时的选拔通过率，并绘制输入/输出曲面图。

建立模糊推理系统的 MATLAB 程序如下所示。

```
clear,clc;
fisMat=mamfis('Name','mathematics');
fisMat=addInput(fisMat,[0 100],'Name','数学成绩');
fisMat=addInput(fisMat,[0 10],'Name','身高');
fisMat=addOutput(fisMat,[0 100],'Name','通过率');
fisMat=addMF(fisMat,'数学成绩','trapmf',[0 0 60 80],'Name','差');
fisMat=addMF(fisMat,'数学成绩','trapmf',[60 80 100 100],'Name','好');
fisMat=addMF(fisMat,'身高','trimf',[0 1 5],'Name','正常');
fisMat=addMF(fisMat,'身高','trapmf',[1 5 10 10],'Name','高');
fisMat=addMF(fisMat,'通过率','trimf',[0 30 50],'Name','低');
fisMat=addMF(fisMat,'通过率','trimf',[30 50 80],'Name','正常');
fisMat=addMF(fisMat,'通过率','trimf',[50 80 100],'Name','高');
rulelist=[1 2 3 1 1; 2 2 1 1 1; 0 1 2 1 2];
fisMat=addRule(fisMat,rulelist);
gensurf(fisMat);
in=[50 1.5;80 2];
out=evalfis(in,fisMat)
```

运行程序，结果如下。

```
out =
    56.6979
    45.1905
```

即当数学成绩和身高分别为 50 和 1.5 时，选拔通过率为 56.6979；数学成绩和身高分别为 80 和 2 时，选拔通过率为 45.1905。系统输入/输出曲面图如图 11-15 所示。

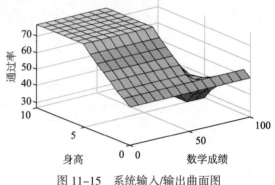

图 11-15　系统输入/输出曲面图

## 11.3　模糊逻辑控制工具箱 App

在 MATLAB 中可以通过编程实现模糊逻辑控制，也可以使用模糊逻辑控制工具箱的图形用户界面工具建立模糊推理系统。

模糊逻辑控制工具箱由 5 个主要工具组成，分别为模糊推理系统编辑器、隶属度函数编辑器、模糊规则编辑器、模糊规则浏览器和模糊推理输入/输出曲面视图。这些图形化工具之间是动态连接的。在任何一个给定的系统，都可以使用某几个或全部 App 工具。

### 11.3.1　模糊推理系统编辑器

基本模糊推理系统编辑器提供了利用图形界面对模糊系统的高层属性的编辑、修改功能，这些属性包括输入、输出语言变量的个数和去模糊化方法等。在基本模糊编辑器中可以通过菜单选择激活其他几个图形界面编辑器，如隶属度函数编辑器、模糊规则编辑器等。

在命令行窗口中输入 fuzzy 命令，可以启动模糊推理系统编辑器，如图 11-16 所示。在窗口上半部分以图形框的形式列出了模糊推理系统的基本组成部分：输入模糊变量（input1）、模糊规则（Mamdani 或 Sugeno 型）和输出模糊变量（output1）。双击图形框可以激活隶属度函数编辑器和模糊规则编辑器等相应的编辑窗口。

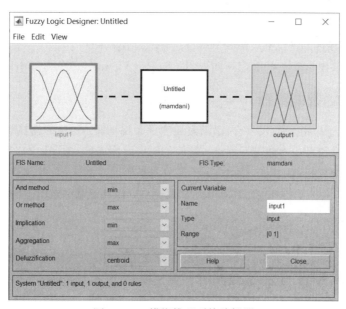

图 11-16　模糊推理系统编辑器

在窗口下半部分的右侧，列出了当前选定的模糊语言变量（Current Variable）的名称（Name）、类型（Type）及其论域范围（Range）。窗口还列出了模糊推理系统的名称（FIS Name）、类型（FIS Type）和一些基本属性，包括与运算（And method）、或运算（Or methed）、蕴含运算（Implication）、模糊规则的综合运算（Aggregation）和去模糊化（Defuzzification）等。用户可以根据实际需要选择不同的参数。

模糊推理系统编辑器图形界面菜单栏有 3 个菜单项：File、Edit 和 View。

### 1. 文件（File）菜单

（1）New FIS：新建模糊推理系统，包括 Mamdani 型和 Sugeno 型两种。

（2）Import：加载模糊推理系统，包括 From Workspace（从工作空间）和 From File（从文件）两种。

（3）Export：保存模糊推理系统，包括 To Workspace（到工作空间）和 To File（到文件）两种。

（4）Print：打印模糊推理系统的信息。

（5）Close：关闭窗口。

### 2. 编辑（Edit）菜单

（1）Undot：撤销最近的操作。

（2）Add Variable：添加语言变量，包括 Input（输入）和 Output（输出）两种语言变量。

（3）Remove Selected Variable：删除所选语言变量。

（4）Membership Functions：打开隶属度函数编辑器（Membership Function Editor，命令为 mfedit）。

（5）Add MFs：在当前变量中添加系统所提供的隶属度函数。

（6）Add Custom MF：在当前变量中添加用户自定义的隶属度函数（M 文件）。

（7）Remove Selected MF：删除所选隶属度函数。

（8）Remove All MFs：删除当前变量的所有隶属度函数。

（9）FIS Properties：打开模糊推理系统编辑器（Fuzzy Logic Designer，命令为 fuzzy）。

（10）Rules：打开模糊规则编辑器（Rule Editor，命令为 ruleedit）。

### 3. 视图（View）菜单

（1）Rules：打开模糊规则浏览器（Rule Viewer，命令为 ruleview）。

（2）Surface：打开模糊系统输入/输出曲面视图（Surface Viewer，命令为 surfview）。

## 11.3.2　隶属度函数编辑器

在命令行窗口中输入 mfedit 命令，可以激活隶属度函数编辑器。该编辑器提供了对输入、输出语言变量各语言值的隶属度函数类型、参数进行编辑、修改的图形界面工具，如图 11–17 所示。

窗口上半部分为隶属度函数的图形显示，下半部分为隶属度函数。File 菜单和 View 菜单的功能与模糊推理系统编辑器类似。Edit 菜单的功能包括添加隶属度函数、添加定制的隶属度函数和删除隶属度函数等。

## 11.3.3　模糊规则编辑器

在命令行窗口中输入 ruleedit 命令，即可激活模糊规则编辑器。在模糊规则编辑器中，提供了添加、修改和删除模糊规则的图形界面，如图 11–18 所示。

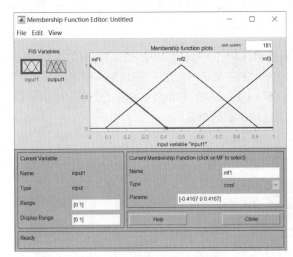

图 11–17　隶属度函数编辑器

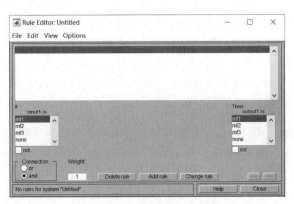

图 11–18　模糊规则编辑器

模糊规则编辑器提供了一个文本编辑窗口，用于规则的输入和修改。模糊规则的形式可有 3 种：语言型（Verbose）、符号型（Simbolic）和索引型（Indexed）。模糊规则编辑器的菜单功能与前两种编辑器基本类似，在其视图菜单中能够激活其他的编辑器或窗口。

## 11.3.4　模糊规则浏览器

在命令行窗口中输入 ruleview 命令，即可激活模糊规则浏览器，如图 11–19 所示。在模糊规则浏览器中，以图形形式描述了模糊推理系统的推理过程。

## 11.3.5　模糊推理输入/输出曲面视图

在命令行窗口中输入 surfview 命令，即可打开模糊推理的输入/输出曲面视图窗口。该窗口以图形的形式显示模糊推理系统的输入/输出特性曲面，如图 11–20 所示。

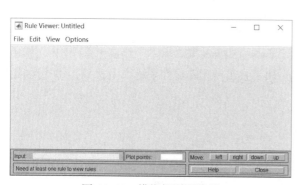

图 11-19　模糊规则浏览器

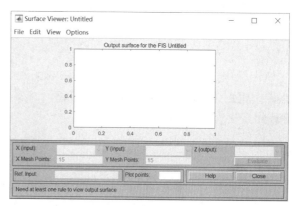

图 11-20　模糊推理输入/输出曲面视图窗口

【例 11-28】利用模糊逻辑控制工具箱的模糊推理系统编辑器，求解例 11-27 问题。

（1）在命令行窗口中输入 fuzzy 命令打开模糊推理系统编辑器。

（2）执行 Edit→Add Variable→Input 菜单命令，添加一个输入语言变量，并将两个输入语言和一个输出语言变量的名称（Name）分别定义为数学成绩、身高和通过率，如图 11-21 所示。

（3）执行 Edit→Membership Functions 菜单命令，打开隶属函数编辑器。将"数学成绩"取值范围和显示范围均设置为[0,100],隶属度函数曲线类型设置为 trapmf,且其名称和参数分别设置为差[0 0 60 80]和好[60 80 100 100], 删除第 3 个模糊子集，设置完成，如图 11-22 所示。

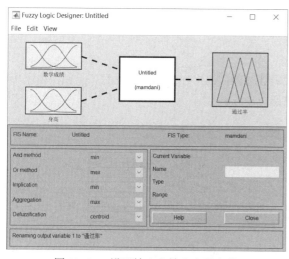

图 11-21　设置输入和输出变量名称

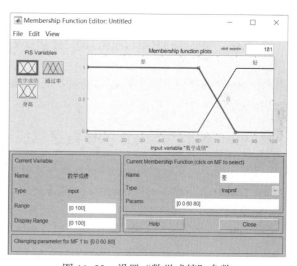

图 11-22　设置"数学成绩"参数

（4）与设置"数学成绩"参数类似，设置"身高"和"通过率"参数。

"身高"取值和显示范围均设置为[0,10]，其隶属度函数曲线类型、参数分别设置为 trimf、正常[0 1 5]和 trapmf、高[1 5 10 10]，删除第 3 条模糊子集。

"通过率"取值和显示范围均设置为[0,100],其隶属度函数曲线类型、参数分别设置为 trimf、低[0 30 50], trimf、正常[30 50 80]和 trimf、高[50 80 100]。

（5）在 Membership Function Editor 中执行 Edit→Rules 菜单命令，打开模糊规则编辑器，所有权重均设置为 1，并根据模糊逻辑控制规则（如下）完成设置，如图 11-23 所示。

| IF 数学成绩 is 差 and 身高 is 高 | THEN 通过率 is 高 |
| IF 数学成绩 is 好 and 身高 is 高 | THEN 通过率 is 低 |
| IF 身高 is 正常 | THEN 通过率 is 正常 |

（6）规则增加完成后，在 Fuzzy Logic Designer 中执行 View→Surface 菜单命令，绘制出系统输入/输出曲面图，如图 11-24 所示。对比图 11-15 和图 11-24 可知，用工具箱搭建的模糊系统与用 MATLAB 代码生成的模糊系统输入/输出曲面相同。

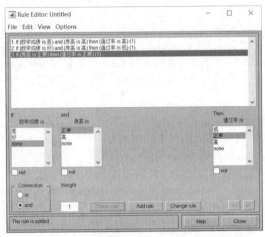 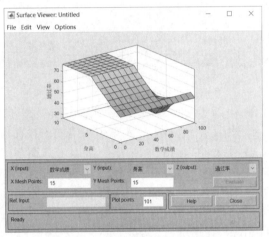

图 11-23　设置模糊逻辑控制规则和权重　　　　图 11-24　系统输入/输出曲面图

## 11.4　模糊逻辑控制的经典应用

MATLAB 的模糊逻辑控制工具箱提供与 Simulink 无缝连接的功能。在模糊逻辑控制工具箱中建立了模糊推理系统后，可以立即在 Simulink 仿真环境中对其进行仿真分析。

### 11.4.1　基于 Simulink 的模糊逻辑控制应用

将 Simulink 中相应的模糊逻辑控制器图标拖动到用户建立的 Simulink 仿真模型中，且使该矩阵名称与用户在 MATLAB 工作空间建立的模糊推理系统名称相同，即可完成将模糊推理系统与 Simulink 的连接。

在 MATLAB 主界面中单击"主页"选项卡 SIMULINK 面板中的 按钮，弹出 Simulink Start Page 对话框，然后单击 Blank Model 进入 Simulink 仿真环境界面。

在 Simulink 仿真环境界面中单击 SIMULATION 选项卡下的 Library Browser 按钮，即可进入 Simulink Library Browser 模块库。

在模块库左侧选择 Fuzzy Logic Toolbox，如图 11-25 所示。Fuzzy Logic Toolbox 模块库中包含 3 种模块：

（1）隶属度函数模块库（Membership Functions）；

（2）模糊逻辑控制器（Fuzzy Logic Controller）；

（3）带有规则浏览器的模糊逻辑控制器（Fuzzy Logic Controller with Ruleviewer）。

隶属度函数模块库包含了多种隶属度函数模块，双击隶属度函数模块库（Membership Functions）图标，就可打开如图 11-26 所示的隶属度函数模块库。模糊逻辑控制器和带有规则浏览器的模糊逻辑控制器均为一个单独的模块。

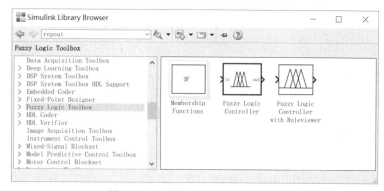

图 11-25　选择 Fuzzy Logic Toolbox

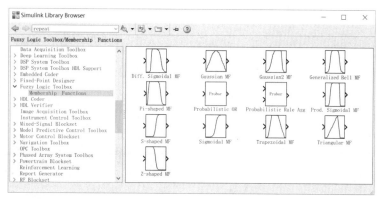

图 11-26　隶属度函数模块库

　　下面通过 MATLAB 模糊逻辑控制工具箱自带的水位控制系统仿真实例说明模糊逻辑控制器的使用方法。

　　【例 11-29】MATLAB 模糊逻辑控制工具箱自带的水位控制系统的 Simulink 仿真模型如图 11-27 所示（在 MATLAB 命令行窗口中直接输入 sltank，即可打开并进入仿真环境）。

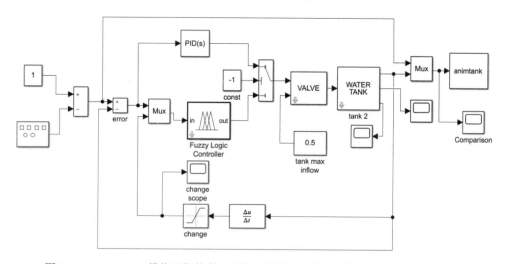

图 11-27　MATLAB 模糊逻辑控制工具箱自带的水位控制系统的 Simulink 仿真模型

设定采用的简单模糊逻辑控制规则如下。

| | |
|---|---|
| IF 水位 is 正常 | THEN 阀门 is 不变 |
| IF 水位 is 低 | THEN 阀门 is 快速打开 |
| IF 水位 is 高 | THEN 阀门 is 快速关闭 |
| IF 水位 is 正常 and 变化率 is 正 | THEN 阀门 is 缓慢关闭 |
| IF 水位 is 正常 and 变化率 is 负 | THEN 阀门 is 缓慢打开 |

使用模糊逻辑控制工具箱的 App 工具建立模糊推理系统。

（1）在 MATLAB 命令行窗口中输入 fuzzy，打开模糊推理系统编辑器。

（2）执行 Edit→Add Variable→Input 菜单命令，添加一个输入语言变量，并将两个输入语言和一个输出语言变量的名称分别定义为水位、水位变化率、阀门，如图 11-28 所示。

（3）继续执行 Edit→Membership Functions 菜单命令，将"水位"的 Rang 和 Display Rang 均设置为[-1,1]，隶属度函数类型设置为 gaussmf，其包含的 3 条曲线 Name/Params 分别设置为高/[0.4 -1]、正常/[0.4 0]、低/[0.4 1]，如图 11-29 所示。

（4）将"水位变化率"的 Range 和 Display Range 均设置为[-0.2, 0.2]，隶属度函数类型设置为 gaussmf，其包含的 3 条曲线 Name/Params 分别设置为负/[0.04 -0.2]、不变/[0.04 0]、正/[0.04 0.2]，如图 11-30 所示。

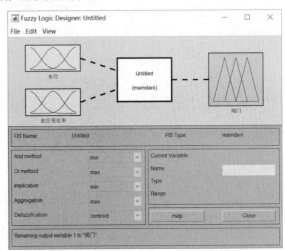

图 11-28　水位控制系统模糊推理系统编辑器

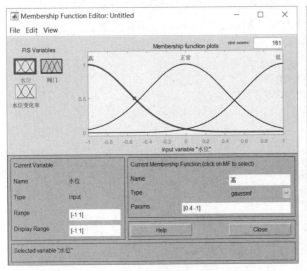

图 11-29　"水位"设置

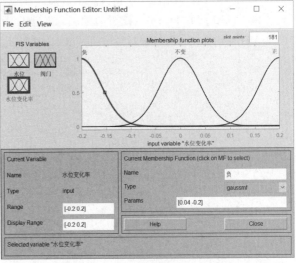

图 11-30　"水位变化率"设置

（5）将"阀门"的 Range 和 Display Range 均设置为[-1, 1]，隶属度函数类型设置为 trimf，其包含的 5 条曲线 Name/Params 分别设置为快速关闭/[-1 -0.8 -0.7]、缓慢关闭/[-0.5 -0.3 -0.2]、不变/[-0.1 0 0.1]、缓慢打开/[0.3 0.4 0.5]、快速打开/[0.7 0.8 1]，如图 11-31 所示。

（6）打开模糊规则编辑器，编辑模糊规则，并将所有规则权重设置为 1，如图 11-32 所示。

图 11-31　"阀门"设置

图 11-32　模糊规则编辑器

（7）在模糊规则编辑器中，执行 View→Rules 菜单命令，打开模糊规则浏览器，如图 11-33 所示。设定 Input 为[0.6;0.1]，即输入水位为 0.6，水位变化率为 0.1，可以得到模糊系统输出结果为 0.528。

（8）继续执行 View→Surface 菜单命令，可以得到系统输入/输出特性曲面，如图 11-34 所示。

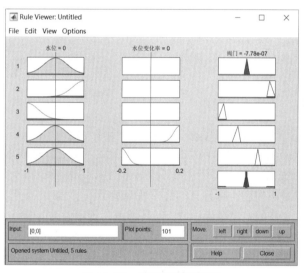

图 11-33　模糊规则浏览器

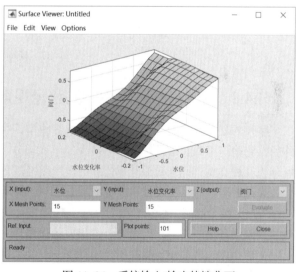

图 11-34　系统输入/输出特性曲面

（9）在隶属度函数编辑器中执行 File→Export→To Workspace 菜单命令，如图 11-35 所示。将建立的模糊推理系统以名称 tank 保存到 MATLAB 工作空间中的 tank.fis 模糊推理矩阵中。

（10）在模型窗口中，双击打开 Fuzzy Logic Controller 模糊逻辑控制器模块，在 FIS name 文本框中输入 tank，如图 11-36 所示。将 Simulink 模型仿真停止时间 Stop Time 设置为 100，运行模型，可以得到模糊系统输出变化曲线，如图 11-37 所示。

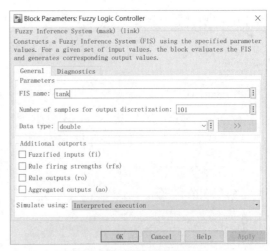

图 11-35　保存当前隶属度函数　　　　　　　图 11-36　模糊逻辑控制器

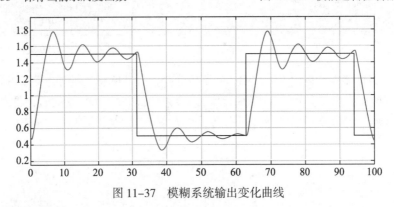

图 11-37　模糊系统输出变化曲线

## 11.4.2　基于模糊逻辑控制的路径规划

路径规划是指依据某种最优准则，在工作空间中寻找一条从起始状态到目标状态的避开障碍物的最优路径，它是计算机技术领域中不可缺少的组成部分。根据移动个体对环境信息知道程度的不同，路径规划可分为两种类型：完全知道环境信息的全局路径规划和完全未知或部分未知环境信息的局部路径规划。

模糊逻辑控制算法模拟驾驶员的驾驶思想，将模糊逻辑控制本身具有的鲁棒性与基于生理学的"感知-动作"行为结合起来，避开了传统算法中存在的对移动个体的定位精度敏感、对环境信息依赖性强的缺点，对处理未知环境下的规划问题显示出很大的优越性。

下面举例说明模糊逻辑控制在路径规划问题中的应用。

【例 11-30】在一个区域内设置一个粒子的起始位置和目标位置，画出 10 个障碍物，运用模糊逻辑控制方法获取一条路径，需要不触碰障碍物，且粒子沿着该路径可以顺利从起始位置移动到目标位置。

首先需要确定障碍物的位置和大小，编写 MATLAB 代码，实现 PlotC() 函数。

```
%根据设定的参数画出障碍物位置和大小
function PlotC(x,y,R)                %(x,y)为粒子位置，R 为粒子半径
alpha=0:pi/10:2*pi;
X=x+R*sin(alpha);
Y=y+R*cos(alpha);
```

```
hold on;
axis equal
plot(X,Y);
fill(X,Y,'k');
```

要想避免粒子与障碍物之间的触碰，需要计算不同粒子间距离。编写 PointDist()函数。

```
%计算不同点相互之间的距离
function d=PointDist(x1,y1,x2,y2)
if 1==length(x1)
    L=length(x2);
    x1=ones(1,L)*x1;
    y1=ones(1,L)*y1;
end
d=sqrt((x1-x2).^2+(y1-y2).^2);
```

为了比较粒子实际路径与粒子最短路径之间的区别，编写函数绘制粒子起始位置与目标位置之间的线性直线。一般根据直线与水平轴的关系，分为垂直、水平和其他（常规）状态。linefcn()函数按照这 3 种状态对绘制的直线进行了分类。

```
%获取任意两点连接而成的线性方程
function out=linefcn(x1,y1,x2,y2)
%f 为 k 的状态标志，其中 0 表示直线为常规状态；1 表示直线为竖直状态；2 表示直线为水平状态
L=length(x1);
k=zeros(1,L);
b=zeros(1,L);
f=zeros(1,L);
for p=1:L
    if x1(p)==x2(p)
        f(p)=1;
        k(p)=x1(p);
        b(p)=x1(p);
    elseif y1(p)==y2(p)
        f(p)=2;
        k(p)=y1(p);
        b(p)=y1(p);
    else
        k(p)=(y2(p)-y1(p))/(x2(p)-x1(p));
        b(p)=y1(p)-k(p)*x1(p);
        f(p)=0;
    end
end
out=[k;b;f];
```

粒子从当前位置向目标位置移动时，需要不停判断目标位置方向及当前运行路径上是否有障碍物，以便在不触碰障碍物的情况下运行最短的路径，分别建立 CheckNowtoTarget()和 CheckBlock()函数，MATLAB 代码如下。

```
%判断目标位置的方向
function [Dl, Dm, Dr]=CheckNowtoTarget(PgoalX,PgoalY)
```

```
global ProbotX;
global ProbotY;
global MaxDistDetect;

%建立粒子当前位置与目标位置之间的直线方程
PGlinefcn=linefcn(ProbotX,ProbotY,PgoalX,PgoalY);
MiddleLineK=PGlinefcn(1,1);
MiddleLineB=PGlinefcn(2,1);
MiddleLineF=PGlinefcn(3,1);

[LeftLineK,LeftLineB,LeftLineF]=GetGoodLineKBF(MiddleLineK,MiddleLineF,-pi/6);
[RightLineK,RightLineB,RightLineF]=GetGoodLineKBF(MiddleLineK,MiddleLineF,pi/6);

%获取左、中、右 3 条射线的目标位置
[PLeftGoalX,PLeftGoalY]=DotRotWithAngle(PgoalX,PgoalY,pi/6);
[PRightGoalX,PRightGoalY]=DotRotWithAngle(PgoalX,PgoalY,-pi/6);

%获取 3 条射线的与最近障碍物的距离
[MiddleDistance,MiddleFlag]=...
    GetMinDistance(MiddleLineK,MiddleLineB,MiddleLineF,PgoalX,PgoalY);
[LeftDistance,LeftFlag]=...
    GetMinDistance(LeftLineK,LeftLineB,LeftLineF,PLeftGoalX,PLeftGoalY);
[RightDistance,RightFlag]=...
    GetMinDistance(RightLineK,RightLineB,RightLineF,PRightGoalX,PRightGoalY);

%判断射线数据有效性
if LeftFlag==0
    Dl=MaxDistDetect;
elseif LeftFlag==1
    Dl=LeftDistance;
else
    Dl=0;
end

if MiddleFlag==0
    Dm=MaxDistDetect;
elseif MiddleFlag==1
    Dm=MiddleDistance;
else
    Dm =0;
end

if RightFlag==0
    Dr=MaxDistDetect;
elseif RightFlag==1
    Dr=RightDistance;
else
    Dr=0;
```

```
end
%%%%%%
%判断粒子当前运行方向是否受阻，当受阻时 F=1，否则 F=0
function F=CheckBlock(L,M,R,D)
sel=10;
if sel
    if D>L||D>M||D>R
        F=1;
    else
        F=0;
    end
else
    L=L/D;
    M=L/D;
    R=L/D;

    %距离单位化
    if 2==L&&2==R
        if M>(2*sqrt(3))
            F=0;
        else
            F=1;
        end
    elseif 2>=L&&2>=R
        F=1;
    elseif 2>=L&&2<R
        T=1/sin(pi/3-asin(1/R));
        Mnew=2/cos(asin(1/R));
        if T<L&&Mnew<M
            F=0;
        else
            F=1;
        end
    elseif 2<L&&2>=R
        T=1/sin(pi/3-asin(1/L));
        Mnew=2/cos(asin(1/L));
        if T<R&&Mnew<M
            F=0;
        else
            F=1;
        end
    else
        F=0;
    end
end
end
```

判断粒子运行下一步是否触碰障碍物，可以采用以下 MATLAB 代码。

```
%判断粒子运行下一步是否触碰障碍物
function out=Checkimpactornot(ProbotX,ProbotY,Dstep,AngleBase)
```

```
global CirX;
global CirY;
global CirR;
%测算下一步是否进入障碍内部
Fxy=0;
for k=0:10
    Dstepk=Dstep*(1-k/10);
    for k2=0:5
        Astepk=AngleBase*(1+k2/8);
        ProbotXk=ProbotX+Dstepk*cos(Astepk);
        ProbotYk=ProbotY+Dstepk*sin(Astepk);
        DProbotToCir=DistOfDot2Cirs(ProbotXk,ProbotYk,CirX,CirY,CirR);
        if min(DProbotToCir)>0
            Fxy=1;
            break;
        end
    end

    if Fxy>0
        break;
    end

    for k2=1:5
        Astepk=AngleBase*(1-k2/8);
        ProbotXk=ProbotX+Dstepk*cos(Astepk);
        ProbotYk=ProbotY+Dstepk*sin(Astepk);
        DProbotToCir=DistOfDot2Cirs(ProbotXk,ProbotYk,CirX,CirY,CirR);
        if min(DProbotToCir)>0
            Fxy=1;
            break;
        end
    end

    if Fxy>0
        break;
    end
end

out=[ProbotXk,ProbotYk,Fxy];
```

要想粒子总的运行路径最短，需要粒子每段路径也最短。求最短路径的 GetMinDistance() 函数代码如下。

```
%Distance 为最短距离；Flag 表征其有效性，其中 0 表示无效，1 表示有效，2 表示异常
%依据测量线斜率情况及走向，选择出交涉区域的障碍和夹角取向
function [Distance,Flag]=GetMinDistance(DectLineK,DectLineB,DectLineF,PgoalXnew,
PgoalYnew)
global CirX CirY CirR ProbotX ProbotY;
```

```
if DectLineF==1
    if ProbotY<PgoalYnew                          %竖直向上运动
        Ydown=PgoalYnew;
        Yup=PgoalY;
    else
        Ydown=PgoalYnew;
        Yup=ProbotY;
    end
    IndexX=((ProbotX-CirR)<CirX)&(CirX<(ProbotX+CirR));
    IndexY=(Ydown<CirY)&(CirY<Yup);
    IndexALL=IndexX&IndexY;

elseif DectLineF==2
    if ProbotX<PgoalXnew                          %水平向右运动
        Xleft=ProbotX;
        Xright=PgoalXnew;
    else
        Xleft=PgoalXnew;
        Xright=ProbotX;
    end
    IndexX=(Xleft<CirX)&(CirX<Xright);
    IndexY=((ProbotY-CirR)<CirX)&(CirX<(ProbotY+CirR));
    IndexALL=IndexX&IndexY;

else
    AngleDectLine=atan(DectLineK);
    if DectLineK>0
        if ProbotX<PgoalXnew                      %正斜率向上运动
            Xleft=ProbotX;
            Yleft=ProbotY;
            Xright=PgoalXnew;
            Yright=PgoalYnew;
        else                                      %正斜率向下运动
            Xleft=PgoalXnew;
            Yleft=PgoalYnew;
            Xright=ProbotX;
            Yright=ProbotY;

        end
        LineBleft=Yleft+Xleft/DectLineK;
        LineBright=Yright+Xright/DectLineK;
        Btemp=CirR/cos(AngleDectLine);
        Xtemp=CirR*sin(AngleDectLine);
        LineBup=DectLineB+Btemp;
        LineBdown=DectLineB-Btemp;
        X1=Xleft-Xtemp;
        X2=Xleft+Xtemp;
        X3=Xright-Xtemp;
```

```
        X4=Xright+Xtemp;
        IndexX1=(X1<CirX)&(CirX<X2);
        IndexX2=(X2<CirX)&(CirX<X3);
        IndexX3=(X3<CirX)&(CirX<X4);
        Ytemp=CirX/DectLineK;
        Y1=LineBleft-Ytemp;                %与测量线垂直的左、右两条直线
        Y2=LineBright-Ytemp;
        Ytemp=CirX*DectLineK;
        Y3=LineBup+Ytemp;                  %与测量线平行的上、下两条直线
        Y4=LineBdown+Ytemp;
        IndexY1=(Y1<CirY)&(CirY<Y3);
        IndexY2=(Y4<CirY)&(CirY<Y3);
        IndexY3=(Y4<CirY)&(CirY<Y2);

        IndexALL=(IndexX1&IndexY1)|(IndexX2&IndexY2)|(IndexX3&IndexY3);
else
    if ProbotX<PgoalXnew                   %负斜率向下运动
        Xleft=ProbotX;
        Yleft=ProbotY;
        Xright=PgoalXnew;
        Yright=PgoalYnew;
    else                                   %负斜率向上运动
        Xleft=PgoalXnew;
        Yleft=PgoalYnew;
        Xright=ProbotX;
        Yright=ProbotY;
    end

    LineBleft=Yleft+Xleft/DectLineK;
    LineBright=Yright+Xright/DectLineK;
    Btemp=CirR/cos(AngleDectLine);         %平行线的截距
    Xtemp=CirR*sin(-AngleDectLine);        %注意加负号
    LineBup=DectLineB+Btemp;
    LineBdown=DectLineB-Btemp;
    X1=Xleft-Xtemp;
    X2=Xleft+Xtemp;
    X3=Xright-Xtemp;
    X4=Xright+Xtemp;
    IndexX1=(X1<CirX)&(CirX<X2);
    IndexX2=(X2<CirX)&(CirX<X3);
    IndexX3=(X3<CirX)&(CirX<X4);
    Ytemp=CirX/DectLineK;
    Y1=LineBleft-Ytemp;                    %与测量线垂直的左、右两条直线
    Y2=LineBright-Ytemp;
    Ytemp=CirX*DectLineK;
    Y3=LineBup+Ytemp;                      %与测量线平行的上、下两条直线
    Y4=LineBdown+Ytemp;
    IndexY1=(Y4<CirY)&(CirY<Y1);
```

```
        IndexY2=(Y4<CirY)&(CirY<Y3);
        IndexY3=(Y2<CirY)&(CirY<Y3);

        IndexALL=(IndexX1&IndexY1)|(IndexX2&IndexY2)|(IndexX3&IndexY3);
    end
end

%如果没有找出，可直达目标位置
CheckX=CirX(IndexALL);
if isempty(CheckX)
    Distance=0;
    Flag=0;
    return;
end

CirXt=CirX(IndexALL);
CirYt=CirY(IndexALL);
CirRt=CirR(IndexALL);

%计算测量线与障碍物的远近情况
DCirToLine=DotLineDist(CirXt,CirYt,DectLineK,DectLineB,DectLineF);

%圆与粒子之间的距离
DCirToRobot=PointDist(ProbotX,ProbotY,CirXt,CirYt);
%找出与测量线相交处到粒子的距离
Dtemp=DCirToLine.^2;
DCrossToRobot=sqrt(DCirToRobot.^2-Dtemp)-sqrt(CirRt.^2-Dtemp);
DProbotToBar=min(DCrossToRobot);

if DProbotToBar<0                              %出现严重异常
    Distance=0;
    Flag=2;
else
    Distance=DProbotToBar;
    Flag=1;
end
```

根据粒子到所有障碍物的距离，可以计算得到最佳路线需要偏转的角度。计算粒子到所有障碍物距离的 DistOfDot2Cirs()函数的 MATLAB 代码如下。

```
function d=DistOfDot2Cirs(px,py,Cx,Cy,Cr)
    L=length(Cx);
    Px1=ones(1,L)*px(1);
    Py1=ones(1,L)*py(1);
    d=sqrt((Px1-Cx).^2+(Py1-Cy).^2)-Cr;
end
```

计算最佳路线偏转角度的 GetGoodLineAngle()函数的 MATLAB 代码如下。

```
%计算得到最佳路径需要偏转的角度
function GoodAngle=GetGoodLineAngle(DectLineK, DectLineF, Angle)
```

```
if 2==DectLineF
    GoodAngle=Angle;
elseif 1==DectLineF
    GoodAngle=pi/2+Angle;
else
    GoodAngle=atan(DectLineK)+Angle;
end
```

粒子在得到需要偏转的角度后，根据函数获取最新的运行路径，MATLAB 代码如下。

```
%以一定角度旋转直线，得到新的直线函数
function [GoodLineK, GoodLineB, GoodLineF]=GetGoodLineKBF(DectLineK, DectLineF, Angle)
%DectLineF 为状态标志，0 表示直线正常，1 表示直线竖直，2 表示直线水平
global ProbotX;
global ProbotY;

if 2==DectLineF
    GoodLineK=tan(Angle);
elseif 1==DectLineF
    GoodLineK=tan(pi/2+Angle);
else
    GoodLineK=tan(atan(DectLineK)+Angle);
end

if isinf(GoodLineK)                            %竖直线
    GoodLineF=1;
    GoodLineB=ProbotX;
    GoodLineK=ProbotX;
elseif 0==GoodLineK                            %水平
    GoodLineF=2;
    GoodLineB=ProbotY;
    GoodLineK=ProbotY;
else
    GoodLineF=0;
    GoodLineB=ProbotY-ProbotX*GoodLineK;
end
```

用模糊逻辑控制方法获取满足要求的粒子运行路径，在以上函数的基础上，编写 MATLAB 代码，如下所示。

```
clear, clc;
%约束条件设定区
global PgoalX PgoalY ProbotX ProbotY
ProbotX=0; ProbotY=0;                          %粒子所处位置，起始位置固定值为[0,0]
PgoalX=100; PgoalY=100;                        %目标地点位置坐标
NumberOfStep=1000;                            %粒子直线到达目标位置计划所用步数

%每步最大长度和粒子的最大有效探测距离
global DistanceOfStep MaxDistDetect;
DistanceOfStep=ceil(sqrt(PgoalX^2+PgoalY^2)/NumberOfStep);
```

```
MaxDistDetect=5*DistanceOfStep;
MaxTurnAnglePerTime=pi/15;                        %每次最大角度
DetectAnglePerTime=pi/10;                         %每次探测角度增量


%在固定区随机设定障碍物的位置和大小
global CirX CirY CirR;
%圆式障碍物数量
CirN=10;
CirRmax=5;
CirR=zeros(1,CirN);
%防止起始位置和目标位置与障碍物位置重叠
CirX=MaxDistDetect+randi(PgoalX-MaxDistDetect,1,CirN);
CirY=MaxDistDetect+randi(PgoalY-MaxDistDetect,1,CirN);
%障碍圆的半径，防止交叉,方便计算
for kz=1:CirN
    Distance=PointDist(CirX(kz),CirY(kz),CirX,CirY);
    %Distance=Distance(find(Distance>0));
    Distance=Distance(Distance>0);
    CirR(kz)=min(0.3*min(Distance),CirRmax);
end
Debug =0;
if Debug
    for p=1:CirN
        PlotC(CirX(p),CirY(p),CirR(p));
    end
    hold on; grid on;
    plot([0,PgoalX],[0,PgoalY]);
end


%建立理想路径
IdealgK=PgoalY/PgoalX;
IdealgB=0;IdealgF=0;

%fismat=readfis('lillterB');
%fismat=readfis('more');
fismat=readfis('lillterC');
%预设当前没有处于受阻状态，向左突围为正，向右突围为负
AlreadyInBlockedState =0;
%控制步数，避免算法进入死循环
Nstep=NumberOfStep*50;
%粒子实际运行轨迹
Rpx=zeros(1,Nstep);
Rpy=zeros(1,Nstep);
for kz=1:Nstep
    %建立粒子当前位置与目标位置之间的线性路径
    PGlinefcn=linefcn(ProbotX,ProbotY,PgoalX,PgoalY);
    MiddleLineK=PGlinefcn(1,1);
    MiddleLineB=PGlinefcn(2,1);
```

```
MiddleLineF=PGlinefcn(3,1);

%检测粒子由当前位置到目标位置的情况
MiddleDistance=PointDist(ProbotX,ProbotY,PgoalX,PgoalY);
if MiddleDistance<DistanceOfStep
    if Debug
        warning('粒子到达目标位置');
    end
    break;
end
%粒子判断当前位置向目标位置方向测量障碍情况
[LeftDistance,MiddleDistance,RightDistance]=CheckNowtoTarget(PgoalX,PgoalY);

%计算出最大偏转角度/固定
MaxDistance=max(LeftDistance,RightDistance);
MaxAngleCanTurn=pi/3-asin(1/MaxDistance);

%测算前方是否受阻
InBlockedFlag=CheckBlock(LeftDistance,MiddleDistance,RightDistance,
3*DistanceOfStep);

%首先要保证突围方向持续性，防止反复来回沿着障碍边走
if AlreadyInBlockedState                    %已经在突围状态中
    AngleDir=sign(AlreadyInBlockedState);
    if InBlockedFlag
        [DistanceLMR,AngleNum,Flag]=GetOutBlocked(AngleDir*DetectAnglePerTime);
        if Flag
            MaxAngleCanTurn=AngleDir*AngleNum*DetectAnglePerTime;
            LeftDistance=DistanceLMR(1);
            MiddleDistance=DistanceLMR(2);
            RightDistance=DistanceLMR(3);
        else
            warning('计算存在错误');
            break;
        end
        if abs(AlreadyInBlockedState)<3
            AlreadyInBlockedState=AlreadyInBlockedState+AngleDir;
        end
    else
        %粒子更换移动方向
        AlreadyInBlockedState =AlreadyInBlockedState-AngleDir;
    end
else
    %粒子路径通道通畅
    if InBlockedFlag
        [DistanceLMR1,AngleNum1,Flag1]=GetOutBlocked(DetectAnglePerTime);
        [DistanceLMR2,AngleNum2,Flag2]=GetOutBlocked(-DetectAnglePerTime);
        if Flag1&&Flag2
```

```
                    if AngleNum1<AngleNum2
                        AlreadyInBlockedState=1;
                        MaxAngleCanTurn=AngleNum1*DetectAnglePerTime;
                        LeftDistance=DistanceLMR1(1);
                        MiddleDistance=DistanceLMR1(2);
                        RightDistance=DistanceLMR1(3);
                    else
                        AlreadyInBlockedState=-1;
                        MaxAngleCanTurn=-AngleNum2*DetectAnglePerTime;
                        LeftDistance=DistanceLMR2(1);
                        MiddleDistance=DistanceLMR2(2);
                        RightDistance=DistanceLMR2(3);
                    end
                else
                    warning('计算中存在错误');
                    break;
                end
            end
    end
end
%对距离进行模糊化处理
MiddleDistance=min(MiddleDistance/DistanceOfStep,5);
LeftDistance=min(LeftDistance/DistanceOfStep,5);
RightDistance=min(RightDistance/DistanceOfStep,5);
Dt=min([LeftDistance,MiddleDistance,RightDistance]);
%粒子移动方向和移动距离的比例因子
sel=5;
if sel
    FuzzyOut=evalfis(fismat,[Dt,LeftDistance-RightDistance]);
    StepZoomScale=FuzzyOut(1);
    AngleZoomScale=FuzzyOut(2);
else
    if Dt>5
        StepZoomScale=2; AngleZoomScale=0;
    elseif Dt>3
        StepZoomScale=1.3; AngleZoomScale=0.7;
    else
        StepZoomScale=0.7; AngleZoomScale=1.5;
    end
    if LeftDistance==RightDistance
        AngleZoomScale=0;
    elseif LeftDistance<RightDistance
        AngleZoomScale=-AngleZoomScale;
    end
end

%突破死结状态
if AlreadyInBlockedState
    AngleZoomScale=1; StepZoomScale=1.4;
```

```
    end

    %计算规划转角和步长
    PlanAngle=AngleZoomScale*MaxAngleCanTurn;
    PlanAngle=GetGoodLineAngle(MiddleLineK,MiddleLineF,PlanAngle);
    PlanStep=DistanceOfStep*StepZoomScale;

    if 0
        %测算是否触碰障碍
        GoodPxy=CheckImpactorNot(ProbotX,ProbotY,PlanStep,PlanAngle);
        if  0==GoodPxy(3)
            warning('粒子触碰障碍');
            break;
        end
        %更新粒子位置坐标
        ProbotX=GoodPxy(1); ProbotY=GoodPxy(2);
    else
        %更新粒子位置坐标
        ProbotX=ProbotX+PlanStep*cos(PlanAngle);
        ProbotY=ProbotY+PlanStep*sin(PlanAngle);
    end

    if Debug
        plot([Rpx(kz),ProbotX],[Rpy(kz),ProbotY]);
    end
    %记录粒子轨迹
    Rpx(kz)=ProbotX; Rpy(kz)=ProbotY;
end

if kz < Nstep
    Rpx=Rpx(1:kz); Rpy=Rpy(1:kz);
    Rpx(kz)=PgoalX;Rpy(kz)=PgoalY;                %放入目标点位置
else
    Rpx(kz+1)=PgoalX; Rpy(kz+1)=PgoalY;          %放入目标点位置
end

%绘制仿真结果图形
close all;
%粒子运动轨迹
plot(Rpx,Rpy,'b');
hold on;
plot([0,PgoalX],[0,PgoalY],'r-.');
plot(PgoalX,PgoalY,'r*');
plot(0,0,'r*');

xlabel(strcat('运行步数',int2str(kz)));
xlabel('实线为实际运动轨迹，虚线为线性轨迹');
title('基于模糊逻辑控制的路径规划应用');
```

```
%标出黑色障碍物
for p=1:CirN
    PlotC(CirX(p),CirY(p),CirR(p));
end
```

运行程序，得到如图 11-38 和图 11-39 所示的粒子最优路径图。其中，图 11-38 中随机设置的障碍物在粒子起始、目标位置直线连接线上；图 11-39 中随机设置的障碍物不在粒子起始、目标位置直线连接线上。

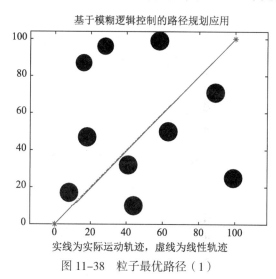

图 11-38　粒子最优路径（1）

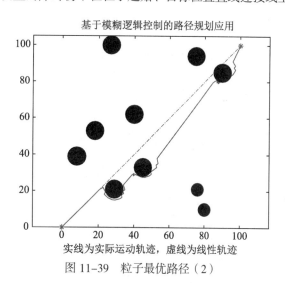

图 11-39　粒子最优路径（2）

可以看出，无论随机设置的障碍物是否在粒子起始、目标位置直线连接线上，通过模糊逻辑控制算法获得的路径均可以顺利到达目标位置，且不触碰障碍物。

## 11.4.3　基于模糊神经网络控制的水质评价

美国加州大学的 L.A.Zadeh 教授在 1965 年发表了关于模糊集合理论的著名论文，文中首次提出表达事物模糊性的重要概念——隶属度函数，突破了 19 世纪末康托尔的经典集合理论，奠定了模糊理论的基础。

模糊理论和神经网络技术是近年来人工智能研究较为活跃的两个领域。人工神经网络是模拟人脑结构的思维功能，具有较强的自学习和联想功能，人工干预少，精度较高，对专家知识的利用也较少。

模糊神经网络有逻辑模糊神经网络、算术模糊神经网络、混合模糊神经网络 3 种形式。

模糊神经网络就是具有模糊权系数或输入信号是模糊量的神经网络。上面 3 种形式的模糊神经网络中所执行的运算方法不同。模糊神经网络无论作为逼近器，还是模式存储器，都是需要学习和优化权系数的。学习算法是模糊神经网络优化权系数的关键。

对于逻辑模糊神经网络，可采用基于误差的学习算法，即监视学习算法。对于算术模糊神经网络，则有模糊 BP 算法、遗传算法等。

对于混合模糊神经网络，目前尚未有合理的算法。不过，混合模糊神经网络一般是用于计算而不是用于学习的，它不必一定学习。

一种基于 T-S 模型的模糊神经网络由前件网络和后件网络两部分组成。前件网络用来匹配模糊规则的前件，它相当于每条规则的适用度。后件网络用来实现模糊规则的后件。总的输出为各模糊规则后件的加权和，加权系数为各条规则的适用度。

模糊神经网络具有局部逼近功能，且具有神经网络和模糊逻辑两者的优点，它既可以容易地表示模糊和定性的知识，又具有较好的学习能力。

【例 11-31】应用模糊神经网络算法，实现江水水质的评价。

水质评价指按照评价目标，选择相应的水质参数、水质标准和评价方法，对水体的质量、利用价值及水的处理要求作出评定。水质评价是合理开发利用和保护水资源的一项基本工作。根据不同评价类型，采用相应的水质标准。

评价水环境质量，采用地面水环境质量标准；评价养殖水体的质量，采用渔业用水水质标准；评价集中式生活饮用水取水点的水源水质，采用地面水卫生标准；评价农田灌溉用水，采用农田灌溉水质标准。一般都以国家或地方政府颁布的各类水质标准作为评价标准；在无规定水质标准情况下，可采用水质基准或本水系的水质背景值作为评价标准。

现采取江水样本对江水水质进行评价，取水口分别记为 A、B 和 C 厂，水中的氨氧含量变化趋势如图 11-40 ~图 11-42 所示。可以看出，C 厂水中的氨氧含量低于 A 厂和 B 厂。

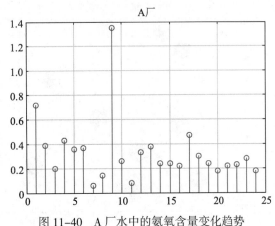

图 11-40　A 厂水中的氨氧含量变化趋势

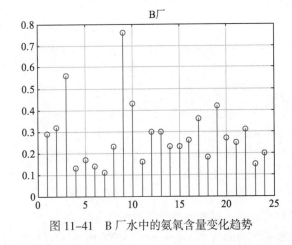

图 11-41　B 厂水中的氨氧含量变化趋势

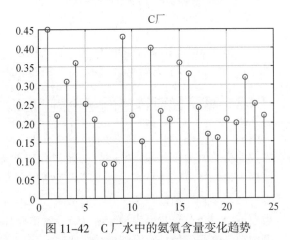

图 11-42　C 厂水中的氨氧含量变化趋势

根据训练输入/输出数据维数确定网络结构，初始化模糊神经网络隶属度函数参数和系数，归一化训练数据。从数据库文件 data1 中导出数据。其中，因为江水水质评价的真实数据比较难找，这里随机给出 5 类数据作为江水水质评价的 5 种因素。

MATLAB 程序如下。

```
clear, clc;
% 参数初始化
xite=0.002;alfa=0.04;
%网络节点
I=6;                                          %输入节点数
```

```
M=10;                                                        %隐含节点数
O=1;                                                         %输出节点数
%系数初始化
p0=0.3*ones(M,1);p0_1=p0;p0_2=p0_1;
p1=0.3*ones(M,1);p1_1=p1;p1_2=p1_1;
p2=0.3*ones(M,1);p2_1=p2;p2_2=p2_1;
p3=0.3*ones(M,1);p3_1=p3;p3_2=p3_1;
p4=0.3*ones(M,1);p4_1=p4;p4_2=p4_1;
p5=0.3*ones(M,1);p5_1=p5;p5_2=p5_1;
p6=0.3*ones(M,1);p6_1=p6;p6_2=p6_1;
%参数初始化
c=1+rands(M,I);c_1=c;c_2=c_1;
b=1+rands(M,I);b_1=b;b_2=b_1;
maxgen=120;                                                  %进化次数

%网络测试数据，并对数据归一化
load data1 input_train output_train input_test output_test
%样本输入输出数据归一化
[inputn,inputps]=mapminmax(input_train);
[outputn,outputps]=mapminmax(output_train);
[n,m]=size(input_train);

%%%%%%% 网络训练 %%%%%%%%%%%%%
%循环开始，进化网络
for iii=1:maxgen
    for k=1:m
        x=inputn(:,k);
        %输出层计算
        for i=1:I
            for j=1:M
                u(i,j)=exp(-(x(i)-c(j,i))^2/b(j,i));
            end
        end
        %模糊规则计算
        for i=1:M
            w(i)=u(1,i)*u(2,i)*u(3,i)*u(4,i)*u(5,i)*u(6,i);
        end
        addw=sum(w);
        for i=1:M
            yi(i)=p0_1(i)+p1_1(i)*x(1)+p2_1(i)*x(2)+p3_1(i)*x(3)+p4_1(i)*x(4)+
p5_1(i)*x(5)+p6_1(i)*x(6);
        end
        addyw=yi*w';
        %网络预测计算
        yn(k)=addyw/addw;
        e(k)=outputn(k)-yn(k);
        %计算p的变化值
        d_p=zeros(M,1);
```

```
        d_p=xite*e(k)*w./addw;
        d_p=d_p';
        %计算 b 变化值
        d_b=0*b_1;
        for i=1:M
            for j=1:I
                d_b(i,j)=xite*e(k)*(yi(i)*addw-addyw)*(x(j)-c(i,j))^2*w(i)/(b(i,j)^2*
addw^2);
            end
        end
        %更新 c 变化值
        for i=1:M
            for j=1:I
                d_c(i,j)=xite*e(k)*(yi(i)*addw-addyw)*2*(x(j)-c(i,j))*w(i)/(b(i,j)*
addw^2);
            end
        end
        p0=p0_1+d_p+alfa*(p0_1-p0_2);
        p1=p1_1+d_p*x(1)+alfa*(p1_1-p1_2);
        p2=p2_1+d_p*x(2)+alfa*(p2_1-p2_2);
        p3=p3_1+d_p*x(3)+alfa*(p3_1-p3_2);
        p4=p4_1+d_p*x(4)+alfa*(p4_1-p4_2);
        p5=p5_1+d_p*x(5)+alfa*(p5_1-p5_2);
        p6=p6_1+d_p*x(6)+alfa*(p6_1-p6_2);

        b=b_1+d_b+alfa*(b_1-b_2);
        c=c_1+d_c+alfa*(c_1-c_2);

        p0_2=p0_1;p0_1=p0;
        p1_2=p1_1;p1_1=p1;
        p2_2=p2_1;p2_1=p2;
        p3_2=p3_1;p3_1=p3;
        p4_2=p4_1;p4_1=p4;
        p5_2=p5_1;p5_1=p5;
        p6_2=p6_1;p6_1=p6;

        c_2=c_1;c_1=c;
        b_2=b_1;b_1=b;
    end
    E(iii)=sum(abs(e));
end

figure(1);
plot(outputn,'r');hold on
plot(yn,'b');hold on
plot(outputn-yn,'g');
legend('实际输出','预测输出','误差'),grid on
xlabel('样本序号');ylabel('水质等级');title('训练数据预测')
```

```
%%%%%%%%%% 网络预测 %%%%%%%%%%%%%%%%%%%%
%数据归一化处理
inputn_test=mapminmax('apply',input_test,inputps);
[n,m]=size(inputn_test)
for k=1:m
    x=inputn_test(:,k);
    %计算输出中间层
    for i=1:I
        for j=1:M
            u(i,j)=exp(-(x(i)-c(j,i))^2/b(j,i));
        end
    end
    for i=1:M
        w(i)=u(1,i)*u(2,i)*u(3,i)*u(4,i)*u(5,i)*u(6,i);
    end
    addw=0;
    for i=1:M
        addw=addw+w(i);
    end
    for i=1:M
        yi(i)=p0_1(i)+p1_1(i)*x(1)+p2_1(i)*x(2)+p3_1(i)*x(3)+p4_1(i)*x(4)+p5_1(i)
*x(5)+p6_1(i)*x(6);
    end
    addyw=0;
    for i=1:M
        addyw=addyw+yi(i)*w(i);
    end
    yc(k)=addyw/addw;                                              %计算输出
end

%%%%%%%%%%%%预测结果反归一化%%%%%%%%%%%%%%%%%%%%%%%
test_simu=mapminmax('reverse',yc,outputps);
%作图
figure(2)
plot(output_test,'r');hold on
plot(test_simu,'b');hold on
plot(test_simu-output_test,'g'),grid on
legend('实际输出','预测输出','误差')
xlabel('样本序号');ylabel('水质等级');title('测试数据预测')

%%%%%%%%%%%%江水实际水质预测%%%%%%%%%%%
load data2 C B A

%%%%%%%%%%C 厂%%%%%%%%%%%
zssz=C;
%数据归一化
inputn_test=mapminmax('apply',zssz,inputps);
```

```
[n,m]=size(zssz);

for k=1:1:m
    x=inputn_test(:,k);
    %计算输出中间层
    for i=1:I
        for j=1:M
            u(i,j)=exp(-(x(i)-c(j,i))^2/b(j,i));
        end
    end
    for i=1:M
        w(i)=u(1,i)*u(2,i)*u(3,i)*u(4,i)*u(5,i)*u(6,i);
    end
    addw=0;
    for i=1:M
        addw=addw+w(i);
    end
    for i=1:M
        yi(i)=p0_1(i)+p1_1(i)*x(1)+p2_1(i)*x(2)+p3_1(i)*x(3)+p4_1(i)*x(4)+p5_1(i)
*x(5)+p6_1(i)*x(6);
    end
    addyw=0;
    for i=1:M
        addyw=addyw+yi(i)*w(i);
    end
    szzb(k)=addyw/addw;                                    %计算输出
end
szzbz1=mapminmax('reverse',szzb,outputps);

for i=1:m
    if szzbz1(i)<=1.5
        szpj1(i)=1;
    elseif szzbz1(i)>1.5&&szzbz1(i)<=2.5
        szpj1(i)=2;
    elseif szzbz1(i)>2.5&&szzbz1(i)<=3.5
        szpj1(i)=3;
    elseif szzbz1(i)>3.5&&szzbz1(i)<=4.5
        szpj1(i)=4;
    else
        szpj1(i)=5;
    end
end

%%%%%%%%%%B 厂%%%%%%%%%%
zssz=B;
inputn_test=mapminmax('apply',zssz,inputps);
[n,m]=size(zssz);
```

```
for k=1:1:m
    x=inputn_test(:,k);
    %计算输出中间层
    for i=1:I
        for j=1:M
            u(i,j)=exp(-(x(i)-c(j,i))^2/b(j,i));
        end
    end
    for i=1:M
        w(i)=u(1,i)*u(2,i)*u(3,i)*u(4,i)*u(5,i)*u(6,i);
    end
    addw=0;
    for i=1:M
        addw=addw+w(i);
    end
    for i=1:M
        yi(i)=p0_1(i)+p1_1(i)*x(1)+p2_1(i)*x(2)+p3_1(i)*x(3)+p4_1(i)*x(4)+p5_1(i)
*x(5)+p6_1(i)*x(6);
    end
    addyw=0;
    for i=1:M
        addyw=addyw+yi(i)*w(i);
    end
    szzb(k)=addyw/addw;                                    %计算输出
end
szzbz2=mapminmax('reverse',szzb,outputps);

for i=1:m
    if szzbz2(i)<=1.5
        szpj2(i)=1;
    elseif szzbz2(i)>1.5&&szzbz2(i)<=2.5
        szpj2(i)=2;
    elseif szzbz2(i)>2.5&&szzbz2(i)<=3.5
        szpj2(i)=3;
    elseif szzbz2(i)>3.5&&szzbz2(i)<=4.5
        szpj2(i)=4;
    else
        szpj2(i)=5;
    end
end

%%%%%%%%%%A厂%%%%%%%%%%
zssz=A;
inputn_test=mapminmax('apply',zssz,inputps);
[n,m]=size(zssz);

for k=1:1:m
```

```
        x=inputn_test(:,k);
        %计算输出中间层
        for i=1:I
            for j=1:M
                u(i,j)=exp(-(x(i)-c(j,i))^2/b(j,i));
            end
        end
        for i=1:M
            w(i)=u(1,i)*u(2,i)*u(3,i)*u(4,i)*u(5,i)*u(6,i);
        end
        addw=0;
        for i=1:M
            addw=addw+w(i);
        end
        for i=1:M
            yi(i)=p0_1(i)+p1_1(i)*x(1)+p2_1(i)*x(2)+p3_1(i)*x(3)+p4_1(i)*x(4)+p5_1(i)
*x(5)+p6_1(i)*x(6);
        end
        addyw=0;
        for i=1:M
            addyw=addyw+yi(i)*w(i);
        end
        szzb(k)=addyw/addw;                                    %计算输出
end
szzbz3=mapminmax('reverse',szzb,outputps);

for i=1:m
    if szzbz3(i)<=1.5
        szpj3(i)=1;
    elseif szzbz3(i)>1.5&&szzbz3(i)<=2.5
        szpj3(i)=2;
    elseif szzbz3(i)>2.5&&szzbz3(i)<=3.5
        szpj3(i)=3;
    elseif szzbz3(i)>3.5&&szzbz3(i)<=4.5
        szpj3(i)=4;
    else
        szpj3(i)=5;
    end
end
figure(3)
plot(szzbz1,'o-r'),hold on
plot(szzbz2,'*-g'),hold on
plot(szzbz3,'*:b'),grid on
xlabel('时间'),ylabel('预测水质'),legend('C','B','A')
```

运行程序，训练数据预测结果如图 11-43 所示，测试数据预测结果如图 11-44 所示。

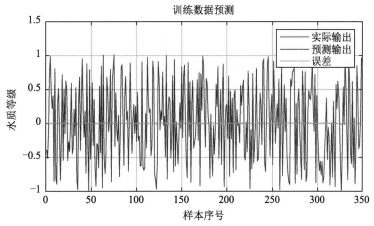

图 11-43　训练数据预测结果

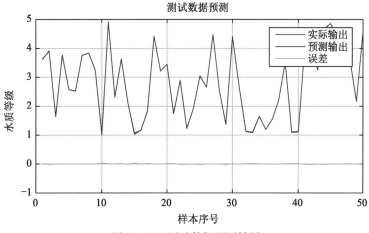

图 11-44　测试数据预测结果

模糊神经网络对 A、B 和 C 厂的水质评价如图 11-45 所示，横坐标表示从开始计算水质的月份到之后的第 25 个计算水质的月份。可以看出，C 厂水质要好于 A 厂和 B 厂，这与前面有关氨氧含量的比较结果相符，这说明了模糊神经网络预测结果的有效性。

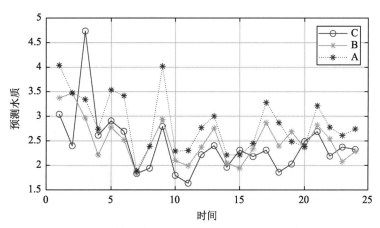

图 11-45　模糊神经网络对 A、B 和 C 厂的水质评价

## 11.5　本章小结

本章首先介绍了模糊逻辑控制基础与 MATLAB 模糊逻辑控制工具箱的函数及其使用方法；然后介绍了模糊推理系统在控制系统中的应用；最后介绍了 MATLAB 模糊逻辑控制工具箱图形用户界面的使用方法和模糊逻辑控制系统的几个经典案例。通过本章的学习，读者能够利用模糊逻辑控制工具解决实际问题。

# 第三部分
# 综合应用

# 第 12 章 模糊神经网络在工程中的应用

CHAPTER 12

模糊神经网络是神经网络的模糊化，即以模糊集、模糊逻辑为主，结合神经网络的方法，利用其自组织性，达到柔性信息处理的目的。20 世纪 80 年代末至 90 年代初，模糊逻辑系统与神经网络融合问题开始真正引起学术界的关注。近年来，这两类方法日趋融合，已成为智能控制方法。本章主要介绍模糊神经网络的研究内容及其在工程中的应用。

**学习目标**

（1）了解模糊神经网络的基本概念。

（2）熟练掌握模糊神经网络的建模方法。

（3）熟练掌握模糊神经网络在工程中的应用。

## 12.1 模糊神经网络

模糊神经网络就是模糊系统和神经网络的结合，本质上就是为常规的神经网络（如前向反馈神经网络、Hopfield 神经网络）赋予模糊输入信号和模糊权值。它是一种集模糊逻辑推理的强大结构性知识表达能力与神经网络的强大自学习能力于一体的新技术，是模糊逻辑推理与神经网络有机结合的产物。

### 12.1.1 模糊神经网络概述

1965 年，Zadeh 教授发表论文《模糊集合》（*Fuzzy Set*），标志模糊数学的诞生。

模糊集合的基本思想是把经典集合中的绝对隶属关系灵活化，即元素对"集合"的隶属度不再局限于取 0 或 1，而是可以取 0~1 的任意数值。

用隶属度函数（Membership Function）刻画处于中间过渡的事物对差异双方的倾向性。隶属度（Membership Degree）就表示元素隶属于集合的程度。

设 $X$ 为论域，映射 $A(x)$：$X \rightarrow [0,1]$确定了一个 $X$ 上的模糊子集 $A$，$A(x)$ 称为 $A$ 的隶属度函数，$X$ 属于 $A$ 的隶属度为

$$\forall x \in X, \ A(x) \in [0,1]$$

当 $A(x)=1$ 时，$X$ 完全属于 $A$；当 $A(x)=0$ 时，$X$ 完全不属于 $A$；当 $0<A(x)<1$ 时，$X$ 部分属于 $A$。

隶属度函数是模糊集合应用于实际问题的基石。对于一个具体的模糊对象，首先应当确定其切合实际的隶属度函数，才能应用模糊数学方法进行具体的定量分析。

模糊系统和神经网络均可视为智能信息处理领域的一个分支，有各自的基本特性和应用范围。

　　一般来讲，模糊神经网络主要是指利用神经网络结构实现模糊逻辑推理，从而使传统神经网络没有明确物理含义的权值被赋予模糊逻辑中推理参数的物理含义。

　　神经网络和模糊系统都属于一种数值化的和非数学模型的函数估计器和动力学系统。它们都能以一种不精确的方式处理不精确的信息。

　　与传统的统计学方法不同，它们不需要给出表征输入与输出关系的数学模型表达式；它们也不像人工智能（Artificial Intelligence，AI）那样仅能进行基于命题和谓词运算的符号处理，而难以进行数值计算与分析，且不易于硬件的实现。

　　神经网络和模糊系统使用样本数据（数值的，有时也可以是用语言表述的），即过去的经验估计函数关系，即激励与响应的关系或输入与输出的关系。

　　虽然模糊系统和神经网络都用于处理模糊信息，并且存在许多方面的共性，但其各自特点、适用范围和具体做法还是有不小的差别。而神经网络和模糊系统的结合则能构成一个带有人类感觉和认知成分的自适应系统。

　　神经网络直接镶嵌在一个全部模糊的结构之中，因而它能够向训练数据学习，从而产生、修正并高度概括输入、输出之间的模糊规则。当难以获得足够的结构化知识时，系统还可以利用神经网络自适应产生和精练这些规则，而后根据输入模糊集合的几何分布及由过去经验产生的那些模糊规则，便可以得到由此进行推理得出的结论。

　　目前神经元网络与模糊技术的融合方式大致有以下4种。

　　（1）神经元模型和模糊模型的连结。该模型是以模糊控制和神经元网络两个系统相分离的形式结合，实现信息处理。

　　（2）神经元模型为主，模糊模型为辅。该模型以神经网络为主体，将输入空间分割成若干不同形式的模糊推论组合，对系统先进行模糊逻辑判断，以模糊控制器输出作为神经元网络的输入。后者具有自学习的智能控制特性。

　　（3）模糊模型为主，神经元模型为辅。该模型以模糊控制为主体，应用神经元网络，实现模糊控制的决策过程，以模糊控制方法为"样本"，对神经网络进行离线训练学习。"样本"就是学习的"教师"。当所有样本学习完以后，这个神经元网络就是一个聪明、灵活的模糊规则表，具有自学习、自适应功能。

　　（4）神经元模型与模糊模型完全融合。该模型中，两个系统密切结合，不能分离。根据输入量的不同性质，分别由神经网络与模糊控制并行直接处理输入信息，直接作用于控制对象，从而更能发挥各自的控制特点。

## 12.1.2　模糊系统与神经网络的区别与联系

　　模糊集理论和神经网络虽都属于仿效生物体信息处理机制以获得柔性信息处理功能的理论，但二者所用的研究方法不同。二者之间的区别与联系如下所示。

　　（1）从知识的表达方式来看，模糊系统可以表达人的经验性知识，便于理解；而神经网络只能描述大量数据之间的复杂函数关系，难于理解。

　　（2）从知识的存储方式来看，模糊系统将知识存在规则集中，神经网络将知识存在权系数中，都具有分布存储的特点。

　　（3）从知识的运用方式来看，模糊系统和神经网络都具有并行处理的特点，模糊系统同时激活的规则不多，计算量小；而神经网络涉及的神经元很多，计算量大。

（4）从知识的获取方式来看，模糊系统的规则靠专家提供或设计，难以自动获取；而神经网络的权系数可由输入输出样本中学习，无须人工设置。

因此，将二者结合起来，将有助于从抽象和形象思维两方面模拟人脑的思维特点，在处理大规模的模糊应用问题方面将表现出优良的效果。

### 12.1.3　典型模糊神经网络结构

模糊系统的规则集和隶属度函数等设计参数只能靠设计经验来选择，利用神经网络的学习方法，根据输入输出的学习样本自动设计和调整模糊系统的设计参数，实现模糊系统的自学习和自适应功能。

图 12-1 所示为一个典型的模糊神经网络结构，其结构像神经网络，功能像模糊系统，这是目前研究和应用最多的一类模糊神经网络。

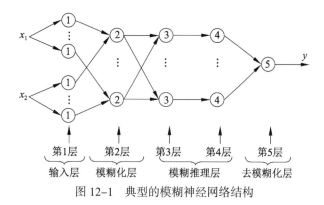

图 12-1　典型的模糊神经网络结构

该网络共分为 5 层，是根据模糊系统的工作过程设计的，是神经网络实现的模糊推理系统。

第 1 层为输入层，为精确值，节点个数为输入变量的个数。

第 2 层为输入变量的隶属度函数层，实现输入变量的模糊化。

第 3 层也称为"与"层，该层节点个数为模糊规则数。该层每个节点只与第 2 层中 $m$ 个节点中的一个和 $n$ 个节点中的一个相连，共有 $m×n$ 个节点，也就是有 $m×n$ 条规则。

第 4 层为"或"层，节点数为输出变量模糊度划分的个数。该层与第 3 层的连接为全互连。

第 5 层为去模糊化层，节点数为输出变量的个数。该层与第 4 层的连接为全互连，将第 4 层各个节点的输出转换为输出变量的精确值。

### 12.1.4　自适应模糊神经推理系统

人工神经网络有较强的自学习和自适应能力，但它类似一个黑箱，缺少透明度，不能很好地表达人脑的推理功能；而模糊系统本身没有自适应能力，限制了其应用。

自适应模糊神经推理系统（Adaptive Neuro-Fuzzy Inference System）也称为基于网络的自适应模糊推理系统（Adaptive Network-Based Fuzzy Inference System，ANFIS），于 1993 年由 Jang Roger 提出。它融合了神经网络的学习机制和模糊系统的语言推理能力等优点，弥补各自不足，属于神经模糊系统的一种。与其他神经模糊系统相比，ANFIS 具有便捷高效的特点，因而已被收入了 MATLAB 的模糊逻辑工具箱，并已在多个领域得到了成功应用。

为了实现 T-S 模糊模型的学习过程，一般将其转换为一个自适应网络。自适应模糊神经推理系统结构如图 12-2 所示。

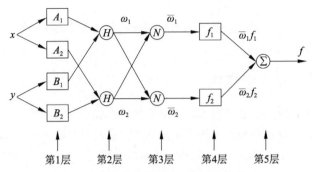

第1层　第2层　第3层　第4层　第5层

图 12-2　自适应模糊神经推理系统结构

　　该自适应网络是一个多层前馈网络，其中的方形节点需要进行参数学习。

　　第 1 层为输入变量的隶属度函数层，负责输入信号的模糊化，节点 $i$ 具有输出函数

$$O_i^1 = \mu_{A_i}(x), \quad i = 1, 2$$

或

$$O_i^1 = \mu_{B_i}(y), \quad i = 1, 2$$

其中，$x$、$y$ 为节点 $i$ 的输入；$A_i$、$B_i$ 为模糊集。$O_i^1$ 就是 $A_i$、$B_i$ 的隶属度函数值，表示 $x$、$y$ 属于 $A_i$、$B_i$ 的程度。隶属度函数 $\mu_{A_i}$ 和 $\mu_{B_i}$ 的形状完全由一些参数确定，这些参数称为前件参数。

　　第 2 层为规则的强度释放层，这一层的节点负责将输入信号相乘，即

$$O_i^2 = \omega_i = \mu_{A_i}(x) \times \mu_{B_i}(y), \quad i = 1, 2$$

每个节点的输出代表该条规则的可信度。

　　第 3 层为所有规则强度的归一化，第 $i$ 个节点计算第 $i$ 条规则的归一化可信度。

$$O_i^3 = \overline{\omega_i} = \frac{\omega_i}{\omega_1 + \omega_2}, \quad i = 1, 2$$

　　第 4 层计算模糊规则的输出，这一层的每个节点 $i$ 为自适应节点，第 $i$ 个节点的输出为

$$O_i^4 = \overline{\omega_i} f_i = \overline{\omega_i}(p_i x + q_i y + r_i), \quad i = 1, 2$$

其中，$\overline{\omega_i}$ 为第 3 层的输出；$(p_i, q_i, r_i)$ 为该节点的参数集，称为后件参数。

　　第 5 层为一个固定节点，计算所有输入信号的总输出，即

$$O_i^5 = \sum \overline{\omega_i} f_i = \frac{\sum \omega_i f_i}{\sum \omega_i}, \quad i = 1, 2$$

　　给定前件参数后，自适应模糊神经推理系统的输出可以表示为后件参数的线性组合，即

$$O_i^5 = \overline{\omega_1} f_1 + \overline{\omega_2} f_2$$
$$= (\overline{\omega_1} x) p_1 + (\overline{\omega_1} y) q_1 + (\overline{\omega_1}) r_1 + (\overline{\omega_2} x) p_2 + (\overline{\omega_2} y) q_2 + (\overline{\omega_2}) r_2$$

　　因此，ANFIS 可以通过 BP 算法或 BP 算法和最小二乘估计法的混合算法进行学习，调整系统的前件和后件参数。在混合算法中，前向阶段计算到第 4 层，然后用最小二乘估计（Least Square Estimation，LSE）辨识后件参数；反向阶段误差信号反向传递，用 BP 法更新前件参数。

　　当前件参数固定时，用 LSE 辨识的后件参数是最优的。采用混合法可以减小 BP 法的搜索空间尺度，从而提高 ANFIS 的训练速度。

因为自适应网络模糊推理系统实现了模糊逻辑推理与神经网络的结合，所以这种结构形式同时具有模糊逻辑易于表达人类知识和神经网络的分布式信息存储以及学习能力的优点，是智能学科的重要发展方向，为工程信息的处理提供了新的有效方法。

## 12.2　模糊神经网络建模方法

首先假定一个参数化的模型结构，然后采集输入输出的数据，最后使用 ANFIS 训练 FIS 模型，根据选定的误差准则修正隶属度函数参数，仿真给定的训练数据。ANFIS 建模步骤如下。

（1）将选取的训练样本和评价样本分别写入两个 .dat 文件。例如，trainData.dat 和 checkData.dat 作为 ANFIS 的数据源，在 ANFIS 编辑器中载入这两个样本数据。

```
load trainData.dat
load checkData.dat
```

（2）初始化模糊推理系统 FIS 的参数，包括选择输入的隶属度函数、利用规则编辑器生成规则等，作为训练初始的 FIS。

（3）根据载入 ANFIS 编辑器中的训练样本和评价样本数据，利用 anfis() 函数对已初始化的 FIS 结构进行训练。anfis() 函数调用格式为

```
[fismat,error,stepsize]=anfis(trnData,fismat,n)    %trnData 为训练样本，fismat 为已初始
                                                   %化的 FIS 结构，n 为训练次数
```

例如，在编辑器中编写如下代码。

```
clear,clc
x=(0:0.1:5)';
y=sin(x)./exp(x/5);
trnData=[x y];
numMFs=6;
epoch_n=30;

%%新语法
inputData=x; outputData=y;
opt=genfisOptions('GridPartition');
opt.NumMembershipFunctions=numMFs;
opt.InputMembershipFunctionType='gbellmf';
in_fis=genfis(inputData,outputData,opt);
out_fis=anfis(trnData,in_fis,30);
plot(x,y,x,evalfis(out_fis,x));
legend('Training Data','ANFIS Output');

%%旧语法
mfType='gbellmf';
in_fis=genfis1(trnData,numMFs,mfType);
out_fis=anfis(trnData,in_fis,30);
plot(x,y,x,evalfis(out_fis,x));
legend('Training Data','ANFIS Output');
```

运行程序，结果如下。

```
ANFIS info:
    Number of nodes: 28
    Number of linear parameters: 12
    Number of nonlinear parameters: 18
    Total number of parameters: 30
    Number of training data pairs: 51
    Number of checking data pairs: 0
    Number of fuzzy rules: 6
Start training ANFIS ...
    1      0.00975566
    2      0.00951913
    3      0.00928248
    4      0.00904567
    5      0.0088087
Step size increases to 0.011000 after epoch 5.
    6      0.00857163
    7      0.0083108
    8      0.00805008
    9      0.00778962
Step size increases to 0.012100 after epoch 9.
   10      0.00752966
   11      0.0072446
   12      0.00696085
   13      0.00667888
Step size increases to 0.013310 after epoch 13.
   14      0.00639917
   15      0.00609477
   16      0.00579458
   17      0.00549946
Step size increases to 0.014641 after epoch 17.
   18      0.00521034
   19      0.0049004
   20      0.00460027
   21      0.00431135
Step size increases to 0.016105 after epoch 21.
   22      0.00403502
   23      0.00374713
   24      0.00347743
   25      0.00322662
Step size increases to 0.017716 after epoch 25.
   26      0.00299436
   27      0.00275811
   28      0.0025372
   29      0.00232519
Step size increases to 0.019487 after epoch 29.
   30      0.00211669
```

```
Designated epoch number reached --> ANFIS training completed at epoch 30.
Minimal training RMSE = 0.002117
```

得到训练数据与 ANFIS 输出数据比较曲线，如图 12-3 所示。可以看出，两条曲线基本重合。

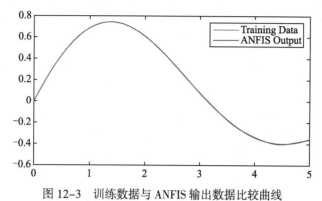

图 12-3 训练数据与 ANFIS 输出数据比较曲线

（4）利用 evalfis()、plot() 等函数，对训练好的模糊神经推理系统进行验证。

例如，在命令行窗口中输入以下语句。

```
>> fismat=readfis('tipper');
>> out=evalfis(fismat,[2 1; 4 9])
```

输出结果为

```
out =
   7.0169
  19.6810
```

【例 12-1】某水泥厂煤粉制备系统煤磨的输入输出特征数据如表 12-1 所示。利用表 12-1 中样本建立一个模糊神经推理系统。

建立模糊神经推理系统步骤如下。

表 12-1 输入输出特征数据

| 样 本 序 号 | $X_1$ | $X_2$ | $X_3$ | $X_4$ | $X_5$ | $y$ |
|---|---|---|---|---|---|---|
| 1 | 34 | 11 | 11.9 | 792 | 3277 | 0 |
| 2 | 35 | 15 | 12 | 777 | 3101 | 0 |
| 3 | 34 | 16 | 15 | 793 | 3206 | 0 |
| 4 | 27 | 10 | 14 | 801 | 3299 | 0 |
| 5 | 33 | 9 | 13.5 | 820 | 3743 | 0 |
| 6 | 39 | 13 | 11 | 793 | 3742 | 1 |
| 7 | 45 | 19 | 13 | 811 | 3955 | 0 |
| 8 | 36 | 7 | 16 | 806 | 3701 | 1 |
| 9 | 41 | 12 | 11 | 789 | 3933 | 1 |
| 10 | 40 | 13 | 12 | 790 | 3935 | 1 |
| 11 | 41 | 13 | 11 | 789 | 3935 | 1 |

（1）将样本 1～10 作为训练样本，样本 11 作为评价样本。

（2）将训练样本写入 trainData.dat，作为 ANFIS 的数据源，并在 ANFIS 编辑器中载入样本数据，代码如下。

```
load('trainData.mat')
```

（3）利用 ANFIS 自动生成一个 FIS 结构作为初始 FIS。

```
in_format=genfis1(trainData)
```

（4）对初始 FIS(in_format)进行训练。对样本数据训练 100 次后得到一个训练好的 ANFIS 系统。

```
[format1,error1,stepsize]=anfis(trainData,in_format,100)
```

（5）运用评价数据对训练好的模糊神经系统进行验证，观察仿真结果。

根据以上步骤，建立模糊神经网络推理系统的程序代码如下。

```
clear,clc
load('trainData.mat')
trainData=[X Y];
%in_format=genfis1(trainData);                    %旧语法
in_format=genfis(X,Y);                            %新语法
[format1,error1,stepsize]=anfis(trainData,in_format,100);
y1=evalfis(format1,X)                             %用训练样本仿真
y2=evalfis(format1,[41 13 11 789 3935])           %用评价样本仿真
plot(1:10,Y,'b--',1:10,y1,'k.')
legend('Y:训练样本','y:评价样本','Location','southeast' );
xlabel('样本序号'),ylabel('系统输出')
```

运行程序，结果如下。

```
   -0.0001
   -0.0001
   -0.0000
   -0.0000
   -0.0001
    1.0001
    0.0002
    1.0000
    1.0000
    1.0000
y2 =
    1.0978
```

用训练样本和评价样本进行仿真，比较结果如图 12-4 所示。

读者可以使用 ANFIS 编辑器工具箱。利用 anfisedit() 函数可以打开 ANFIS 编辑器，以便载入数据集合训练 ANFIS。操作步骤如下。

（1）在命令行窗口中输入 anfisedit，打开 ANFIS 编辑器，如图 12-5 所示。

（2）在 Load data 选项板中选中 worksp，然后单击 Load Data 按钮，在弹出的训练样本选择对话框中填写训练样本名称 trainData，如图 12-6 所示，单击"确定"按钮后返回，此时 ANFIS 编辑器界面如图 12-7 所示。

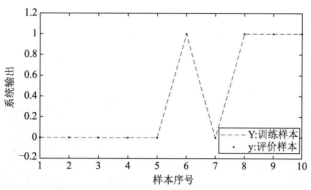

图 12-4　训练样本和评价样本仿真结果比较

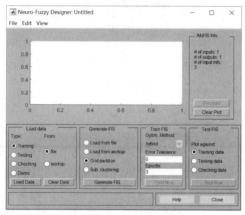

图 12-5　ANFIS 编辑器

图 12-6　训练样本选择界面

（3）在 Generate FIS 选项板中勾选 Grid partition 选项，然后单击 Generate FIS 按钮，弹出 Add Membership Functions 对话框，在 MF Type 列表框中选择 gaussmf 算法，如图 12-8 所示，单击 OK 按钮。

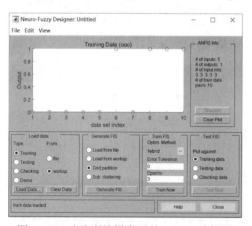

图 12-7　选取训练样本后的 ANFIS 编辑器

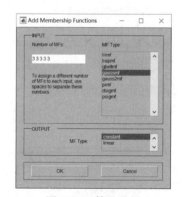

图 12-8　算法选择

（4）在 ANFIS 编辑器中执行 Edit→FIS Properties 菜单命令，在弹出的 FIS 编辑器中的 Defuzzication 下拉列表中选择 wtaver，如图 12-9 所示，设置完成后，单击 Close 按钮返回到 ANFIS 编辑器操作窗口。

（5）单击右上方 ANFIS Info 下的 Structure 按钮，得到如图 12-10 所示 ANFIS 模型结构，单击 Close 按

钮返回。

（6）根据图 12-11 设置 Train FIS 选项板中的训练参数。设置完成后，单击 Train Now 按钮，系统开始训练。训练过程如图 12-12 所示，训练完成后 FIS 编辑器如图 12-13 所示。

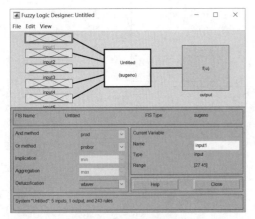

图 12-9　FIS 编辑器

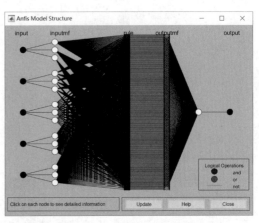

图 12-10　ANFIS 模型结构

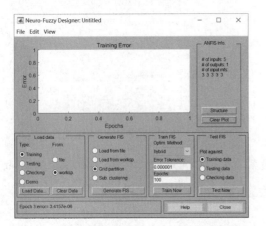

图 12-11　设置训练参数后的 ANFIS 编辑器操作界面

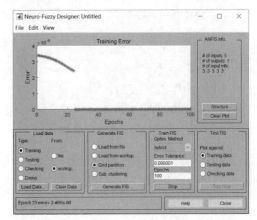

图 12-12　训练过程

（7）在 Test FIS 选项板中选中 Training data，如图 12-14 所示，单击 Test Now 按钮查看训练效果。

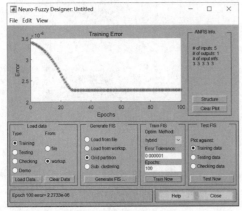

图 12-13　训练完成

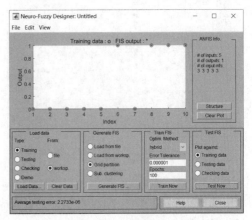

图 12-14　训练效果

（8）执行 Edit→Membership Functions 菜单命令，查看 FIS 系统 5 个输入变量的隶属度函数，如图 12-15 所示。查看结束后，单击 Close 按钮返回。

（9）执行 Edit→Rules 菜单命令，可以查看系统模糊规则，如图 12-16 所示。

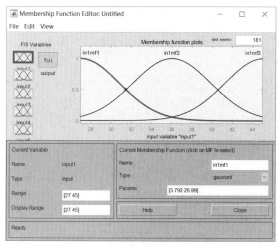

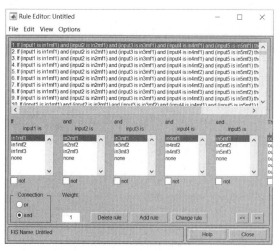

图 12-15   输入变量的隶属度函数　　　　　　　　图 12-16   系统模糊规则

（10）执行 File→Import 菜单命令保存数据，单击 Close 按钮关闭 ANFIS 编辑器。

## 12.3   模糊神经网络在工程中的应用举例

模糊神经网络能以任意精度逼近任意一个定义在致密集上的连续函数，大量应用于工程问题中。下面从几个典型方面举例介绍模糊神经网络在工程中的应用。

### 12.3.1   模糊神经网络在解耦控制中的应用

在现代化的工业生产中，不断出现一些较复杂的设备或装置，这些设备或装置本身所要求的被控制参数往往较多，因此，必须设置多个控制回路对设备进行控制。

由于控制回路的增加，往往会在它们之间造成相互影响的耦合作用，即系统中每个控制回路的输入信号对所有回路的输出都会有影响，而每个回路的输出又会受到所有输入的作用。要想一个输入只控制一个输出几乎不可能，这就构成了"耦合"系统。

由于耦合关系，往往使系统难以控制，性能很差。

所谓解耦控制系统，就是采用某种结构寻找合适的控制规律消除系统中各控制回路之间的相互耦合关系，使每个输入只控制相应的一个输出，每个输出又只受到一个控制的作用。

解耦控制是一个既古老又极富生命力的话题，不确定性是工程实际中普遍存在的棘手现象。解耦控制是多变量系统控制的有效手段。下面举例介绍解耦控制的实现。

【例 12-2】已知具有耦合的两个相邻子系统的差分方程为

$$\begin{cases} y_1(k) = a_{11}y(k-1) + b_{11}u(k-1) + b_{12}u(k-2) + \xi_1(k) + y_{12}(k) \\ y_2(k) = a_{21}y(k-1) + b_{21}u(k-1) + b_{22}u(k-2) + \xi_2(k) + y_{21}(k) \end{cases}$$

其中，$\xi_i(k)$ 为随机噪声；$y_{ij}(k)$ 为两个相邻子系统之间的耦合。

试采用隶属度函数型神经网络与模糊控制融合的解耦方法实现解耦控制。

在编辑器中编写程序如下。

```
clear,clc;
%初始化
p1=0.5;q1=0.5;p2=0.5;q2=0.5;
p3=0.5;q3=0.5;p4=0.95;q4=0.5;
p5=0.95;q5=0.5;p6=0.95;q6=0.5;
p7=0.5;q7=0.5;p8=0.95;q8=0.5;
p9=0.5;q9=0.5;p10=0.95;q10=0.5;
p11=0.95;q11=0.5;p12=0.95;q12=0.5;
p13=0.65;q13=0.05;
%隶属度函数型神经网络的中心值、尺度因子和权向量初始化
a10=[-2 0 2];a11=[-2 0 2];a20=[-2 0 2];a21=[-2 0 2];
b10=[1.5 1.5 1.5];b11=[1.5 1.5 1.5];
b20=[1.5 1.5 1.5];b21=[1.5 1.5 1.5];
v0=[-1 -0.5 -0.5;-0.5 0 0.5;0.5 0.5 1];
v1=[-1 -0.5 -0.5;-0.5 0 0.5;0.5 0.5 1];
%系统部分的初值
yp0=0;yp1=0;
ep0=0;ep1=0;
up0=1.05;up1=1.39;x1=0.12;x2=0.24;
y0=0;y1=0;
u1=0;e0=0;e1=0;sp=10;
k=1;se=0.02;sd=0.02;su=0.0522;
%开始
kp=0.284;ki=0.03;kd=0.626;
p12=0.5;q12=0.5;p22=0.5;q22=0.5;
p32=0.5;q32=0.5;p42=0.95;q42=0.5;
p52=0.95;q52=0.5;p62=0.95;q62=0.5;
p72=0.5;q72=0.5;p82=0.95;q82=0.5;
p92=0.5;q92=0.5;p102=0.95;q102=0.5;
p112=0.95;q112=0.5;p122=0.95;q122=0.5;
p132=0.65;q132=0.05;
%系统部分的初值
yp02=0;yp12=0;ep02=0;ep12=0;
up02=1.05;up12=1.39;x12=0.12;x22=0.24;
y02=0;y12=0;u12=0;e02=0;e12=0;sp2=5;
k=1;se2=0.02;sd2=0.02;su2=0.0522;
kp2=0.284;ki2=0.03;kd2=0.626;
%子系统 1(SUB1)的 J 循环开始
for J=1:50
    ep1=10-yp1;
    pid=kp*(ep1-ep0)+ki*ep1;
    up2=up1+pid;
    yp2=0.5*yp1+2.5*up2+2.5*up1;
    yp(:,J)=yp2;
    up0=up1;
```

```
        up1=up2;
        ep0=ep1;
        yp0=yp1;
        yp1=yp2;
end
time=[1:1:50];
n=0.28*rand(size(time));          %产生的子系统（SUB1）随机噪声
n1=0.3*rand(size(time));          %产生的子系统（SUB2）随机噪声
while(k<=50)
    for(T=1:20)
        X1=x1*se;
        X2=x2*sd;
        if(X1<=-2)
            X1=-2;
        elseif(X1>=2)
            X1=2;
        end
        if(X2<=-2)
            X2=-2;
        elseif(X2>=2)
            X2=2;
        end

        %FNN 隐含层输出
        for i=1:3
            for j=1:3
                A=[(X1-a11(:,i))/b11(:,i)].^2;
                B=[(X2-a21(:,j))/b21(:,j)].^2;
                h(i,j)=exp(-(A+B)/2);
            end
        end
        %输出
        sum=0;
        for i=1:3
            for j=1:3
                sum=sum+h(i,j)*v1(i,j);
            end
        end
        ot=sum;cu=su*ot;u2=u1+cu;
        %disp(u2);
        if(u2<0)
            u2=0;
        elseif(u2>=1)
            u2=1;
        end
        y2=0.5*y1+2.5*u2+2.5*u1+n1(:,k)+0.01*y12;
```

```
        %+n1(:,k)+0.01*y12 表示随机噪声和子系统间的相互耦合
Y(:,k)=y2;E=0.5*(sp-y2).^2;e2=sp-y2;

Es(:,k)=e2;
x1=e2;x2=e2-e1;e0=e1;e1=e2;
delot=(sp-y2)*2.5*su;

for i=1:3
    for j=1:3
        dv=v1(i,j)-v0(i,j);
        v2=v1(i,j)+p13*delot+q13*dv;
        v3(i,j)=v2;
    end
end

%更新中心值与权矩阵
s1=0;
for j=1:3
    s1=s1+v1(1,j)*h(1,j);
end
pa11=s1;
a110=a10(:,1);  a111=a11(:,1);
dela11=pa11*(X1-a111)/b11(:,1).^2;
da11=a111-a110;a112=a111+p1*dela11+q1*da11;
a10(:,1)=a111;a11(:,1)=a112;
%a12
s2=0;
for j=1:3
    s2=s2+v1(2,j)*h(2,j);
end
pa12=s2;
a120=a10(:,2);a121=a11(:,2);
dela12=pa12*(X1-a121)/b11(:,2).^2;
da12=a121-a120;a122=a121+p2*dela12+q2*da12;
a10(:,2)=a121;a11(:,2)=a122;
%a13
s3=0;
for j=1:3
    s3=s3+v1(3,j)*h(3,j);
end
pa13=s3;a130=a10(:,3);a131=a11(:,3);
dela13=pa13*(X1-a131)/b11(:,3).^2;
da13=a131-a130;a132=a131+p3*dela13+q3*da13;
a10(:,3)=a131;a11(:,3)=a132;
%b11
pb11=pa11;b110=b10(:,1);b111=b11(:,1);
delb11=pb11*[(X1-a111)].^2/b111.^3;
```

```
db11=b111-b110;
b112=b111+p4*delb11+q4*db11;
b10(:,1)=b111;b11(:,1)=b112;
%b12
pb12=pa12;b120=b10(:,2);b121=b11(:,2);
delb12=pb12*[(X1-a121)].^2/b121.^3;
db12=b121-b120;b122=b121+p5*delb12+q5*db12;
b10(:,2)=b121;b11(:,2)=b122;
%b13
pb13=pa13;b130=b10(:,3);b131=b11(:,3);
delb13=pb13*[(X1-a131)].^2/b131.^3;
db13=b131-b130;
b132=b131+p6*delb13+q6*db13;
b10(:,3)=b131;b11(:,3)=b132;
%a21
s4=0;
for i=1:3
    s4=s4+v1(i,1)*h(i,1);
end
pa21=s4;a210=a20(:,1);a211=a21(:,1);
dela21=pa21*(X2-a211)/b21(:,1).^2;
da21=a211-a210;
a212=a211+p7*dela21+q7*da21;
a20(:,1)=a211;a21(:,1)=a212;
%a22
s5=0;
for i=1:3
    s5=s5+v1(i,2)*h(i,2);
end
pa22=s5;a220=a20(:,2);a221=a21(:,2);
dela22=pa22*(X2-a221)/b21(:,2).^2;
da22=a221-a220;
a222=a221+p8*dela22+q8*da22;
a20(:,2)=a221;a21(:,2)=a222;
%a23
s6=0;
for i=1:3
    s6=s6+v1(i,3)*h(i,3);
end
pa23=s6;
a230=a20(:,3);a231=a21(:,3);
dela23=pa23*(X2-a231)/b21(:,3).^2;
da23=a231-a230;
a232=a231+p9*dela23+q3*da23;
a20(:,3)=a231;a21(:,3)=a232;
%b21
pb21=pa21;
b210=b20(:,1);b211=b21(:,1);
```

```
        delb21=pb21*[(X2-a211)].^2/b211.^3;
        db21=b211-b210;
        b212=b211+p10*delb21+q10*db21;
        b20(:,1)=b211;b21(:,1)=b212;
        %b22
        pb22=pa22;
        b220=b20(:,2);b221=b21(:,2);
        delb22=pb22*[(X2-a221)].^2/b221.^3;
        db22=b221-b220;
        b222=b221+p11*delb22+q11*db22;
        b20(:,2)=b221;b21(:,2)=b222;
        %b23
        pb23=pa23;
        b230=b20(:,3);b231=b21(:,3);
        delb23=pb23*[(X2-a231)].^2/b231.^3;
        db23=b231-b230;
        b232=b231+p12*delb23+q12*db23;
        b20(:,3)=b231;b21(:,3)=b232;
        v0=v1;v1=v3;
        if(abs(e1)<0.00015)
            break;
        end
    end
end
y0=y1;y1=y2;u0=u1;u1=u2;

%权向量初始化部分
a102=[-2 0 2];a112=[-2 0 2];            %FNN 隐含层的权值矩阵
a202=[-2 0 2];a212=[-2 0 2];
b102=[1.5 1.5 1.5];b112=[1.5 1.5 1.5];  %尺度因子
b202=[1.5 1.5 1.5];b212=[1.5 1.5 1.5];
v02=[-1 -0.5 -0.5;-0.5 0 0.5;0.5 0.5 1];  %FNN 输出层权值矩阵
v12=[-1 -0.5 -0.5;-0.5 0 0.5;0.5 0.5 1];
%子系统 2(SUB2)的 J 循环开始
for J=1:100
    ep2=5-yp12;
    pid2=kp2*(ep12-ep02)+ki2*ep12;
    up22=up12+pid2;
    yp22=0.5*yp12+1.25*up22+1.25*up12;
    yp2(:,J)=yp22;
    up02=up12;up12=up22;ep02=ep12;yp02=yp12;
    yp12=yp22;
end
%while(k<=250)
%处理权矩阵
for(T=1:20)
    X12=x12*se2;X22=x22*sd2;
```

```
if(X12<=-2)
    X12=-2;
elseif(X12>=2)
    X12=2;
end
if(X22<=-2)
    X22=-2;
elseif(X22>=2)
    X22=2;
end

%FNN 隐含层输出
for i=1:3
    for j=1:3
        A=[(X12-a112(:,i))/b112(:,i)].^2;
        B=[(X22-a212(:,j))/b212(:,j)].^2;
        h(i,j)=exp(-(A+B)/2);
    end
end
%输出
sum2=0;
for i=1:3
    for j=1:3
        sum2=sum2+h(i,j)*v12(i,j);
    end
end
ot=sum2;cu=su2*ot;u22=u12+cu;
%disp(u22);
if(u22<0)
    u22=0;
elseif(u22>=1)
    u22=1;
end

y22=0.5*y12+1.25*u22+1.25*u12+n(:,k)+0.01*y1;
%+n(:,k)+0.01*y1 表示随机噪声和子系统间的相互耦合

Y2(:,k)=y22;E2=0.5*(sp2-y22).^2;e22=sp2-y22;

E22(:,k)=e22;x12=e22;x22=e22-e12;e02=e12;e12=e22;
delot=(sp2-y22)*1.25*su2;

for i=1:3
    for j=1:3
        dv=v12(i,j)-v02(i,j);
        v22=v12(i,j)+p132*delot+q132*dv;
        v32(i,j)=v22;
    end
```

```
        end

        s12=0;
        for j=1:3
            s12=s12+v12(1,j)*h(1,j);
        end
        pa112=s12;
        a1102=a102(:,1);a1112=a112(:,1);
        dela112=pa112*(X12-a1112)/b112(:,1).^2;
        da112=a1112-a1102;a1122=a1112+p12*dela112+q12*da112;
        a102(:,1)=a1112;a112(:,1)=a1122;
        %a12
        s22=0;
        for j=1:3
            s22=s22+v12(2,j)*h(2,j);
        end
        pa122=s22;
        a1202=a102(:,2);a1212=a112(:,2);
        dela122=pa122*(X12-a121)/b112(:,2).^2;
        da122=a1212-a1202;
        a1222=a1212+p22*dela122+q22*da122;
        a102(:,2)=a1212;a112(:,2)=a1222;
        %a13
        s32=0;
        for j=1:3
            s32=s32+v12(3,j)*h(3,j);
        end
        pa132=s32;
        a1302=a102(:,3);a1312=a112(:,3);
        dela132=pa132*(X12-a1312)/b112(:,3).^2;
        da132=a1312-a1302;
        a1322=a1312+p32*dela132+q32*da132;
        a102(:,3)=a1312;a112(:,3)=a1322;
        %b11
        pb112=pa112;
        b1102=b102(:,1);b1112=b112(:,1);
        delb112=pb112*[(X12-a111)].^2/b1112.^3;
        db112=b1112-b1102;
        b1122=b1112+p42*delb112+q42*db112;
        b102(:,1)=b1112;b112(:,1)=b1122;
        %b12
        pb122=pa122;
        b1202=b102(:,2);b1212=b112(:,2);
        delb122=pb122*[(X12-a1212)].^2/b1212.^3;
        db122=b1212-b1202;
        b1222=b1212+p52*delb122+q52*db122;
        b102(:,2)=b1212;b112(:,2)=b1222;
        %b13
```

```
pb132=pa132;
b1302=b102(:,3);b1312=b112(:,3);
delb132=pb132*[(X12-a1312)].^2/b1312.^3;
db132=b1312-b1302;
b1322=b1312+p62*delb132+q62*db132;
b102(:,3)=b1312;b112(:,3)=b1322;
%a21
s42=0;
for i=1:3
    s42=s42+v12(i,1)*h(i,1);
end
pa212=s42;
a2102=a202(:,1);a2112=a212(:,1);
dela212=pa212*(X22-a2112)/b212(:,1).^2;
da212=a2112-a2102;
a2122=a2112+p72*dela212+q72*da212;
a202(:,1)=a2112;a212(:,1)=a2122;
%a22
s52=0;
for i=1:3
    s52=s52+v12(i,2)*h(i,2);
end
pa222=s52;
a2202=a202(:,2);a2212=a212(:,2);
dela222=pa222*(X22-a2212)/b212(:,2).^2;
da222=a2212-a2202;
a2222=a2212+p82*dela222+q82*da222;
a202(:,2)=a2212;a212(:,2)=a2222;
%a23
s62=0;
for i=1:3
    s62=s62+v1(i,3)*h(i,3);
end
pa232=s62;
a2302=a202(:,3);a2312=a212(:,3);
dela232=pa232*(X22-a2312)/b212(:,3).^2;
da232=a2312-a2302;
a2322=a2312+p92*dela232+q32*da232;
a202(:,3)=a2312;a212(:,3)=a2322;
%b21
pb212=pa212;
b2102=b202(:,1);b2112=b212(:,1);
delb212=pb212*[(X22-a2112)].^2/b2112.^3;
db212=b2112-b2102;
b2122=b2112+p102*delb212+q102*db212;
b202(:,1)=b2112;b212(:,1)=b2122;
%b22
pb222=pa222;
```

```
        b2202=b202(:,2);b2212=b212(:,2);
        delb222=pb222*[(X22-a2212)].^2/b2212.^3;
        db222=b2212-b2202;
        b2222=b2212+p112*delb222+q112*db222;
        b202(:,2)=b2212;b212(:,2)=b2222;
        %b23
        pb232=pa232;
        b2302=b202(:,3);b2312=b212(:,3);
        delb232=pb232*[(X22-a2312)].^2/b2312.^3;
        db232=b2312-b2302;
        b2322=b2312+p122*delb232+q122*db232;
        b202(:,3)=b2312;b212(:,3)=b2322;
        v02=v12;v12=v32;
        if(abs(e12)<0.00015)
            break;
        end
    end

    if(abs(e1)<=eps & abs(e)<=eps)
        break;
    else
        k=k+1;
    end
    y02=y12;y12=y22;u02=u12;u12=u22;
end
L=k-1; n2=n;
m=1:L;
R=ones(size(m));
sp=R*10;sp2=R*5;
a11                                    %子系统 1 运行结果中心值和尺度因子和权值矩阵
b11                                    %子系统 1 运行尺度因子
v1                                     %子系统 1 运行权值矩阵
a112                                   %子系统 2 运行结果中心值和尺度因子和权值矩阵
b112                                   %子系统 2 运行尺度因子
v2                                     %子系统 2 运行权值矩阵
figure;
plot(m,sp,'k', m,Y,'rx',m,sp2,'k', m,Y2,'bx',m,Es,'r',m,E22,'b');
legend('sp: 子系统 1 输入','Y: 子系统 1 耦合结果','sp2: 子系统 2 输入',...
    'Y2: 子系统 2 耦合结果','Es: 子系统 1 误差','Es2: 子系统 1 误差' );
%图标注
title('模糊神经网络 FNN 对相邻耦合子系统的解耦结果'),
xlabel('k'),ylabel('yp,y and sp2,y2')
figure;
plot(m,n1,'k',m,n2,'r');
legend('n1: 子系统 1 噪声','n2: 子系统 2 噪声' );%图标注
xlabel('k'),ylabel('随机噪声')
```

运行程序，得到以下参数。

子系统 1 运行结果中心值和尺度因子和权值矩阵如下。

```
a11 =
   -5.7643    -0.0018    -0.0033
b11 =
    0.6694     5.5921     4.3879
v1 =
   -1.5363    -1.0363    -1.0363
   -1.0363    -0.5363    -0.0363
   -0.0363    -0.0363     0.4637
```

子系统 2 运行结果中心值和尺度因子和权值矩阵如下。

```
a112 =
   -3.4375     0.0100     0.7585
b112 =
    0.7957     1.4997     3.4254
v2 =
    0.4637
```

模糊神经网络对相邻耦合子系统的解耦结果如图 12-17 所示。子系统随机噪声变化如图 12-18 所示。

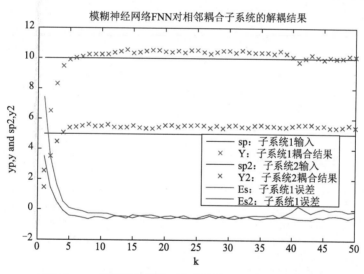

图 12-17  模糊神经网络对相邻耦合子系统的解耦结果

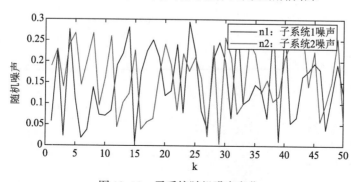

图 12-18  子系统随机噪声变化

### 12.3.2 模糊神经网络在函数逼近中的应用

在选定的一类函数中寻找某个函数 $g$，使它是已知函数 $f$ 在一定意义下的近似表示，并求出用 $g$ 近似表示 $f$ 而产生的误差，这就是函数逼近问题。

由于模糊推理本身不具备自学习的功能，必须有丰富的专家经验才能得到满意的控制效果，而神经网络具备非常强的自组织、自适应和自学习能力，但不适于表达基于规则的知识，不能很好地表达人脑的推理能力。

ANFIS 可以用神经网络的学习机制补偿模糊控制系统原有的缺陷。

【例 12-3】已知函数 $y = \dfrac{1}{4}\left(\pi x_1^2\right)\sin(\pi x_2)$，利用模糊神经网络函数分别在以下区间实现函数逼近。

$$\begin{cases} x_1 \in [0,1], x_2 \in [0,0.5] \\ x_1 \in [-1,1], x_2 \in [-0.5,0.5] \\ x_1 \in [-1,1], x_2 \in [-1,1] \end{cases}$$

（1）当 $x_1 \in [0,1], x_2 \in [0,0.5]$ 时，代码如下。

```
clear, clc;
[x1,x2]=meshgrid(0:0.1:1,0:0.05:0.5);
y=0.25*(pi*(x1.^2)).*sin(pi*x2);        %求得函数输出值
x11=reshape(x1,121,1);                  %将输入变量变为列向量
x12=reshape(x2,121,1);
y1=reshape(y,121,1);                     %将输出变量变为列向量
trnData=[x11(1:2:121) x12(1:2:121) y1(1:2:121)];   %构造训练数据
chkData=[x11 x12 y1];                    %构造测试数据
numMFs=5;                                %定义隶属函数个数
mfType='gbellmf';                        %定义隶属函数类型
epoch_n=20;                              %定义训练次数
in_fisMat=genfis1(trnData,numMFs,mfType);   %采用 genfis1()函数由训练数据直接生
                                         %成模糊推理系统
out_fisMat=anfis(trnData,in_fisMat,20);  %训练模糊系统
y11=evalfis(out_fisMat,chkData(:,1:2));  %用测试数据测试系统
x111=reshape(x11,11,11);
x112=reshape(x12,11,11);
y111=reshape(y11,11,11);
figure(1)
subplot(2,2,1),
mesh(x1,x2,y);title('期望输出');
subplot(2,2,2),
mesh(x111,x112,y111);title('实际输出');
subplot(2,2,3),
mesh(x1,x2,(y-y111));title('误差');
[x,mf]=plotmf(in_fisMat,'input',1);
[x,mf1]=plotmf(out_fisMat,'input',1);
subplot(2,2,4),
plot(x,mf,'r-',x,mf1,'k--');title('隶属度函数变化');
```

```
figure(2)
gensurf(out_fisMat); title('推理输入输出关系图');
xlabel('输入 x1');ylabel('输入 x2');zlabel('输出 y');
```

运行程序，在命令行窗口中可以得到以下结果。

```
ANFIS info:
    Number of nodes: 75
    Number of linear parameters: 75
    Number of nonlinear parameters: 30
    Total number of parameters: 105
    Number of training data pairs: 61
    Number of checking data pairs: 0
    Number of fuzzy rules: 25


Warning: number of data is smaller than number of modifiable parameters
Start training ANFIS ...
    1      0.000564648
    2      0.000446126
    3      0.000336093
    4      0.000234014
    5      0.000146266
Step size increases to 0.011000 after epoch 5.
    6      9.14745e-05
    7      6.01516e-05
    8      4.0689e-05
    9      4.44856e-05
    10     5.33498e-05
    11     0.000105587
    12     0.000134244
    13     0.000191925
    14     6.94532e-05
    15     0.000165671
    16     6.77085e-05
Step size decreases to 0.009900 after epoch 16.
    17     0.000148979
    18     7.68079e-05
    19     0.000142566
    20     9.03384e-05
Step size decreases to 0.008910 after epoch 20.
Designated epoch number reached --> ANFIS training completed at epoch 20.
Minimal training RMSE = 0.000041
```

以上详细说明了 ANFIS 的结构及每步输出，且 ANFIS 在第 20 步停止训练。

此外，程序运行得到如图 12-19 所示的结果图和如图 12-20 所示的推理输入输出关系图，其中图 12-19 包括 ANFIS 期望输出、实际输出、误差和隶属度函数变化曲线等图形。

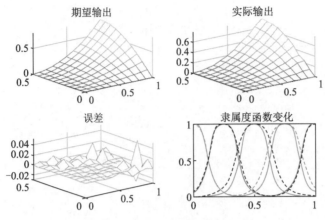

图 12-19　程序运行结果图（1）

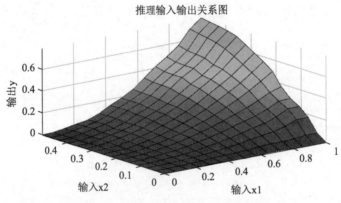

图 12-20　推理输入输出关系图（1）

（2）当 $x_1 \in [-1,1], x_2 \in [-0.5,0.5]$ 时，代码如下。

```
clear, clc;
[x1,x2]=meshgrid(-1:0.1:1,-0.5:0.05:0.5);      %将输入空间划分为 21*21 个网格点
y=0.25*(pi*(x1.^2)).*sin(pi*x2);                %求得函数输出值
x11=reshape(x1,441,1);                          %将输入变量变为列向量
x12=reshape(x2,441,1);                          %将输入变量变为列向量
y1=reshape(y,441,1);                            %将输出变量变为列向量
trnData=[x11(1:2:441) x12(1:2:441) y1(1:2:441)];%构造训练数据
chkData=[x11 x12 y1];                           %构造测试数据
numMFs=4;                                       %定义隶属函数个数
mfType='gbellmf';                               %定义隶属函数类型
epoch_n=30;                                     %设置训练次数
in_fisMat=genfis1(trnData,numMFs,mfType);       %采用 genfis1()函数由训练数据直接生
                                                %成模糊推理系统
out_fisMat=anfis(trnData,in_fisMat,30);         %训练模糊系统
y11=evalfis(out_fisMat,chkData(:,1:2));         %用测试数据测试系统
x111=reshape(x11,21,21);
x112=reshape(x12,21,21);
y111=reshape(y11,21,21);
```

```
figure(1)
subplot(2,2,1),
mesh(x1,x2,y);title('期望输出');
subplot(2,2,2),
mesh(x111,x112,y111);title('实际输出');
subplot(2,2,3),
mesh(x1,x2,(y-y111));title('误差');
[x,mf]=plotmf(in_fisMat,'input',1);
[x,mf1]=plotmf(out_fisMat,'input',1);
subplot(2,2,4),
plot(x,mf,'r-',x,mf1,'k--');title('隶属度函数变化');
figure(2)
gensurf(out_fisMat);title('推理输入输出关系图');
xlabel('输入x1'); ylabel('输入x2'); zlabel('输出y');
```

运行程序，在命令行窗口中可以得到以下结果。

```
ANFIS info:
    Number of nodes: 53
    Number of linear parameters: 48
    Number of nonlinear parameters: 24
    Total number of parameters: 72
    Number of training data pairs: 221
    Number of checking data pairs: 0
    Number of fuzzy rules: 16

Start training ANFIS ...
    1      0.0111067
    2      0.010716
    3      0.0103239
    4      0.00993073
    5      0.00953678
Step size increases to 0.011000 after epoch 5.
    6      0.00914233
    7      0.00870823
    8      0.00827433
    9      0.00784105
Step size increases to 0.012100 after epoch 9.
    10     0.00740878
    11     0.00693486
    12     0.006463
    13     0.00599349
Step size increases to 0.013310 after epoch 13.
    14     0.00552657
    15     0.00501643
    16     0.00451175
    17     0.00401889
Step size increases to 0.014641 after epoch 17.
    18     0.00355282
```

```
 19      0.00308165
 20      0.00263699
 21      0.00222766
Step size increases to 0.016105 after epoch 21.
 22      0.00186235
 23      0.00154012
 24      0.00151272
 25      0.00147607
Step size increases to 0.017716 after epoch 25.
 26      0.00144572
 27      0.00149593
 28      0.00140129
 29      0.00139107
 30      0.00136618
Designated epoch number reached --> ANFIS training completed at epoch 30.
Minimal training RMSE = 0.001366
```

此外，程序运行得到如图 12-21 所示的结果图和如图 12-22 所示的推理输入输出关系图。

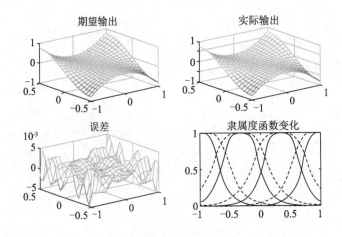

图 12-21 程序运行结果图（2）

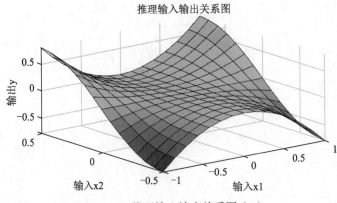

图 12-22 推理输入输出关系图（2）

（3）当 $x_1 \in [-1,1], x_2 \in [-1,1]$ 时，代码如下。

```
[x1,x2]=meshgrid(-1:0.1:1,-1:0.05:1);
y=0.25*(pi*(x1.^2)).*sin(pi*x2);
x11=reshape(x1,861,1);
x12=reshape(x2,861,1);
y1=reshape(y,861,1);
trnData=[x11(1:2:861) x12(1:2:861) y1(1:2:861)];
chkData=[x11 x12 y1];
numMFs=4;                                      %定义隶属函数个数
mfType='gbellmf';                              %定义隶属函数类型
epoch_n=30;
in_fisMat=genfis1(trnData,numMFs,mfType);
out_fisMat=anfis(trnData,in_fisMat,30);
y11=evalfis(out_fisMat,chkData(:,1:2));
x111=reshape(x11,41,21);
x112=reshape(x12,41,21);
y111=reshape(y11,41,21);
figure(1)
subplot(2,2,1),
mesh(x1,x2,y);
title('期望输出');subplot(2,2,2),
mesh(x111,x112,y111);title('实际输出');
subplot(2,2,3),
mesh(x1,x2,(y-y111));title('误差');
[x,mf]=plotmf(in_fisMat,'input',1);
[x,mf1]=plotmf(out_fisMat,'input',1);
subplot(2,2,4),
plot(x,mf,'r-',x,mf1,'k--');title('隶属度函数变化');
figure(2)
gensurf(out_fisMat);title('推理输入输出关系图');
xlabel('输入x1'); ylabel('输入x2'); zlabel('输出y');
```

运行程序，在命令行窗口中可以得到以下结果。

```
ANFIS info:
    Number of nodes: 53
    Number of linear parameters: 48
    Number of nonlinear parameters: 24
    Total number of parameters: 72
    Number of training data pairs: 431
    Number of checking data pairs: 0
    Number of fuzzy rules: 16

Start training ANFIS ...
    1      0.0196481
    2      0.0190324
    3      0.018409
    4      0.0177785
    5      0.0171409
Step size increases to 0.011000 after epoch 5.
```

```
    6        0.0164965
    7        0.0157797
    8        0.0150542
    9        0.0143193
Step size increases to 0.012100 after epoch 9.
   10        0.0135741
   11        0.0127415
   12        0.0118959
   13        0.0110426
Step size increases to 0.013310 after epoch 13.
   14        0.0101999
   15        0.00934149
   16        0.00866895
   17        0.00818413
Step size increases to 0.014641 after epoch 17.
   18        0.00770135
   19        0.00717948
   20        0.00668722
   21        0.00623409
Step size increases to 0.016105 after epoch 21.
   22        0.00588064
   23        0.00558347
   24        0.0054074
   25        0.00510844
Step size increases to 0.017716 after epoch 25.
   26        0.00502308
   27        0.00482777
   28        0.00476525
   29        0.0045367
Step size increases to 0.019487 after epoch 29.
   30        0.00455495


Designated epoch number reached --> ANFIS training completed at epoch 30.
Minimal training RMSE = 0.004537
```

此外，程序运行得到如图 12-23 所示的结果图和如图 12-24 所示的推理输入输出关系图。

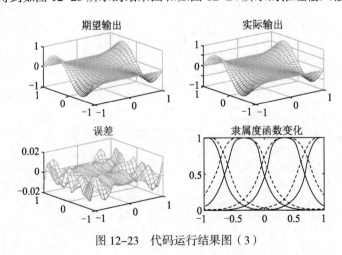

图 12-23 代码运行结果图（3）

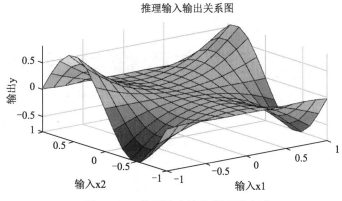

图 12-24　推理输入输出关系图（3）

以上结果证明 ANFIS 具备良好的函数逼近特性，收敛速度快，精度高，自动形成模糊推理规则并调整隶属度函数。

## 12.4　本章小结

本章首先介绍了模糊神经网络的概念、网络结构和自适应模糊神经网络结构；随后举例说明了模糊神经网络在编程和建模之间的区别；最后详细说明了模糊神经网络在解耦控制和函数逼近方面的应用。通过本章的学习，读者可以掌握利用模糊神经网络解决实际工程问题的方法。

# 第 13 章

# 遗传算法在图像处理中的应用

图像处理是用计算机对图像进行分析，并获得所需结果的技术。图像分割是图像处理的关键技术，它是将一幅图像分解为若干具有特殊性质、互不重叠、具有强相关性集合的过程。随着人们对图像分割研究的日益深入，各种各样的图像分割方法也相继涌出。本章主要介绍遗传算法在图像处理中的应用。

**学习目标**

（1）了解图像分割的基本概念。

（2）了解 MATLAB 遗传算法实现图像分割的方法。

（3）熟练遗传算法在图像处理中的应用。

## 13.1 图像分割

图像分割是图像处理与机器视觉的基本问题之一，其任务是把图像划分成互不交叠区域的集合。这些区域的划分是有实际意义的，它们或者代表不同的物体，或者代表物体的不同部分。图像分割的一个难点在于划分前不一定能够确定图像区域的数目。

当人们观察景物时，在视觉系统中对景物进行分割的过程是必不可少的。这个过程非常有效，以至于人所看到的并不是一个复杂的景物，而是一种物体的集合。

但是，使用数字处理必须设法分离图像中的物体，把图像分裂成像素的集合，每个集合代表一个物体的图像。尽管数字图像分割的任务在人类视觉感受中很难找到对照，但在数字图像分析中，它并不是一个轻而易举的任务。

### 13.1.1 图像分割的概念

图像分割是图像分析的第 1 步，是计算机视觉的基础，是图像理解的重要组成部分，同时也是图像处理中最古老和最困难的问题之一。

图像分割就是将图像表示为物理上有意义的连通区域的集合，即根据目标与背景的先验知识，对图像中的目标、背景进行标记、定位，然后将目标从背景或其他伪目标中分离出来。

由于这些被分割的区域在某些特性上相近，因而图像分割常用于模式识别与图像理解以及图像压缩与编码两大类不同应用的目的。

### 13.1.2 图像分割的理论

图像分割是把一个阵列的图像划分为若干不交叠区域的过程。每个分割区域具有一致的"有意义"属性的像素，是一种解释图像的中层符号描述。分析各种图像分割方法可以发现，分割图像的基本依据和条件有以下 4 种。

（1）分割的图像区域应具有同质性，如灰度级别相近、纹理相似等。

（2）区域内部平整，不存在很小的空间。

（3）相邻区域之间对选定的某种同质判据而言，应存在显著的差异性。

（4）每个分割区域边界应具有齐整性和空间位置的准确性。

现有的大多数图像分割方法只是部分满足上述判据。如果加强分割区域的同性质约束，分割区域很容易产生大量小空间和不规整边缘；如果强调不同区域间性质差异的显著性，则极易造成非同质区域的合并和有意义的边界丢失。

不同的图像分割方法总是在各种约束条件之间找到适当的平衡点。

## 13.1.3　灰度门限法简介

阈值分割是一种区域分割技术，它对物体与背景有较强对比的景物的分割特别有效。它计算简单，而且总能用封闭且连通的边界定义不交叠的区域。

当使用阈值规则进行图像分割时，所有灰度值大于或等于某阈值的像素都被判为属于物体；所有灰度值小于该阈值的像素被排除在物体之外。于是，边界就成为一些内部点的集合，这些点都至少有一个邻点不属于该物体。

如果感兴趣的物体在其内部具有均匀一致的灰度值并分布在一个具有另一个灰度值的均匀背景上，使用阈值方法效果就很好。如果物体与背景的差别在于某些性质而不是灰度值（如纹理等），那么可以首先把那个性质转换为灰度，然后利用灰度阈值化技术分割待处理的图像。

设图像 $f(x,y)$ 的灰度范围为 $[z_1,z_2]$，根据一定的经验和知识确定一个灰度的门限，或者根据一定的准则确定 $[z_1,z_2]$ 的一个划分 $Z_1$，$Z_2$，其中 $Z_1$ 代表目标，$Z_2$ 代表背景。根据像素的灰度属于某划分的那个部分将其分类，称为灰度门限法，即如果 $f(x,y)$ 属于 $Z_1$，则判断像素 $(x,y)$ 属于目标；如果 $f(x,y)$ 属于 $Z_2$，则判断像素 $(x,y)$ 属于背景。

根据划分方法的不同，可以将灰度门限法分为以下 3 种。

### 1. 多门限法

有时一幅图像含有两个以上不同类型的区域，用直接或间接单门限的方法无法将两个以上的目标区域提取出来，这时可以使用多个门限将这些区域划分开。

对于只有两个类型区域的图像，有时也要使用多门限法。例如，图像是在照度不均匀条件下提取的，若使用单一门限对整幅图像进行分割，可能发生在图像的一边能精确地把目标和背景分开，而在另一边把太多的背景当作目标点保留下来的情况；或者正好相反，得不到好的分割结果。

在这种情况下，可以运用同态滤波技术校正灰度，然后再用单一门限进行分割，这相当于对图像进行预处理的间接门限法。同时，还可以把图像分为若干子图，各子图中目标和背景相对差别比较分明，可以分别对每个子图进行单门限分割，再将分割结果综合起来。

### 2. 间接门限法

在有些情况下，如果对图像做一些必要的预处理再运用门限法，可以有效地实现图像分割。

例如，图像只有黑色和白色两个灰度，但白色像素在目标区域中出现的概率比在背景区域中出现的概率大，即目标区域的平均灰度高于背景区域，可以先对图像进行邻域平均运算，再对新图运用门限法进行分割。

### 3. 直接门限法

如果在目标区域和背景区域的内部，像素间的灰度都基本一致，而目标和背景区域的像素灰度有一定差异，可以根据灰度不同直接设定灰度门限进行分割。

例如，对于含有细胞的医学图像，细胞的灰度通常比背景低得多，这时可以根据某种准则求出一个门限，当像素的灰度低于门限时，判断像素属于目标，即可将细胞提取出来。

## 13.1.4 基于最大类间方差图像分割原理

简单地说，对灰度图像的阈值分割就是先确定一个处于图像灰度取值范围之中的灰度阈值，然后将图像中各像素的灰度值都与这个阈值相比较，并根据比较结果将对应的像素划分（分割）为像素的灰度值大于阈值、像素的灰度值小于阈值两类，灰度值等于阈值的像素归入其中一类。

由此可见，阈值分割法主要有以下两个步骤。

（1）确定需要的分割阈值。

（2）将分割阈值与像素值比较以划分像素。

以上步骤中，确定阈值是分割的关键，如果能确定一个合适的阈值，就可方便地将图像分割开来。

在阈值确定后，将阈值与待划分像素值比较，可对各像素并行地进行，分割的结果直接划分出图像区域，过程如下。

设$(x,y)$为二维数字图像的平面坐标，图像灰度级的取值范围为$G=\{0,1,2,\cdots,L-1\}$（习惯上 0 代表最暗的像素点，$L-1$代表最亮的像素点），位于坐标$(x,y)$上的像素点的灰度级表示为$f(x,y)$。设$t\in G$为分割阈值，$B=\{C_0,C_1\}$代表一个二值灰度级，并且$C_0,C_1\in G$，于是$f(x,y)$在阈值$t$上的分割结果可以表示为

$$f_t(x,y)=\begin{cases}C_0, & f(x,y)\leqslant t\\ C_1, & f(x,y)>t\end{cases}$$

阈值分割法实际就是按某个准则函数求最优阈值$t$的过程。设灰度级为$i$的像素点个数为$m_i$，则图像的像素点的总数目$M$为

$$M=\sum_{i=0}^{L-1}m_i$$

灰度级$i$的出现概率$p_i$为

$$p_i=\frac{m_i}{M}$$

以传统最大类间方差法进行图像分割，设$f(x,y)$为待分割的图像，图像的灰度范围为$\{0,1,2,\cdots,L-1\}$，阈值$t$将图像中的像素划分为两类：$C_0=\{0,1,2,\cdots,t\}$，$C_1=\{t+1,t+2,\cdots,L-1\}$，其中$C_0$与$C_1$分别代表目标与背景。若$f(x,y)\leqslant t$，则$(x,y)\in C_0$；若$f(x,y)>t$，则$(x,y)\in C_1$。

对图像的直方图进行归一化得到灰度级的概率分布为

$$p_i=n_i/N, p_i\geqslant 0,\sum_{i=0}^{L-1}p_i=1$$

其中，$n_i$为灰度为$i$的像素数；$N$为图像的总像素数，$N=\sum_{i=0}^{L-1}n_i$；$p_i$为灰度级出现的概率。

$C_0$与$C_1$类出现的概率分别为

$$\omega_0=\sum_{i=0}^{t}n_i/N=\sum_{i=0}^{t}p_i$$

$$\omega_1 = \sum_{i=t+1}^{L-1} n_i / N = \sum_{i=t+1}^{L-1} p_i = 1 - \omega_0$$

$C_0$ 与 $C_1$ 类的均值分别为

$$\mu_0 = \sum_{i=0}^{t} n_i i / \sum_{i=0}^{t} n_i = \sum_{i=0}^{t} p_i i / \omega_0$$

$$\mu_1 = \sum_{i=t+1}^{L-1} n_i i / \sum_{i=t+1}^{L-1} n_i = \sum_{i=t+1}^{L-1} p_i i / \omega_1$$

令 $\mu$ 为整幅图像的均值，$\mu = \sum_{i=0}^{L-1} p_i i$。其中，阈值为 $t$ 时的灰度值为 $\mu_t = \sum_{i=0}^{t} p_i i$。采样的灰度平均值为 $\mu = \omega_0 \mu_0 + \omega_1 \mu_1$。这两类的类间方差为

$$\sigma^2 = \omega_0 (\mu_0 - \mu)^2 + \omega_1 (\mu_1 - \mu)^2 = \omega_0 \omega_1 (\mu_0 - \mu_1)^2$$

使 $\sigma^2$ 取最大值的 $t$ 就是最佳阈值。传统方法需要遍历 $0 \sim (L-1)$ 灰度范围内的所有像素并计算方差，最后比较才能得出最大方差，计算量大，同时效率也很低。

## 13.2　遗传算法实现图像分割

### 13.2.1　利用遗传算法实现图像分割的原理

最大类间方差的求解过程就是在解空间中找到一个最优解，使类间方差最大，利用遗传算法求最优解的步骤如下。

（1）编码。因为图像的灰度级为 $0 \sim 255$，所以将染色体编码为 8 位二进制码，它代表某个阈值。

（2）产生群体。在 $0 \sim 255$ 以同等概率随机产生初始种群，通常初始种群的规模选取不宜过大。随机地在 $0 \sim 255$ 以同等概率生成 $N$ 个个体作为第 1 次寻优的初始种群。

（3）适应度函数。染色体的方差越大，越有可能逼近最优解。

（4）设定终止条件。最大迭代次数若满足终止条件，则转至步骤（8）；否则转至步骤（5），如此循环往复，直至满足循环终止条件。

（5）选择。利用轮盘赌方法进行选择操作。

（6）交叉。在样本中每次选取两个个体按设定的交叉概率进行交叉操作，生成新的一代种群。

（7）变异。根据一定的变异概率，随机从样本中选择若干个个体，再随机在这若干个个体中选择某一位进行变异运算，从而形成新一代群体。转至步骤（4）。

（8）解码。将最后一代的群体中适应度最大的个体作为算法寻求的最优结果，将其解码(即反编码)为 $0 \sim 255$ 的灰度值 $t$，即所求的最佳分割阈值。

利用遗传算法实现图像分割的流程图如图 13-1 所示。

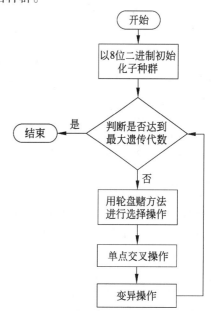

图 13-1　利用遗传算法实现图像分割的流程图

### 13.2.2　算法实现

利用 MATLAB 遗传算法工具箱实现算法，具体步骤如下。

（1）设置个体数目、最大遗传代数、编码长度，代数计数器置为 0，生成初始种群并进行二进制转换。

（2）设置适应度函数，计算初始种群的函数值。

（3）设置迭代终止条件为代数计数器大于 20，若不满足，则转至步骤（4）继续迭代；否则结束迭代，转至步骤（5）。

（4）分配适应度值，以设定的遗传概率进行选择、交叉、重组和变异，计算子代目标函数值并插入种群，代数计数器增 1，转至步骤（3）。

（5）计算最优解所对应的阈值，显示结果。

## 13.3　遗传算法在图像处理中的应用举例

MATLAB 是一款功能非常强大的数学工具软件，尤其是表现在对矩阵的运算以及绘制图像方面。MATLAB 中有专门的用于图像分析的工具箱函数。利用这些函数，可以方便地对图像进行检测和分割。

下面举例说明在 MATLAB 中应用遗传算法解决图像处理问题。

### 13.3.1　基于遗传算法的道路图像阈值分割

图像阈值分割是一种广泛应用的分割技术，利用图像中要提取的目标区域与其背景在灰度特性上的差异，把图像看作具有不同灰度级的两类区域(目标区域和背景区域)的组合，选取一个比较合理的阈值，以确定图像中每个像素点应该属于目标区域还是背景区域，从而产生相应的二值图像。

阈值分割法的特点是适用于目标与背景灰度有较强对比的情况，重要的是背景或物体的灰度比较单一，而且总可以得到封闭且连通区域的边界。

图 13-2　原始道路图像

【例 13-1】选取如图 13-2 所示的道路图像进行实验，试用遗传算法对其进行分割，并绘制原始图像和灰度图像对比图、图形分割前后对比图。

编写 MATLAB 代码，如下所示。

```
function main()
clear, clc;
global chrom oldpop fitness lchrom popsize cross_rate mutation_rate thresholdsum
global maxgen  m n fit gen threshold A B C oldpop1 popsize1 b b1 fitness1 threshold1
A=imread('road.jpg');              %读入道路图像
A=imresize(A,0.5);                 %利用 imresize()函数通过默认的最近邻插值修改尺寸
B=rgb2gray(A);                     %灰度化
C=imresize(B,0.2);                 %将读入的图像修改尺寸
lchrom=10;                         %染色体长度
popsize=10;                        %种群大小
cross_rate=0.8;                    %交叉概率
mutation_rate=0.5;                 %变异概率
maxgen=100;                        %最大代数
[m,n]=size(C);
```

```
initpop;                                          %初始种群
for gen=1:maxgen
    generation;                                   %遗传操作
end
findthreshold_best;
%%%输出进化各曲线%%%
figure;
gen=1:maxgen;
plot(gen,fit(1,gen));title('最佳适应度值进化曲线');
xlabel('代数'),ylabel('最佳适应度值');grid on
figure;
plot(gen,threshold(1,gen));title('每代的最优阈值变化曲线');
xlabel('代数'),ylabel('每代的最优阈值');grid on
end


%%%初始化种群%%%
function initpop()
global lchrom oldpop popsize chrom C
imshow(C);
for i=1:popsize
    chrom=rand(1,lchrom);
    for j=1:lchrom
        if chrom(1,j)<0.5
            chrom(1,j)=0;
        else
            chrom(1,j)=1;
        end
    end
    oldpop(i,1:lchrom)=chrom;                     %给每个个体分配8位的染色体编码
end
end


%%%产生新一代个体%%%
function generation()
fitness_order;                                    %计算适应度值及排序
select;                                           %选择操作
crossover;                                        %交叉
mutation;                                         %变异
end


%%%计算适度值并且排序%%%
function fitness_order()
global lchrom oldpop fitness popsize chrom fit gen C m n  fitness1 thresholdsum
global lowsum higsum u1 u2 threshold gen oldpop1 popsize1 b1 b threshold1
if popsize>=5
    popsize=ceil(popsize-0.03*gen);
end
if gen==75                                        %当进化到末期时调整种群规模和交叉、变异概率
```

```matlab
    cross_rate=0.3;                              %交叉概率
    mutation_rate=0.3;                           %变异概率
end
%如果不是第 1 代，则将上一代操作后的种群根据此代的种群规模装入此代种群中
if gen>1
    t=oldpop;
    j=popsize1;
    for i=1:popsize
        if j>=1
            oldpop(i,:)=t(j,:);
        end
        j=j-1;
    end
end
%计算适度值并排序
for i=1:popsize
    lowsum=0;
    higsum=0;
    lownum=0;
    hignum=0;
    chrom=oldpop(i,:);
    c=0;
    for j=1:lchrom
        c=c+chrom(1,j)*(2^(lchrom-j));
    end
    b(1,i)=c*255/(2^lchrom-1);                    %转换为灰度值
    for x=1:m
        for y=1:n
            if C(x,y)<=b(1,i)
                lowsum=lowsum+double(C(x,y));     %统计低于阈值的灰度值的总和
                lownum=lownum+1;                  %统计低于阈值的灰度值的像素的总个数
            else
                higsum=higsum+double(C(x,y));     %统计高于阈值的灰度值的总和
                hignum=hignum+1;                  %统计高于阈值的灰度值的像素的总个数
            end
        end
    end
    if lownum~=0
        u1=lowsum/lownum;                         %u1、u2 为对应于两类的平均灰度值
    else
        u1=0;
    end
    if hignum~=0
        u2=higsum/hignum;
    else
        u2=0;
    end
    fitness(1,i)=lownum*hignum*(u1-u2)^2;         %计算适度值
```

```
    end
    if gen==1 %如果为第1代，从小到大排序
        for i=1:popsize
            j=i+1;
            while j<=popsize
                if fitness(1,i)>fitness(1,j)
                    tempf=fitness(1,i);
                    tempc=oldpop(i,:);
                    tempb=b(1,i);
                    b(1,i)=b(1,j);
                    b(1,j)=tempb;
                    fitness(1,i)=fitness(1,j);
                    oldpop(i,:)=oldpop(j,:);
                    fitness(1,j)=tempf;
                    oldpop(j,:)=tempc;
                end
                j=j+1;
            end
        end
        for i=1:popsize
            fitness1(1,i)=fitness(1,i);
            b1(1,i)=b(1,i);
            oldpop1(i,:)=oldpop(i,:);
        end
        popsize1=popsize;
    else                                    %大于1代时，进行如下从小到大排序
        for i=1:popsize
            j=i+1;
            while j<=popsize
                if fitness(1,i)>fitness(1,j)
                    tempf=fitness(1,i);
                    tempc=oldpop(i,:);
                    tempb=b(1,i);
                    b(1,i)=b(1,j);
                    b(1,j)=tempb;
                    fitness(1,i)=fitness(1,j);
                    oldpop(i,:)=oldpop(j,:);
                    fitness(1,j)=tempf;
                    oldpop(j,:)=tempc;
                end
                j=j+1;
            end
        end
    end
%对上一代群体进行排序
for i=1:popsize1
    j=i+1;
    while j<=popsize1
```

```
            if fitness1(1,i)>fitness1(1,j)
                tempf=fitness1(1,i);
                tempc=oldpop1(i,:);
                tempb=b1(1,i);
                b1(1,i)=b1(1,j);
                b1(1,j)=tempb;
                fitness1(1,i)=fitness1(1,j);
                oldpop1(i,:)=oldpop1(j,:);
                fitness1(1,j)=tempf;
                oldpop1(j,:)=tempc;
            end
            j=j+1;
        end
    end
end
%统计每代中的最佳阈值和最佳适应度值
if gen==1
    fit(1,gen)=fitness(1,popsize);
    threshold(1,gen)=b(1,popsize);
    thresholdsum=0;
else
    if fitness(1,popsize)>fitness1(1,popsize1)
        threshold(1,gen)=b(1,popsize);          %每代中的最佳阈值
        fit(1,gen)=fitness(1,popsize);          %每代中的最佳适应度
    else
        threshold(1,gen)=b1(1,popsize1);
        fit(1,gen)=fitness1(1,popsize1);
    end
end
end


%%%精英选择%%%
function select()
global fitness popsize oldpop temp popsize1 oldpop1 gen b b1 fitness1
%统计前一个群体中适应度值比当前群体适应度值大的个数
s=popsize1+1;
for j=popsize1:-1:1
    if fitness(1,popsize)<fitness1(1,j)
        s=j;
    end
end
for i=1:popsize
    temp(i,:)=oldpop(i,:);
end
if s~=popsize1+1
    if gen<50          %小于50代，用上一代中适应度值大于当前代的个体随机代替当前代中的个体
        for i=s:popsize1
            p=rand;
            j=floor(p*popsize+1);
```

```
                temp(j,:)=oldpop1(i,:);
                b(1,j)=b1(1,i);
                fitness(1,j)=fitness1(1,i);
            end
        else
            if gen<100          %50~100代，用上一代中适应度值大于当前代的个体代替当前代中的最差个体
            j=1;
                for i=s:popsize1
                    temp(j,:)=oldpop1(i,:);
                    b(1,j)=b1(1,i);
                    fitness(1,j)=fitness1(1,i);
                    j=j+1;
                end
            else                    %大于100代，用上一代中的优秀的一半代替当前代中的最差的一半，加快寻优
                j=popsize1;
                for i=1:floor(popsize/2)
                    temp(i,:)=oldpop1(j,:);
                    b(1,i)=b1(1,j);
                    fitness(1,i)=fitness1(1,j);
                    j=j-1;
                end
            end
        end
    end
end
%将当前代的各项数据保存
for i=1:popsize
    b1(1,i)=b(1,i);
end
for i=1:popsize
    fitness1(1,i)=fitness(1,i);
end
for i=1:popsize
    oldpop1(i,:)=temp(i,:);
end
popsize1=popsize;
end


%%%交叉%%%
function crossover()
global temp popsize cross_rate lchrom
j=1;
for i=1:popsize
    p=rand;
    if p<cross_rate
        parent(j,:)=temp(i,:);
        a(1,j)=i;
        j=j+1;
    end
```

```
    end
j=j-1;
if rem(j,2)~=0
    j=j-1;
end
if j>=2
    for k=1:2:j
        cutpoint=round(rand*(lchrom-1));
        f=k;
        for i=1:cutpoint
            temp(a(1,f),i)=parent(f,i);
            temp(a(1,f+1),i)=parent(f+1,i);
        end
        for i=(cutpoint+1):lchrom
            temp(a(1,f),i)=parent(f+1,i);
            temp(a(1,f+1),i)=parent(f,i);
        end
    end
end
end


%%%变异%%%
function mutation()
global popsize lchrom mutation_rate temp newpop oldpop
sum=lchrom*popsize;                                 %总基因个数
mutnum=round(mutation_rate*sum);                    %发生变异的基因数目
for i=1:mutnum
    s=rem((round(rand*(sum-1))),lchrom)+1;          %确定所在基因的位数
    t=ceil((round(rand*(sum-1)))/lchrom);           %确定变异的是哪个基因
    if t<1
        t=1;
    end
    if t>popsize
        t=popsize;
    end
    if s>lchrom
        s=lchrom;
    end
    if temp(t,s)==1
        temp(t,s)=0;
    else
        temp(t,s)=1;
    end
end
for i=1:popsize
    oldpop(i,:)=temp(i,:);
end
end
```

```
%%%查看结果%%%
function findthreshold_best()
global maxgen threshold m n C B A
threshold_best=floor(threshold(1,maxgen))          %threshold_best 为最优阈值
C=imresize(B,0.3);
figure
subplot(1,2,1)
imshow(A);title('原始道路图像')
subplot(1,2,2)
imshow(C);title('原始道路的灰度图')
figure;
subplot(1,2,1)
imshow(C);title('原始道路的灰度图')
[m,n]=size(C);
%用所找到的阈值分割图像
for i=1:m
    for j=1:n
        if C(i,j)<=threshold_best
            C(i,j)=0;
        else
            C(i,j)=255;
        end
    end
end
subplot(1,2,2)
imshow(C);title('阈值分割后的道路图');
end
```

运行程序，得到最优阈值为 162。

```
threshold_best =
  162
```

每代最优阈值的变化曲线如图 13-3 所示。

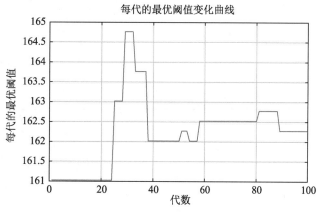

图 13-3 每代最优阈值变化曲线

原始图像和灰度图像对比如图 13-4 所示，图像分割前后对比如图 13-5 所示。可以看出，图像进行分割后，其形状与原始图像形状类似，趋势一致，这说明所用的遗传算法是有效的。

原始道路图像　　　　原始道路的灰度图　　　　原始道路的灰度图　　　　阈值分割后的道路图

图 13-4　原始图像和灰度图像对比　　　　图 13-5　图像分割前后对比

贝叶斯分类算法也可以用于图像阈值分割。它是统计学的一种分类方法，也是一类利用概率统计知识进行分类的算法。在许多场合，朴素贝叶斯（Naïve Bayes，NB）分类算法可以与决策树和神经网络分类算法相媲美，该算法能运用到大型数据库中，而且方法简单，分类准确率高，速度快。

下面运用贝叶斯分类算法，通过 MATLAB 编程实现对图 13-2 的图像阈值分割，程序如下。

```
%基于贝叶斯分类算法的图像阈值分割
clear,clc,clf;
Init=imread('road.jpg');
%Im=imhist(Init);
Im=rgb2gray(Init);
subplot(1,3,1),imhist(Im);title('直方图')
subplot(1,3,2),imshow(Im);title('分割前原始图')

[x,y]=size(Im);                         %求出图像大小
b=double(Im);
zd=double(max(Im)) ;                    %求出图像中最大的灰度
zx=double(min(Im)) ;                    %最小的灰度
T=double((zd+zx))/2;                    %T 赋初值，为最大值和最小值的平均值

count=double(0);                        %记录几次循环
while 1                                 %迭代最佳阈值分割算法
    count=count+1;
    S0=0.0; n0=0.0;                     %为计算灰度大于阈值的元素的灰度总值、个数
    S1=0.0; n1=0.0;                     %为计算灰度小于阈值的元素的灰度总值、个数
    for i=1:x
        for j=1:y
            if double(Im(i,j))>=T
                S1=S1+double(Im(i,j));  %大于阈值图像点灰度值累加
                n1=n1+1;                %大于阈值图像点个数累加
            else
                S0=S0+double(Im(i,j));  %小于阈值图像点灰度值累加
                n0=n0+1;                %小于阈值图像点个数累加
            end
```

```
            end
        end
        T0=S0/n0;                          %求小于阈值均值
        T1=S1/n1;                          %求大于阈值均值
        if abs(T-((T0+T1)/2))<0.1          %迭代至前后两次阈值相差几乎为 0 时，停止迭代
            break;
        else
            T=(T0+T1)/2;                   %在阈值 T 下，迭代阈值的计算过程
        end
    end
    count                                  %显示运行次数
    T
    i1=im2bw(Im,T/255);                    %图像在最优阈值下二值化
    subplot(1,3,3),imshow(i1);title('分割后图像')
```

运行程序，得到如图 13-6 所示的结果。

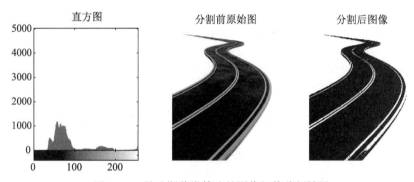

图 13-6　贝叶斯分类算法的图像阈值分割结果

## 13.3.2 基于遗传神经网络的图像分割

神经网络由于具有分布存储等特点，一般难以从其拓扑结构直接理解其功能。遗传算法可对神经网络进行功能分析、性质分析、状态分析。

遗传算法与神经网络结合，可以用于图像分割，下面举例说明遗传神经网络应用于图像分割。

【例 13-2】使用遗传神经网络对图 13-7 所示灰度图像进行分割，并绘制分割前后图像的对比图。

编写 MATLAB 代码，如下所示。

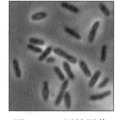

图 13-7　原始图像

```
clear, clc;
generatesample('sample.mat');            %用于产生样本文件
%遗传神经网络训练示例
gaP=[100 0.00001];
bpP=[500 0.00001];
load('sample.mat');
gabptrain(gaP,bpP,p,t)
%神经网络分割示例
```

```matlab
load('net.mat');                            %已经训练好的神经网络
img=imread('pic.bmp');                      %待分割的图像
bw=segment( net,img ) ;                     %分割后的二值图像
figure;
subplot(1,2,1);imshow(img);title('分割前')
subplot(1,2,2);imshow(bw);title('分割后')
%传统 BP 训练
epochs=200;
goal=0.0001;
net=newcf([0 255],[7 1],{'tansig' 'purelin'});
net.trainParam.epochs=epochs;
net.trainParam.goal=goal ;
load('sample.mat');
net=train(net,p,t);
%遗传算法寻找最优权值、阈值
gaP=[100 0.00001];
bpP=[500 0.00001];
gabptrain(gaP,bpP,p,t);


%%%generatesample()函数，在指定路径生成适合训练的样本%%%
function[]=generatesample(path)
%path 为指定路径，用于保存样本文件
p=[0:1:255];
t=zeros(1,256);
t(82:256)=1;
save(path,'p','t');
end


%%%gabptrain()函数，结合遗传算法的神经网络训练%%%
function[net]=gabptrain(gaP,bpP,P,T)
%gaP 为遗传算法的参数信息，[遗传代数 最小适应值]
%bpP 为神经网络参数信息，[最大迭代次数   最小误差]
%P 为样本数组，T 为目标数组
[W1,B1,W2,B2]=getWBbyga(gaP);
net=initnet(W1,B1,W2,B2,bpP);
net=train(net,P,T);
end


%%%initnet()函数，根据指定的权值阈值，获得设置好的一个神经网络%%%
function[net]=initnet(W1,B1,W2,B2,paraments)
%paraments 为神经网络参数信息，[最大迭代次数   最小误差]
epochs=500;
goal=0.01;
if(nargin>4)
    epochs=paraments(1);
    goal=paraments(2);
end
net=newcf([0 255],[6 1],{'tansig' 'purelin'});
```

```
net.trainParam.epochs=epochs;
net.trainParam.goal=goal;
net.iw{1}=W1;
net.iw{2}=W2;
net.b{1}=B1;
net.b{2}=B2;
end
```

%%%getWBbyga()函数，用遗传算法获取神经网络权值和阈值参数%%%
```
function[W1,B1,W2,B2]=getWBbyga(paraments)
%paraments 为遗传算法的参数信息，[遗传代数 最小适应值]
Generations=100;
fitnesslimit=-Inf;
if(nargin>0)
    Generations=paraments(1);
    fitnesslimit=paraments(2);
end
[P,T,R,S1,S2,S]=nninit;
FitnessFunction=@gafitness;
numberOfVariables=S;
opts=gaoptimset('PlotFcns',{@gaplotbestf,@gaplotstopping},'Generations',
Generations,'FitnessLimit',fitnesslimit);
[x,Fval,exitFlag,Output]=ga(FitnessFunction,numberOfVariables,opts);
[W1,B1,W2,B2,P,T,A1,A2,SE,val]=gadecod(x);
end
```

%%%遗传算法的适应值计算%%%
```
function f=gafitness(y)
%y 为染色体个体，f 为染色体适应度
[P,T,R,S1,S2,Q,S]=nninit;
x=y;
[W1,B1,W2,B2,P,T,A1,A2,SE,val]=gadecod(x);
f=val;
end
```

%%%将遗传算法的编码分解为 BP 网络所对应的权值、阈值%%%
```
function[W1,B1,W2,B2,P,T,A1,A2,SE,val]=gadecod(x)
%x 为一个染色体
%W1 为输入层到隐含层权值，B1 为输入层到隐含层阈值，W2 为隐含层到输出层权值，B2 为隐含层到输出层阈值
%P 为训练样本，T 为样本输出值，A1 为输入层到隐含层误差，A2 为隐含层到输出层误差
%SE 为误差平方和，val 为遗传算法的适应值
[P,T,R,S1,S2,Q,S]=nninit;
for i=1:S1,
    W1(i,1)=x(i);                        %前 S1 个编码为 W1
end
for i=1:S2,
    W2(i,1)=x(i+S1);                     %随后 S1*S2 个编码（即第 R*S1 个后的编码）为 W2
end
```

```
for i=1:S1,
    B1(i,1)=x(i+S1+S2);          %随后 S1 个编码（即第 R*S1+S1*S2 个后的编码）为 B1
end
for i=1:S2,
    B2(i,1)=x(i+S1+S2+S1);       %随后 S2 个编码（即第 R*S1+S1*S2+S1 个后的编码）为 B2
end
%计算 S1 与 S2 层的输出
[m n] = size(P) ;
sum=0;
SE=0;
for i=1:n
    x1=W1*P(i)+B1;
    A1=tansig(x1);
    x2=W2*A1+B2;
    A2=purelin(x2);
    %计算误差平方和
    SE=sumsqr(T(i)-A2);
    sum=sum+SE;
end
val=10/sum;                      %遗传算法的适应度值
end


function [P,T,R,S1,S2,Q,S]=nninit
%BP 网络初始化:给出网络的训练样本 P、T,输入、输出数及隐含层神经元数 R,S2,S1
P=[0:3:255] ;
T=zeros(1,86);
T(29:86)=1 ;
[R,Q]=size(P);
[S2,Q]=size(T);
S1=6;                            %隐含层神经元数量
S=R*S1+S2+S1+S2;                 %遗传算法编码长度
end


%%%segment()函数，利用训练好的神经网络进行分割图像%%%
function [bw]=segment(net,img)
%net 为已经训练好的神经网络，img 为待分割的图像，输出 bw 为分割后的二值图像
[m n]=size(img);
P=img(:);
P=double(P);
P=P';
T=sim(net,P);
T(T<0.5)=0;
T(T>0.5)=255;
t=uint8(T);
t=t';
bw=reshape(t,m,n);
end
```

运行程序，得到分割前后图像对比图，如图 13-8 所示。可以看出，经过遗传神经网络处理后，二值图像的对比更加清晰。

分割前　　　　　　　　　　　　　分割后

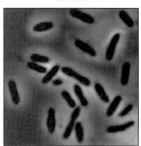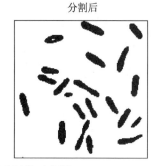

图 13-8　分割前后图像对比图

### 13.3.3　应用遗传算法和 KSW 熵法实现灰度图像阈值分割

通常图像分割方法包括阈值法、边缘检测法和区域跟踪法。其中，阈值法是图像分割的常用方法。目前已有众多的阈值分割方法，如最小误差阈值法、最大类别方差法和最佳直方图熵法等。

Kapur 等提出的最佳熵阈值确定法（简称 KSW 熵法）将遗传算法应用于图像分割，并进行了针对图像分割遗传程序所需的参数设计。

KSW 熵法具有很多优点，但同时也存在弱点——需要大量的运算时间。将遗传算法和 KSW 熵法结合，可以实现单阈值和多阈值图像分割，其分割速度快于传统的 KSW 熵法，缩短了运算时间。

下面举例说明遗传算法和 KSW 熵法结合应用于灰度图像阈值分割的方法。

【例 13-3】利用 KSW 熵法和传统遗传算法对如图 13-9 所示的灰度图像进行阈值分割。

在编辑器中编写程序如下。

图 13-9　灰度图像

```
%%%利用 KSW 熵法和传统遗传算法实现灰度图像阈值分割
function ksw_ga()
%初始化部分，读取图像及计算相关信息
clear,clc;
I=imread('Lenna.bmp');
hist=imhist(I);
total=0;
for i=0:255
    total=total+hist(i+1);
end
hist1=hist/total;
HT=0;
for i=0:255
    if hist1(i+1)==0
        temp=0;
    else
```

```
            temp=hist1(i+1)*log(1/hist1(i+1));
        end
        HT=HT+temp;
end
%种群随机初始化，种群数取 10，染色体二进制编码取 8 位
t0=clock;
population=10;
X0=round(rand(1,population)*255);
for i=1:population
    adapt_value0(i)=ksw(X0(i),0,255,hist1,HT);
end
adapt_average0=mean(adapt_value0);
X1=X0;
adapt_value1=adapt_value0;
adapt_average1=adapt_average0;
%循环搜索，搜索代数取 200
generation=200;
for k=1:generation
    s1=select_ga(X1,adapt_value1);
    s_code1=dec2bin(s1,8);
    c1=cross_ga(s_code1);
    v1=mutation_ga(c1);
    X2=(bin2dec(v1))';
    for i=1:population
        adapt_value2(i)=ksw(X2(i),0,255,hist1,HT);
    end
    adapt_average2=mean(adapt_value2);
    if abs(adapt_average2-adapt_average1)<=0.1
        break;
    else
        X1=X2;
        adapt_value1=adapt_value2;
        adapt_average1=adapt_average2;
    end
end
max_value=max(adapt_value2);
number=find(adapt_value2==max_value);
t_opt=round(mean(X2(number)));
t1=clock;
search_time=etime(t1,t0);
%结果显示
threshold_opt=t_opt/255;
I1=im2bw(I,threshold_opt);
figure(1);
subplot(1,2,1),imshow(I);title('原始灰度图');
subplot(1,2,2),imshow(I1);title('阈值分割后的图像');
disp('算法最佳阈值为: ');disp(t_opt);
disp('算法阈值搜索时间（s）: ');disp(search_time);
```

```
end
```

运行程序，结果如下。

```
算法最佳阈值为:
    141
算法阈值搜索时间（s）:
    0.081999999999999
```

阈值分割前后图像比较如图 13-10 所示。

原始灰度图　　　　　　　　阈值分割后的图像

图 13-10　阈值分割前后图像比较（1）

程序中用到的 ksw()、select_ga()、cross_ga()、mutation_ga()子函数代码如下。

```
function y=ksw(t,mingrayvalue,maxgrayvalue,hist1,HT)
%计算 KSW 熵
Pt=0;
for i=mingrayvalue:t
    Pt=Pt+hist1(i+1);
end
Ht=0;
for i=mingrayvalue:t
    if hist1(i+1)==0
        temp=0;
    else
        temp=hist1(i+1)*log(1/hist1(i+1));
    end
    Ht=Ht+temp;
end
if Pt==0|Pt==1
    temp1=0;
else
    temp1=log(Pt*(1-Pt))+Ht/Pt+(HT-Ht)/(1-Pt);
end
if temp1 < 0
    H=0;
else
    H=temp1;
end
y=H;
```

```
    end

    function s1=select_ga(X1,adapt_value1)
    %选择算子
    population=10;
    total_adapt_value1=0;
    for i=1:population
        total_adapt_value1=total_adapt_value1+adapt_value1(i);
    end
    adapt_value1_new=adapt_value1/total_adapt_value1;
    r=rand(1,population);
    for i=1:population
        temp=0;
        for j=1:population
            temp=temp+adapt_value1_new(j);
            if temp>=r(i)
                s1(i)=X1(j);
                break;
            end
        end
    end
    end

    function c1=cross_ga(s_code1)
    %交叉算子
    pc=0.8;                                        %交叉概率取 0.8
    population=10;
    %种群(1,2)/(3,4)/(5,6)进行交叉运算，(7,8)/(9,10)复制
    ww=s_code1;
    for i=1:(pc*population/2)
        r=abs(round(rand(1)*10)-3);
        for j=(r+1):8
            temp=ww(2*i-1,j);
            ww(2*i-1,j)=ww(2*i,j);
            ww(2*i,j)=temp;
        end
    end
    c1=ww;
    end

    function v1=mutation_ga(c1)
    %变异算子
    format long;
    population=10;
    pm=0.02;
    for i=1:population
        for j=1:8
            r=rand(1);
```

```
            if r>pm
                temp(i,j)=c1(i,j);
            else
                tt=not(str2num(c1(i,j)));
                temp(i,j)=num2str(tt);
            end
        end
    end
end
v1=temp;
end
```

【例 13-4】利用 KSW 熵法和改进遗传算法对如图 13-9 所示的灰度图像进行阈值分割。
在编辑器中编写程序如下。

```
%%%利用 KSW 熵法和改进遗传算法实现灰度图像阈值分割
function ksw_ga_improve()
%初始化部分，读取图像及计算相关信息
clear,clc;
I=imread('Lenna.bmp');
hist=imhist(I);
total=0;
for i=0:255
    total=total+hist(i+1);
end
hist1=hist/total;
HT=0;
for i=0:255
    if hist1(i+1)==0
        temp=0;
    else
        temp=hist1(i+1)*log(1/hist1(i+1));
    end
    HT=HT+temp;
end
%种群随机初始化，种群数取 10，染色体二进制编码取 8 位
t0=clock;
population=10;
X0=round(rand(1,population)*255);
for i=1:population
    adapt_value0(i)=ksw(X0(i),0,255,hist1,HT);
end
adapt_average0=mean(adapt_value0);
X1=X0;
adapt_value1=adapt_value0;
adapt_average1=adapt_average0;
%循环搜索，搜索代数取 200
generation=200;
for k=1:generation
    s1=select_ga_improve(X1,adapt_value1);
    s_code1=dec2bin(s1,8);
```

```
    c1=cross_ga_improve(s_code1,k);
    v1=mutation_ga_improve(c1,k);
    X2=(bin2dec(v1))';
    for i=1:population
        adapt_value2(i)=ksw(X2(i),0,255,hist1,HT);
    end
    adapt_average2=mean(adapt_value2);
    if abs(adapt_average2-adapt_average1)<=0.01
        break;
    else
        X1=X2;
        adapt_value1=adapt_value2;
        adapt_average1=adapt_average2;
    end
end
max_value=max(adapt_value2);
number=find(adapt_value2==max_value);
t_opt=round(mean(X2(number)));
t1=clock;
search_time=etime(t1,t0);
%%阈值分割及显示部分
threshold_opt=t_opt/255;
I1=im2bw(I,threshold_opt);
figure(1);
subplot(1,2,1),imshow(I);title('原始灰度图');
subplot(1,2,2),imshow(I1);title('阈值分割后的图像');
disp('算法最佳阈值为: ');disp(t_opt);
disp('算法阈值搜索时间（s）: ');disp(search_time);
end
```

运行程序，结果如下。

```
算法最佳阈值为:
    140
算法阈值搜索时间（s）:
    0.069000000000000
```

阈值分割前后图像比较如图 13–11 所示。可以看出，运用 KSW 熵法和改进遗传算法进行阈值搜索的最佳阈值相近，但所用时间比采用传统遗传算法要短。

原始灰度图　　　　　　　　　　阈值分割后的图像

图 13–11　阈值分割前后图像比较（2）

程序中用到的 ksw()子函数同上，select_ga_improve()、cross_ga_improve()、mutation_ga_improve()子函数
代码如下。

```
function s1=select_ga_improve(X1,adapt_value1)
%选择算子
population=10;
total_adapt_value1=0;
for i=1:population
    total_adapt_value1=total_adapt_value1+adapt_value1(i);
end
adapt_value1_new=adapt_value1/total_adapt_value1;
max_adapt_value1=max(adapt_value1);                        % 10%精英策略
s1(1)=round(mean(X1(find(adapt_value1==max_adapt_value1))));
r=rand(1,population-1);
for i=2:population                                          % 90%轮盘赌法
    temp=0;
    for j=1:population
        temp=temp+adapt_value1_new(j);
        if temp>=r(i-1)
            s1(i)=X1(j);
            break;
        end
    end
end
end


function c1=cross_ga_improve(s_code1,k)
%交叉算子
if k <= 20                                                  %交叉概率取 0.8,0.6
    pc=0.8;
else
    pc=0.6;
end
population=10;
%种群(1,2)/(3,4)/(5,6)进行交叉运算，(7,8)/(9,10)复制
ww=s_code1;
for i=1:(pc*population/2)
    r=abs(round(rand(1)*10)-3);
    for j=(r+1):8
        temp=ww(2*i-1,j);
        ww(2*i-1,j)=ww(2*i,j);
        ww(2*i,j)=temp;
    end
end
c1=ww;
end

function v1=mutation_ga_improve(c1)
```

```
%变异算子
format long;
population=10;
pm=0.02;
for i=1:population
    for j=1:8
        r=rand(1);
        if r>pm
            temp(i,j)=c1(i,j);
        else
            tt=not(str2num(c1(i,j)));
            temp(i,j)=num2str(tt);
        end
    end
end
v1=temp;
end
```

【例 13-5】利用二维 KSW 熵法和传统遗传算法对如图 13-9 所示的灰度图像进行阈值分割。在编辑器中编写程序如下。

```
%%%利用二维 KSW 熵法和传统遗传算法实现灰度图像阈值分割
function ksw_2d_ga()
%初始化部分，读取图像及计算相关信息
clear,clc;
I=imread('Lenna.bmp');
windowsize=3;
I_temp=I;
for i=2:255
    for j=2:255
        I_temp(i,j)=round(mean2(I(i-1:i+1,j-1:j+1)));
    end
end
I_average=I_temp;
I_p=imadd(I,1);
I_average_p=imadd(I_average,1);
hist_2d(1:256,1:256)=zeros(256,256);
for i=1:256
    for j=1:256
        hist_2d(I_p(i,j),I_average_p(i,j))=hist_2d(I_p(i,j),I_average_p(i,j))+1;
    end
end
total=256*256;
hist_2d_1=hist_2d/total;
Hst=0;
for i=0:255
    for j=0:255
        if hist_2d_1(i+1,j+1)==0
            temp=0;
```

```
        else
            temp=hist_2d_1(i+1,j+1)*log(1/hist_2d_1(i+1,j+1));
        end
        Hst=Hst+temp;
    end
end
%种群随机初始化，种群数取 20，染色体二进制编码取 16 位
t0=clock;
population=20;
X00=round(rand(1,population)*255);
X01=round(rand(1,population)*255);
for i=1:population
    X0(i,:)=[X00(i) X01(i)];
end
for i=1:population
    adapt_value0(i)=ksw_2d(X0(i,1),X0(i,2),0,255,hist_2d_1,Hst);
end
adapt_average0=mean(adapt_value0);
X1=X0;
adapt_value1=adapt_value0;
adapt_average1=adapt_average0;
%循环搜索，搜索代数取 200
generation=200;
for k=1:generation
    s1=select_2d(X1,adapt_value1);
    s_code10=dec2bin(s1(:,1),8);
    s_code11=dec2bin(s1(:,2),8);
    [c10,c11]=cross_2d(s_code10,s_code11);
    [v10,v11]=mutation_2d(c10,c11);
    X20=(bin2dec(v10))';
    X21=(bin2dec(v11))';
    for i=1:population
        X2(i,:)=[X20(i) X21(i)];
    end
    for i=1:population
        adapt_value2(i)=ksw_2d(X2(i,1),X2(i,2),0,255,hist_2d_1,Hst);
    end
    adapt_average2=mean(adapt_value2);
    if abs(adapt_average2-adapt_average1)<=0.03
        break;
    else
        X1=X2;
        adapt_value1=adapt_value2;
        adapt_average1=adapt_average2;
    end
end
max_value=max(adapt_value2);
number=find(adapt_value2==max_value);
```

```
opt=X2(number(1),:);
s_opt=opt(1);
t_opt=opt(2);
t1=clock;
search_time=etime(t1,t0);
%阈值分割及显示部分
threshold_opt=t_opt/255;
I1=im2bw(I,threshold_opt);
figure(1);
subplot(1,2,1),imshow(I);title('原始灰度图');
subplot(1,2,2),imshow(I1);title('阈值分割后的图像');
disp('二维算法最佳阈值为： ');disp(t_opt);
disp('二维算法阈值搜索时间（s）: ');disp(search_time);
end
```

运行程序，结果如下。

```
二维算法最佳阈值为：
    90
二维算法阈值搜索时间（s）:
  1.718000000000004
```

阈值分割前后图像比较如图 13-12 所示。

原始灰度图                阈值分割后的图像

图 13-12   阈值分割前后图像比较（3）

程序中用到的 ksw_2d()、select_2d()、cross_2d()、mutation_2d() 子函数代码如下。

```
function y=ksw_2d(s,t,mingrayvalue,maxgrayvalue,hist_2d_1,Hst)
%计算二维 KSW 熵
W0=0;
for i=0:s
   for j=0:t
       W0=W0+hist_2d_1(i+1,j+1);
   end
end
H0=0;
for i=0:s
   for j=0:t
       if hist_2d_1(i+1,j+1)==0
           temp=0;
```

```
        else
            temp=hist_2d_1(i+1,j+1)*log(1/hist_2d_1(i+1,j+1));
        end
        H0=H0+temp;
    end
end
if W0==0|W0==1
    temp1=0;
else
    temp1=log(W0*(1-W0))+H0/W0+(Hst-H0)/(1-W0);
end
if temp1 < 0
    H=0;
else
    H=temp1;
end
y=H;
end


function s1=select_2d(X1,adapt_value1)
%选择算子
population=20;
total_adapt_value1=0;
for i=1:population
    total_adapt_value1=total_adapt_value1+adapt_value1(i);
end
adapt_value1_new=adapt_value1/total_adapt_value1;
r=rand(1,population);
for i=1:population
    temp=0;
    for j=1:population
        temp=temp+adapt_value1_new(j);
        if temp>=r(i)
            s1(i,:)=X1(j,:);
            break;
        end
    end
end
end


function [c10,c11]=cross_2d(s_code10,s_code11)
%交叉算子
pc=0.8;                                        %交叉概率取 0.8
population=20;
%种群(1,2)/(3,4)/(5,6)进行交叉运算，(7,8)/(9,10)复制
ww0=s_code10;
ww1=s_code11;
for i=1:(pc*population/2)
```

```
        r0=abs(round(rand(1)*10)-3);
        r1=abs(round(rand(1)*10)-3);
        for j=(r0+1):8
            temp0=ww0(2*i-1,j);
            ww0(2*i-1,j)=ww0(2*i,j);
            ww0(2*i,j)=temp0;
        end
        for j=(r1+1):8
            temp1=ww1(2*i-1,j);
            ww1(2*i-1,j)=ww1(2*i,j);
            ww1(2*i,j)=temp1;
        end
    end
end
c10=ww0;
c11=ww1;
end


function [v10,v11]=mutation_2d(c10,c11)
%变异算子
format long;
population=20;
pm=0.03;
for i=1:population
    for j=1:8
        r0=rand(1);
        r1=rand(1);
        if r0>pm
            temp0(i,j)=c10(i,j);
        else
            tt=not(str2num(c10(i,j)));
            temp0(i,j)=num2str(tt);
        end
        if r1>pm
            temp1(i,j)=c11(i,j);
        else
            tt=not(str2num(c11(i,j)));
            temp1(i,j)=num2str(tt);
        end
    end
end
v10=temp0;
v11=temp1;
end
```

【例 13-6】利用二维 KSW 熵法和改进遗传算法对如图 13-9 所示的灰度图像进行阈值分割。
在编辑器中编写程序如下。

```
%初始化部分，读取图像及计算相关信息
clear, clc;
```

```
I=imread('Lenna.bmp');
windowsize=3;
I_temp=I;
for i=2:255
    for j=2:255
        I_temp(i,j)=round(mean2(I(i-1:i+1,j-1:j+1)));
    end
end
I_average=I_temp;
I_p=imadd(I,1);
I_average_p=imadd(I_average,1);
hist_2d(1:256,1:256)=zeros(256,256);
for i=1:256
    for j=1:256
        hist_2d(I_p(i,j),I_average_p(i,j))=hist_2d(I_p(i,j),I_average_p(i,j))+1;
    end
end
total=256*256;
hist_2d_1=hist_2d/total;
Hst=0;
for i=0:255
    for j=0:255
        if hist_2d_1(i+1,j+1)==0
            temp=0;
        else
            temp=hist_2d_1(i+1,j+1)*log(1/hist_2d_1(i+1,j+1));
        end
        Hst=Hst+temp;
    end
end
    %种群随机初始化，种群数取 20，染色体二进制编码取 16 位
    t0=clock;
    population=20;
    X00=round(rand(1,population)*255);
    X01=round(rand(1,population)*255);
    for i=1:population
        X0(i,:)=[X00(i) X01(i)];
    end
    for i=1:population
        adapt_value0(i)=ksw_2d(X0(i,1),X0(i,2),0,255,hist_2d_1,Hst);
    end
    adapt_average0=mean(adapt_value0);
    X1=X0;
    adapt_value1=adapt_value0;
    adapt_average1=adapt_average0;
    %循环搜索，搜索代数取 100
    generation=100;
    for k=1:generation
```

```
            s1=select_2d_improve(X1,adapt_value1);
            s_code10=dec2bin(s1(:,1),8);
            s_code11=dec2bin(s1(:,2),8);
            [c10,c11]=cross_2d_improve(s_code10,s_code11,k);
            [v10,v11]=mutation_2d_improve(c10,c11,k);
            X20=(bin2dec(v10))';
            X21=(bin2dec(v11))';
            for i=1:population
                X2(i,:)=[X20(i) X21(i)];
            end
            for i=1:population
                adapt_value2(i)=ksw_2d(X2(i,1),X2(i,2),0,255,hist_2d_1,Hst);
            end
            adapt_average2=mean(adapt_value2);

            if abs(adapt_average2-adapt_average1)<=0.072
                break;
            else
                X1=X2;
                adapt_value1=adapt_value2;
                adapt_average1=adapt_average2;
            end
        end
        max_value=max(adapt_value2);
        number=find(adapt_value2==max_value);
        opt=X2(number(1),:);
        s_opt=opt(1);
        t_opt=opt(2);
        t1=clock;
        search_time=etime(t1,t0);
%%阈值分割及显示部分
threshold_opt=t_opt/255;
I1=im2bw(I,threshold_opt);
figure(1);
subplot(1,2,1),
imshow(I);
title('原始灰度图');
subplot(1,2,2),
imshow(I1);
title('阈值分割后的图像');
disp('二维算法最佳阈值为: ');
disp(t_opt);
disp('二维算法阈值搜索时间（s）: ');
disp(search_time);
```

运行程序，结果如下。

二维算法最佳阈值为:
   199

二维算法阈值搜索时间（s）：
> 0.379999999999995

阈值分割前后图像比较如图 13-13 所示。

原始灰度图　　　　　　　　阈值分割后的图像

图 13-13　阈值分割前后图像比较（4）

程序中用到的 ksw_2d() 子函数同上，select_2d_improve()、cross_2d_improve()、mutation_2d_improve() 子函数代码如下。

```matlab
function s1=select_2d_improve(X1,adapt_value1)
%选择算子
population=20;
total_adapt_value1=0;
for i=1:population
    total_adapt_value1=total_adapt_value1+adapt_value1(i);
end
adapt_value1_new=adapt_value1/total_adapt_value1;
[yy,index]=sort(adapt_value1);              %10%精英策略
s1(1:2,:)=X1(index(19:20),:);
r=rand(1,population-2);                      %90%轮盘赌法
for i=3:population
    temp=0;
    for j=1:population
        temp=temp+adapt_value1_new(j);
        if temp>=r(i-2)
            s1(i,:)=X1(j,:);
            break;
        end
    end
end
end


function [c10,c11]=cross_2d_improve(s_code10,s_code11,k)
%交叉算子
if k <= 50                                   %交叉概率取 0.8,0.6
    pc=0.8;
else
    pc=0.6;
end
```

```
population=20;
%种群(1,2)/(3,4)/(5,6)进行交叉运算，(7,8)/(9,10)复制
ww0=s_code10;
ww1=s_code11;
for i=1:(pc*population/2)
    r0=abs(round(rand(1)*10)-3);
    r1=abs(round(rand(1)*10)-3);
    for j=(r0+1):8
        temp0=ww0(2*i-1,j);
        ww0(2*i-1,j)=ww0(2*i,j);
        ww0(2*i,j)=temp0;
    end
    for j=(r1+1):8
        temp1=ww1(2*i-1,j);
        ww1(2*i-1,j)=ww1(2*i,j);
        ww1(2*i,j)=temp1;
    end
end
c10=ww0;
c11=ww1;
end


function [v10,v11]=mutation_2d_improve(c10,c11,k)
%变异算子
format long;
population=20;
pm=0.21875000-0.00007875*(k-50)^2;
for i=1:population
    for j=1:8
        r0=rand(1);
        r1=rand(1);
        if r0>pm
            temp0(i,j)=c10(i,j);
        else
            tt=not(str2num(c10(i,j)));
            temp0(i,j)=num2str(tt);
        end
        if r1>pm
            temp1(i,j)=c11(i,j);
        else
            tt=not(str2num(c11(i,j)));
            temp1(i,j)=num2str(tt);
        end
    end
end
v10=temp0;
v11=temp1;
end
```

通过以上结果可以看出，各种算法对灰度图像处理效果不尽相同，读者可以根据需要选择合适的方法。

## 13.4　本章小结

本章首先简单介绍了图像分割的基础知识，然后对遗传算法应用于图像分割的原理和算法的 MATLAB 实现进行说明，最后分别举例说明了遗传算法、遗传神经网络和 KSW 熵法在图像分割中的应用。

# 第 14 章

# 神经网络在参数估计中的应用

统计研究的基本问题之一是根据样本所提供的信息，对总体的分布和分布的数字特征作出推断。统计推断主要包括两部分内容：一是参数估计，二是假设检验。本章主要讨论神经网络在参数估计中的应用。

**学习目标**

（1）了解参数估计的概念。

（2）熟悉神经网络在参数估计中的应用。

（3）掌握运用 MATLAB 完成神经网络参数估计的方法。

## 14.1 参数估计的基本知识

在实际中遇到不知道总体的分布，或者虽然知道总体的分布，但不知道总体某些参数（往往是总体的某些数字特征）的取值情况时，需要用样本提供的信息估计这些参数，这就是所谓的参数估计问题。

### 14.1.1 参数估计的概念

参数估计（Parameter Estimation, PE）是根据从总体中抽取的样本估计总体分布中包含的未知参数的方法。人们常常需要根据手中的数据分析或推断数据反映的本质规律，即根据样本数据选择统计量推断总体的分布或数字特征等。

通常我们将研究对象的全体称为总体，它由某些具有共同性质或特征的个体或单位组成。总体可分为有限总体和无限总体。当总体所包含的个体数有限时，称它为有限总体；当总体所包含的个体数无限时，称它为无限总体。对于有限总体，一般用 $N$ 表示总体所包含的个体总数。

任何一个总体都可以用一个随机变量来描述。为了研究总体的各种性质（如分布函数、数字特征等），我们不可能将所有个体都一一进行研究。

在进行参数估计时，我们并不是直接用一个个具体样本值估计、推测总体参数，而是针对不同问题，构造出样本的某种函数（不包含任何未知参数），利用这些函数估计总体参数。

在参数预估的问题中，总体 $X$ 的分布函数或密度函数的形式是已知的，而它的某些参数是未知的，这就要求对未知参数进行合理估计。而参数估计就是在未知总体分布参数的情况下，利用样本统计量估计总体的参数。

### 14.1.2 点估计与区间估计

在估计过程中，用来推算总体的参数的样本统计量称为估计量。根据估计方法的不同，参数估计可分为点估计和区间估计。

点估计是用样本统计量直接估计总体参数，以其代表总体参数的一种估计方法。点估计的方法有矩估计法、顺序统计量法、最大似然估计法、最小二乘估计法等。

参数的点估计就是用估计量的一个具体数值作为未知参数的估计值，其优点是直观、简单。

一般来说，点估计值位于总体参数附近，在平均意义上，二者相等。但由于在实际抽样调查中一次只是随机抽取一个样本，导致估计值会因样本的不同而不同，它有可能等于，也可能不等于总体参数的值，甚至产生很大的差异。所以，在估计总体指标时就必须同时考虑估计误差的大小。

在进行参数预估时，总是希望花较少的钱取得较好的效果，也就是说，希望调查费用越少且调查误差越小越好。但是，在其他条件不变的情况下，缩小抽样误差就意味着增加调查费用，它们是一对矛盾。

因此，在进行抽样调查时，应该根据研究目的和任务以及研究对象的标志变异程度，科学确定允许的误差范围。

点估计本身既不反映这种近似值的精确度（即没有指出用估计值估计总体参数的误差范围有多大），也没有考虑估计的可靠性程度（即没有指出这个误差范围以多大的概率包含未知参数 $\theta$）。这正是点估计的不足，而区间估计在一定程度上弥补了这一缺陷。

区间估计就是用样本估计量与其抽样平均误差构成的区间估计总体参数，并以一定的概率保证总体参数在所估计的区间内。

区间估计的基本方法是首先求待估计参数 $\theta$ 的估计值 $\hat{\theta}$，然后以 $\hat{\theta}$ 为基础估计出一个区间 $(\hat{\theta}_1, \hat{\theta}_2)$，并提供总体参数 $\theta$ 落入该区间的概率。

### 14.1.3　样本容量

样本容量又称为样本数，指一个样本必要抽样的单位数目。在组织抽样调查时，抽样误差的大小直接影响样本指标代表性，而必要的样本单位数目是保证抽样误差不超过某一给定范围的重要因素之一。

在抽样设计时，必须确定样本单位数目，因为适当的样本单位数目是保证样本指标具有充分代表性的基本前提。

确定样本容量 $n$ 是抽样估计中的一个十分重要的问题。在参数估计时，首先必须决定抽取多少个体作为样本，即确定样本容量 $n$。

在对参数进行估计时，我们总希望提高估计的可靠程度，但在确定的样本容量下，若要提高估计的可靠程度，置信区间就会扩大，抽样误差增大，估计的精度就要降低；若要在不降低可靠性的前提下，提高估计的精确度，缩短置信区间，减小抽样误差，就只有增大样本容量。

在其他条件不变的情况下，样本容量越小，抽样误差就越大，估计的精度也就越低，样本对总体的代表性不强，甚至样本代表不了总体，从而失去调查的意义。相反，样本容量越大，估计的结果越精确。

## 14.2　几种通用神经网络的 MATLAB 代码

逻辑性的思维是指根据逻辑规则进行推理的过程。它先将信息化成概念，并用符号表示，然后根据符号运算按串行模式进行逻辑推理。这一过程可以写成串行的指令，让计算机执行。

直观性的思维是将分布式存储的信息综合起来，结果是忽然间产生想法或解决问题的办法。这种思维方式的根本在于以下两点。

（1）信息是通过神经元上的兴奋模式分布存储在网络上。

（2）信息处理是通过神经元之间同时相互作用的动态过程完成的。

下面介绍几种用于预测的神经网络的通用 MATLAB 代码。

### 1. 感知器通用MATLAB代码

```
%感知器通用程序
clear, clc;
P=[-5 -10 30 20 10;-5 0 -1 10 15];           %输入向量
T=[1 1 0 0 0];                               %期望输出
plotpv(P,T);                                 %描绘输入点图像
xlabel('坐标1');ylabel('坐标2');grid on;
title('感知器分类图');
net=newp([-40 1;-1 50],1);       %生成网络，其中参数分别为输入向量的范围和神经元感应器数量
hold on
linehandle=plotpc(net.iw{1},net.b{1});
net.adaptparam.passes=3;                     %显示步数
for a=1:30                                   %训练次数
    [net,Y,E]=adapt(net,P,T);
    linehandle=plotpc(net.iw{1},net.b{1},linehandle);
    drawnow;
end
```

运行程序，可以得到如图 14-1 所示的感知器分类图。

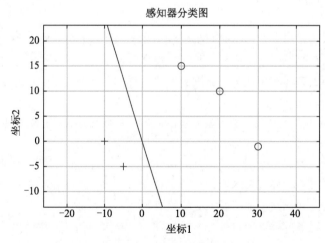

图 14-1　感知器分类图

### 2. 线性网络通用MATLAB代码

```
%线性网络通用程序
clear, clc;
time=0:0.01:10;
T=sin(time*2*pi);
Q=length(T);
P=zeros(5,Q);                    %P 中存储信号 T 的前 5（可变，根据需要而定）个值，作为网络输入
P(1,2:Q)=T(1,1:(Q-1));
```

```
P(2,3:Q)=T(1,1:(Q-2));
P(3,4:Q)=T(1,1:(Q-3));
P(4,5:Q)=T(1,1:(Q-4));
P(5,6:Q)=T(1,1:(Q-5));

figure(1)
plot(time,T)                                %绘制信号 T 曲线
xlabel('时间');ylabel('目标信号');title('待预测信号');
net=newlind(P,T);                           %根据输入和期望输出直接生成线性网络
a=sim(net,P);                               %网络测试

figure(2)
subplot(1,2,1);plot(time,a,time,T,'k:')
xlabel('时间');ylabel('信号曲线');legend('目标信号','输出信号');
title('信号曲线');
e=T-a;
subplot(1,2,2);plot(time,e)
hold on
plot([min(time) max(time)],[0 0],'k:')
hold off
xlabel('时间');ylabel('误差曲线');legend('目标误差','输出误差');
title('误差曲线');
```

运行程序，得到如图 14-2 所示的结果。

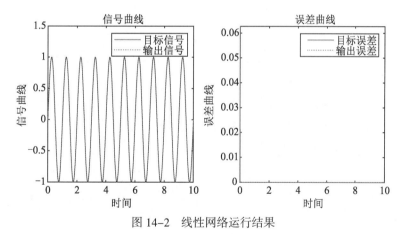

图 14-2　线性网络运行结果

### 3. BP神经网络通用MATLAB代码

```
clear, clc;
P=[-1 -1 2 2;0 5 0 5];
t=[-1 -1 1 1];
net=newff(minmax(P),[3,1],{'tansig','purelin'},'traingd');
%输入参数依次为:'样本 P 范围',[各层神经元数目],{各层传递函数},'训练函数'
net=init(net);
net.trainparam.epochs=300;                  %最大训练次数(默认为 10,自 trainrp 后,默认为 100)
net.trainparam.lr=0.05;                     %学习率(默认为 0.01)
net.trainparam.show=50;                     %限时训练迭代过程(NaN 表示不显示,默认为 25)
```

```
net.trainparam.goal=1e-5;          %训练要求精度(默认为 0)
[net,tr]=train(net,P,t);           %网络训练
a=sim(net,P)                       %网络仿真
```

运行程序，得到如图 14-3 所示的神经网络训练图和如图 14-4 所示的神经网络训练误差曲线图。

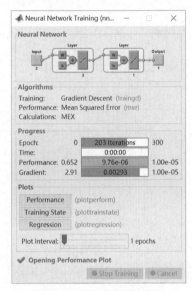

图 14-3　神经网络训练图

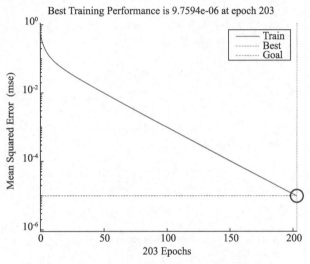

图 14-4　神经网络训练误差曲线图

在命令行窗口中得到网络仿真结果如下。

```
>> a =
    -1.0044   -0.9963    0.9977    0.9996
```

神经网络目标值为

```
    t=[-1 -1 1 1];
```

即网络仿真结果与目标值基本一致，该神经网络仿真效果良好。

### 4. RBF神经网络通用MATLAB代码

```
%通用径向基函数网络
%其在逼近能力、分类能力、学习速度方面均优于 BP 神经网络
%设计一个径向基函数网络，网络有两层，隐含层为径向基神经元，输出层为线性神经元
%绘制隐含层神经元径向基传递函数的曲线
p=-1:0.001:1;
a=radbas(p);
plot(p,a)
%应用 newrb()函数构建径向基网络时,可以预先设定均方差精度 eg 和散布常数 sc
eg=0.001;                          %误差
sc=100;                            %总步数
net=newrb(p,a,eg,sc);
%网络测试
plot(p,a,'k--')
title('目标向量和输出向量曲线');xlabel('输入');ylabel('输出和目标');
X=-1:0.001:1;
```

```
Y=sim(net,p);
hold on
plot(X,Y);legend('目标','输出')
hold off
```

运行程序，得到如图 14-5 所示的结果。

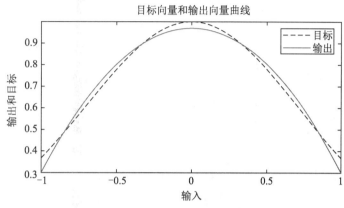

图 14-5　RBF 神经网络运行结果

对于开发人员，神经网络的参数选择是一个很重要的问题。因为对于神经网络，没有选择优选参数的固定标准，但参数选择的精确与否对于神经网络的精确度有很大的影响。

在使用神经网络时，很多专家通过经验或是在某个参数集合中选择一组较好的参数作为神经网络的参数。

如果完全根据经验选择参数，那么问题独有的特性就无法涵盖在其中，如果这个独有性很突出，那么神经网络的理论结果和实际结果就会有很大的偏差。

如果通过一组一组实验某些预定参数比较其结果选择参数，其过程是非常繁杂冗长的，基本是不可能的。所以，在实际使用过程中，需要在合理的范围内不断尝试，找到最合适的神经网络参数。

## 14.3　神经网络在参数估计中的应用举例

随着技术的发展，神经网络在很多方面都有应用，参数估计是其重要的应用领域之一。下面通过举例详细说明神经网络在参数估计中的应用。

### 14.3.1　神经网络在人脸识别中的应用

目前，微电子和视觉系统方面取得的新进展使该领域中高性能自动识别技术的实现代价降低到了可以接受的程度。而人脸识别是所有生物识别方法中应用最广泛的技术之一。

人脸识别因其在安全验证系统、信用卡验证、医学、档案管理、视频会议、人机交互、系统公安（罪犯识别等）等方面的巨大应用前景成为当前模式识别和人工智能领域的一个研究热点。

学习向量量化（Learning Vector Quantization，LVQ）神经网络属于前向神经网络类型，在模式识别和优化领域有着广泛应用。BP 神经网络是一种按误差逆传播算法训练的多层前馈网络，是目前广泛应用于模式识别、参数估计等领域的神经网络模型之一。

【例 14-1】设置一组人脸图像，分别利用 BP 神经网络和 LVQ 神经网络实现人脸识别。

首先编写 BP 神经网络代码。

```
%BP 神经网络在人脸识别中的应用
clear, clc;
M=10;                                           %人数
N=5;                                            %人脸朝向类别数
pixel_value=extraction(M,N);                    %特征向量提取

%训练集/测试集产生
%产生图像序号的随机序列
rand_label=randperm(M*N);
%人脸朝向标号
direction_label=[1 0 0;1 1 0;0 1 1;0 1 0;0 0 1];
%训练集
train_label=rand_label(1:30);
P_train=pixel_value(train_label,:)';
dtrain_label=train_label-floor(train_label/N)*N;
dtrain_label(dtrain_label==0)=N;
T_train=direction_label(dtrain_label,:)';
%测试集
test_label=rand_label(31:end);
P_test=pixel_value(test_label,:)';
dtest_label=test_label-floor(test_label/N)*N;
dtest_label(dtest_label==0)=N;
T_test=direction_label(dtest_label,:)'
%创建 BP 神经网络
net=newff(minmax(P_train),[10,3],{'tansig','purelin'},'trainlm');
%设置训练参数
net.trainParam.epochs=500;
net.trainParam.show=5;
net.trainParam.goal=1e-4;
net.trainParam.lr=0.15;
t=0;
if t==0
    %网络训练
    net=train(net,P_train,T_train);
    %仿真测试
    T_sim=sim(net,P_test);
    for i=1:3
        for j=1:20
            if T_sim(i,j)<0.5
                T_sim(i,j)=0;
            else
                T_sim(i,j)=1;
            end
        end
    end
    %比较测试样本和仿真结果的误差
```

```
    [a,b]=size(T_sim);
    %设置识别率
    m=0;
    n=0;
    for i=1:b
        for j=1:a
            if T_sim(j,i)==T_test(j,i)
                m=m+1;
            else
                m=0;
            end
            if m==a
                n=n+1;
                m=0;
            end
        end
    end
    c=n/b;
    disp(['识别率为: ' num2str(n/b*100) '%']);
    if c>0.9
        t=t+1;
    end
end
T_test
T_sim
disp(['识别率为: ' num2str(n/b*100) '%']);

%特征提取子函数
function pixel_value=extraction(m,n)
pixel_value=zeros(50,8);
sample_number=0;
for i=1:m
    for j=1:n
        str=strcat('Images\',num2str(i),'_',num2str(j),'.bmp');
        img= imread(str);
        [rows cols]= size(img);
        img_edge=edge(img,'Sobel');
        sub_rows=floor(rows/6);
        sub_cols=floor(cols/8);
        sample_number=sample_number+1;
        for subblock_i=1:8
            for ii=sub_rows+1:2*sub_rows
                for jj=(subblock_i-1)*sub_cols+1:subblock_i*sub_cols
                    pixel_value(sample_number,subblock_i)=...
                        pixel_value(sample_number,subblock_i)+img_edge(ii,jj);
                end
```

```
            end
          end
       end
end
end
```

运行程序，得到 BP 神经网络训练过程，如图 14-6 所示，同时在命令行窗口显示如下结果。

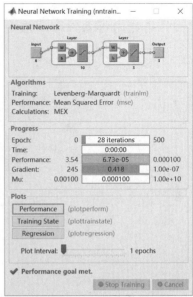

图 14-6　BP 神经网络训练过程

```
T_test =
  列 1 至 11
       0     1     0     1     0     0     0     0     1
1     0
       1     1     0     0     1     1     1     0     1
1     1
       0     0     1     0     0     0     0     1     0
0     1
  列 12 至 20
       0     1     1     0     0     0     1     0     0
       1     0     1     1     1     0     0     1     0
       0     0     0     0     1     1     0     0     1
T_sim =
  列 1 至 11
       0     1     0     1     0     0     0     0     1     1     0
       1     1     0     0     1     1     1     0     1     1     1
       0     0     1     0     0     0     0     1     0     0     1
  列 12 至 20
       0     1     1     0     0     0     1     0     0
       1     0     1     1     1     0     0     1     1
       0     0     0     0     1     1     0     0     0
识别率为：95%
```

编写 LVQ 神经网络代码如下。

```
%LVQ 神经网络在人脸识别中应用的预测
clear,clc;
M=10;                                     %人数
N=5;                                      %人脸朝向类别数
pixel_value=extraction(M,N);              %特征向量提取
%%%%%产生训练集和测试集%%%%%
%产生图像序号的随机序列
rand_label=randperm(M*N);
%人脸朝向标号
direction_label=repmat(1:N,1,M);
%训练集
train_label=rand_label(1:30);
P_train=pixel_value(train_label,:)';
Tc_train=direction_label(train_label);
T_train=ind2vec(Tc_train);
%测试集
```

```
test_label=rand_label(31:end);
P_test=pixel_value(test_label,:)';
Tc_test=direction_label(test_label);
%创建 LVQ 神经网络
for i=1:5
    rate{i}=length(find(Tc_train==i))/30;
end
net=newlvq(minmax(P_train),20,cell2mat(rate),0.001,'learnlv1');
%设置训练参数
net.trainParam.epochs=200;
net.trainParam.goal=0.0001;
net.trainParam.lr=0.15;
t=0;
if t==0
    %训练网络
    net=train(net,P_train,T_train);
    %人脸识别测试
    T_sim=sim(net,P_test);
    Tc_sim=vec2ind(T_sim);
    result=[Tc_test;Tc_sim];
    %%%%%结果显示%%%%%
    %训练集人脸标号
    strain_label=sort(train_label);
    htrain_label=ceil(strain_label/N);
    %训练集人脸朝向标号
    dtrain_label=strain_label-floor(strain_label/N)*N;
    dtrain_label(dtrain_label==0)=N;
    %显示训练集图像序号
    disp('训练集图像为: ');
    for i=1:30
        str_train=[num2str(htrain_label(i)) '_',num2str(dtrain_label(i)) ' '];
        fprintf('%s',str_train)
        if mod(i,5)==0
            fprintf('\n');
        end
    end
    %测试集人脸标号
    stest_label=sort(test_label);
    htest_label=ceil(stest_label/N);
    %测试集人脸朝向标号
    dtest_label=stest_label-floor(stest_label/N)*N;
    dtest_label(dtest_label==0)=N;
    %显示测试集图像序号
    disp('测试集图像为: ');
    for i=1:20
        str_test=[num2str(htest_label(i)) '_',num2str(dtest_label(i)) ' '];
        fprintf('%s',str_test)
        if mod(i,5)==0
```

```
            fprintf('\n');
        end
    end
    %显示识别出错图像
    error=Tc_sim-Tc_test;
    location={'左方' '左前方' '前方' '右前方' '右方'};
    for i=1:length(error)
        if error(i)~=0
            %识别出错图像人脸标号
            herror_label=ceil(test_label(i)/N);
            %识别出错图像人脸朝向标号
            derror_label=test_label(i)-floor(test_label(i)/N)*N;
            derror_label(derror_label==0)=N;
            %图像原始朝向
            standard=location{Tc_test(i)};
            %图像识别结果朝向
            identify=location{Tc_sim(i)};
            str_err=strcat(['图像' num2str(herror_label) '_',num2str(derror_label)
'识别出错.']);
            disp([str_err '(正确结果：朝向' standard '；识别结果：朝向' identify ')']);
        end
    end
    %显示识别率
    c=length(find(error==0))/20;
    disp(['识别率为：' num2str(length(find(error==0))/20*100) '%']);
    if c>0.9
        t=t+1;
    end
end
```

运行程序，得到如图 14-7 所示的 LVQ 神经网络训练过程；同时，在命令行窗口中显示如下结果。

```
训练集图像为：
1_1   1_2   1_3   1_4   1_5
2_1   2_2   2_4   2_5   3_1
3_2   3_5   4_2   4_4   4_5
5_1   5_3   5_4   5_5   6_3
6_4   6_5   7_1   7_3   7_4
7_5   8_2   8_3   9_1   10_3
测试集图像为：
2_3   3_3   3_4   4_1   4_3
5_2   6_1   6_2   7_2   8_1
8_4   8_5   9_2   9_3   9_4
9_5   10_1  10_2  10_4  10_5
图像 5_2 识别出错.(正确结果：朝向左前方；识别结果：朝向前方)
识别率为：95%
```

由以上结果可以看出，BP 神经网络和 LVQ 神经网络对人脸识别的正确率均可以达到 95%，说明本例建立的神经网络是有效的。

除了利用神经网络实现人脸识别，还可以用其他算法将图像处理后进行识别。例如，利用以下 MATLAB 代码可以对图 14-8 所示图像进行人脸识别。

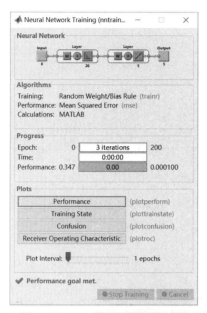

图 14-7　LVQ 神经网络训练过程

图 14-8　待识别的人脸图像

```
clear,clc
i=imread('face.jpg');                    %获取 RGB 图像
I=rgb2gray(i);
BW=im2bw(I);
figure(1)
imshow(BW)
%最小化背景
[n1 n2]=size(BW);
r=floor(n1/10);
c=floor(n2/10);
x1=1;x2=r;
s=r*c;
for i=1:10
    y1=1;y2=c;
    for j=1:10
        if (y2<=c|y2>=9*c)|(x1==1|x2==r*10)
            loc=find(BW(x1:x2, y1:y2)==0);
            [o p]=size(loc);
            pr=o*100/s;
            if pr<=100
                BW(x1:x2, y1:y2)=0;
                r1=x1;r2=x2;s1=y1;s2=y2;
                pr1=0;
            end
            imshow(BW);
```

```
        end
        y1=y1+c;
        y2=y2+c;
    end
    x1=x1+r;
    x2=x2+r;
end
figure(2)
subplot(1,2,1);imshow(BW),title('图像处理')
%人脸识别
L=bwlabel(BW,8);
BB=regionprops(L,'BoundingBox');
BB1=struct2cell(BB);
BB2=cell2mat(BB1);
[s1 s2]=size(BB2);
mx=0;
for k=3:4:s2-1
    p=BB2(1,k)*BB2(1,k+1);
    if p>mx&(BB2(1,k)/BB2(1,k+1))<1.8
        mx=p;
        j=k;
    end
end
subplot(1,2,2);imshow(I);title('人脸识别')
hold on;
rectangle('Position',[BB2(1,j-2),BB2(1,
j-1),BB2(1,j),BB2(1,j+1)],'EdgeColor','r' )
```

图 14-9　人脸识别结果

运行程序，得到如图 14-9 所示的人脸识别结果。

从图 14-9 中可以看出，矩形框正确选取了人脸的特征部分，算法是有效的。

## 14.3.2　灰色神经网络在数据预测中的应用

针对小样本数据的信息处理，灰色神经网络模型的建立与应用是各领域和行业需要的。虽然神经网络与灰色系统理论在信息处理方面有了广泛的应用，但是实际效果并不理想。

将灰色系统理论与神经网络结合，建立灰色神经网络，可以弥补单一使用这两种模型的不足，达到较好的数据处理及预测效果。

下面举例说明灰色神经网络在数据预测中的应用。

【例 14-2】利用灰色神经网络预测小样本数据。

编写灰色神经网络的 MATLAB 代码，如下所示。

```
%  基于灰色神经网络的预测算法
clear,clc,clf
%设置总的样本
X =[1.5220  0.5485  0.8680  0.6854  0.9844  0.5773; 1.4310  0.5943  0.7612  0.6567
0.9510  0.7184;
```

```
      1.6710  0.6346  0.7153  0.6802  0.9494  0.6230;  1.7750  0.7838  0.8895  0.7442
0.9291  0.6924;
      1.6300  0.5182  0.8228  0.6335  0.8668  0.5831;  1.6700  0.7207  0.8897  0.6690
0.9516  0.7863;
      1.5920  0.6480  0.6915  0.7347  0.8530  0.4497;  2.0410  0.7291  0.9309  0.6788
0.9968  0.7356;
      1.6310  0.7753  0.7970  0.7228  0.8702  0.7679;  2.0280  0.7923  0.8961  0.6363
0.9478  0.8039;
      1.5860  0.7491  0.8884  0.6658  0.9398  0.8797;  1.7160  0.7550  0.7602  0.6157
0.9134  0.7204;
      1.5110  0.5498  0.8127  0.6204  0.9284  0.6145;  1.4550  0.5404  0.7486  0.6328
0.9591  0.6857;
      1.5680  0.6182  0.7471  0.6585  0.9802  0.6368;  1.8830  0.7931  0.9681  0.7646
0.8886  0.7411;
      1.5620  0.5496  0.8658  0.7181  0.7832  0.5669;  1.6900  0.6644  0.8992  0.6357
0.9087  0.7933;
      1.7910  0.5768  0.7130  0.7730  0.8829  0.4907;  2.0190  0.7473  0.9531  0.6768
0.9964  0.8092;
      1.8520  0.8236  0.8079  0.6796  0.9272  0.8512;  1.5390  0.8640  0.8862  0.6386
0.9685  0.8567;
      1.7280  0.7814  0.9410  0.6944  0.9629  0.8775;  1.6760  0.7285  0.7868  0.6987
0.8805  0.7630;
      1.6670  0.5476  0.8223  0.6286  0.9355  0.5898;  1.3510  0.5557  0.7072  0.6811
0.9553  0.7326;
      1.6030  0.5519  0.6816  0.7009  0.9736  0.6151;  1.8760  0.8039  0.8852  0.8068
0.9644  0.7477;
      1.6310  0.4490  0.7941  0.7138  0.8281  0.5306;  1.7500  0.6729  0.8526  0.6223
0.9452  0.7562;
      1.6000  0.6012  0.6640  0.7920  0.8878  0.4979;  1.9460  0.7751  0.9155  0.7032
0.9168  0.7432;
      1.6360  0.7931  0.7635  0.6393  0.8757  0.7692;  1.8650  0.7598  0.8426  0.6756
0.9234  0.8065;
      1.8140  0.7342  0.7572  0.6134  0.8862  0.7907];
[aa,bb]=size(X);
%数据累加作为网络输入
[n,m]=size(X);
for i=1:n
    y(i,1)=sum(X(1:i,1));
    y(i,2)=sum(X(1:i,2));
    y(i,3)=sum(X(1:i,3));
    y(i,4)=sum(X(1:i,4));
    y(i,5)=sum(X(1:i,5));
    y(i,6)=sum(X(1:i,6));
end
%网络参数初始化
a=0.3+rand(1)/4;
b1=0.3+rand(1)/4;
```

```
b2=0.3+rand(1)/4;
b3=0.3+rand(1)/4;
b4=0.3+rand(1)/4;
b5=0.3+rand(1)/4;
%学习速率初始化
u1=0.0015;
u2=0.0015;
u3=0.0015;
u4=0.0015;
u5=0.0015;
%权值阈值初始化
t=1;
w11=a;
w21=-y(1,1);w22=2*b1/a;w23=2*b2/a;
w24=2*b3/a;w25=2*b4/a;w26=2*b5/a;
w31=1+exp(-a*t);w32=1+exp(-a*t);w33=1+exp(-a*t);
w34=1+exp(-a*t);w35=1+exp(-a*t);w36=1+exp(-a*t);
theta=(1+exp(-a*t))*(b1*y(1,2)/a+b2*y(1,3)/a+b3*y(1,4)...
    /a+b4*y(1,5)/a+b5*y(1,6)/a-y(1,1));
kk=1;
%设置样本数
cc=30;
%循环迭代
for j=1:20
    %循环迭代
    E(j)=0;
    for i=1:cc
        %网络输出计算
        t=i;
        LB_b=1/(1+exp(-w11*t));                      %LB 层输出
        LC_c1=LB_b*w21;                              %LC 层输出
        LC_c2=y(i,2)*LB_b*w22;                       %LC 层输出
        LC_c3=y(i,3)*LB_b*w23;                       %LC 层输出
        LC_c4=y(i,4)*LB_b*w24;                       %LC 层输出
        LC_c5=y(i,5)*LB_b*w25;                       %LC 层输出
        LC_c6=y(i,6)*LB_b*w26;                       %LC 层输出
        LD_d=w31*LC_c1+w32*LC_c2+w33*LC_c3+w34*LC_c4+w35*LC_c5+w36*LC_c6;  %LD层输出
        theta=(1+exp(-w11*t))*(w22*y(i,2)/2+w23*y(i,3)/2+w24*y(i,4)/2...
            +w25*y(i,5)/2+w26*y(i,6)/2-y(1,1));      %阈值
        ym=LD_d-theta;                               %网络输出值
        yc(i)=ym;                                    %权值修正
        error=ym-y(i,1);                             %计算误差
        E(j)=E(j)+abs(error);                        %误差求和
        error1=error*(1+exp(-w11*t));                %计算误差
        error2=error*(1+exp(-w11*t));                %计算误差
        error3=error*(1+exp(-w11*t));
        error4=error*(1+exp(-w11*t));
        error5=error*(1+exp(-w11*t));
```

```
            error6=error*(1+exp(-w11*t));
            error7=(1/(1+exp(-w11*t)))*(1-1/(1+exp(-w11*t)))*(w21*error1+w22*error2...
                +w23*error3+w24*error4+w25*error5+w26*error6);
            %修改权值
            w22=w22-u1*error2*LB_b;
            w23=w23-u2*error3*LB_b;
            w24=w24-u3*error4*LB_b;
            w25=w25-u4*error5*LB_b;
            w26=w26-u5*error6*LB_b;
            w11=w11+a*t*error7;
        end
end
%绘制误差随进化次数变化趋势
figure(1)
plot(E)
title('训练误差');xlabel('进化次数');ylabel('误差'),grid on;
%根据训练出的灰色神经网络进行样本预测
for i=(cc+1):aa
    t=i;
    LB_b=1/(1+exp(-w11*t));                          %LB 层输出
    LC_c1=LB_b*w21;                                  %LC 层输出
    LC_c2=y(i,2)*LB_b*w22;                           %LC 层输出
    LC_c3=y(i,3)*LB_b*w23;                           %LC 层输出
    LC_c4=y(i,4)*LB_b*w24;                           %LC 层输出
    LC_c5=y(i,5)*LB_b*w25;
    LC_c6=y(i,6)*LB_b*w26;
    LD_d=w31*LC_c1+w32*LC_c2+w33*LC_c3+w34*LC_c4+w35*LC_c5+w36*LC_c6;   %LD 层输出
    theta=(1+exp(-w11*t))*(w22*y(i,2)/2+w23*y(i,3)/2+w24*y(i,4)/2 ...
        +w25*y(i,5)/2+w26*y(i,6)/2-y(1,1));          %阈值
    ym=LD_d-theta;                                   %网络输出值
    yc(i)=ym;
end
yc=yc*1000;
y(:,1)=y(:,1)*100;
%计算预测值
for j=aa:-1:2
    ys(j)=(yc(j)-yc(j-1))/10;
end
figure(2)
plot(ys((cc+1):aa),'-*');
hold on
plot(X((cc+1):aa,1)*100,'r:o');
legend('神经网络预测值','实际样本值');title('灰色系统预测'),grid on
%计算平均相对误差
xderror=0;
for i=aa:-1:cc
    xderror=xderror+abs(ys(i)-X(i,1))/yc(i);
```

```
end
xderror=xderror/(aa-cc)
```

运行程序，得到平均相对误差为

```
xderror =
    0.0038
```

训练误差曲线如图 14-10 所示，灰色系统预测结果如图 14-11 所示。

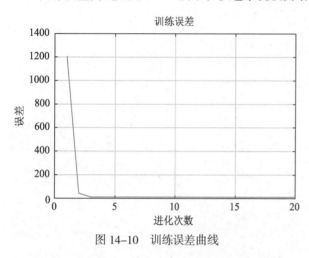

图 14-10　训练误差曲线

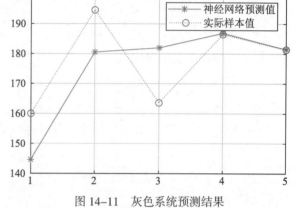

图 14-11　灰色系统预测结果

利用前馈神经网络，也可以实现样本的预测。

【例 14-3】利用前馈神经网络预测设定的样本数据。

编写 MATLAB 代码，如下所示。

```
%数据预测
clear,clc;
%输入样本
p=[2845 2833 4488; 2833 4488 4554; 4488 4554 2928; 4554 2928 3497; 2928 3497 2261; ...
    3497 2261 6921; 2261 6921 1391; 6921 1391 3580; 1391 3580 4451; 3580 4451 2636; ...
    4451 2636 3471; 2636 3471 3854; 3471 3854 3556; 3854 3556 2659; 3556 2659 4335; ...
    2659 4335 2882; 4335 2882 4084; 4335 2882 1999; 2882 1999 2889; 1999 2889 2175; ...
    2889 2175 2510; 2175 2510 3409; 2510 3409 3729; 3409 3729 3489; 3729 3489 3172; ...
    3489 3172 4568; 3172 4568 4015; ]';
%期望输出
t=[4554 2928 3497 2261 6921 1391 3580 4451 2636 3471 3854 3556 2659 ...
    4335 2882 4084 1999 2889 2175 2510 3409 3729 3489 3172 4568 4015 ...
    3666];
ptest=[2845 2833 4488; 2833 4488 4554; 4488 4554 2928; 4554 2928 3497; 2928 3497 2261; ...
    3497 2261 6921; 2261 6921 1391; 6921 1391 3580; 1391 3580 4451; 3580 4451 2636; ...
    4451 2636 3471; 2636 3471 3854; 3471 3854 3556; 3854 3556 2659; 3556 2659 4335; ...
    2659 4335 2882; 4335 2882 4084; 4335 2882 1999; 2882 1999 2889; 1999 2889 2175; ...
    2889 2175 2510; 2175 2510 3409; 2510 3409 3729; 3409 3729 3489; 3729 3489 3172; ...
    3489 3172 4568; 3172 4568 4015; 4568 4015 3666]';
[pn,minp,maxp,tn,mint,maxt]=premnmx(p,t);        %将数据归一化
NodeNum1=20;                                      %隐含层第 1 层节点数
```

```
NodeNum2=40;                                            %隐含层第 2 层节点数
TypeNum = 1;                                            %输出维数
TF1='tansig';
TF2='tansig';
TF3='tansig';
net=newff(minmax(pn),[NodeNum1,NodeNum2,TypeNum],{TF1 TF2  TF3},'traingdx');
%设置参数
net.trainParam.show=100;
net.trainParam.epochs=10000;                            %训练次数设置
net.trainParam.goal=1e-5;                               %训练所要达到的精度
net.trainParam.lr=0.01;                                 %学习速率
net=train(net,pn,tn);
p2n=tramnmx(ptest,minp,maxp);                           %测试数据的归一化
an=sim(net,p2n);
[a]=postmnmx(an,mint,maxt)                              %数据的反归一化，即最终要得到的预测结果
figure(1)
subplot(1,2,1);
plot(1:length(t),t,'o',1:length(t)+1,a,'+');
legend('预测值','实际值')
grid on
m=length(a);                                            %向量 a 的长度
t1=[t,a(m)];
error=t1-a;                                             %误差向量
subplot(1,2,2);
plot(1:length(error),error)
title('误差变化图')
grid on
```

运行程序，得到前馈神经网络训练过程，如图 14-12 所示，预测结果如图 14-13 所示。可以看出，预测值与实际值基本重合，说明建立的前馈神经网络是有效的。

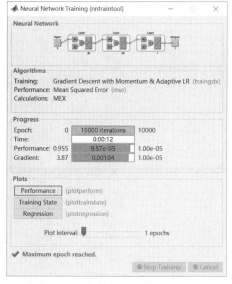

图 14-12　前馈神经网络训练过程

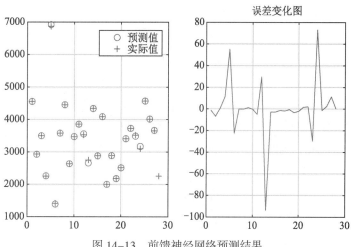

图 14-13　前馈神经网络预测结果

### 14.3.3　BP 神经网络在数据预测中的应用

神经网络具有非线性的基本特征，并具有并行结构和学习能力，对应外部激励能给出相应的输出。BP_Adaboost 模型即把 BP 神经网络作为弱分类器，反复训练 BP 神经网络预测样本输出，通过 Adaboost 算法得到多个 BP 神经网络弱分类器组成的强分类器。

【例 14-4】利用 BP_Adaboost 算法弱分类器预测公司产品同比销售状况。其中，负数表示同比销售为负增长，正数表示同比销售为正增长。

根据数据维数，采用 BP 神经网络的结构为 10-10-1，共训练生成 10 个神经网络弱分类器，最后用 10 个弱分类器组成强分类器对公司产品同比销售状况进行预测。基于 BP_Adaboost 模型的处理步骤如下所示。

（1）数据选择和网络初始化。

（2）弱分类器预测。

（3）计算预测序列权重。

（4）测试数据权重调整。

（5）强分类函数生成。

MATLAB 程序如下所示。

```matlab
clear, clc
load data input_train output_train input_test output_test        %下载数据
%权重初始化
[mm,nn]=size(input_train);
D(1,:)=ones(1,nn)/nn;
%弱分类器分类
K=10;
for i=1:K
    %训练样本归一化
    [inputn,inputps]=mapminmax(input_train);
    [outputn,outputps]=mapminmax(output_train);
    error(i)=0;
    %BP 神经网络构建
    net=newff(inputn,outputn,8);
    net.trainParam.epochs=8;
    net.trainParam.lr=0.04;
    net.trainParam.goal=0.00005;
    %BP 神经网络训练
    net=train(net,inputn,outputn);
    %训练数据预测
    an1=sim(net,inputn);
    test_simu1(i,:)=mapminmax('reverse',an1,outputps);
    %测试数据预测
    inputn_test =mapminmax('apply',input_test,inputps);
    an=sim(net,inputn_test);
    test_simu(i,:)=mapminmax('reverse',an,outputps);
    %统计输出效果
    kk1=find(test_simu1(i,:)>0);
    kk2=find(test_simu1(i,:)<0);
```

```
        aa(kk1)=1;
        aa(kk2)=-1;
        %统计错误样本数
        for j=1:nn
            if aa(j)~=output_train(j);
                error(i)=error(i)+D(i,j);
            end
        end
        %弱分类器 i 权重
        at(i)=0.5*log((1-error(i))/error(i));
        %更新 D 值
        for j=1:nn
            D(i+1,j)=D(i,j)*exp(-at(i)*aa(j)*test_simu1(i,j));
        end
        %D 值归一化
        Dsum=sum(D(i+1,:));
        D(i+1,:)=D(i+1,:)/Dsum;
end
%强分类器分类结果
output=sign(at*test_simu);
%分类结果统计,统计强分类器每类分类错误个数
kkk1=0;
kkk2=0;
for j=1:50
    if output(j)==1
        if output(j)~=output_test(j)
            kkk1=kkk1+1;
        end
    end
    if output(j)==-1
        if output(j)~=output_test(j)
            kkk2=kkk2+1;
        end
    end
end
kkk1
kkk2
disp('第 1 类分类错误   第 2 类分类错误   总错误');
%窗口显示
disp([kkk1 kkk2 kkk1+kkk2]);
plot(output)
hold on
plot(output_test,'g')
%统计弱分类器效果
for i=1:K
    error1(i)=0;
    kk1=find(test_simu(i,:)>0);
    kk2=find(test_simu(i,:)<0);
```

```
        aa(kk1)=1;
        aa(kk2)=-1;
        for j=1:50
            if aa(j)~=output_test(j);
                error1(i)=error1(i)+1;
            end
        end
    end
end
disp('统计弱分类器分类效果');
error1
disp('强分类器分类误差率')
(kkk1+kkk2)/50
disp('弱分类器分类误差率')
(sum(error1)/(K*50))
```

运行程序，BP 神经网络训练过程如图 14-14 所示，BP 神经网络训练误差曲线如图 14-15 所示。

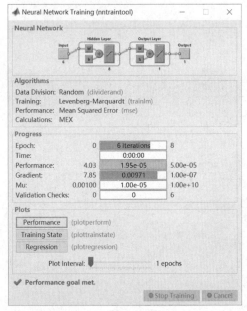

图 14-14　BP 神经网络训练过程

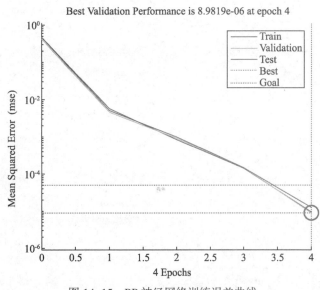

图 14-15　BP 神经网络训练误差曲线

得到如下结果。

```
kkk1 =
    0
kkk2 =
    0
第 1 类分类错误　第 2 类分类错误　总错误
    0        0        0
统计弱分类器分类效果
error1 =
   50    50    50    50    50    50    50    50    50    50
强分类器分类误差率
```

```
ans =
     0
弱分类器分类误差率
ans =
     1
```

公司同比销售样本数据共有 50 组，采用 10 个 BP 弱分类器组成的强分类器。其中，弱分类器分类误差率为 1，强分类器分类误差率为 0，说明 BP_Adaboost 算法达到预期效果。

### 14.3.4　概率神经网络在分类预测中的应用

概率神经网络是由 Specht 博士于 1989 年提出的，它与统计信号处理的许多概念有着紧密的联系。当这种网络用于检测和模式分类时，可以得到贝叶斯最优结果。

概率神经网络通常由 4 层组成，其结构如图 14-16 所示。

第 1 层为输入层，每个神经元均为单输入单输出，其传递函数也为线性的，这一层的作用只是将输入信号用分布的方式表示。

第 2 层为模式层，它与输入层之间通过连接权值 $W_{ij}$ 相连接。模式层神经元的传递函数不再是通常的 Sigmoid 函数，而是

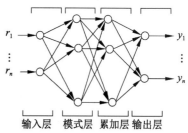

图 14-16　概率神经网络结构

```
g(Zi)=exp[(Zi-1)/(s*s)]          %Zi 为该层第 i 个神经元的输入，s 为均方差
```

第 3 层为累加层，它具有线性求和的功能。这一层的神经元数目与模式数目相同。

第 4 层为输出层，具有判决功能，它的神经元输出为离散值 1 和-1（或 0），分别代表输入模式的类别。

许多研究已表明概率神经网络具有以下特性。

（1）容易训练，收敛速度快，非常适用于实时处理。

（2）可以完成任意的非线性变换，所形成的判决曲面与贝叶斯最优准则下的曲面相接近。

（3）具有很强的容错性。

（4）模式层的传递函数可以选用各种用来估计概率密度的核函数，并且分类结果对核函数的形式不敏感。

（5）各层神经元的数目比较固定，因而易于硬件实现。

利用各种检查和测试方法，发现系统和设备是否存在故障的过程是故障检测；而进一步确定故障所在大致部位的过程是故障定位。故障检测和故障定位同属于网络生存性范畴。要求把故障定位到实施修理时可更换的产品层次（可更换单位）的过程称为故障隔离。故障诊断就是指故障检测和故障隔离的过程。

概率神经网络结构简单，训练迅速，利用其强大的非线性分类能力，可以非常准确地完成故障诊断。

创建概率神经网络的函数是 newpnn()。概率神经网络是一种适用于分类问题的径向基网络，调用格式为

```
net=newpnn(P,T,spread)          %P 为输入向量，T 为目标向量，spread 为径向基函数的扩展速度参数
```

例如，有输入向量和目标向量为

```
P=[1 2 3 4 5 6 7];
Tc=[1 2 3 2 2 3 1];
```

如果要对上述向量进行故障诊断，则可以在命令行窗口中输入以下代码。

```
>> T=ind2vec(Tc);
```

```
>> net=newpnn(P,T);
>> Y=sim(net,P)
Y =
     1     0     0     0     0     0     1
     0     1     0     1     1     0     0
     0     0     1     0     0     1     0
>> Yc=vec2ind(Y)
Yc =
     1     2     3     2     2     3     1
```

由此可知，概率神经网络能非常准确地判断出故障的位置。

下面介绍使用概率神经网络建立故障诊断模型的案例。

【例 14-5】根据给定的数据，建立基于概率神经网络的故障诊断模型。

应用 newpnn() 函数创建概率神经网络，MATLAB 代码如下。

```
clear, clc
nntwarn off;
warning off;
load data                                         %数据载入
%选取训练数据和测试数据
Train=data(1:40,:);
Test=data(41:end,:);
p_train=Train(:,1:3)';
t_train=Train(:,4)';
p_test=Test(:,1:3)';
t_test=Test(:,4)';
%将期望类别转换为向量
t_train=ind2vec(t_train);
t_train_temp=Train(:,4)';
%使用 newpnn() 函数建立概率神经网络，扩展速度参数选取为 1.5
Spread=1.5;
net=newpnn(p_train,t_train,Spread)
%训练数据，查看网络的分类效果
Y=sim(net,p_train);                               %sim() 函数进行网络预测
Yc=vec2ind(Y);                                    %将网络输出向量转换为指针
%通过作图观察网络对训练数据分类效果
figure(1)
subplot(1,2,1)
stem(1:length(Yc),Yc,'bo')
hold on
stem(1:length(Yc),t_train_temp,'r*')
title('训练后的效果');xlabel('样本编号');ylabel('分类结果')
set(gca,'Ytick',[1:5])
subplot(1,2,2)
H=Yc-t_train_temp;
stem(H)
title('训练后的误差图');xlabel('样本编号')
%网络预测未知数据效果
```

```
Y2=sim(net,p_test);
Y2c=vec2ind(Y2)
figure(2)
stem(1:length(Y2c),Y2c,'b^')
hold on
stem(1:length(Y2c),t_test,'r*')
title('概率神经网络的预测效果');xlabel('预测样本编号');ylabel('分类结果')
set(gca,'Ytick',[1:5])
```

运行程序,得到训练后训练数据网络的分类效果,如图 14-17 所示;预测测试数据的分类效果如图 14-18 所示。

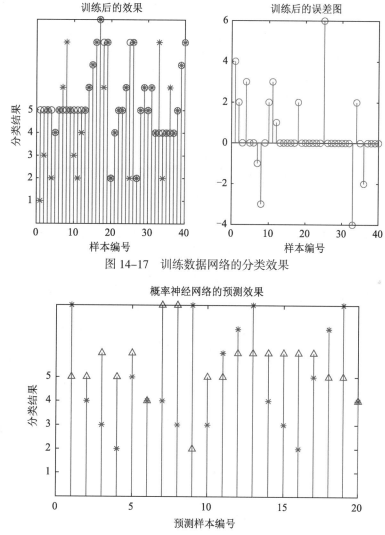

图 14-17　训练数据网络的分类效果

图 14-18　预测测试数据的分类效果

可以看出,在训练后,将训练数据输入已经训练好的网络,有 13 个样本判断错误,并且用预测样本进行实验时,有 15 个样本故障类型判断错误,说明概率神经网络对样本测试数据的分类效果变差,需要用更多的样本对网络进行训练。

## 14.4　本章小结

本章主要介绍了神经网络在参数估计中的应用，首先介绍了参数估计的基本知识、几种通用神经网络 MATLAB 代码，然后通过典型案例讲解了神经网络在人脸识别、数据预测和分类预测中的应用。

# 第 15 章
CHAPTER 15

# 基于智能算法的 PID 控制器设计

PID 控制器是一个在工业控制应用中常见的反馈回路部件。这个控制器把收集到的数据和一个参考值进行比较，然后把这个差值用于计算新的输入值，这个新的输入值的目的是让系统的数据达到或保持在参考值。PID 在本质上是线性控制规律，具有传统控制理论的弱点——只适合线性单输入单输出系统，在复杂系统中控制效果不佳。本章分别使用神经网络算法、模糊控制、遗传算法等智能算法完成 PID 控制器的设计。

**学习目标**

（1）了解 PID 控制器。

（2）掌握神经网络在 PID 控制器设计中的应用。

（3）掌握模糊控制在 PID 控制器设计中的应用。

（4）掌握遗传算法在 PID 控制器设计中的应用。

## 15.1 PID 控制器的理论基础

PID 控制是最早发展起来的经典控制策略，是用于过程控制最有效的策略之一。由于其原理简单，技术成熟，在实际应用中较易于整定，在工业控制中得到了广泛的应用。

PID 控制最大的优点是无须了解被控对象精确的数学模型，只要在线根据系统误差和误差的变化率等简单参数，经过经验进行调节器参数在线整定，即可取得满意的结果，具有很大的适应性和灵活性。

在单回路控制系统中，由于扰动作用使被控参数偏离给定值，从而产生偏差。自动控制系统的调节单元将来自变送器的测量值与给定值相比较后产生的偏差进行比例（P）、积分（I）、微分（D）运算，并输出统一标准信号，控制执行机构的动作，以实现对温度、压力、流量、液位和其他工艺参数的自动控制。

被控参数能否回到给定值上来，以怎样的途径，经过多长时间回到设定值上来，以及控制过程的品质如何，这不仅与对象特性相关，而且还与调节器的特性即调节器的运算规律（或称为调节规律）有关。

比例（P）作用与偏差成正比，积分（I）作用是偏差对时间的累积，微分（D）作用是偏差的变化率。自动调节系统中，当干扰出现时，微分 D 立即起作用；比例 P 随偏差的增大而明显起来，两者起克服偏差的作用，使被控量在新值上稳定，此新稳定值与设定值之差叫余差；I 随时间增加逐渐增强，直至克服余差，使被控量重返至设定值。

PID 控制器主要有以下几种类型。

（1）积分（I）控制。在积分控制中，控制器的输出与输入误差信号的积分成正比。

积分控制的作用是消除稳态误差。只要系统有误差存在，积分控制器就不断积累，输出控制量，以消除误差。积分项误差取决于时间的积分，随着时间的增加，积分项会增大。这样，即便误差很小，积分项也会随着时间的增加而变大，它推动控制器的输出增大使稳态误差进一步减小，直到等于零。因而，只要有足够的时间，积分控制将能完全消除误差，使系统误差为零，从而消除稳态误差。积分作用太强，会使系统超调加大，甚至使系统出现振荡。

（2）比例（P）控制。比例控制是一种最简单的控制方式，控制器的输出与输入误差信号成比例关系。当仅有比例控制时，系统输出存在稳态误差（Steady-State Error）。

比例控制作用及时，能迅速反映误差，从而减小稳态误差。但是，比例控制不能消除稳态误差，其调节器用在控制系统中会使系统出现余差。为了减小余差，可适当增大比例系数，比例系数越大，余差就越小；但增大比例系数会引起系统的不稳定，使系统的稳定性变差，容易产生振荡。

（3）微分（D）控制。在微分控制中，控制器的输出与输入误差信号的微分（即误差的变化率）成正比。

自动控制系统在克服误差的调节过程中可能会出现振荡甚至失稳。其原因是存在较大惯性组件（环节）或有滞后（Delay）组件，具有抑制误差的作用，其变化总是落后于误差的变化。解决的办法是使抑制误差的作用的变化"超前"，即在误差接近零时，抑制误差的作用就应该是零。

微分控制能够预测误差变化的趋势，可以减小超调量，克服振荡，使系统的稳定性提高；同时，加快系统的动态响应速度，缩短调整时间，从而改善系统的动态性能。

## 15.2　智能算法在 PID 控制器设计中的应用

由于被控对象的复杂性、大规模和确定性、分布性，要实现自动控制，基于传统精确数学模型的控制理论就显现出极大的局限性。

智能控制的概念和原理主要是针对被控对象、环境、控制目标或任务的复杂性而提出的。

### 15.2.1　神经网络在 PID 控制器设计中的应用

PIDNN（PID 神经网络）的基础是分别定义了具有比例、积分、微分功能的神经元，从而将 PID 控制规律融合进神经网络之中。PIDNN 的各层神经元个数、连接方式、连接权重初值是按 PID 控制规律的基本原则确定的。PIDNN 的主要特点如下。

（1）PIDNN 属于多层前向神经网络。

（2）PIDNN 参照 PID 的控制规律的要求构成，结构比较简单、规范。

（3）PIDNN 的初值按 PID 控制规律的基本原则确定，加快了收敛速度，不易陷入极小点。更重要的是，可以利用现有 PID 控制的大量经验数据确定网络权重初值，使控制系统保持初始稳定，使系统的全局稳定成为可能。

（4）PIDNN 可采用无教师的学习方式，根据控制效果进行在线自学习和调整，使系统具备较好的性能。

（5）PIDNN 可同时适用于单输入单输出（Single-Input Single-Output，SISO）和多输入多输出（Multi-Input Multi-Output，MIMO）控制系统。

PIDNN 的结构形式有 SPIDNN（Single-Output PIDNN）和 MPIDNN（Multi- Output PIDNN），其中 SPIDNN 结构如图 15-1 所示，MPIDNN 结构如图 15-2 所示。

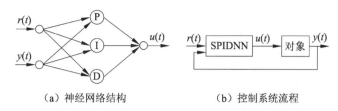

（a）神经网络结构　　　　　（b）控制系统流程

图 15-1　SPIDNN 结构

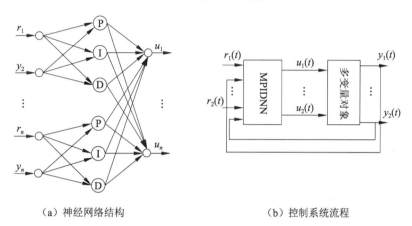

（a）神经网络结构　　　　　（b）控制系统流程

图 15-2　MPIDNN 结构

目前应用较多的神经元模型，一般只考虑了神经元的静态特性，只把神经元看作一个具有静态输入-输出影射关系的单元，只能处理静态信息。

对于动态信息的处理，一般是通过神经网络的互联方式的动态结构进行，PID 神经元中，不仅有具备静态非线性影射功能的比例元，还有可处理动态信息的积分和微分元。

PID 神经元既具有一般神经元的共性，又具备不同的特性，尤其是积分元和微分元的引入，使作为数字基石的微积分概念与神经网络的基本单位融合为一体，增强了神经元处理信息的能力，充实和完善了神经元的种类和内涵，使神经元网络更加丰富多样。

将 PID 和一般神经网络融合起来的方法包括以下两个步骤。

（1）将 PID 功能引入神经网络的神经元中，构成 PID 神经元。

（2）按照 PID 神经元的控制规律的基本模式，用这些基本神经元构成新的神经网络，并找到合理有效的计算与学习方法。

【例 15-1】根据 PID 神经网络控制器原理，在 MATLAB 中编程实现 PID 神经网络 3 个控制变量的控制系统。

PID 神经网络控制器代码如下。

```
clear, clc
%网络结构初始化
rate1=0.001;
rate2=0.005;
rate3=0.0001;
k=0.1;
K=5;
y_1=zeros(3,1);
```

```matlab
y_2=y_1;
y_3=y_2;                                        %输出值
u_1=zeros(3,1);
u_2=u_1;
u_3=u_2;                                        %控制率
h1i=zeros(3,1);
h1i_1=h1i;                                      %第 1 个控制量
h2i=zeros(3,1);
h2i_1=h2i;                                      %第 2 个控制量
h3i=zeros(3,1);
h3i_1=h3i;                                      %第 3 个控制量
x1i=zeros(3,1);
x2i=x1i;
x3i=x2i;
x1i_1=x1i;
x2i_1=x2i;
x3i_1=x3i;                                      %隐含层输出

%权值初始化
k0=0.03;

%第 1 层权值
w11=k0*rand(3,2);w11_1=w11;w11_2=w11_1;
w12=k0*rand(3,2);w12_1=w12;w12_2=w12_1;
w13=k0*rand(3,2);w13_1=w13;w13_2=w13_1;
%第 2 层权值
w21=k0*rand(1,9);w21_1=w21;w21_2=w21_1;
w22=k0*rand(1,9);w22_1=w22;w22_2=w22_1;
w23=k0*rand(1,9);w23_1=w23;w23_2=w23_1;

%值限定
ynmax=1;ynmin=-1;                               %系统输出值限定
xpmax=1;xpmin=-1;                               %P 节点输出限定
qimax=1;qimin=-1;                               %I 节点输出限定
qdmax=1;qdmin=-1;                               %D 节点输出限定
uhmax=1;uhmin=-1;                               %输出结果限定

%网络迭代优化
for k=1:1:200
    %控制量输出计算
    %网络前向计算
    %系统输出
    y1(k)=(0.4*y_1(1)+u_1(1)/(1+u_1(1)^2)+0.2*u_1(1)^3+0.5*u_1(2))+0.3*y_1(2);
    y2(k)=(0.2*y_1(2)+u_1(2)/(1+u_1(2)^2)+0.4*u_1(2)^3+0.2*u_1(1))+0.3*y_1(3);
    y3(k)=(0.3*y_1(3)+u_1(3)/(1+u_1(3)^2)+0.4*u_1(3)^3+0.4*u_1(2))+0.3*y_1(1);
```

```
r1(k)=0.7;r2(k)=0.4;r3(k)=0.6;                    %控制目标

%系统输出限制
yn=[y1(k),y2(k),y3(k)];
yn(find(yn>ynmax))=ynmax;
yn(find(yn<ynmin))=ynmin;

%输入层输出
x1o=[r1(k);yn(1)];
x2o=[r2(k);yn(2)];
x3o=[r3(k);yn(3)];

%隐含层
x1i=w11*x1o;
x2i=w12*x2o;
x3i=w13*x3o;

%比例神经元 P 计算
xp=[x1i(1),x2i(1),x3i(1)];
xp(find(xp>xpmax))=xpmax;
xp(find(xp<xpmin))=xpmin;
qp=xp;
h1i(1)=qp(1);h2i(1)=qp(2);h3i(1)=qp(3);

%积分神经元 I 计算
xi=[x1i(2),x2i(2),x3i(2)];
qi=[0,0,0];qi_1=[h1i(2),h2i(2),h3i(2)];
qi=qi_1+xi;
qi(find(qi>qimax))=qimax;
qi(find(qi<qimin))=qimin;
h1i(2)=qi(1);h2i(2)=qi(2);h3i(2)=qi(3);

%微分神经元 D 计算
xd=[x1i(3),x2i(3),x3i(3)];
qd=[0 0 0];
xd_1=[x1i_1(3),x2i_1(3),x3i_1(3)];
qd=xd-xd_1;
qd(find(qd>qdmax))=qdmax;
qd(find(qd<qdmin))=qdmin;
h1i(3)=qd(1);h2i(3)=qd(2);h3i(3)=qd(3);

%输出层计算
wo=[w21;w22;w23];
qo=[h1i',h2i',h3i'];
qo=qo';
```

```
uh=wo*qo;
uh(find(uh>uhmax))=uhmax;
uh(find(uh<uhmin))=uhmin;
u1(k)=uh(1);
u2(k)=uh(2);
u3(k)=uh(3);

%网络反馈修正
%计算误差
error=[r1(k)-y1(k);r2(k)-y2(k);r3(k)-y3(k)];
error1(k)=error(1);error2(k)=error(2);error3(k)=error(3);
J(k)=0.5*(error(1)^2+error(2)^2+error(3)^2);                 %调整大小
ypc=[y1(k)-y_1(1);y2(k)-y_1(2);y3(k)-y_1(3)];
uhc=[u_1(1)-u_2(1);u_1(2)-u_2(2);u_1(3)-u_2(3)];

%隐含层和输出层权值调整

%调整 w21
Sig1=sign(ypc./(uhc(1)+0.00001));
dw21=sum(error.*Sig1)*qo';
w21=w21+rate2*dw21+rate3*(w21_1-w21_2);

%调整 w22
Sig2=sign(ypc./(uh(2)+0.00001));
dw22=sum(error.*Sig2)*qo';
w22=w22+rate2*dw22+rate3*(w22_1-w21_2);

%调整 w23
Sig3=sign(ypc./(uh(3)+0.00001));
dw23=sum(error.*Sig3)*qo';
w23=w23+rate2*dw23+rate3*(w23_1-w23_2);

%输入层和隐含层权值调整
delta2=zeros(3,3);
wshi=[w21;w22;w23];
for t=1:1:3
    delta2(1:3,t)=error(1:3).*sign(ypc(1:3)./(uhc(t)+0.00000001));
end
for j=1:1:3
    sgn(j)=sign((h1i(j)-h1i_1(j))/(x1i(j)-x1i_1(j)+0.00001));
end

s1=sgn'*[r1(k),y1(k)];
wshi2_1=wshi(1:3,1:3);
alter=zeros(3,1);
dws1=zeros(3,2);
```

```matlab
for j=1:1:3
    for p=1:1:3
        alter(j)=alter(j)+delta2(p,:)*wshi2_1(:,j);
    end
end

for p=1:1:3
    dws1(p,:)=alter(p)*s1(p,:);
end
w11=w11+rate1*dws1+rate3*(w11_1-w11_2);

%调整 w12
for j=1:1:3
    sgn(j)=sign((h2i(j)-h2i_1(j))/(x2i(j)-x2i_1(j)+0.0000001));
end
s2=sgn'*[r2(k),y2(k)];
wshi2_2=wshi(:,4:6);
alter2=zeros(3,1);
dws2=zeros(3,2);
for j=1:1:3
    for p=1:1:3
        alter2(j)=alter2(j)+delta2(p,:)*wshi2_2(:,j);
    end
end
for p=1:1:3
    dws2(p,:)=alter2(p)*s2(p,:);
end
w12=w12+rate1*dws2+rate3*(w12_1-w12_2);

%调整 w13
for j=1:1:3
    sgn(j)=sign((h3i(j)-h3i_1(j))/(x3i(j)-x3i_1(j)+0.0000001));
end
s3=sgn'*[r3(k),y3(k)];
wshi2_3=wshi(:,7:9);
alter3=zeros(3,1);
dws3=zeros(3,2);
for j=1:1:3
    for p=1:1:3
        alter3(j)=(alter3(j)+delta2(p,:)*wshi2_3(:,j));
    end
end
for p=1:1:3
    dws3(p,:)=alter2(p)*s3(p,:);
end
w13=w13+rate1*dws3+rate3*(w13_1-w13_2);
```

```
    %参数更新
    u_3=u_2;u_2=u_1;u_1=uh;
    y_2=y_1;y_1=yn;
    h1i_1=h1i;h2i_1=h2i;h3i_1=h3i;
    x1i_1=x1i;x2i_1=x2i;x3i_1=x3i;
    w11_1=w11;w11_2=w11_1;
    w12_1=w12;w12_2=w12_1;
    w13_1=w13;w13_2=w13_1;
    %第 2 层权值
    w21_1=w21;w21_2=w21_1;
    w22_1=w22;w22_2=w22_1;
    w23_1=w23;w23_2=w23_1;
end

%结果分析
time=0.001*(1:k);

figure(1)
subplot(3,1,1)
plot(time,r1,'r-',time,y1,'b-');
ylabel('控制量 1');legend('控制目标','实际输出');
subplot(3,1,2)
plot(time,r2,'r-',time,y2,'b-');
ylabel('控制量 2');legend('控制目标','实际输出');
subplot(3,1,3)
plot(time,r3,'r-',time,y3,'b-');
xlabel('时间（秒）');ylabel('控制量 3');legend('控制目标','实际输出');
title('PID 神经元网络控制');

figure(2)
plot(time,u1,'r-',time,u2,'g-',time,u3,'b');grid
xlabel('时间'),ylabel('被控量');legend('u1','u2','u3');
title('PID 神经网络提供给对象的控制输入');

figure(3)
plot(time,J,'r-');grid
axis([0,0.2,0,1]);xlabel('时间');ylabel('控制误差');
title('控制误差曲线');
```

**注意**：因为网络初始权值随机得到，所以每次运行的结果可能不同。

运行程序，得到控制器控制效果，如图 15-3 所示，控制器的误差如图 15-4 所示。可以看出，PID 神经网络能够很好地控制 3 输入 3 输出控制系统，控制量的最终值接近目标值。

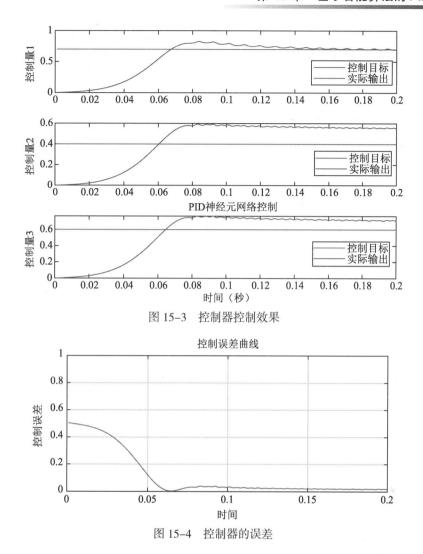

图 15-3　控制器控制效果

图 15-4　控制器的误差

在仿真过程中，连接权系数初值的选择对系统的调节过程有很大影响，应尽量取小些的值。另外，对于 BP 神经网络中隐含层节点个数的选择目前还没有理论指导依据，只能根据经验选取。

仿真结果表明，多输入多输出 PID 神经网络控制器可以在系统对象参数未知的情况下，通过自身的训练和学习，实现多变量系统的解耦控制，能够基本消除变量之间的耦合作用。

另外，控制器结构可以根据输入和输出变量的个数来确定，而不必预先知道控制对象的结构；网络连接权系数和 PID 参数的初值可以按照经典 PID 控制的经验来取值；通过调节网络阈值，可以调节系统的动态和静态性能。

## 15.2.2　模糊控制在 PID 控制器设计中的应用

普通的二维模糊控制器是以偏差和偏差变化率作为输入变量，一般认为这种控制器具有模糊（Fuzzy）比例和微分控制作用，但缺少模糊积分控制作用。

在线性控制理论中，积分控制作用能消除稳态误差，但动态响应慢；比例控制作用动态响应快；而比例积分控制作用既能获得较高的稳态精度，又具有较快的动态响应。

把 PID 控制策略引入模糊控制器，构成 Fuzzy-PID 复合控制，使动静态性能都得到很好的改善，即达到动态响应快、超调小、稳态误差小的状态。模糊控制和 PID 控制结合的形式有多种，如下所示。

### 1. 模糊-PID复合控制

在大偏差范围内，即偏差 e 在某个阈值之外时采用模糊控制，以获得良好的瞬态性能；在小偏差范围内，即 e 落到阈值之内时转换成 PID（或 PI）控制，以获得良好的稳态性能。二者的转换阈值由微机程序根据事先给定的偏差范围自动实现。常用的是模糊控制和 PI 控制两种控制模式相结合的控制方法，称为 Fuzzy-PI 双模控制。

### 2. 比例-模糊PID控制

当偏差 e 大于某个阈值时，用比例控制，以提高系统响应速度，加快响应过程；当偏差 e 减小到阈值以下时，切换为模糊控制，以提高系统的阻尼性能，减小响应过程中的超调。

在该方法中，模糊控制的论域仅是整个论域的一部分，这就相当于模糊控制论域被压缩，等效于语言变量的语言值即分挡数增加，提高了灵敏度和控制精度。

模糊控制没有积分环节，必然存在稳态误差，即可能在平衡点附近出现小振幅的振荡现象。故在接近稳态点时切换为 PI 控制，一般都选在偏差语言变量的语言值为零时（这时绝对误差实际上并不一定为零）切换为 PI 控制。

### 3. 模糊-积分混合控制

将常规积分控制器和模糊控制器并联。

### 4. 参数模糊自整定PID控制

该方法是用模糊控制确定 PID 参数的，也就是根据系统偏差 e 和偏差变化率 ec，用模糊控制规则在线对 PID 参数进行修改。

实现思想是先找出 PID 各个参数与偏差 e 和偏差变化率 ec 之间的模糊关系，在运行中通过不断检测 e 和 ec，再根据模糊控制原理对各个参数进行在线修改，以满足在不同 e 和 ec 时对控制参数的不同要求，使控制对象具有良好的动/静态性能，且计算量小，易于用单片机实现。

模糊控制器原理如图 15-5 所示。

图 15-5　模糊控制器原理

【例 15-2】根据模糊控制器原理编写 MATLAB 程序，完成 PID 控制器设计。

编写 MATLAB 代码，如下所示。

```
clear, clc
%使用 MOM 算法（取隶属度最大的那个数）
a=newfis('fuzzf');
f1=1;
a=addvar(a,'input','e',[-3*f1,3*f1]);
a=addmf(a,'input',1,'NB','zmf',[-3*f1,-1*f1]);
a=addmf(a,'input',1,'NM','trimf',[-3*f1,-2*f1,0]);
a=addmf(a,'input',1,'NS','trimf',[-3*f1,-1*f1,1*f1]);
a=addmf(a,'input',1,'Z','trimf',[-2*f1,0,2*f1]);
```

```
a=addmf(a,'input',1,'PS','trimf',[-1*f1,1*f1,3*f1]);
a=addmf(a,'input',1,'PM','trimf',[0,2*f1,3*f1]);
a=addmf(a,'input',1,'PB','smf',[1*f1,3*f1]);
f2=1;
a=addvar(a,'input','ec',[-3*f2,3*f2]);
a=addmf(a,'input',2,'NB','zmf',[-3*f2,-1*f2]);
a=addmf(a,'input',2,'NM','trimf',[-3*f2,-2*f2,0]);
a=addmf(a,'input',2,'NS','trimf',[-3*f2,-1*f2,1*f2]);
a=addmf(a,'input',2,'Z','trimf',[-2*f2,0,2*f2]);
a=addmf(a,'input',2,'PS','trimf',[-1*f2,1*f2,3*f2]);
a=addmf(a,'input',2,'PM','trimf',[0,2*f2,3*f2]);
a=addmf(a,'input',2,'PB','smf',[1*f2,3*f2]);
f3=1.5;
a=addvar(a,'output','u',[-3*f3,3*f3]);
a=addmf(a,'output',1,'NB','zmf',[-3*f3,-1*f3]);
a=addmf(a,'output',1,'NM','trimf',[-3*f3,-2*f3,0]);
a=addmf(a,'output',1,'NS','trimf',[-3*f3,-1*f3,1*f3]);
a=addmf(a,'output',1,'Z','trimf',[-2*f3,0,2*f3]);
a=addmf(a,'output',1,'PS','trimf',[-1*f3,1*f3,3*f3]);
a=addmf(a,'output',1,'PM','trimf',[0,2*f3,3*f3]);
a=addmf(a,'output',1,'PB','smf',[1*f3,3*f3]);
%规则
rulelist=[
    1 1 1 1 1; 1 2 1 1 1; 1 3 2 1 1; 1 4 2 1 1; 1 5 3 1 1; 1 6 3 1 1; 1 7 4 1 1;
    2 1 1 1 1; 2 2 2 1 1; 2 3 2 1 1; 2 4 3 1 1; 2 5 3 1 1; 2 6 4 1 1; 2 7 5 1 1;
    3 1 2 1 1; 3 2 2 1 1; 3 3 3 1 1; 3 4 3 1 1; 3 5 4 1 1; 3 6 5 1 1; 3 7 5 1 1;
    4 1 2 1 1; 4 2 3 1 1; 4 3 3 1 1; 4 4 4 1 1; 4 5 5 1 1; 4 6 5 1 1; 4 7 6 1 1;
    5 1 3 1 1; 5 2 3 1 1; 5 3 4 1 1; 5 4 5 1 1; 5 5 5 1 1; 5 6 6 1 1; 5 7 6 1 1;
    6 1 3 1 1; 6 2 4 1 1; 6 3 5 1 1; 6 4 5 1 1; 6 5 6 1 1; 6 6 6 1 1; 6 7 7 1 1;
    7 1 4 1 1; 7 2 5 1 1; 7 3 5 1 1; 7 4 6 1 1; 7 5 6 1 1; 7 6 7 1 1; 7 7 7 1 1];
a=addrule(a,rulelist);
a1=setfis(a,'DefuzzMethod','mom');
writefis(a1,'fuzzf');
a2=readfis('fuzzf');
Ulist=zeros(7,7);
for i=1:7
    for j=1:7
        e(i)=-4+i;
        ec(j)=-4+j;
        Ulist(i,j)=evalfis([e(i),ec(j)],a2);
    end
end
figure(1);
plotfis(a2);title('模糊控制器内部原理图')
figure(2);
plotmf(a,'input',1);xlabel('e');ylabel('隶属度函数');title('输入1图形');
figure(3);
plotmf(a,'input',2);xlabel('ec');ylabel('隶属度函数');title('输入2图形')
```

```
figure(4);
plotmf(a,'output',1);xlabel('u');ylabel('隶属度函数值');title('隶属度函数')
```

运行程序，模糊控制器内部原理图如图 15-6 所示，隶属度函数如图 15-7 所示。

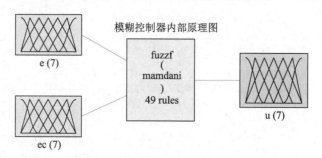

图 15-6　模糊控制器内部原理图

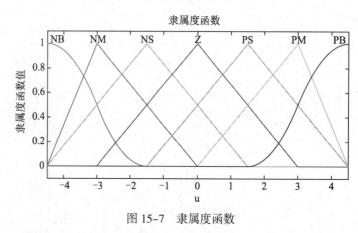

图 15-7　隶属度函数

### 15.2.3　遗传算法在 PID 控制器设计中的应用

PID 控制作为一种经典的控制方法，从诞生至今，历经数十年的发展和完善，因其优越的控制性能已成为过程控制领域应用最广泛的控制方法。

遗传算法是一种借鉴生物界自然选择和自然遗传学机理的迭代自适应概率性搜索算法。本节主要应用遗传算法对 PID 控制器参数进行优化。

遗传算法模仿生物进化的步骤，在优化过程中引入了选择、交叉、变异等算子。选择是从父代种群中将适应度较高的个体选择出来，以优化种群；交叉是从种群中随机地抽取一对个体，并随机地选择多位进行交叉，生成新样本，达到增大搜索空间的目的；变异是为了防止选择和交叉丢失重要的遗传信息，它对个体按位进行操作，以提高遗传算法的搜索效率和全局搜索能力。通过适应度函数确定寻优方向，与其他一些常规整定方法相比，遗传算法比较简便，整定精度较高。

本节提出了一种基于遗传算法的 PID 控制器参数优化设计。

【例 15-3】被控对象为如下二阶函数，采样时间为 1ms，输入信号为阶跃信号。请用遗传算法完成 PID 控制器设计。

$$G(s) = \frac{500}{s^2 + 50s + 1}$$

编写遗传算法 PID 设计代码，如下所示。

```
%基于遗传算法的 PID 设计
clear, clc;
global rin yout timef                           %定义全局变量

G=20;                                           %迭代次数
Size=30;                                        %种群大小
CodeL=10;                                       %种群个体长度（二进制编码）

MinX=zeros(1,3);                                %约束条件，即 Kp,Kd,Ki 的取值范围
MaxX(1)=20*ones(1);                             %Kp 为[0 20]
MaxX(2)=1.0*ones(1);                            %Kd,Ki 为[0 1]
MaxX(3)=1.0*ones(1);

E=round(rand(Size,3*CodeL));                    %初始化种群，编码
Bsj=0;

for k=1:G                                       %迭代次数
    time(k)=k;
    for s=1:Size
        m=E(s,:);
        y1=0;y2=0;y3=0;                         %输出量初始化（十进制）
        m1=m(1:CodeL);
        for i=1:CodeL
            y1=y1+m1(i)*2^(i-1);               %计算输出量
        end
        K(s,1)=(MaxX(1)-MinX(1))*y1/1024+MinX(1);   %解码，计算 Kp 的取值
        m2=m(CodeL+1:2*CodeL);
        for i=1:CodeL
            y2=y2+m2(i)*2^(i-1);               %计算输出量
        end
        K(s,2)=(MaxX(2)-MinX(2))*y2/1024+MinX(2);   %解码，计算 Kd 的取值
        m3=m(2*CodeL+1:3*CodeL);
        for i=1:CodeL
            y3=y3+m1(i)*2^(i-1);               %计算输出量
        end
        K(s,3)=(MaxX(3)-MinX(3))*y1/1024+MinX(3);   %解码，计算 Ki 的取值

        % **********适应度函数***********
        KK=K(s,:);
        [KK,Bsj]=pidg(KK,Bsj);                 %调用 pidg()函数
        Bsji(s)=Bsj;                            %最优代价值
    end

    [O,D]=sort(Bsji);                           %最优代价值排序
    Bestj(k)=O(1);                              %取最小值
    BJ=Bestj(k);
```

```
Ji=Bsji+1e-10;
fi=1./Ji;                                         %适应度函数值
[O2,D2]=sort(fi);                                 %适应度函数值排序
Bestfi=O2(Size);                                  %取最大值
Bests=E(D2(Size),:);

%********** 选择算子 ***********
fi_sum=sum(fi);
fi_size=(O2/fi_sum)*Size;
fi_s=floor(fi_size);                              %取较大的适应度值,确定其位置
kk=1;
for i=1:Size
    for j=1:fi_s(i);                              %选择，复制
        tempE(kk,:)=E(D2(j),:);
        kk=kk+1;
    end
end


%********** 交叉算子 ***********
pc=0.6;                                           %交叉概率
n=30*pc;
for i=1:2:(Size-1)
    temp=rand;
    if pc>temp                                    %交叉条件
        for j=n:-1:1
            tempE(i,j)=E(i+1,j);                  %新、旧种群个体交叉互换
            tempE(i+1,j)=E(i,j);
        end
    end
end
tempE(Size,:)=Bests;
E=tempE;

%********** 变异算子 ***********
pm=0.001-[1:1:Size]*(0.001)/Size;                 %变异算子,从大到小
for i=1:Size
    for j=1:2*CodeL
        temp=rand;
        if pm>temp                                %变异条件
            if tempE(i,j)==0
                tempE(i,j)=1;
            else
                tempE(i,j)=0;
            end
        end
    end
end
tempE(Size,:)=Bests;
```

```
    E=tempE;
end
BJ;Bestfi;KK;

figure(1),plot(time,Bestj);grid on;
xlabel('Times');ylabel('Best J');
title('遗传算法优化过程');
figure(2),plot(timef,rin,'r',timef,yout,'b');grid on;
xlabel('Times');ylabel('rin,yout');
title('最佳适应度值变化趋势');

function [KK,Bsj]=pidg(KK,Bsj)
global rin yout timef
ts=0.001;
sys=tf(400,[1,50,0]);                       %被控对象为二阶传递函数
dsys=c2d(sys,ts,'z');                       %Z 变换
[num,den]=tfdata(dsys,'v');

rin=1.0;                                     % 输入信号为阶跃信号
u_1=0.0;u_2=0.0;
y_1=0.0;y_2=0.0;
x=[0 0 0];
B=0;err_1=0;tu=1;s=0;P=100;

for k=1:P
    timef(k)=k*ts;
    r(k)=rin;

    u(k)=sum(KK.*x);                         %控制器输出

    if u(k)>=10                              %约束条件
        u(k)=10;
    end
    if u(k)<=-10
        u(k)=-10;
    end
    %跟踪输入信号
    yout(k)=-den(2)*y_1-den(3)*y_2+num(2)*u_1+num(3)*u_2;
    err(k)=r(k)-yout(k);
    %****** 返回 PID 参数*****
    u_2=u_1;u_1=u(k);
    y_2=y_1;y_1=yout(k);

    x(1)=err(k);                             %计算 P
    x(2)=(err(k)-err_1)/ts;                  %计算 D
    x(3)=x(3)+err(k)*ts;                     %计算 I
    err(2)=err_1;
    err_1=err(k);
```

```
    if s==0
        if yout(k)>0.95&yout(k)<1.05
            tu=timef(k);                          %tu 为上升时间
            s=1;                                  %进入稳态区域
        end
    end
end

for i=1:P
    %求代价函数值
    Ji(i)=0.999*abs(err(i))+0.01*u(i)^2*0.1;
    B=B+Ji(i);
    if i>1
        erry(i)=yout(i)-yout(i-1);                %系统误差
        if erry(i)<0                              %若产生超调，采取惩罚措施
            B=B+100*abs(erry(i));
        end
    end
end
Bsj=B+0.2*tu*10;                                  %最优代价值
end
```

运行程序，遗传算法优化过程如图 15-8 所示，最佳适应度值变化趋势如图 15-9 所示。

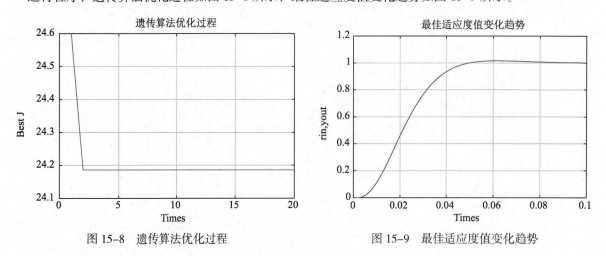

图 15-8　遗传算法优化过程　　　　　　　图 15-9　最佳适应度值变化趋势

## 15.3　本章小结

PID 是应用最广泛的一种控制策略，也是历史最久、生命力最强的基本控制方式。本章简单介绍了 PID 控制器的理论基础，然后通过举例详细说明了神经网络、模糊控制和遗传算法 3 种智能算法在 PID 控制器设计中的应用。

# 参 考 文 献

[1] 包子阳. 智能优化算法及其 MATLAB 实例[M]. 2 版. 北京：电子工业出版社，2018.

[2] 高飞. MATLAB 智能算法超级学习手册[M]. 北京：人民邮电出版社，2014.

[3] 温正. 精通 MATLAB 智能算法[M]. 北京：清华大学出版社，2015.

[4] 韦增欣，陆莎. 非线性优化算法[M]. 北京：科学出版社，2015.

[5] 陈宝林. 最优化理论与算法[M]. 2 版. 北京：清华大学出版社，2005.

[6] 冯肖雪. 群集智能优化算法及应用[M]. 北京：科学出版社，2018.

[7] FRANKLIN G F, POWELL J D, EMAMI-NAEINI A, et al. Feedback Control of Dynamic Systems [M]. New Jersey: Addison-Wesley, 2002.

[8] 张威. MATLAB 基础与编程入门[M]. 西安：西安电子科技大学出版社，2004.

[9] 黄友锐. 智能优化算法及其应用[M]. 北京：国防工业出版社，2008.

[10] CHAPMANS J. MATLAB Programming for Engineers [M]. CA: Brooks/Cole, 2002.

[11] 张定会，邵惠鹤. 基于神经网络的故障诊断推理方法[J]. 上海交通大学学报，1999，33（5）：619-621.

[12] 郑阿奇，曹弋，赵阳. MATLAB 实用教程[M]. 北京：电子工业出版社，2004.

[13] 史峰，王辉，胡斐，等. MATLAB 智能算法 30 个案例分析[M]. 北京：北京航空航天大学出版社，2011.

[14] 赵彦玲等. MATLAB 与 SIMULINK 工程应用[M]. 北京：电子工业出版社，2002.

[15] 王凌. 智能优化算法及其应用[M]. 北京：科学出版社，2004.

[16] MAGRAB E B. MATLAB 原理与工程应用[M]. 高会生，李新叶，胡智奇，等译. 北京：电子工业出版社，2002.

[17] 韩力群. 人工神经网络理论设计与应用[M]. 北京：化学工业出版社，2002.

[18] 闻新，周露，李翔，等. MATLAB 神经网络仿真与应用[M]. 北京：科学出版社，2003.

[19] 刘浩. MATLAB R2020a 完全自学一本通[M]. 北京：电子工业出版社，2020.

[20] 张岩，吴水根. MATLAB 优化算法[M]. 北京：清华大学出版社，2017.